KB060585

SPACETIME PHYSICS

시공간의 물리학

에드윈 테일러 · 존 휠러 지음

오기영 옮김

 북스힐

Spacetime Physics

by Edwin F. Taylor and John Archibald Wheeler
Korean translation © 2019 Book's Hill

Edwin F. Taylor and James E. Wheeler grant Book's Hill Publishers
permission to publish the Korean edition of Spacetime Physics.

머리말

역학, 전자기학, 그리고 물질의 특성에 대해 19세기에 이룩한 발전은 상대론과 양자론의 위대한 현대적 통합 원리에 의해 하나의 조화로운 체계를 이루었다. 이러한 단순화된 개념의 힘에 도움을 받지 않고 입문 물리학 과정을 가르치는 것은 아라비아 숫자의 장점을 모르고 로마 숫자로 힘들고 길게 가르치는 것과 같다.

1학년 물리학 과정의 첫 달을 위해 개발된 **시공간의 물리학**은 오늘날 아인슈타인을 포함한 학자들의 발견을 물리학 공부의 마지막이 아닌 초기 단계에 놓을 준비가 되어 있음을 보여준다. 이 책은 기초적이지만 견고하고 엄격한 상대성 이론의 개념을 제공함으로써, 이전 세기의 학생들이 유클리드 기하학에 대해서 느끼는 편안함과 같은 느낌을 물리학을 공부하는 학생들이 시공간의 기하학에서도 느낄 수 있는 날에 다가갈 수 있도록 해 줄 것이다.

이 책의 예비 초안은 여러 기관의 신입생 수업과 중급 수업, 그리고 대학 교원을 위한 여름학교 과정에서 사용되었다. 사용된 미적분은 최소(속도의 개념)이며, 이전 과정에서 다루지 않았거나 동시에 진행되는 수학 과정에서 다루지 않는 경우 강사가 쉽게 제공 할 수 있다. 100 가지가 넘는 연습 문제는 (이들 중 많은 문제를 자세하게 풀어놓음) 다양한 현재 실험을 분석하고, 상대성 이론의 관측 및 철학적 토대를 탐구하며, 퍼즐과 역설에 대한 풍부한 메뉴를 제공한다. 별표가 표시된 고급 문제 중 일부는 미적분을 요구하며 상급자 코스에서 도전하도록 제공되었다.

1장에서는 시공간의 가장 단순하고 기본적인 특성에 대해 살펴본다. 시공간 기하학에서 나타나는 역설을 일상적인 유클리드 기하학 공간에서의 유사한 '역설'과 비교하여 해결한다. 시공간의 기하학과 자유롭게 움직이는 물체에 대한 물리학 사이의 밀접성에 대해 살펴본다.

2장에서는 뉴턴 방정식 $F = ma$의 전통적이고 조숙한 사용을 피하고 대신 직접 작용 반작용 원리와 운동량 보존 법칙에 대해 눈을 돌린다. 운동량과 에너지는 뉴턴 관점의 한계를 뛰어 넘어 정지 질량을 포함하는 더 큰 단위의 일부임을 드러낸다.

3장에서는 특수 상대론의 한계와 일반 상대론의 영역에 대해 논의한다. 물리학을 이해하려는 정말로 간단한 방식의 하나인 시공간 관점에서 바라보는 물리학의 파노라마로 이 책을 마무리하려는데, 그 이유는 '그것이 세상이 실제로 작동하는 방식'이기 때문이다.

차 례

1장

시공간의 기하학

1. 측량사 우화

옛날 옛적에 왕의 토지를 측정하는 주간 측량사가 있었다. 측량사는 나침반의 바늘을 이용하여 북쪽과 동쪽 방향을 설정하였다. 마을 광장의 중심으로부터 동쪽 방향의 거리 x는 미터 단위로 측정하였고, 신성한 방향인 북쪽 방향의 거리 y는 또 다른 단위인 마일 단위로 측정하였다. 측량사의 기록이 완벽하고 정확했기 때문에 낮에 활동하는 사람들이 애용하였다. (그림 1을 보라)

주간 측량사는 자기 북극을 이용한다.

밤에 활동하는 사람들은 다른 측량사의 결과를 사용하였다. 이 측량사는 북극성을 기반으로 북쪽과 동쪽 방향을 설정하였다. 이 측량사 또한 마을 광장의 중심으로부터 동쪽 방향의 거리 x'을 미터 단위로 측정하였고, 신성한 북쪽 방향의 거리 y'은 마일 단위로 측정하였다. 이 기록도 완벽하고 정확하였다. 기록된 도면의 모든 지점은 두 좌표 x'와 y'으로 표기되었다.

야간 측량사는 북극성 북극을 이용한다.

어느 가을날 측량술 공부를 하려는 한 학생의 마음에 기발한 생각이 떠올랐다. 과거의 전통과 달리 이 학생은 두 대표가 운영하는 경쟁 학교에 모두 입학하였다. 주간 학교에서는 숙련가로부터 마을의 대문들과 대지 구석구석의 위치를 기록하는 방법을 배웠다. 야간 학교에서는 위치를 기록하는 또 다른 방법을 배웠다. 위치를 기록하는 두 방법 사이의 조화로운 관계를 찾으려고 노력하던 학생은 시간이 지남에 따라 점점 더 혼란에 빠져들게 되었다. 학생은 마을 광장의 중심에 대한 대문들의 위치에 대한 두 측량사의 기록들을 꼼꼼히 비교해 보았다.

학생은 전통에 대항해서 대담하고 이단적인 단계를 거쳐 항상 마일 단위로 측정되던 북쪽 방향의 거리에 변환 상수 k를 곱해서 미터 단위로 변환했다. 그리고

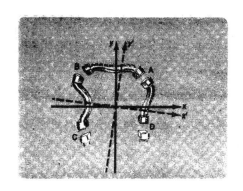

그림 1. 서로 다른 두 측량사가 사용하는 좌표축을 보여주는 도시와 대문들.

표 1. 동일 지점에 대한 서로 다른 두 세트의 기록

장소	자북을 향하는 주간 측량사의 축 (x는 미터 단위로, y는 마일 단위로 측정함)		북극성을 향하는 야간 측량사의 축 (x'은 미터 단위로, y'은 마일 단위로 측정함)	
마을 광장	0	0	0	0
대문 A	x_A	y_A	x'_A	y'_A
대문 B	x_B	y_B	x'_B	y'_B
다른 대문들	...	...	...	...

는 곧 낮에 대문 A의 위치를 측정한 값에 기초한 양 $[(x_A)^2+(ky_A)^2]^{1/2}$이 밤에 대문 A의 위치를 측정한 값에 기초한 양 $[(x'_A)^2+(ky'_A)^2]^{1/2}$ 과 정확히 동일한 값을 갖는다는 것을 발견했다. 대문 B의 위치에 대해서도 동일한 비교를 해본 결과, 이 또한 일치한다는 사실을 알아냈다. 마을의 다른 모든 대문들에 대한 비교에서도 모두 일치한다고 확인하자 매우 흥분한 학생은 자신이 발견한 것에 이름을 붙여 주기로 했다. 다음의 양

발견: 거리 불변

$$[(x_A)^2+(ky_A)^2]^{1/2} \tag{1}$$

을 마을 중심으로부터 지점 (x, y)까지의 **거리**(distance)라고 명명하였다. 그는 자신이 **거리 불변의 원리**(principle of the invariance of distance)를 발견했다고 말했다. 즉, 주간 좌표계에 의한 측량 값과 야간 좌표계에 의한 측량 값이 매우 다름에도 불구하고, 두 좌표계로부터 얻은 거리는 정확히 같다는 것을 발견했다고 하였다.

이 이야기는 스위스 베른의 아인슈타인, 네덜란드 레이던(Leiden)의 로런츠(Lorentz), 프랑스 파리의 푸앵카레(Poincaré)에 의한 **특수 상대론** 발견 이전의 물리학이 얼마나 소박한 수준이었는지를 보여준다. 얼마나 소박하였을까?

1. 우화 속 왕국의 측량사들은 동쪽 거리 측정에 사용된 단위와는 다른 신성한 단위인 마일을 사용해서 북쪽 거리를 측정했다. 마찬가지로, 물리학 연구자들은 공간 측정에 사용하는 단위와는 다른 신성한 단위인 초(second)를 사용하여 시간을 측정했다. 공간과 시간 측정에 동일한 단위를 사용하려거나, 공간과 시간을 미터 단위로 측정했을 때 공간 좌표 값과 시간 좌표 값을 제곱하고 결합함으로써 얻을 수 있는 것에 대해서 생각해본 사람이 없었다. 미터

단위와 초 단위 사이의 변환 인자인 광속 $c = 2.997925 \times 10^8$ m/s은 신성한 숫자로 간주되었다. 광속은 미터 단위와 마일 단위 사이의 변환 인자와 같은 단순 변환 인자로 간주되지 못했으며, 심오한 물리적 의미를 모른 채 그저 역사적 사건들 자체로부터 발생한 인자라고 간주되었다.

2. 우화에서 두 측량사가 기록한 북쪽 좌표 y와 y'은 크게 다르지 않았는데, 그 이유는 두 종류의 북쪽은 약 $10°$ 정도의 작은 각으로 분리되어 있기 때문이다. 우화 속의 학생은 처음에는 y와 y' 사이의 작은 차이는 측량 오류에 기인한다고 생각했다. 이와 유사하게, 사람들은 두 폭죽의 폭발 사이의 시간은 누가 관찰하더라도 동일하다고 생각해 왔다. 1905년에 이르러서야 사람들은 '기준 사건'인 첫 번째 사건과 두 번째 사건 사이의 시간차는 서로 다른 운동을 하고 있는 관찰자들에게 서로 다른 값인 t와 t'이라는 것을 알게 되었다. 실험실에서 조용히 서 있는 한 관찰자를 생각해보자. 또 다른 관찰자는 고속의 로켓을 타고 질주하고 있다. 로켓은 앞문을 통해 들어와서 긴 복도의 중앙을 지나 뒷문으로 나간다. 첫 번째 폭죽('기준 사건')이 복도에서 터지고, 이어서 두 번째 폭죽('사건 A')이 터진다. 두 관찰자는 시간이 0초, 측정 거리가 원점일 때 기준 사건이 일어난다는데 동의한다. 실험실 시계로 측정할 때, 두 번째 폭발이, 예를 들어, 첫 번째 폭발로부터 5초 후에 복도 중앙으로부터 12미터 벗어난 지점에서 발생한다고 하자. 그러면 두 번째 폭발의 시간 좌표는 $t_A = 5$초이고, 위치 좌표는 $x_A = 12$미터이다. 연이은 폭발과 사건들이 복도를 따라 일어난다고 할 때, 두 관찰자의 측정값은 표 2와 같이 정렬될 수 있다.

한 관찰자는 실험실 기준틀을 이용한다.

또 다른 관찰자는 로켓 기준틀을 이용한다.

표 2. 상대 운동을 하는 두 관측자가 본 동일한 사건에 대한 공간과 시간 좌표. 단순화를 위해 y와 z좌표는 0이고, 로켓은 x 방향으로 움직인다고 가정한다.

사건	서있는 관찰자 (x: 미터 단위, t: 초 단위)		로켓 안에서 운동하는 관찰자 (x': 미터 단위, t': 초 단위)	
기준 사건	0	0	0	0
사건 A	x_A	t_A	x'_A	t'_A
사건 B	x_B	t_B	x'_B	t'_B
다른 사건들	...	...	...	...

3. 1905년에 아인슈타인과 푸앵카레가 발견한 간격(interval)의 개념은 우화 속의 학생이 발견한 거리의 개념에 필적한다. 비록 계산에 사용되는 **독립된 두 좌표**는 서로 일치하지 **않지만**, 한 관찰자가 측정값을 통해 계산한 간격

발견: 간격 불변

$$간격 = [(ct_A)^2 - (x_A)^2]^{1/2} \qquad (2)$$

은 다른 관찰자가 측정값을 통해 계산한 간격

$$간격 = [(ct'_A)^2 - (x'_A)^2]^{1/2} \qquad (3)$$

과 일치한다. 동일한 기준 사건에 대한 사건 A, B, C, …에 대해 두 관찰자는 서로 다른 공간 및 시간 좌표 값을 갖지만, 이들이 사건들 사이의 아인슈타인 간격들을 계산하는 경우 그 결과는 일치하게 된다. **간격 불변성**(invariance of the interval), 즉 기준틀(reference frame) 선택에 무관한 간격의 특성은 시간이 공간으로부터 분리될 수 없음을 인식하게 해준다. 공간과 시간은 시**공간**(spacetime)이라는 단일 실체의 두 부분이다. 시공간 기하학은 정말로 4차원의 기하학이다. 한 가지만 말하자면, '시간 축 방향'은 관찰자의 운동 상태에 따라 달라지는데, 이는 측량사가 사용하는 y축 방향이 '북'에 대한 기준에 따라 좌우되는 것과 마찬가지이다.

이 장의 나머지는 공간에서의 측량과 시공간에서의 사건 사이의 관계의 유사성에 대해 상세히 설명하는데 할애될 것이다. 표 3은 이런 노력의 미리보기이다. 공간과 시간의 단일성을 이해하기 위해서는 풍경에 의미를 부여하는 방식, 즉 여러 각도에서 풍경을 바라보는 방식을 따르도록 하자. 상대 운동을 하는 **서로 다른** 두 기준틀에서 하나의 사건에 대한 공간 및 시간 좌표를 비교하는 것은 바로 이런 이유 때문이다.

길이 단위로 시간을 측정한다.

측량사 우화로부터 얻는 교훈은 거리와 시간을 측정할 때에는 같은 단위를 사용하라는 것이다. 그러므로 두 물리량 측정에 미터 단위를 사용하자. 시간도 미터 단위로 측정할 수 있다. 0.5미터 길이의 막대 양 끝에 거울을 장착하면, 섬광이 두 거울 사이를 왕복할 수 있다. 이러한 장치가 바로 시계이다. 이 시계는 섬광이 첫 번째 거울에 다시 도달할 때마다 '똑딱' 소리를 낼 수 있다. 똑딱 소리 사이에

표 3. 미리보기: 측량사 우화의 정교화

측량사 우화: 공간 기하학	물리학의 유사성: 시공간 기하학
측량사의 임무는 서로에 대해 회전된 두 좌표계 중 하나를 사용하여 한 지점(대문 A)의 위치를 정하는 것이다.	물리학자의 임무는 서로에 대해 상대 운동을 하는 두 기준틀 중 하나를 사용하여 한 사건(폭죽의 폭발 A)의 위치와 시간을 정하는 것이다.
두 좌표계는 각각 자북과 북극성 북쪽을 향한다.	두 기준계란 실험실 기준틀과 로켓 기준틀을 일컫는다.
편의상 모든 측량사는 공통의 원점인 마을 광장의 중심에 대해 위치를 측정하는 것에 동의한다.	편의상 모든 물리학자들은 공통의 기준 사건(기준 폭죽의 폭발)에 대해 위치와 시간을 측정하는 데 동의한다.
한 지점의 x와 y좌표가 모두 같은 단위인 미터 단위로 측정되는 경우 측량사의 결과 분석은 단순화된다.	한 사건의 x와 t좌표가 모두 같은 단위인 미터 단위로 측정되는 경우 물리학자의 결과 분석은 단순화된다.
대문 A의 개별 좌표 x_A와 y_A는 서로에 대해 회전된 두 좌표계에서 각각 동일한 값을 갖지 않는다.	사건 A의 개별 좌표 x_A와 t_A는 서로에 대해 일정하게 운동하는 두 좌표계에서 각각 동일한 값을 갖지 않는다.
거리 불변성. 두 회전된 좌표계 중 어느 하나에 대해 미터 단위로 측정된 x_A와 y_A의 값을 사용하여 계산한 대문 A와 마을 광장 사이의 거리 $(x_A^2 + y_A^2)^{1/2}$은 동일한 값을 갖는다.	간격 불변성. 상대 운동을 하는 두 기준틀 중 어느 하나에 대해 미터 단위로 측정된 x_A와 t_A의 값을 사용하여 계산한 기준 사건과 사건 A 사이의 간격 $(t_A^2 - x_A^2)^{1/2}$은 동일한 값을 가진다.
유클리드 변환. 유클리드 기하학을 사용하면, 측량사는 다음 문제를 해결할 수 있다.	로런츠 변환. 로런츠 기하학을 이용하면, 물리학자는 다음 문제를 해결할 수 있다.
대문 A에 대한 야간 좌표계 x_A'과 y_A' 및 각 좌표축의 상대 기울기가 주어질 때, 대문 A에 대한 주간 좌표 x_A와 y_A를 구하라.	사건 A에 대한 로켓 좌표 x_A'과 t_A' 및 로켓과 실험실 기준틀 사이의 상대 속도가 주어질 때, 사건 A의 실험실 좌표 x_A와 t_A를 구하라.

섬광은 1미터의 왕복 거리를 이동하였다. 따라서 이 시계의 똑딱 소리 사이의 단위 시간을 1 빛이동 시간미터(meter of light-travel time) 또는 더 간단히 1시간미터(meter of time)라고 한다. (따라서 1초는 대략 3×10^8 빛이동 시간미터와 같다.)

　물리학자의 목표 중 하나는 사건 사이의 단순한 관계를 정립하는 것이다. 이를 위해서는 물리 법칙이 간단한 형태로 표현되는 특별한 기준틀을 선택할 수도 있다. 중력은 지구 근처의 모든 물체에 작용한다. 일상 경험에서 알 수 있듯이 중력의 존재는 운동 법칙을 복잡하게 만든다. 이 골칫거리와 다른 골칫거리들을 제거하기 위해 다음 절에서는 지구 근처의 자유 낙하 기준틀에 집중할 것이다. 이 기준틀에서는 중력을 느낄 수 없다. 이처럼 중력에서 자유로운 기준틀을 관성(inertial) 기준틀이라고 한다. 특수 상대론은 관성 기준틀에 대해서 표현된 물리학의 고전 법칙들을 다룬다.

단순화하라: 자유 낙하
실험실을 택한다.

특수 상대론의 원리들은 놀랍도록 간단하다. 이 원리들은 유클리드 기하학의 공리나 자동차의 작동 원리보다 훨씬 더 간단하다. 그런데 수 세대에 걸친 보통 사람들이 유클리드 기하학이나 자동차의 원리를 별다른 놀라움 없이 습득해 왔다. 일부의 20세기 최고 지성은 상대론의 개념에 맞서 싸웠는데, 그 이유는 자연이 모호했기 때문이 아니라 단지 인간이 자연을 바라보는 확립된 방식을 뛰어넘기가 쉽지 않았기 때문이었다. 우리는 이미 이 싸움에서 승리하였다. 이제 "악은 어렵게 만들고 선은 쉽게 만들 정도로"[*] 상대론의 개념은 올바르게 생각하는 것을 쉽게 만들 정도로 충분히 간단하게 표현될 수 있다. 이제 상대론 이해에 대한 문제는 더 이상 배움의 문제가 아니라 **직관**, 즉 훈련된 관찰 방법의 하나이다. 이 직관을 가지고 바라볼 때, 다른 방식으로는 이해할 수 없는 수많은 실험 결과들이 정말 자연스럽게 그 모습을 드러낸다.[**]

2. 관성 기준틀

애퍼매톡스(Appomattox)에서의 항복으로 미국 남북 전쟁(1861~1865)이 끝난 지 채 1개월이 안되어 프랑스 작가 쥘 베른(Jules Verne)은 지구에서 달까지의 여행 (A Trip from the Earth to the Moon)과 달 일주 여행(A Trip around the Moon)을 집필하기 시작했다.[***] 탁월한 미국의 대포 제작자들이 플로리다에서 땅에 구덩이

---

[*] 아인슈타인이 건축가 르 코르뷔지에(Le Corbusier))에게 보낸 서신에서와 비슷한 맥락의 표현.

[**] 특수 상대론과 관련된 포괄적인 입문 자료를 원한다면 1963년 American Institute of Physics에서 발행한 *Special Relativity Theory*, Selected Reprints, published for the American Association of Physics Teachers를 참고하라.

[***] 뉴욕의 Dover 출판사에서 출간한 문고판. 양장본 판은 1962년 뉴욕의 Dodd, Mead and Company에 의해 Great Illustrated Classics Series에 실렸다.

그것은 위성의 몸이었다.

그림 2. 달 일주 여행 초판본에 쓰인 삽화. 불행한 개의 이름은 '위성'이다.

그림 3A. 쥘 베른은 여행 기간 내 낸 우주선 안의 탑승객은 지구와 달 중에서 중력 끌림이 큰 쪽과 가까운 우주선의 벽면 위에 서 있는 반면 개는 우주선 옆에 떠있다고 믿었다.

그림 3B. 옳은 예측은 여행 기간 내 내 탑승객이 우주선에 대해 떠있다 는 것이다. 개의 운동에 대해서는 베른의 생각이 옳았다.

를 파고 포구가 하늘을 가리키도록 커다란 대포를 설치하는 것으로 이야기는 시작된다. 대포에서 세 명의 남자와 여러 마리의 동물을 실은 10톤짜리 우주선이 발사된다. 대포에서 발사된 이후 달을 향해 무동력 비행을 하는 우주선 안의 탑승객과 동물들은 지구에 가까운 면 위에서 정상적으로 걸어 다닌다(그림 3A). 시간이 지남에 따라 탑승객들이 우주선 바닥에 가하는 압력이 점점 작아지다가, 지구가 물체에 작용하는 중력과 달이 물체에 작용하는 중력이 크기는 같지만 방향이 반대가 되는 지점에서 마침내 탑승객들은 바닥으로부터 자유롭게 뜰 수 있게 된다. 이후 우주선이 달 쪽에 더 가깝게 될 때, 탑승객들은 다시 우주선을 걸어 다니지만, 이번에는 달에 가까운 면이 우주선 바닥이 된다. 비행 초기에 우주선 안에 있던 개들 중의 한 마리가 이륙할 때 입은 부상으로 사망했다. 개의 유해는 우주선 측면에 있는 갑판승강구를 통해 처분됐는데, 탑승객들은 개의 사체가 비행 내내 창 밖에 떠있는 것을 발견했다.

쥘 베른의 우주선 안에서 탑승객은 무게를 느꼈다.

이 이야기는 상대론(relativity)의 중요성에 대한 역설을 이끈다. 베른은 여행 초기에는 지구의 중력 끌림 때문에 탑승객들이 지구 쪽의 우주선 벽면을 딛고 서있는 것이 당연하다고 생각했다. 베른은 또한 우주선과 죽은 개가 서로 독립적으로 우주 공간의 동일 경로를 따르기 때문에 개가 우주선 옆에 있어야 하는 것이 타당하다고 생각했다. 그런데 여행 기간 내내 개가 우주선 **밖**에 떠있다면 탑승객들은 왜 우주선 **안**에서 떠있지 않을까? 우주선이 반으로 쪼개지면 우주선 '밖에서' 탑승객은 자유롭게 떠있을 수 있을까?

탑승객과 개 역설

역설은 실제 우주 비행에 대한 경험을 통해 해결될 수 있다. 우주선 안에서 탑승객의 운동에 대한 쥘 베른의 생각은 잘못되었다. 우주선 밖의 개와 마찬가지로 우주선 안의 탑승객도 독립적으로 우주선의 경로와 동일한 경로를 따른다. 따라서 탑승객은 여행 기간 내내 우주선에 대해 자유롭게 떠 있게 된다.(그림 3B) 지구 중력장은 탑승객에 작용한다. 그런데 지구 중력장은 우주선에도 작용한다. 사실, 지구 중력장 내에서, 지구에 대한 **우주선의 가속도**는 지구에 대한 **탑승객의 가속도**와 정확히 **일치**한다. 가속도가 일치하기 때문에 탑승객과 우주선 사이의 상대적인 가속도는 없다. 따라서 우주선은 탑승객이 우주선에 대해 가속되지 않는 기준틀인 "관성 기준틀"이 된다.

실제 우주선에서 탑승객은
무게를 느끼지 못한다.

우주선에 대한 탑승객의 가속도가 0이라고 해서 우주선에 대한 탑승객의 속도 또한 반드시 0이라는 것은 아니다. 탑승객이 바닥에서 튀어 올라오거나 벽면에서 튀어나왔을 수도 있는데, 이 경우 그는 공간을 가로질러 반대쪽 벽면에 부딪칠 것이다. 우주선에 대한 탑승객의 초기 속도가 0일 때가 특히 흥미로운데, 그 이유는 우주선에 대한 탑승객의 속도가 줄곧 0일 것이기 때문이다. 탑승객과 우주선은 공간상의 동일 경로를 따라 움직인다. 탑승객이 밖을 볼 수 없음에도 불구하고 정해진 경로를 따라 이동하는 것이 얼마나 놀라운가? 자신의 운동을 제어할 수 없어도, 심지어 눈을 감고 있어도 탑승객은 벽과 부딪히지 않을 것이다. 중력의 영향을 이보다 더 잘 제거하는 방법이 있을까?

탑승객을 실은 현대적인 우주선이 지구에서 수직으로 쏘아 올려지고, 지구로 되돌아온다(그림 4). (줄이 끊어진 엘리베이터 안의 탑승객은 자유 낙하에 근접한 낙하 경험을 할 수 있다!) 물리학 탐구에 가능한 최적의 기준틀로 이와 같은 자유

관성 기준틀의 개념

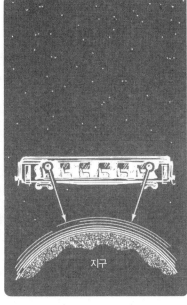
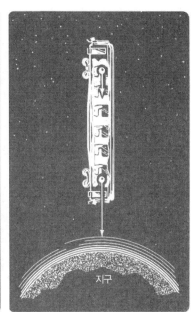

그림 4. 지구 근처에서 자유 낙하하는 우주선

그림 5. 지구 근처에서 수평으로 자유 낙하하는 철도 객차

그림 6. 지구 근처에서 수직으로 자유 낙하하는 철도 객차

낙하하는 우주선을 선택하자. 낙하하는 우주선 안에서는 물체의 운동 법칙이 단순하기 때문에 이 기준틀은 여느 기준틀보다 더 좋다. 우주선 안에서 정지해 있는 자유 입자는 정지 상태를 유지한다. 입자를 살짝 밀면, 입자는 일정한 속력으로 우주선을 가로지르는 직선 운동을 한다. 많은 실험에 의하면 **모든 역학 법칙**은 자유 낙하하는 우주선에서 간단하게 표현될 수 있다. 자유롭게 올라가거나 내려가는, 또는 더 일반적으로는 공간에서 자유롭게 움직이는 우주선을 관성 기준틀이라고 한다.

지표면에서 자유 낙하하는 우주선을 바라보자. 우주선에 대해 정지한 자유 입자가 우주선 안에서 정지 상태를 유지하는 이유는 간단하다. 그 이유는 입자와 우주선이 모두 지표면에 대해 동일한 가속도로 떨어지기 때문이다(그림 4). 우주선 안에서 입자가 초기에 정지 상태에 있었다면, 동일한 가속도 때문에 입자와 우주선의 상대적 위치는 변하지 않는다.

관성 기준틀이 정의되기 위해서는 기준틀 안에서 **중력**이 느껴지지 않아야 한다. 지구 근처의 우주선이 관성 기준틀이 되기 위해서는 우주선의 크기가 너무 크지 않아야 하는데, 그 이유는 우주선 안에서 너무 멀리 떨어진 입자들은 **불균일한 중**력장에 의해 영향을 다르게 받기 때문이다. 예를 들어 나란히 떨어뜨린 두 입자는 각각 지구 중심을 향해 이끌릴 것이므로 낙하하는 우주선에서 관찰할 때에는 서로 가까워지는 방향으로 움직일 것이다(그림 5). 또 다른 예로, 동일 연직선 상의 두 입자가 멀리 떨어져 낙하를 시작하는 경우를 생각해보자(그림 6). 지구를 향하는 두 입자의 중력 가속도는 같은 방향이다. 그러나 지표면에 더 가까운 입자는 지표면에서 더 먼 입자로부터 서서히 멀어지며, 우주선이 낙하할수록 두 입자 사이의 간격은 더 멀리 벌어진다. 두 가지 예 중 어느 경우이든 너무 커다란 우주선 안에서 역학 법칙은 단순하지 않으며, 이에 따라 크기가 너무 큰 우주선은 관성 기준틀이 될 수 없다.

우주선 안에서 역학 법칙이 단순하게 표현되길 원하면 외부 원인에 의해 생기는 모든 상대 가속도를 제거해야 한다. 여기서 '제거'한다는 의미는 이러한 가속도를 탐지 한계 이하로 감소시켜서, 두 입자가 충돌할 때 발생하는 가속도와 같이 우리가 연구하고자 하는 더 중요한 가속도와 간섭을 일으키지 않도록 한다는 것이다. 이를 위해 충분히 작은 우주선을 선택한다. 우주선이 작을수록, 우주선 안의 다른 지점에 있는 물체들의 상대 가속도가 작아진다. 어떤 주어진 감도로 상대 가속도를 탐지하는 장치가 있다고 하자. 장치의 감도가 얼마나 좋은지에 관계없이, 문제가 되는 상대 가속도가 탐지될 수 없을 정도로 우주선을 충분히 작게 만드는 것은 얼마든지 가능하며, 이 경우 주어진 감도 내에서 우주선은 **관성 기준틀**이 된다.

우주선 또는 발사체가 관성 기준틀이라 불릴 만큼 충분히 작은 경우는 언제일까? 다시 말해, 발사체 안의 양쪽 끝에 있는 자유 입자들의 상대 가속도가 감지될 수 없을 정도로 작은 경우는 언제일까? 우주선 내부의 조건을 분석하면 이에 대해 설명할 수 있다. 그림 5는 지표면 위의 250미터 높이에서 떨어뜨린 길이 25미터의 철도 객차가 **수평으로** 떨어지고 있는 모습을 나타낸 것이다. 떨어지기 시작해서 지면에 충돌할 때까지 걸리는 시간은 대략 7초 또는 2×10^8 빛이동 시간미터이다. 객차의 양 끝 지점에서 정지 상태에 있던 작은 쇠공을 가만히 놓아보자. 그러면 두 쇠공에 작용하는 중력 끌림 **방향**의 차이 때문에 낙하하는 동안 두 쇠공은 서로를 **향**해 이 책의 9쪽 두께 정도에 해당하는 10^{-3} 미터만큼 이동한다. (연습 문제 32번을 보라.) 또 하나의 예로, 그림 6과 같이, 아래쪽 끝이 지표면으로부터 250미터 높이에 있던 동일한 철도 객차가 수직으로 떨어지는 경우를 생각해보자. 이번에도 두 개의 작은 쇠공을 객차의 양 끝 지점에서 가만히 떨어뜨리자. 이 경우, 낙하하는 동안 두 쇠공은 2×10^{-3}미터만큼 멀어지는데, 그 이유는 지구 쪽에 가까운 쇠공의 중력 가속도가 더 크기 때문이다. 두 가지 예에서 객차에서 사용되는 측정 장치가 두 쇠공의 상대 운동을 감지하는 데 필요한 감도보다 약간 떨어진다고 하자. 그러면 이 감도의 장비와 관찰 시간의 범위에서 철도 객차 혹은 앞선 예에서 나온 자유 낙하 우주선은 관성 기준틀의 역할을 한다. 측정 장비의 감도가 증가할 때, 철도 객차나 우주선에 아무런 변화가 없는 한 객차나 우주선은 더 이상 관성 기준틀 역할을 할 수 없다. 관성 기준틀 역할을 유지하려면 객차의 길이를 줄이거나 관찰 시간을 줄여야 한다. 더 좋은 방법은 관찰하고 있는 영역에 대한 공간 차원과 시간 차원의 적절한 조합을 줄이는 것이다. 아니면 객차 양 끝 사이의 '중력 가속도 차이'를 감지할 수 없는 공간으로 객차를 로켓에 실어 쏘아 올리는 방법도 있다. (연습 문제 32번의 c를 참조하라.) 달리 표현하자면, 객차에 대한 입자의 가속도는 너무 작아서 감지할 수 없어야 한다. 상대 가속도는 외부의 관찰 없이도 객차 내부에서 측정될 수 있다. 상대 가속도가 감지할 수 없을 정도로 작을 경우에만 운동 법칙이 단순한 형태를 갖는 관성 기준틀이 된다.

임의의 정확도 이내에서, 처음에 정지해 있던 모든 시험 입자(test particle)는 정지 상태를 유지하고 운동하던 입자는 운동 방향이나 속력의 변화 없이 운동을 계속하는 시공간 영역의 기준틀을 관성 기준틀이라고 한다. 관성 기준틀은 로런츠(Lorentz) 기준틀이라고도 부른다. 이 정의에 의하면, 관성 기준틀은 반드시 항상 **국소적**(local) 혹은 제한된 시공간 영역 내에서 관성이 성립하는 기준틀이다.

> 관성 기준틀의 정의

'시공간 영역'이란 용어의 정확한 의미는 무엇일까? 앞의 예에서 좁고 긴 철도 객차는 제한된 시간 범위와 공간상의 한 방향에 대한 시공간을 조사하는 도구로 사용되었다. 객차는 남북 방향이나 동서 방향 또는 위아래 방향을 향할 수 있다. 방향에 관계없이 객차의 양쪽 끝에서 각각 떨어뜨린 작은 쇠공의 상대 가속도를 측정할 수 있다. 고려할 수 있는 모든 방향에 대해, 두 시험 입자의 상대적 변위가 검출 가능한 최솟값의 절반 이하임을 계산으로 알아냈다고 하자. 그러면 한 변이

> 시공간 영역의 정의

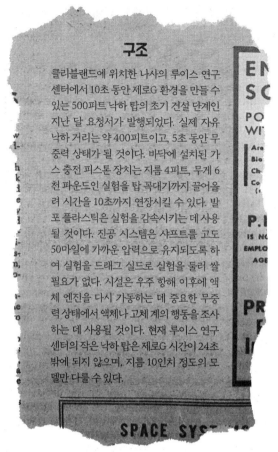

구조

클리블랜드에 위치한 나사의 루이스 연구 센터에서 10초 동안 제로G 환경을 만들 수 있는 500피트 낙하 탑의 초기 건설 단계인 지난 달 요청서가 발행되었다. 실제 자유 낙하 거리는 약 400피트이고, 5초 동안 무중력 상태가 될 것이다. 바닥에 설치된 가스 충전 피스톤 장치는 지름 4피트, 무게 6천 파운드인 실험을 탑 꼭대기까지 끌어올려 시간을 10초까지 연장시킬 수 있다. 발포 플라스틱은 실험을 감속시키는 데 사용될 것이다. 진공 시스템은 샤프트를 고도 50마일에 가까운 압력으로 유지되도록 하여 실험을 드래그 실드로 실험을 둘러쌀 필요가 없다. 시설은 우주 항해 이후에 액체 엔진을 다시 가동하는 데 중요한 무중력 상태에서 액체나 고체 계의 행동을 조사하는 데 사용될 것이다. 현재 루이스 연구 센터의 작은 낙하 탑은 제로G 시간이 24초밖에 되지 않으며, 지름 10인치 정도의 모델만 다룰 수 있다.

그림 7. 현대적 관성 기준틀. *Engineering Opportunities*(1964년 3월)에서 발췌함.

25미터인 정육면체 공간 어느 지점에서나 7초 동안 움직이는 시험 입자는 직선 운동으로부터 감지할 수 없는 양만큼만 벗어나는 운동을 한다. 다시 말해 기준틀은

$$(25미터 \times 25미터 \times 25미터) \times (21 \times 10^8 시간미터)$$

차원의 시공간 영역에서 관성 기준틀이 된다. 국소적 관성 기준틀의 크기보다 더 큰 영역의 시공간에 대한 논의는 3장을 참조하라.

시험 입자의 정의   '시험 입자'로 적합하려면 얼마나 작아야 할까? 입자의 질량이 매우 작아서 특정 정확도 이내에서 입자의 존재가 주변의 다른 입자들의 운동에 영향을 주지 않아야 한다. 뉴턴 역학적 표현으로는, 다른 입자에 대한 시험 입자의 중력 끌림이 특정 정확도 이내에서 무시될 수 있어야 한다. 예를 들어 질량이 10 kg인 입자를 생각해보자. 이 입자보다 질량이 작은 두 번째 입자를 0.1 m 떨어진 위치에 가만

히 놓는 경우, 3분이 채 걸리지 않아 두 번째 입자의 변위는 10^{-3} m가 될 것이다. 따라서 10 kg의 물체는 시험 입자가 아니다. 시험 입자는 중력에 반응은 하지만 스스로는 유의미한 중력을 생성하지는 않는다.

자연이 주목할 만한 특징이 없다면 관성 기준틀을 정의하는 것은 불가능하다. 동일 위치에 놓인 입자들은 크기, 모양, 재료에 관계없이 지구를 향해 동일한 가속도로 떨어진다. 그렇지 않으면, 낙하하는 우주선 내부의 관찰자는 입자들이 아무리 가까이 있더라도 입자들 사이의 상대 가속도를 느낄 것이다. 이 경우, 처음에 정지해 있던 입자들 중 일부는 정지 상태를 유지할 수 없으므로 정의에 의해 우주선은 관성 기준틀이 될 수 없다. 같은 위치에서 떨어지는 서로 다른 재질의 입자들이 동일한 가속도로 지구를 향한다는 것을 얼마나 확신할 수 있을까? 전설에 의하면 갈릴레이는 이 가정을 검증하기 위하여 피사의 사탑에서 서로 다른 재질의 공들을 떨어뜨렸다고 한다.[*] 1922년 외트뵈시(Baron Roland von Eötvös)는 5×10^{-9}의 오차 범위에서 지구가 나무와 백금을 동일한 가속도로 가속시킨다는 것을 확인하였다. 보다 최근에 디키(Robert H. Dicke)는 지구보다는 오히려 태양이 우리가 측정할 중력 가속도의 원천으로 더 적합하다고 지적했다. (연습 문제 35번을 참조하라.) 12시간마다 방향이 변하는 태양의 인력은 공명에 의해 엄청나게 증폭된다. 디키와 롤(Peter G. Roll)[**]에 의하면, 3×10^{-11}의 오차 범위에서 태양에 의한 알루미늄 실린더와 금 실린더의 가속도는 0.59×10^{-2} m/s²로 서로 같다. 이 결과는 물리학을 통틀어 가장 기본적인 물리학 원리, 즉 중력에 의한 가속도는 모든 종류의 시험 입자가 동일하다는 원리에 대한 가장 정밀한 검증 중의 하나이다.

이 원리로부터 임의의 재료로 만들어진 입자는 주어진 기준틀이 관성 기준틀인지 여부를 결정하기 위한 시험 입자로 사용될 수 있다. 한 종류의 시험 입자에 대해 관성 기준틀인 기준틀은 다른 모든 종류의 시험 입자에 대해서도 관성 기준틀이다.

모든 물질이 동일한 가속도로 떨어지기 때문에 관성 기준틀로 정의될 수 있다.

---

[*] 갈릴레이가 실제로 이 실험을 했는지에 대한 의문에 대해서는 *Physics the Pioneer Science* by Lloyd W. Taylor, (Dover Publications, New York, 1959), Vol.1, p.25.를 참조하라.

[**] Dicke의 *Relativity, Groups, and Topology* (Gordon and Breach, New York, 1964)에 있는 실험 상대론에 대한 내용(173~177쪽) 또는 *The Theoretical Significance of Experimental Relativity* (Gordon and Breach, New York, 1964)를 참조하라.

3. 상대성 원리

우리는 특정 기준틀에 대해 시험 입자의 운동을 기술하여 그 기준틀이 관성 기준틀인가를 판단한다. 동일한 시험 입자와, 만약 입자들이 충돌하는 경우, 동일한 충돌은 하나 이상의 관성 기준틀에서 기술될 수 있다. 하나의 기준틀은 그림 8A와 같이 속이 빈 원통처럼 만들어진 우주선에 의해 구현될 수 있으며, 또 다른 기준틀은 그림 8B와 같이 첫 번째 우주선을 따라잡고 통과할 때 내부를 확대할 만큼 충분히 작고 첫 번째 우주선과 유사한 모양의 두 번째 우주선에 의해 구현될 수 있다. 통과하는 동안 두 우주선 내부에는 공통의 시공간 영역이 있다. 수많은 시험 입자들이 한 방향 또는 다른 방향으로 이 영역을 가로질러 운동한다. 관성 기준틀인 두 기준틀에 대해 그려진 입자의 궤도는 모두 직선이 된다. 이와 같이 두 기준틀에서 나타나는 직진성의 유일한 이유는 한 관성 기준틀이 다른 관성 기준틀에 대해 일정한 속도를 갖고 두 기준틀의 중첩이 가능하기 때문이다. 이와 달리, 그림 8C와 같이 두 번째 로켓 우주선이 첫 번째 우주선을 가로지를 때 가속되도록 구동되는 경우, 두 번째 우주선에서 관찰한 시험 입자의 궤도는 곡선 경로가 된다. 주어진 장비로 이러한 경로의 곡률이 감지되는 경우, 이 가속 기준틀은 비관성(non-inertial) 기준틀이 된다.

일정한 상대 속도로 운동하는 두 관성 기준틀 모두에서, 입자의 운동 방향과 속력이 두 기준틀에서 동일하게 보이지 않더라도, 운동하는 모든 시험 입자는 속력 또는 방향의 변화 없이 운동 상태를 유지한다. 실제로 관성 틀은 다음과 같은 역학 법칙(뉴턴 운동 제1 법칙)이 모든 관성 기준틀에서 참이라는 방식으로 정의되

중첩 가능한 관성 기준틀들이 일정한 상대 속도로 움직인다.

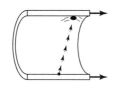 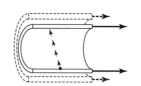 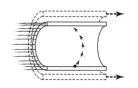

A. 한 관성 기준틀에서 본 전형적인 시험 입자

B. 첫 번째 기준틀에 대해 움직이는 두 번째 관성 기준틀에서 본 동일한 시험 입자

C. 비관성 기준틀인 가속 기준틀에서 본 동일한 시험 입자

그림 8. 관성 기준틀과 가속 기준틀

었다. "정지 상태의 자유 입자는 정지 상태를 유지하고, 운동하는 자유 입자는 속력이나 방향의 변화 없이 운동 상태를 유지한다." 실험에 의하면, 나머지 두 역학 법칙(운동 제2, 제3 법칙)도 모든 관성 기준틀에 적용된다.

다른 물리 법칙들도 모든 관성 기준틀에서 유효성을 유지할까? 비행기가 움직일 수 있기 때문에 전기 기술자는 제트기의 전기 회로를 설계할 때 다른 회로 법칙을 사용해야 할까? 탐사선의 움직임 때문에 우주 탐사용 무선 송신기를 설계할 때 다른 전자기 복사 법칙을 사용해야 할까? 작은 양성자 가속기와 표적, 그리고 입자 검출 장비가 하나의 철도 화물차에 장착되어 있는 경우, 양성자 충돌 실험을 해석할 때 화물차가 정지해 있을 때와 일정하게 움직일 때를 구별해서 각각 서로 다른 법칙을 사용해야 할까? 우리가 아는 한 이 세 가지 질문에 대한 답과 이와 유사한 다른 질문들에 대한 답은 "아니요"이다. 아무리 열심히 탐색해도 아직까지 다음 원리를 위반하는 경우를 본 적이 없다.

모든 물리 법칙은 모든 관성 기준틀에서 동일하다.

이를 **상대성 원리**(*principle of relativity*)라고 부른다. 상대성 원리에 의하면, 한 관성 기준틀에서 도출된 물리 법칙은 아무런 수정 없이 다른 관성 기준틀에 적용될 수 있다. 물리 법칙의 **형태**뿐만 아니라 그 법칙에 포함된 **물리 상수의 값**도 모든 관성 기준틀에서 동일하다. 모든 물리 법칙의 관점에서 볼 때 관성 기준틀은 모두 동등하다. 다시 말해, 측량사의 줄자와 수평기가 북극성 북극과 자기 북극을 구별하는 것과 달리, 상대성 원리에 의하면 **물리 법칙만으로는 한 관성 기준틀을 다른 관성 기준틀과 구별할 수 없다!**

상대성 원리가 말하지 않는 것에 주의하자. 상대성 원리는 서로 다른 두 관성 기준틀에서 측정한 사건 A와 사건 B 사이의 시간이 동일하게 나타난다고 말하지 않는다. 두 관성 기준틀에서 측정한 공간 분리(spatial separation) 또한 동일하게 나타난다고 말하지 않는다. 주간 측량사가 판독한 대문 A와 B 사이의 분리의 북쪽 성분과 동쪽 성분이 야간 측량사가 기록한 두 성분과 같은 것과는 달리, 일반적으로 시간과 거리는 두 기준틀에서 같지 않다. 이에 따라 주어진 입자의 운동량은 두 기준틀에서 다른 값을 갖는다. 운동량의 시간에 따른 변화율도 두 기준틀 간

상대성: 물리 법칙은 모든 관성 기준틀에서 동일하다.

상대성 원리가 말하지 않는 것!

에 다르며, 힘도 마찬가지이다. 따라서 상대 운동을 하는 두 관측자가 전기장 또는 자기장 속에서 운동하는 대전 입자를 다룰 때, 두 관측자가 측정하는 전기장 또는 자기장의 세기가 반드시 서로 같을 필요는 없다. 전기장과 자기장에 의해 생성되는 합력은 두 관성 기준틀에서 다른 값을 갖는다.

두 기준틀 사이에 이렇게 다른 물리학은 그럼에도 불구하고 두 기준틀에서 동일하다! 물리량은 두 기준틀에서 다른 **값**을 갖지만 동일한 **법칙**을 충족한다. 한 기준틀에서 운동량의 시간에 따른 변화율은 그 기준틀에서 측정한 합력과 같다 (뉴턴의 운동 제2 법칙). 두 번째 기준틀에서 운동량의 시간에 따른 변화율은 그 기준틀에서 측정한 합력과 같다.

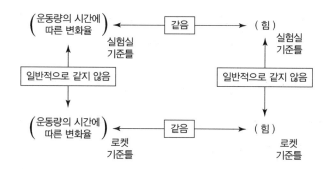

역학 법칙뿐만 아니라 전자기학 법칙을 포함한 다른 모든 물리 법칙들도 서로 다른 관성 기준틀에서 모두 성립한다. 이는 "물리 법칙은 한 관성 기준틀을 다른 관성 기준틀과 구별하는 방법을 제공할 수 없다"는 것을 의미한다.

한 관성 기준틀에서 성립하는 전자기학 법칙은 다른 관성 기준틀에서도 마찬가지로 성립한다. 광속 $c = 2.997925 \times 10^8$ m/s는 전자기학 법칙에 나타나는 상수 중 하나이다. 상대성 원리에 따르면 이 실험값은 일정한 상대 속도로 운동하는 두 관성 기준틀에서 동일해야 한다. 이것이 사실이라는 것을 실험적으로 확인했을까? 대답은 그렇다는 것이지만, 현재까지의 실험은 이처럼 중요한 질문에 대해 마땅히 갖추어야 하는 것보다는 정밀도가 훨씬 떨어진다. 당분간 확실하게 대답할 수 있는 더 간단한 질문에 관심을 집중해보자. 전자기학 법칙에는 방향에 따라 달라지는 어떤 표현도 포함되어 있지 않다. 따라서 빛은 이동 방향에 관계없이 동일한 왕복 속도를 갖는다. 즉, 광속은 **등방성**(isotropic)을 갖는다. 이제 이 빛을 일정한 속도로 운동하는 로켓에서 관찰한다고 하자. 로켓에 대해서도 서로 다른 방향으로 왕복하는 빛의 속력은 동일할까? 상대성 원리에 의하면 **그렇다**. 즉, 한 관성기준틀에서 등방성을 갖는 광속은 동일한 시공간 영역을 공유하는 다른 관성 기준틀에서도 역시 등방성을 갖는다.

이 얼마나 이상한 결과인가! 공기가 정지해 있는 경우 음속은 모든 방향에서 동일하다. 그러나 맹렬한 바람이 부는 경우 또는 정지한 공기 속을 자동차로 통과하는 경우를 생각해 보자. 이 경우, 자동차에 대해 다가오는 방향의 음속은 멀어지는 방향의 음속보다 크다. 두 속도는 바람을 가로지르며 측정한 음속과 다르다는 것도 간단한 계산으로 확인할 수 있다. 자동차에 대해 측정된 소리의 왕복 속력은 방향에 따라 달라진다. 빛을 제외한 모든 파동에 대해 동일한 결과가 성립한다! 그런데 빛에 대한 실험에서는 동일한 결과가 적용되지 **않는다**는 것을 어떻게 확신할 수 있을까? 이 확신은 1880년 이후 수행된 마이컬슨(Michelson)과 몰리(Morley)의 고전적인 실험으로 시작된 일련의 정밀한 실험에 기반을 두고 있다.[*] 실험에서는 지구를 운동하는 기준틀로 이용하였다. (빛을 이용한 국소적 규모의 실험에서 지구는 실질적으로 관성 기준틀이다. 연습 문제 31번을 참조하라.) 지구는 태양을 중심으로 하는 공전 궤도상에서 약 30 km/s의 속력으로 움직인다. 요약하자면, 마이컬슨과 몰리는 공전 궤도 선을 따른 빛의 왕복 속력과 이 선에 수직 방향의 선을 따른 빛의 왕복 속력을 비교하였다. 이들은 여러 해에 걸쳐 지구가 태양에 대해 다양한 방향으로 움직이는 경우에 대해 실험을 반복하였다. 그러나 지구의 운동은 두 직각 방향의 광속에 대해 아무런 영향도 주지 않음을 관찰하였다. 이 실험으로부터 이들은 지구 공전 속력의 1/6배 이내의 오차 범위에서 두 직선 방향에서 측정된 광속이 동일하다는 결론을 내렸다. (연습 문제 33번을 보라). 좀 더 최근의 실험들 의해 오차 범위는 지구 공전 속도의 3%로 감소되었다.[**] 마이컬슨-몰리 실험과 이를 개선한 현대적인 실험에 의하면, 모든 관성 기준틀에서 빛의 왕복 속력은 방향에 관계없이 동일하다. 즉, 광속은 상대성 원리가 예측하듯, 실험실 기

마이컬슨-몰리 실험: 광속은 모든 관성 기준틀에서 등방성을 갖는다.

---

* A. A. Michelson and E. W. Morley, American Journal of Science, 34, 333(1887).

** T. S. Jaseja, A. Javan, J. Murray, and C. H. Townes, Physical Review, 133, A1221(1964).

준틀과 로켓 기준틀 모두에서 **등방성**을 갖는다. 하지만 상대성 원리는 이보다 더 많은 것을 말해주고 있다. 실험실 기준틀에서뿐만 아니라 로켓 기준틀에서도 광속이 등방성을 가져야 할 뿐만 아니라, 상대성 원리가 옳다면 광속은 실험실 기준틀과 로켓 기준틀에서 동일한 값인 $c = 2.997925 \times 10^8$ m/s를 가져야 한다. 이 예측을 실험으로 검증할 수 있을까? 마이컬슨과 몰리가 실험을 한 지 약 50년이 지난 후 케네디(Kennedy)와 손다이크(Thorndike)가 이에 대한 검증 실험을 했다.[*]

마이컬슨과 몰리와 마찬가지로 케네디와 손다이크도 지구를 움직이는 기준틀로 이용하였다. 그들은 연중 여러 시기에 걸쳐 지구가 태양 주위를 따라 다른 방향으로 움직이기 때문에 나타나는 빛의 왕복 속력에 변화를 감지하려고 하였다. 그러나 실험 결과, 상대 속도가 60 km/s(지구 공전 속도의 두 배; 연습 문제 34번을 보라.)인 두 기준틀 사이에서 빛의 왕복 속력의 차이가 2 m/s보다 크지 않음이 밝혀졌다. 케네디–손다이크 실험에서 사용된 길이의 표준은 간섭계 받침대의 길이인데, 이 받침대는 단일 블록의 융해 석영으로 이루어져 있으며 진공 안에 놓여 오차가 약 1천분의 1 정도로 일정한 온도를 유지한다. 시간의 표준은 수은 원자의 특정 녹색 스펙트럼선과 연관된 특성 진동 주기에 의해 주어진다. 캘리포니아 주의 패서디나(Pasadena)에서 행한 이 실험의 가장 큰 어려움이자 오하이오 주의 클리블랜드에서 행한 마이컬슨–몰리 실험과 대비되는 점은 수개월에 걸쳐 조건을 일정하게 유지하는 것이었는데, 마이컬슨–몰리 실험에서는 한 방향과 그 반대 방향에 대한 결과의 비교가 하루 동안에 이루어졌다. 표 4는 마이컬슨–몰리 실험과 케네디–손다이크 실험의 결론을 요약한 것이다.

앞의 두 실험의 정확도는 오차 범위가 10억분의 3 정도인 외트뵈시–디키 실험보다 높지 않지만, 그럼에도 불구하고 그 결과는 상대성 원리에 대한 놀라운 실험적 지주이다. 다행히도 케네디–손다이크 실험의 정확도를 높일 수 있는 방법이 있다.[**] 실험의 정확도 향상은 중요하다. 빛이동 시간미터 단위로 시간을 측정

케네디–손다이크 실험: 광속은 모든 관성 기준틀에서 동일한 값을 갖는다.

---

[*] R. J. Kennedy and E. M. Thorndike, Physical Review, 42, 400 (1932).

[**] Jaseja, Javan, Murray, and Townes, Physical Review, 133, A1221 (1964). 특수 상대성 이론에 대한 실험 장비에 대한 주의 깊은 분석을 위해서는 H. P. Robertson, "Postulate versus Observation in the Special Theory of Relativity," Reviews of Modern Physics, 21, 378 (1949)을 참조하라.

20　1장 시공간의 기하학

표 4. "두 기준틀에서 빛의 왕복 속력은 서로 다른가?"라는 질문에 대한 답을 위한 현대적 검증

두 기준틀

한 기준틀
　　예를 들어, 1월에 태양 주위를 한 방향으로 움직이는 지구

다른 기준틀
　　7월에 태양 주위를 반대 방향으로 움직이는 지구

실험 결과

마이컬슨–몰리 실험의 결과

　원래 실험
　　어느 기준틀의 관찰자도 (6개월을 기다린 다음 실험을 반복하는 지구상의 동일한 관측자일 수도 있음) 두 직각 방향에 대한 빛의 왕복 속도 사이에 지구 공전 속도의 1/6배보다 큰 차이를 관측할 수 없다.

　좀 더 현대적인 실험
　　어느 기준틀의 관찰자도 두 직각 방향에 대한 빛의 왕복 속도 사이에 지구 공전 속도의 3%보다 큰 차이를 관측할 수 없다.

　케네디–손다이크 실험의 결과
　　위에서 정의한 어느 계절의 기준틀 중 하나에서 측정한 빛의 왕복 속력은 또 다른 기준틀에서 측정한 빛의 왕복 속력과 2 m/s의 오차 범위에서 동일하다.

실험에 대한 해석

좀 더 현대적인 마이컬슨–몰리 실험
　지구의 공전 속도는 30 km/s로, 광속의 1/10,000배이다.
　그러므로 서로 수직인 방향에서 측정된 빛의 왕복 속력의 차이는 광속의 1/10,000배의 3/100배인 3/1,000,000배이다.
　따라서 현대적인 이 실험은 1백만분의 3의 오차 범위에서 **상대성 원리**를 지지한다.

케네디–손다이크 실험
　두 기준틀에서 측정된 빛의 왕복 속력의 차이는 2 m/s로, 이는 광속의 1/100,000,000배보다 더 작다.
　따라서 이 실험은 1억분의 1의 오차 범위에서 **상대성 원리**를 지지한다.

하는 것은 모든 기준틀에서 빛이 같은 시간에 1미터를 이동하는 경우에만 의미가 있다. 로켓 기준틀과 실험실 기준틀에서 광속의 동일성은 두 기준틀 사이의 시간을 비교하는 간단한 방법을 제공한다. (5절을 보라.) 두 기준틀 사이의 시간 비교는 케네디–손다이크 실험의 '0의 결과'(null result)에 대한 타당성에 달려 있다.

시공간 구조로 인해
LINAC의 비용은
3억 달러에 달한다.

1905년에 발표된 상대성 원리는 충격적인 이단의 주장으로, 대다수 물리학자들의 자연관과 상식에 거스르는 것이었다. 하나의 특정 속력이 상대 운동을 하는 두 중첩 가능한 관성 기준틀에서 동일한 값을 갖는다는 명백히 터무니없어 보이는 생각에 익숙해지는 데 오랜 시간이 걸렸다. 상대성 원리는 지속적으로 엄격한 시험을 거치는 다양한 물리학 분야에서 매일 사용되고 있다. 예를 들어, 추정 비용이 3억 달러인 스탠포드 선형 전자 가속기는 광속과의 차이가 광속의 10^{11}분의 8배에 불과할 정도로 전자의 속력을 끌어올리기 위해 2마일 정도로 길어야 한다. 아인슈타인 이전의 뉴턴 역학 법칙이 옳다면, 같은 속도로 전자를 가속하기 위해 필요한 가속기의 길이는 1인치 미만이다(연습 문제 55번을 보라.).

4. 사건의 좌표

좌표를 사용하는 이유는?

관성 기준틀과 물리학도의 관계는 마을의 남북과 동서 방향의 격자선과 측량사의 관계와 같다. 측량사는 공간의 위치에 관심이 있고, 물리학도는 시간과 공간상에서 사건의 위치에 관심이 있다. 주간 및 야간 측량사들은 남북 및 동서 좌표를 생략하더라도 두 대문 사이의 **거리**를 간단하게 측정할 수 있었지만, 처음에는 '거리'와 같은 양이 있다는 것조차 알지 못했다. 이 장에서 똑같은 방법으로, '공간'과 '시간' 좌표를 독립적으로 고려하지 않고, 오로지 하나의 사건과 다른 사건 사이의 간격(*interval*)을 측정하는 것만으로 시공간에서 사건들의 위치를 정할 수 있었다.[*] 그러나 측량사에게 위력을 드러냈던 거리 개념의 혜택 없이, 1905년 이전의 물리학이 사용했던 방식으로 시작해야 한다. 두 사람은 두 개의 서로 다른 좌표계에서 남북 좌표와 동서 좌표를 측정했다. 나중에야 그들은 노트에 적힌 매우 다른 숫자들 사이의 연관성('거리 불변성')을 인지했다. 이와 유사하게, 실험실 기준틀에서 두 사건의 공간 좌표와 시간 좌표로 시작한다. 그러면 실험실 기준틀에서 측정한 좌표 값에 의해 결정된 두 사건 사이의 간격과 로켓 좌표계에서 측정한 좌표 값

---

[*] 이러한 방법은 Robert F. Marzke and John A. Wheeler in *Gravitation and Relativity*, edited by H.−Y. Chiu and W. F. Hoffmann, (W. A. Benjamin, New York, 1964)에 주어진다.

그림 9. 미터자와 시계로 구성된 격자

에 의해 계산된 동일한 두 사건 사이의 간격이 동일하다는 결론('간격의 불변성')
을 내릴 확실한 근거가 나올 것이다.

측량의 기본적인 개념은 **장소**이다. 물리학의 기본적인 개념은 **사건**이다. 사건 〈사건의 정의〉
은 장소뿐만 아니라 발생 시간에 의해서 명시된다. 사건의 예로는 입자나 섬광의
방출(폭발), 반사, 흡수, 충돌, 그리고 **동시**(coincidence)라고 불리는 근충돌(近衝
突) 등이 있다.

주어진 관성 기준틀에서 발생 사건의 장소와 시간을 어떻게 결정할 수 있을까?
그림 9와 같이 놀이터에서 볼 수 있는 '정글 놀이기구'와 비슷한 입방격자에 미터 〈시계 격자〉
자(길이가 1미터인 막대)를 조립하여 틀을 구성하는 것을 생각해보자. 격자의 모

든 교차점에 시계를 고정한다. 시계는 어떤 방식으로든 구성할 수도 있지만, 빛이
동 시간미터로 눈금이 정해진다. 1절에서 이미 0.5 m 떨어진 두 거울 사이에서 빛
이 앞뒤로 되튀는 것을 이용하여 눈금을 정하는 방법에 대해 논의했었다. 거울 시
계는 빛이 첫 번째 거울에 되돌아올 때마다 '똑딱' 소리를 낸다. 이웃한 똑딱 소리
사이에 빛은 1 m의 거리를 이동한다. 이웃한 똑딱 소리 사이의 시간 단위를 1 빛
이동 시간미터 또는 간단히 1시간미터라고 부르자. 관습 단위를 사용할 때 광속의
측정값은 $c = 2.997925 \times 10^8$ m/s이다. 빛은 1 m/c = 3.335640×10^{-9} s 동안 1미
터 이동한다. 따라서 1 빛이동 시간미터는 3.335640×10^{-9}초, 즉 약 3.3나노초와 같
다! 격자에 고정된 모든 시계는 어떻게 만들어졌는가에 상관없이 빛이동 시간미터
로 눈금이 정해진다고 가정하자.

격자에 부착된 시계의
동시화 격자 안의 시계들은 어떻게 **동시화**될까? 다음과 같이 하면 된다. 우선 격자 안
의 시계 중 하나를 시간 기준으로 선택하고 이 시계를 x, y, z좌표계의 원점에 놓
는다. $t = 0$에서 이 기준 시계의 시침을 작동시킨다. 이와 동시에 모든 방향으로
퍼져나가는 빛을 내보낸다. 이 섬광을 **기준 빛**(reference flash)이라 부른다. 기준
빛이 5 m 떨어진 시계에 도달할 때 이 시계의 시간이 5 빛이동 시간미터로 읽히
도록 하자. 따라서 실험을 시작하기 전에 조수가 이 시계의 시침을 5 시간미터로
미리 **맞추고** 기다리다가 기준 빛이 도달하는 순간 시계가 **작동하도록** 한다. 격자 안
의 모든 시계의 조수들이 이 절차를 따라했을 때, 즉 모든 조수들이 자신의 시계
를 기준 시계로부터의 거리와 같은 시간미터로 미리 맞추어 놓고 기다리다가 빛이
도착할 때 시계를 작동하도록 하면, 격자 안의 모든 시계는 **동시화 되었다**고 한다.

시계를 동시화 하는 방법은 다양하다. 예를 들어, 여분의 휴대용 시계를 원점의
기준 시계로 설정한 다음 나머지 시계들을 설정하기 위해 기준 시계를 격자 주위
로 운반할 수도 있다. 하지만 이 절차에는 **움직이는** 시계가 포함된다. 나중에 알게
되겠지만, 격자 안의 시계로 측정된 움직이는 시계의 시간 흐름 속도는 격자 안에
정지해 있는 시계의 시간 흐름 속도와 다르다. 따라서 휴대용 시계를 원래 위치로
다시 가져왔을 때 바로 옆의 시계와도 일치하지 않게 된다.(시계의 역설, 연습 문
제 27번을 보라.) 다만 움직이는 시계가 광속에 비해 **매우 느린** 속도로 움직이는
경우에는 시간 오차는 매우 작을 것이기 때문에 휴대용 시계를 이용한 동시화 방

법의 결과는 첫 번째 표준 방법에 의한 결과와 거의 동일하게 된다. 오차는 휴대용 시계를 충분히 천천히 움직임으로써 원하는 만큼 작게 만들 수 있다.

동시화 된 시계가 부착된 격자는 주어진 사건이 발생하는 위치와 시간을 결정하는 데 사용될 수 있다. 사건의 위치는 사건에 가장 가까운 시계의 위치로 간주한다. 사건의 시간은 사건에 가장 가까운 격자 시계에 기록된 시간으로 간주한다. 사건의 좌표는 사건에 가장 가까운 시계의 공간 위치를 지정하는 3개의 숫자와 해당 시계가 미터 단위로 기록한 사건의 발생 시간인 4개의 숫자로 구성된다. 선견지명이 있는 실험자가 설치한 시계는 기록할 수 있는 시계이다. 즉, 모든 시계는 빛이나 입자가 통과하는 사건의 발생을 감지할 수 있을 뿐 아니라, 사건의 성격, 사건 발생 시간, 사건 발생 위치 등을 카드에 기록할 수 있다. 그러면 모든 시계로부터 카드를 모은 후 자동 장비 등을 이용해 이를 분석할 수 있다.

사건의 4 좌표를 측정하는 데 이용되는 격자

왜 길이가 1미터인 막대(미터자)로 격자를 구성할까? 이 격자 안의 하나의 시계가 카드에 기록할 때, 기록된 사건이 예를 들어 시계의 왼쪽으로 0.4 m 떨어져 있는지 오른쪽으로 0.2 m 떨어져 있는지 알 수 없다. 이에 따라 사건의 위치는 1미터 상당의 비율로 불확실하게 된다. 사건의 시간 역시 1 빛이동 시간미터 상당의 비율로 불확실하게 된다. 그러나 이 정도의 정확도는 로켓의 통과를 관측하기에 충분하다. 행성 궤도에서 측정할 경우에는 지나치게 좋기 때문에 격자 간격을 1미터가 아니라 수백 미터로 늘리는 것이 합리적이기까지 하다. 그러나 고에너지 가속기에서 발생하는 입자의 궤적을 연구하는 데에는 1미터나 100미터는 적합한 격자 간격이 아니다. 센티미터나 밀리미터가 더 적절할 것이다. 격자 간격이 충분히 작은 격자를 구성함으로써 원하는 정확도로 사건의 위치와 시간을 결정할 수 있다.

격자 간격은 연구하는 물리학 규모에 따라 다르다.

상대론에서는 '관찰자'를 자주 언급하는데, 이 관찰자는 어디에 있을까? 한 장소에 있을까, 아니면 전 공간에 퍼져 있을까? '관찰자'라는 단어는 관성 기준틀과 관련된 기록 시계의 전체 집합을 짧게 줄여서 표현하는 것이다. 상대론 분석에서 '이상적인 관찰자'에게 바라는 바를 쉽게 할 수 있는 사람은 아무도 없다. 따라서 관찰자를 자신이 고용하여 기록 시계가 찍은 카드를 뽑아들고 돌아다니는 사람으로 생각하는 것이 가장 무난하다. 이런 의미를 바탕으로 앞으로 '관찰자가 이러저러한

관찰자의 정의

것을 발견한다.'라는 문구를 사용할 것이다.

시계의 기록은 격자를
통과하는 입자의 운동을
드러낸다.

입자가 통과하는 각각의 시계마다 사건의 공간 좌표와 통과 시간을 기록하는 방식으로 시계는 격자를 통과하는 입자의 운동을 드러낸다. 입자의 경로를 어떻게 숫자들로 설명할 수 있을까? 경로를 따라 사건의 좌표를 기록하여 설명할 수 있다. 연속적인 사건의 좌표 사이의 차이는 입자의 속도를 나타낸다. 속력 v의 관습 단위는 m/s이다. 그러나 시간을 빛이동 시간미터 단위로 측정하는 경우 속력은 시간미터 당 이동한 거리로 표현된다. 혼란을 피하기 위해 시간미터 당 미터로 표현되는 속도를 그리스 문자 베타(β)로 표시한다. 빛은 1 빛이동 시간미터 당 1미터를 이동하므로 $\beta_{빛} = 1$이다. 시간미터 당 미터 단위로 나타내는 다른 입자들의 속력은 광속의 분수로 표현된다. 다시 말해, $\beta = v/c$이다. 이제부터는 광속을 c로 표기한다.

격자가 관성 기준틀을
구성하는지에 대한 확인

시계 격자를 통과하는 시험 입자의 운동 또는 기록 시계에 찍힌 동시 기록으로부터 격자가 관성 기준틀을 구성하는지 여부를 결정할 수 있다. 찍힌 기록이 (a) 시험 입자가 특정 정확도 내에서 직선에 놓인 시계를 따라 연속적으로 움직이며, (b) 기록으로부터 계산된 시험 입자의 속력 β가 특정 정확도 내에서 일정하고, (c) 주어진 공간과 시간 영역에서 추적할 수 있는 모든 입자의 경로로부터 동일한 결과를 얻어내면, 격자는 그 시공간 영역에서 관성 기준틀을 구성한다.

특정 기준틀이 관성 기준틀인지 여부를 결정하기 위해 해당 기준틀에 대한 시

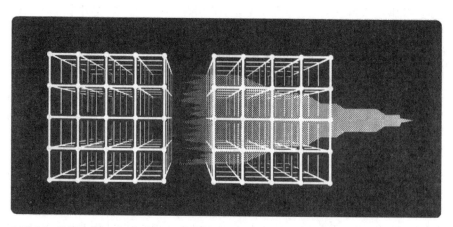

그림 10. 실험실과 로켓 기준틀. 두 격자는 직전에 서로 맞물려 있었다.

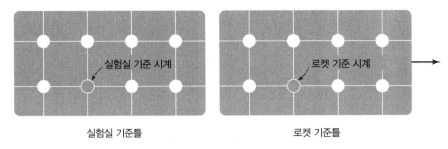

실험실 기준틀   로켓 기준틀

그림 11. 그림 10을 조금 더 도식화한 실험실과 로켓 기준틀. 각 기준틀의 중앙에 놓인 시계는 음영 처리되어 있다.

험 입자의 운동에 대해 다시 한 번 설명하였다. 동일한 시험 입자와, 입자들이 충돌하는 경우 동일한 충돌은 한 관성 기준틀에서뿐만 아니라 다른 관성 기준틀에서도 설명될 수 있다. 미터자와 시계로 구성된 두 개의 격자로 기술되는 두 개의 기준틀을 생각하자. 두 기준틀은 x축이 서로 일치하며, 한 기준틀이 다른 기준틀에 대해 일정한 상대 운동을 하고 있다. 그림 10, 11에서와 같이, 두 기준틀 중 하나를 **실험실 기준틀**(laboratory frame)이라 하고, 이 실험실 기준틀에 대해 $+x$ 방향으로 움직이는 다른 기준틀을 **로켓 기준틀**(rocket frame)이라고 하자. 로켓은 무동력 상태로 실험실에 대해 일정한 속도로 항해한다. 3절과 그림 8에서 설명한 바와 같이, 두 기준틀에 공통인 시공간 영역이 있다는 의미에서 로켓과 실험실 격자는 **중첩되어** 있다. 시험 입자는 시공간의 공통 영역에서 운동한다. 각자의 시계에 기록된 시험 입자의 운동으로부터 각 기준틀의 관찰자는 자신의 기준틀이 관성 기준틀임을 확인한다.

> 실험실 기준틀과 로켓 기준틀: x축이 일치한다.

폭죽이 폭발한다. 폭발에 가장 가까운 실험실 격자와 로켓 격자의 시계가 각각이 폭발을 기록한다. 기록된 두 시계의 좌표를 어떻게 비교할 수 있을까? 상대성 원리로부터, 실험실과 로켓의 시계는 동일한 y 좌표를 갖는다는 결과를 즉시 도출할 수 있다. 이를 증명하기 위해, 로켓 시계에 젖은 페인트 붓이 있어서 시계가 지나가면서 실험실 격자에 자국을 표시한다고 하자. 그림 12는 $y = 1$ m인 특별한 경우의 예를 나타낸다. 실험실 격자 위의 페인트 자국은 $y = 1$인 로켓 시계의 실험실 y좌표를 측정하는 역할을 한다. 페인트 자국은 다른 곳이 아닌 정확히 실험실의 $y = 1$에 위치한 시계에 표시된다. 페인트 자국이 $y = 1$인 실험실 시계의 아래에

> 실험실 관찰자와 로켓 관찰자가 하나의 사건을 기록한다.

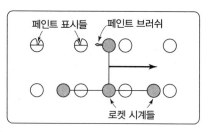

그림 12. 한 사건의 y좌표 값이 실험실 기준틀
과 로켓 기준틀에서 같음을 보여주는 예.

사건의 y좌표 값은 실험실
과 로켓 기준틀에서 같다.

나타난다고 가정하면, 두 기준틀의 관찰자는 $y = 1$인 로켓 시계가 $y = 1$인 실험실 시계의 '내부'를 통과했다는 데 동의할 것이다. 페인트 자국을 본 모든 관찰자가 이를 확인할 것이다. 마찬가지로, 페인트 자국이 $y = 1$인 실험실 시계 위에 나타나면, 두 기준틀의 관찰자는 $y = 1$인 로켓 시계가 $y = 1$인 실험실 시계의 '외부'를 통과했다는 데 동의할 것이다. 두 경우 모두 다른 실험을 이용하면 두 기준틀을 구별하는 방법이 있을 것이다. 그런데 상대성 원리는 관성 기준틀 사이를 구별하는 실험은 불가능하다는 가정을 포함하고 있다. 그러므로 우리는 어느 누구도 이 실험을 이용해서 두 기준틀을 구별할 수 없다고 가정하며, 이에 따라 폭죽 폭발과 같은 임의의 사건의 y좌표는 실험실 기준틀과 로켓 기준틀이 동일한 값을 갖게 된다.

사건의 z좌표 값은 실험실
기준틀과 로켓 기준틀에서
같다.

유사한 논의를 통해 한 사건의 z좌표는 로켓 기준틀과 실험실 기준틀이 동일한 값을 갖는다는 것을 보일 수 있다. 한 사건의 y좌표와 z좌표는 두 기준틀의 상대 운동 방향에 수직인 방향에서 측정된다는 것에 주의하자. 각 기준틀에서 상대 운동 방향에 수직으로 측정된 거리가 동일한 특징은 두 격자의 시계를 비교하는 명확한 방법을 제공한다. 로켓의 기준 시계에 부착된 거울과 기준 시계 바로 위에 위치한 $y = 1$인 로켓 시계에 부착된 거울 사이를 빛이 왕복한다고 하자. 이 빛은 로켓의 2 빛이동 시간미터마다 원점으로 되돌아온다. 실험실 기준틀에서도 동일한 y좌표까지 올라갔다가 내려오는 이 빛의 경로를 추적할 수 있다. 두 기준틀에서 광속의 동일성을 이용하면 로켓 기준틀에서 2미터를 왕복하는 데 걸리는 시간에 해당하는 실험실 시간을 계산할 수 있다. 이 계산은 다음 절에서 간격 불변성 (invariance of the interval)을 설명하도록 해준다.

5. 간격 불변성

두 대문 사이의 거리는 변위의 x성분과 y성분으로부터 계산된다. 이와 유사한 물리량인 두 사건 사이의 시공간 간격(interval)은 어떻게 구할 수 있을까? 두 사건 사이의 무엇으로부터 간격을 구할까?

섬광의 **방출**을 사건 A라 하고, 다른 물체에 반사된 이 섬광의 수신을 사건 B라고 하자. 중요한 것은 결국 두 사건 쌍이며, 빛 자체와 그 빛을 반사하는 물체는 관심의 대상이 아니다. 그럼에도 불구하고, 시공간에서 섬광의 궤적을 분석하면 모든 관성 기준틀에서 동일한 값을 가지며 두 사건과 관련된 물리량인 간격을 쉽고 빠르게 얻을 수 있다.

사건 A: 점화 플러그가 작동한다. 섬광은 그림 13의 반사 거울 R까지 날아 올라갔다가 다시 내려온다. **사건 B**: 섬광이 기록된다. 이제 자세히 살펴보자.

실험실 기준틀에서 시간이 0인 순간 x, y, z좌표계의 원점에서 점화 플러그가 작동하여 섬광을 방출한다(검은색 음영). 그 순간 옆을 지나던 로켓은 빛의 방출이 자신의 기준틀의 원점(검은색 음영)에서 시간 0인 순간 일어난다고 기록한다. 따라서 방출 사건의 좌표는 다음과 같다.

$$x_\text{방출} = 0, \quad y_\text{방출} = 0, \quad t_\text{방출} = 0 \quad \text{(실험실 기준틀)}$$
$$x'_\text{방출} = 0, \quad y'_\text{방출} = 0, \quad t'_\text{방출} = 0 \quad \text{(로켓 기준틀)}$$

반사 거울은 원점으로부터 1미터 위의 로켓 시계에 달려 있다.

모든 관성 기준틀에서 동일한 값을 갖는 분리 AB를 측정하는 방법

사건 A: 섬광 방출
사건 B: 섬광 수신

자세한 과정: 사건 A와 B의 실험실 좌표계와 로켓 좌표계

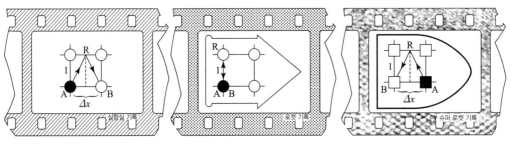

A. 실험실 기준틀에서 관찰한 빛의 경로
B. 로켓 기준틀에서 관찰한 빛의 경로
C. 슈퍼 로켓 기준틀에서 관찰한 빛의 경로

그림 13. 로켓 기준틀의 원점에서 방출된 기준 섬광의 반사 및 수신.

5. 간격 불변성 **29**

로켓 기준틀에서 섬광의 방출과 수신은 같은 장소에서 일어난다. 섬광은 2미터 거리를 왕복한다. 왕복 시간은 2 빛이동 시간미터이다. 따라서 로켓 기준틀에서 수신 사건의 좌표는 다음과 같다.

$$x'_{수신} = 0, \quad y'_{수신} = 0, \quad t'_{수신} = 2시간미터$$

절대 좌표 값보다 더 적절한 것은 수신 사건과 발신 사건 사이의 좌표 차로, 다음과 같이 주어진다.

$$\Delta x' = x'_{수신} - x'_{방출} = 0$$
$$\Delta y' = y'_{수신} - y'_{방출} = 0$$
$$\Delta t' = t'_{수신} - t'_{방출} = 2시간미터$$

실험실 기준틀에서는 섬광 수신 위치는 원점이 아니라 원점에서 오른쪽으로 거리가 Δx 떨어진 곳이다. 로켓의 속력이 빠를수록 Δx가 크며, 로켓의 속력이 작을수록 Δx는 작다. (그림에서는 거리가 1미터로 표시되지만 아래의 분석은 거리에 관계없이 성립한다.) 실험실 기준틀에서 섬광은 밑변이 ($\Delta x/2$)이고 높이가 1미터인 두 직각 삼각형의 빗변을 따라 이동한다. 따라서 섬광의 총 이동 거리는 다음과 같다.

$$2[1 + (\Delta x/2)^2]^{1/2}$$

로켓 기준틀과 실험실 기준틀에서 광속이 동일하다는 비상식적이지만 참된 자연의 본성을 상기하자. 그러므로 실험실 기준틀에서 방출과 수신 사이의 시간차는 동일한 공식인

$$\Delta t = t_{수신} - t_{방출} = 2[1 + (\Delta x/2)^2]^{1/2} \tag{4}$$

로 주어진다. 이때 사용된 단위는 빛이동 시간미터이다.

실험실 관찰자와 로켓 관찰자에게 A와 B 사이에 경과된 시간은 서로 다른 값을 갖는다.

이 시간이 2 시간미터보다 큰 이유는 무엇일까? 그 이유는 그림 13A에서 직각 삼각형의 빗면이 높이보다 크기 때문이다! 두 기준틀에서 방출과 수신 사이의 시간차가 같지 않다는 결론은 논란의 여지가 없다.

수신 사건과 방출 사건 사이의 시간차와 공간 차는 표 5에 요약되어 있다. 주간 측량사와 야간 측량사가 측정한 두 대문 사이의 분리의 좌표 Δx와 Δy가 다르

표 5. 수신 사건과 방출 사건 사이의 좌표 차

실험실 기준틀	로켓 기준틀
$x_{수신} - x_{방출} = \Delta x$ $t_{수신} - t_{방출} = \Delta t = 2[1 + (\Delta x/2)^2]^{1/2}$시간미터	$x'_{수신} - x'_{방출} = \Delta x' = 0$ $t'_{수신} - t'_{방출} = \Delta t' = 2$시간미터

듯, 두 기준틀에서 시간 경과와 공간 분리는 다르게 관측된다! 그런데 측량사의 경우, 대문 사이의 거리의 제곱인 좌표의 조합은 두 측량사가 동일한 값을 갖는다.

$$(거리)^2 = (\Delta x)^2 + (\Delta y)^2 = (\Delta x')^2 + (\Delta y')^2$$

실험실 기준틀과 로켓 기준틀에서 동일한 값을 갖는 두 사건의 좌표 조합이 존재할까? 대답: 그렇다! 간격의 제곱, 즉

$$(간격)^2 = (\Delta t)^2 - (\Delta x)^2 = (\Delta t')^2 - (\Delta x')^2 = (2시간미터)^2 \tag{5}$$

실험실 관찰자와 로켓 관찰자에게 A와 B 사이의 간격은 동일한 값을 갖는다.

이 동일한 값을 갖는데, 이는 표 5에 나열된 값들로부터 직접 확인할 수 있다.

이 두 사건을 분석하기 위해 선택한 로켓 기준틀은 방출과 수신이 동일 장소에서 발생한다는 점에서 다소 특별한 기준틀이다. 그림 13C는 실험실 기준틀에 대해 운동하는 첫 번째 로켓 기준틀보다 더 빠르게 운동하는 두 번째 로켓 기준틀 (슈퍼 로켓 기준틀)에서 반사되는 빛의 경로를 보여준다. 두 번째 로켓 기준틀에서 방출과 수신의 x좌표 차인 $x''_{수신} - x''_{방출} = \Delta x''$은 음의 값을 갖는데, 그 이유는 이 기준틀의 음의 x축에서 수신이 발생하기 때문이다. 그럼에도 불구하고, $(-\Delta x'')^2 = (\Delta x'')^2$이기 때문에 그림 13C에서 직각 삼각형을 이용해서 두 번째 로켓 기준틀에서 빛의 총 이동 거리가 $2[1 + (\Delta x''/2)^2]^{1/2}$임을 보일 수 있는데, 이 표현은 실험실 기준틀에서의 표현과 동일하다. 광속은 로켓 기준틀과 두 번째 로켓 기준틀에서 동일한 값을 가지므로 빛의 방출과 수신 사이의 시간차는 다음과 같이 주어진다.

$$t''_{수신} - t''_{방출} = \Delta t'' = 2[1 + (\Delta x''/2)^2]^{1/2}$$

그러므로

$$(\Delta t'')^2 - (\Delta x'')^2 = (2미터)^2$$

간격 AB는 모든 로켓 기준틀에서 동일한 값을 갖는다!

가 되므로 다음과 같이 요약할 수 있다.

$$(\Delta t)^2 - (\Delta x)^2 = (\Delta t')^2 - (\Delta x')^2 = (\Delta t'')^2 - (\Delta x'')^2 = (2\text{시간미터})^2 \qquad (6)$$

이제 섬광의 방출, 반사 거울, 되돌아오는 섬광 등은 모두 잊어버리자. 이들은 서로 다른 기준틀에서 동일한 값을 갖는 양을 밝히는데 도움을 주는 도구일 뿐이었다. 지금부터는 간격 자체에 집중하고, 유도 과정도 무시하자.

지금까지 배운 것은 무엇인가? 로켓 기준틀의 동일한 지점($\Delta x' = 0$)의 서로 다른 시간($\Delta t' = 2$시간미터)에서 두 사건 A와 B가 발생한다. 실험실 기준틀에서 볼 때, 두 사건은 공간적으로 Δx의 거리만큼 떨어져 있기 때문에 로켓이 빠르게 움직일수록 거리가 더 멀어진다. 이 결과는 놀랄만한 일이 아니다. 누구나 "무엇이 더 분명한가!"라고 말할 수도 있다. 놀라움은 다른 데 있다. 첫째, 실험실 기준틀에서 기록된 두 사건 사이의 **시간 Δt는 로켓 기준틀에서의 값과 같지 않다.** 둘째, 실험실 시계에 기록된 A와 B 사이의 시간은 로켓 시계에 기록된 시간보다 크다. 즉, $\Delta t \geq \Delta t'$이다. 셋째, 표 5에서 볼 수 있듯이, 시간 증가 인자

$$\Delta t / \Delta t' = [1 + (\Delta x/2)^2]^{1/2}$$

은 로켓의 빠르기에 따라 달라진다. 로켓이 느리게 움직여서 두 사건 A와 B 사이의 거리가 작은 경우, 시간 증가 인자는 거의 1에 가깝다(즉, 증가 자체가 매우 작다). 그러나 로켓이 매우 빠르게 움직이면 Δx가 매우 크기 때문에 두 시간 사이의 불일치 요인은 엄청나게 커진다. 넷째, 새롭게 발견된 두 기준틀에 기록된 **시간 차**와 두 기준틀에서 사건의 공간 분리 사이에 잘 알려진 차이($\Delta x \neq \Delta x' = 0$)에도 불구하고, 로켓 기준틀에서 A와 B 사이의 2 빛이동 시간미터와 같은 값을 같은 양이 실험실 기준틀에도 존재한다. 간격이 바로 그것이며, 다음과 같이 주어진다.

$$(\text{간격}) = \left[(\Delta t)^2 - (\Delta x)^2 \right]^{1/2}$$

로켓의 속력이 매우 클 경우 Δx도 매우 클 것이며, 이에 따라 Δt 또한 매우 클 것이다. Δt의 크기는 Δx의 크기에 완벽하게 맞춘다. 결과적으로 Δx와 Δt가 개별적으로 얼마나 크냐에 관계없이 특별한 양인 $(\Delta t)^2 - (\Delta x)^2$은 $(2$시간미터$)^2$의 값을 갖는다.

두 관성 기준틀에서 동일한 것, 거의 같은 것, 다른 것

이러한 모든 관계는 그림 13A에서 한눈에 볼 수 있다. 첫 번째 직각 삼각형은 빗변이 $\Delta t/2$이고, 밑변이 $\Delta x/2$이다. $(\Delta t)^2 - (\Delta x)^2$ 또는는 $(\Delta t/2)^2 - (\Delta x/2)^2$이 표준 값을 갖는다는 것은 로켓이 얼마나 빨리 움직이느냐에 상관없이 이 직각삼각형의 높이는 고정된 크기(도표에서는 1미터)를 갖는다는 것이다. 그렇다면 로켓의 속도에 관계없이 $(\Delta t/2)^2 - (\Delta x/2)^2$의 값이 $(2시간미터)^2$이라는 사실을 입증하는 논의의 핵심은 무엇이었을까? 핵심은 상대성 원리였는데, 이에 의하면 한 관성 기준틀과 다른 관성 기준틀 사이의 물리학 법칙에 아무런 차이가 없다. 상대성 원리는 여기에서 두 가지 다른 방식으로 사용되었다. 첫째, 상대 운동 방향에 수직인 거리가 실험실 기준틀과 로켓 기준틀에서 동일한 크기로 기록된다고 추론하는 데 사용되었다. 그렇지 않다면 한 기준틀에서 더 짧은 수직 거리를 갖기 때문에 다른 기준틀과 구별될 수 있게 된다. 둘째, 로켓 기준틀과 실험실 기준틀에서 광속이 동일해야 한다고 추론하는 데 사용되었다. 이 추론은 케네디–손다이크 실험에 의해 뒷받침된다. 광속이 일정하기 때문에, 실험실 기준틀에서 빛의 이동 경로(두 삼각형의 빗변)는 로켓 기준틀의 단순한 왕복 경로(두 삼각형의 높이: 위 아래로 1미터)보다 길다는 사실은 로켓 기준틀보다 실험실 기준틀에서 왕복 시간이 더 길다는 것을 의미한다.

간단히 말해, 그림 13A의 기본적인 삼각형 하나에 특수 상대성 이론의 모든 것의 기초가 되는 네 가지 중요 개념인 수직 거리 불변성, 광속 불변성, 공간과 시간의 기준틀 의존성, 간격 불변성이 모두 표시된다.

그림 13A가 특수 상대성 이론의 모든 것을 기억하기 쉬운 형태로 요약하여 보여준다 할지라도 그림에 대한 앞의 분석은 언뜻 보기에 터무니없는 결론으로 보이게 한다. 두 사건 사이의 시간 경과는 로켓보다 실험실에서 더 길다는 것을 어떻게 이해할 수 있을까? '상대 운동 방향에 수직인 거리'는 같으며 '그렇지 않으면 더 짧은 수직 거리를 갖는 기준틀을 다른 기준틀과 구별할 수 있다는 것은 이미 언급하지 않았나?' 두 기준틀에서 시간 경과의 차이는 어떤가? 이 차이는 한 기준틀에서의 물리학을 다른 기준틀에서의 물리학과 구별하는 방법을 제공하는 것이 아닌가? 모든 관성 기준틀은 동등하다는 상대성 원리에 의해 이와 같은 차이가 아직 제거되지 않았나?

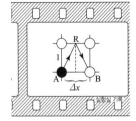

하나의 도표가 특수 상대론의 네 가지 중요한 개념을 설명한다.

그림 13A. 29쪽

실험실과 로켓의 시간 경과가 다른 것은 모순인가?

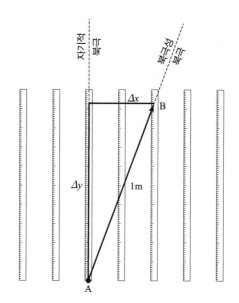

그림 14. 점 A와 점 B의 남북 분리("A에 대한 B의 북향 성분")는 북쪽 방향의 선택에 달려 있다.

'북쪽'(유클리드)의 상대성
과 비교되는 시간(로런츠)
의 상대성

이 질문들에 대한 답을 얻기 위해 다시 측량사 우화로 되돌아가서 그림 14의 점 B를 고려해보자. 야간 측량사가 북극성 북쪽으로 계산한 바에 따르면, 이 점은 점 A로부터 직선으로 1미터인 북쪽에 있다. 이제 주간 측량사와 자북에 따른 점 B의 위치를 고려해보자. 주간 측량사에게도 A와 B 사이의 y 방향의 분리 Δy(측량 용어: A에 대한 B의 북향 성분)도 1미터일까? 답은 1미터보다 작다는 것이다. 어떻게 이럴 수 있을까? 그 이유는 직각 삼각형의 높이 (Δy)가 빗변(1미터)보다 작기 때문이다. 이것이 주간 좌표계의 측량 규칙이 야간 좌표계의 측량 규칙과 다르다는 것을 의미할까? 이는 분명히 아니다! 마찬가지로, A와 B 사이에 더 긴 시간 경과를 기록하는 실험실 시계의 구성이나 기능에는 아무런 결함이 없다. 실험실 시계와 로켓 시계 사이의 '불일치'는 시공간 기하학 자체의 특성에 기인한 것이다. 세상은 이렇게 만들어진 것이다! 시공간의 로런츠 기하학과 측량사 세계의 유클리드 기하학 사이의 유사점이 표 6에 자세히 주어졌다.

표 6. 주간과 야간 좌표계에서 두 점 A와 B 사이의 북향 성분 차이와 실험실과 로켓 기준틀에서 두 사건 A와 B 사이의 시간차에 대한 비교

질문	두 점 A와 B 사이의 북향 성분의 차이에 대한 측량 학생의 답변 (그림 14 참조)	두 사건 A와 B 사이의 시간차에 대한 시공간 물리학 수강생의 답변(그림 13 참조)
A와 B 사이의 분리가 가장 단순하게 보이는 기준틀은 어떤 기준틀인가?	북극성 북쪽에 기초한 야간 측량사의 좌표계.	로켓 기준틀.
이 기준틀에서 무엇이 단순화하는 특성인가?	두 점이 동일한 x'좌표를 갖는다. 즉, $\Delta x' = 0$.	두 사건이 동일한 x'좌표를 갖는다. 즉, $\Delta x' = 0$.
왜 이 특성은 분리 AB의 측정을 단순화할까?	북극성 북쪽을 향하는 미터자 하나면 (1) 두 점이 동일한 x'좌표를 갖는다는 것을 확인하고 (2) A에 대한 B의 북향 성분을 직접 측정하는 데 충분하다.	로켓 기준틀에 부착된 기록 시계 하나면 (1) 두 사건이 동일한 x'좌표를 갖는다는 것을 확인하고, (2) A에 대한 B의 시간 지연을 직접 측정하는 데 충분하다.
분리 AB를 분석하기 위한 새로운 기준틀로 어떤 것이 있을까?	자기 북극에 기초한 주간 측량사의 좌표계.	실험실 기준틀.
새로운 기준틀로 분리를 분석할 때 나타나는 어려움은 무엇일까?	자기 북극을 향하는 미터자 하나로는 A와 B 모두의 위치를 정할 수 없다.	실험실 기록 시계 중 하나만으로는 A와 B 모두를 기록할 수 없다.
이 어려움을 어떻게 해결할까?	북쪽을 향하는 미터자 두 개가 필요하다. 하나를 다른 하나의 오른쪽으로 Δx미터 떨어진 위치에 놓는다.	실험실 시계 두 개가 필요하다. 하나를 다른 하나의 오른쪽으로 Δx미터 떨어진 위치에 놓는다.
이 측정 도구 중 첫 번째 도구에 기록되는 것은 무엇인가?	$y = 0$에 위치한 점 A.	$t = 0$에서 발생한 사건 A.
두 번째 측정 도구에 기록되는 것은?	북쪽으로 Δy 미터 떨어진 위치의 점 B.	Δt초만큼 지연된 사건 B.
그렇게 찾은 B의 좌표로부터 A와 B의 분리를 직접 측정할 수 있을까?	없다! 북향 성분 Δy는 거리 AB보다 작다. 더 정확히는 $\Delta y = [(AB)^2 - (\Delta x)^2]^{1/2}$이다.	없다! 지연된 시간 Δt는 간격 AB보다 크다. 조금 더 정확히는 $\Delta t = [(AB)^2 + (\Delta x)^2]^{1/2}$이다.
그렇다면 이 기준틀에서의 측정으로부터 어떻게 분리 AB를 구할 수 있을까?	거리에 대한 공식 (거리)$^2 = (\Delta x)^2 + (\Delta y)^2$으로부터 구한다. (위의 항목에서 Δy에 대한 식을 대체하여 확인하라!)	간격에 대한 공식 (간격)$^2 = (\Delta t)^2 - (\Delta x)^2$으로부터 구한다. (위의 항목에서 Δt에 대한 식을 대체하여 확인하라!)
현재의 예에서 프라임(′) 기준틀과 프라임 붙지 않은 기준틀에서 측정한 값 사이의 차이는 무엇인가?	Δy가 $\Delta y' (= \text{AB})$보다 작다.	Δt가 $\Delta t' (= \text{AB})$보다 크다.

질문	두 점 A와 B 사이의 북향 성분의 차이에 대한 측량 학생의 답변 (그림 14 참조)	두 사건 A와 B 사이의 시간차에 대한 시공간 물리학 수강생의 답변(그림 13 참조)
이 결과가 비상식적이지는 않은가?	동일한 미터자가 동일하지 않은 북쪽 성분을 나타낸다는 의미인가?	동일한 시계가 동일하지 않은 시간을 기록한다는 의미인가?
그렇다면 이 불일치가 추론 과정에서 어떤 내적 모순이 있음을 보여주는 것은 아닌가?	아니다! 야간 미터자 하나면 거리 AB를 충분히 설정할 수 있다. 그러나 주간 미터자 하나만으로는 A에 대한 B의 자기 북향을 설정할 수 없다. 따라서 주간 미터자는 야간 미터자와 불일치한다고 말할 수 없다.	아니다! 로켓 시계 하나면 간격 AB를 기록할 수 있다. 그러나 실험실 시계 하나만으로는 A에 대한 B의 실험실 시간 지연을 설정할 수 없다. 따라서 실험실 시계가 로켓 시계와 불일치한다고 말할 수 없다.
좌표 값 사이에 일방적인 차이의 원인이 되는 두 기준틀 사이에 어떤 근본적인 차이가 있는 것인가?	없다!	없다!
그렇다면 일방성의 원인은 무엇인가?	점 B는 우연히 A와 같은 북극성 북쪽 선상에 있지만, A와는 달리 같은 자북 선상에 있지 않다.	사건 B는 우연히 로켓 기준틀에서 A와 같은 점에서 발생하지만, 실험실 기준틀에서는 A와 다른 점에서 발생한다.
두 기준틀에서 물리학의 동일한 특성을 어떻게 쉽게 설명할 수 있을까?	A와 동일한 x좌표를 갖는 점 C를 선택한다. (C는 A에 대해 자북 선상에 위치한다.)	A와 동일한 x좌표를 갖는 사건 C를 선택한다. (시험실 기준틀에서 C는 A와 동일한 위치에 있지만 시간적으로는 늦다.)
이렇게 선택한 C에 대해, 프라임(′) 기준틀과 프라임 붙지 않은 기준틀에서 측정한 값들 사이에 어떤 차이가 있나?	$\Delta y(= AC)$는 $\Delta y'$보다 크다.	$\Delta t(= AC)$는 $\Delta t'$보다 작다.
이 논의를 어떻게 요약할 수 있을까?	두 좌표계에서 서로 다른 값을 갖는 AB의 북향 성분에 대한 역설은 없다. 불일치는 미터자의 결함 때문이 아니다. 어떤 잘못도 없다. '불일치'는 유클리드 기하학의 내부 작용에 기인한 것이다.	두 기준틀에서 서로 다른 값을 갖는 A에서 B까지의 시간 경과에 대한 역설은 없다. 불일치는 시계의 결함 때문이 아니다. 어떤 잘못도 없다. '불일치'는 모든 물리 현상이 일어나는 시공간의 기하학 구조에 기인한 것이다.

6. 시공간 도표; 세계선

바로 앞 절에서 살펴보았던 사건의 방출과 수신을 보는 간단한 방법은 그림 15와 같이 시공간 도표의 수평 축에 사건의 위치를, 수직 축에 사건의 시간을 그리는 것이다. 빛은 첫 번째 로켓의 기준 시계에 부착된 점화 플러그에서 **방출된다**. 이 시계가 실험실 기준 시계를 통과하는 순간 플러그가 작동한다. 이때 두 시계의 시간은 0이다. 그러므로 방출 사건은 로켓 관측자가 그린 시공간 도표의 원점에 위치한다.

시공간 도표: 사건을 나타내는 간단한 방법

$$x'_{\text{방출}} = 0, \qquad t'_{\text{방출}} = 0$$

이 사건은 실험실 관측자가 그린 시공간 도표에서도 원점에 위치한다.

$$x_{\text{방출}} = 0, \qquad t_{\text{방출}} = 0$$

그러나 이 광선의 이후의 이력은 실험실과 두 로켓의 시공간 도표에서 다르게 그려진다. 첫 번째 로켓에서는 반사된 섬광의 수신은 기준 사건보다 2시간미터 후에 $x' = 0$에 나타난다.

$$x'_{\text{수신}} = 0, \qquad t'_{\text{수신}} = 2\text{시간미터}$$

이는 표 5에 기록되어 있을 뿐만 아니라 그림 15B에서 좀 더 직접적으로 볼 수 있다. 실험실 기준틀에서 수신 사건은 그림 15A에서 볼 수 있듯이 원점의 오른쪽에 위치한다.

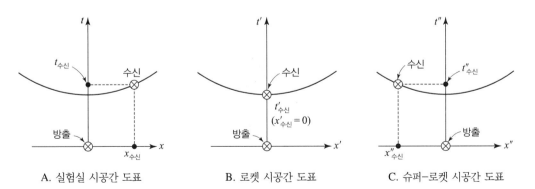

A. 실험실 시공간 도표   B. 로켓 시공간 도표   C. 슈퍼-로켓 시공간 도표

그림 15. 기준 섬광의 방출, 반사, 수신을 표시한 시공간 도표. 그림에서 쌍곡선은 식 (간격)$^2 = t^2 - x^2 = t'^2 - x'^2 = t''^2 - x''^2$을 만족한다.

$$x_{\text{수신}} > 0,$$

$$t_{\text{수신}} = [2\text{시간미터} + x_{\text{수신}}^2]^{1/2} = 2\text{시간미터보다 큰 시간}$$

첫 번째 로켓보다 더 빠르게 이동하는 두 번째 로켓에서 수신 사건은 그림 15C에서 볼 수 있듯이 원점의 왼쪽에 나타난다.

$$x''_{\text{수신}} < 0,$$

$$t''_{\text{수신}} = [2\text{시간미터} + (x''_{\text{수신}})^2]^{1/2} = 2\text{시간미터보다 큰 시간}$$

불변량인 간격은 시공간 도표에서 쌍곡선에 해당한다.

다른 시공간 도표에서 '수신'으로 표시된 점들은 모두 **동일한 사건**을 나타낸다. 사건은 동일하지만 사건의 좌표는 기준틀마다 다르다. 동일 사건의 서로 다른 좌표에는 어떤 공통점이 있을까? 좌표들은 모두 다음 방정식을 만족한다.

$$(\text{시간 분리})^2 - (\text{공간 분리})^2 = (\text{간격})^2 = \text{일정}$$

이 식은 쌍곡선 방정식이다. 따라서 (실험실 기준틀이든 로켓 기준틀이든) 임의의 실험실 기준틀 혹은 로켓 기준틀에서 그린 시공간 도표에서 '$t^2 - x^2$ = 일정'을 만족하는 쌍곡선 위에 나타나는 사건은 다른 모든 기준틀의 시공간 도표에서 동일한 방정식을 만족하는 쌍곡선 위의 어딘가에 나타난다.

마찬가지로 하나의 대문에 대해 주간 측량사와 야간 측량사가 얻은 서로 다른 좌표 값들을 연계시키는 단일 곡선도 존재할까? 예를 들어, 마을 광장에 대한 대문 A의 x와 y좌표는 그림 16과 같이 북쪽 방향 선택에 달려 있다. 대문 A에 대한

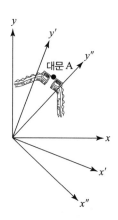

그림 16. 주간, 야간, 제3의 측량사의 북쪽의 상대적 기준

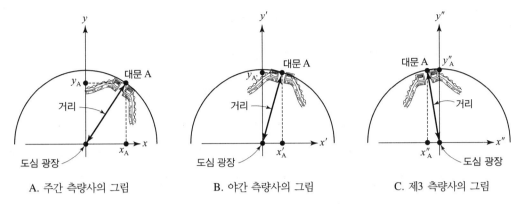

| A. 주간 측량사의 그림 | B. 야간 측량사의 그림 | C. 제3 측량사의 그림 |

그림 17. 주간, 야간, 제3의 측량사가 관찰한 대문 A의 좌표. 그림에서 원은 방정식 $(거리)^2 = x^2 + y^2 = x'^2 + y'^2 = x''^2 + y''^2$을 만족한다.

주간과 야간 그림이 그림 17A와 17B에 그려져 있다. 주간 축에 대한 야간 축보다 훨씬 더 많이 회전한 세 번째 축을 생각해보자. 이 세 번째 축을 사용하는 측량사의 경우 대문의 x''좌표는 그림 17C에서 보듯이 음의 값을 갖는다.

그림 17의 세 그림에서 '대문 A'라고 표시된 점들은 모두 **동일한 대문**을 나타낸다. 대문은 동일하지만 대문의 좌표 값들은 그림마다 다르다. 동일한 대문의 서로 다른 좌표에는 어떤 공통점이 있을까? 좌표들은 모두 다음 방정식을 만족한다.

> 불변량인 거리는 xy 도표에서 원에 해당한다.

$$(x \text{ 분리})^2 + (y \text{ 분리})^2 = (거리)^2 = 일정$$

이 식은 원 방정식이다. 따라서 임의의 한 측량사 좌표계에서 '$x^2 + y^2 = $ 일정'을 만족하는 원 위에 표시되는 점은 다른 모든 측량사 좌표계에서도 동일한 방정식을 만족하는 원 위의 어딘가에 표시된다.

교과서에 나오는 유클리드 기하학과 실제 시공간의 로런츠 기하학에는 근본적인 차이가 있다. 유클리드 기하학에서는 두 점 사이의 **거리**가 불변량이며, 그 결과 모든 측량사에게 대문 A는 xy 평면에서 마을 광장을 중심으로 하는 원 위의 어딘가에 놓인다. 로런츠 기하학에서는 사건 사이의 간격이 불변량이며, 그 결과 모든 실험실 관측자와 로켓 관측자에 대해 주어진 하나의 사건은 기준 사건과 연관된 시공간 도표에서 **쌍곡선** 위의 어딘가에 놓인다.

유클리드 기하학에서 길이 또는 길이의 제곱은 항상 양의 값을 갖는다.

$$(\Delta x)^2 + (\Delta y)^2 = (\Delta x')^2 + (\Delta y')^2 \geq 0$$

이에 반해, 로런츠 기하학에서 간격의 제곱

$$(\Delta t)^2 - (\Delta x)^2 = (\Delta t')^2 - (\Delta x')^2$$

은 시간 성분과 공간 성분의 크기에 따라 양수, 0, 또는 음수일 수 있다. 또한 간격은 모든 기준틀에서 동일한 값을 갖기 때문에 어느 한 기준틀의 간격이 셋 중 하나의 특성을 가지면 다른 모든 기준틀의 간격도 동일한 특성을 갖는다. 따라서 자연은 두 사건 사이의 관계를 분류하는 근본적인 방법을 제공한다. 두 사건 사이의 간격은 표 7에서 볼 수 있듯이 간격의 제곱이 양수인지 0인지 또는 음수인지에 따라 각각 **시간꼴**(timelike), **빛꼴**(lightlike), **공간꼴**(spacelike) 간격이라고 한다.

표 7. 두 사건 사이의 관계 분류

기술	간격의 제곱	명칭
간격의 시간 부분이 공간 부분보다 우세하다.	양수	시간꼴 간격
간격의 시간 부분이 공간 부분과 같다.	0	빛꼴 간격
간격의 공간 부분이 시간 부분보다 우세하다.	음수	공간꼴 간격

두 사건 사이의 간격은 간격의 특성이 시간꼴이냐 공간꼴이냐에 따라 다른 기호로 표현된다. 시간꼴 간격은 그리스 문자 타우(τ)로 표현되며, 두 사건 사이의 **불변 시간꼴 거리**(invariant timelike distance) 또는 두 사건 사이의 **고유 시간**(proper time) 때로는 **국소 시간**(local time)이라고 한다.

$$\Delta\tau = [(\Delta t)^2 - (\Delta x)^2]^{1/2} \tag{7}$$

두 사건 사이의 공간꼴 간격은 그리스 문자 시그마(σ)로 표현되며, 두 사건의 **불변 공간꼴 거리**(invariant spacelike distance) 또는 **고유 거리**(proper distance)라고 한다.

$$\Delta\sigma = [(\Delta x)^2 - (\Delta t)^2]^{1/2} \tag{8}$$

그림 18은 $t = 0$일 때 원점에서 x축을 따라 출발한 입자의 위치를 시간의 함수로 나타낸 것이다. 시공간 도표에서 위치 대 시간의 그림을 입자의 **세계선**(world

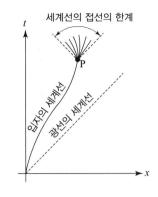

세계선의 접선의 한계

P

입자의 세계선

광선의 세계선

그림 18. 입자의 시간꼴 세계선

line)이라고 한다. 입자와 마주치는 개개의 격자 시계는 일치 순간을 기록한다. 따라서 입자의 세계선을 개별 사건의 일치 순간의 집합으로 간주할 수 있다. 지금까지 빛보다 빠르게 움직이는 입자는 발견되지 않았다. 따라서 입자는 1빛이동 시간미터 동안 1미터보다 **짧은** 거리를 이동한다. 이에 따라 이 세계선을 따라 일어나는 사건들은 공간 분리보다 더 큰 시간 분리를 갖는다. 즉, 입자의 세계선은 초기 사건에 대해서 뿐만 아니라 서로 간에도 **시간꼴**인 사건들로 구성된다. 다시 말해, **입자는 시간꼴 세계선을 따라야만 한다.** 광선은 1빛이동 시간미터 당 1미터의 거리를 이동한다. 빛의 세계선을 따르는 사건에서는 공간 간격과 시간 간격이 같다. 따라서 광선의 세계선은 초기 사건에 대해서 뿐만 아니라 서로 간에도 **빛꼴**인 사건들로 구성된다. 즉, **광선은 빛꼴 세계선을 따른다.**

거리는 유클리드 기하학에서 모든 응용의 핵심 개념이다. 예를 들면, 그림 19A와 같이 유연한 테이프 자를 이용하면 마을 광장에서 출발해서 대문 A를 통해 밖으로 나가는 경로의 거리 s를 쉽게 측정할 수 있다. 경로상의 인접한 두 점(예: 그림에서 3과 4로 표시된 두 점) 사이의 거리 Δs는 임의의 좌표계에서 두 점의 좌표 값들의 차이인 Δx와 Δy를 이용하여 계산할 수 있다. Δx와 Δy는 좌표계에 따라 다른 값을 갖지만, 거리가 불변량이기 때문에 두 점 사이의 거리는 어떤 좌표계에서 계산해도 동일한 값을 갖는다. 경로 상의 또 다른 인접한 두 점에 대한 거리도 그 거리 계산에 사용되는 좌표계에 무관하며, 경로의 모든 구간 길이의 합 역시 좌표계에 무관하다! 따라서 서로 다른 좌표계를 사용하는 측량사들은 모두 지

공간상의 경로는 길이를 갖는다.

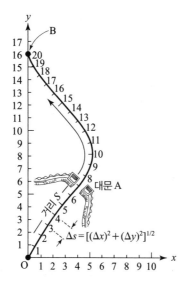

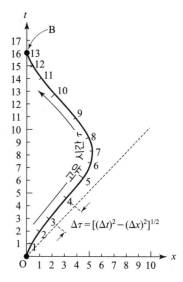

그림 19A. 마을 광장에서 시작하여 굴곡진 경로를 따르는 거리. 점 O에서 점 B까지 굴곡진 경로의 총 거리는 점 O에서 점 B까지 직선인 y축을 따르는 거리보다 크다는 것에 유의하라.

그림 19B. 시공간 도표에서 곡선인 세계선을 따르는 고유 시간. 사건 O에서 사건 B까지 곡선인 세계선을 따른 총 고유 시간은 사건 O에서 사건 B까지 직선인 t축을 따르는 고유 시간보다 작다는 것에 유의하라.

정된 시작점 O에서 지정된 최종점 P까지 주어진 경로를 따르는 거리에 대해 일치하는 값을 얻는다.

그림 19A에서 직선 OB를 따라 가는 것과 같이 다른 경로를 따라 O에서 B까지 진행할 수도 있다. 이때 경로의 길이는 원래 경로의 길이와 분명히 다르다. O와 B 사이의 경로에 따른 길이가 다른 것은 유클리드 기하학의 잘 알려진 특징으로 전혀 놀랄만한 것이 아니다. 유클리드 기하학에서 두 점 사이의 곡선 경로는 동일한 두 점 사이의 직선 경로보다 길다. 두 경로의 길이 사이에 차이가 존재하는 것은 어떤 법칙도 위배하는 것이 아니다. 테이프 자가 곡선 경로의 길이를 제대로 측정하지 못한다고 주장하는 사람은 없을 것이다.

길이는 직선 경로일 때 가장 짧다.

로런츠 기하학에서 세계선에 대한 **고유 시간**의 관계는 유클리드 기하학에서 경로에 대한 길이의 관계와 같다. 세계선은 사건 O에서 시작하여 사건 B에서 끝난다. O에서 시작해서 B에서 끝나는 세계선은 무수히 많다. 각각의 세계선에 대해 고유 시간의 경과는 잘 정의되지만, 그 값은 세계선마다 다른 값을 갖는다. 이게 놀랄만한 일일까? 이제 고유 시간을 정의하고 측정하는 방법에 대해 자세히 살펴 볼 필요가 있다.

그림 19B의 세계선을 따라 O에서 B까지 운동하는 입자를 생각해보자. 이 입자의 운동은 x축 상에서 속력이 변하는 운동이다. 입자가 자신에게 부착된 시계에 기록되는 매 시간미터마다 섬광을 방출한다고 하자. 연속적인 두 섬광(예: 그림의 3과 4로 표시된 두 섬광) 사이의 고유 시간 $\Delta\tau$는 한 관성 기준틀에서 측정한 두 사건의 좌표차인 Δx와 Δt를 이용해서 계산할 수 있다. 간격이 불변량이므로, Δx와 Δt가 각각 기준틀마다 다른 값을 갖더라도 두 사건 사이의 고유 시간은 어느 관성 기준틀에서 계산해도 동일한 값을 갖는다. 세계선 상의 연속적인 두 섬광 사이의 간격도 그 간격 계산에 사용되는 기준틀에 무관하며, 세계선을 따르는 모든 섬광의 고유 시간 간격의 합 또한 기준틀에 무관하다! 따라서 서로 다른 관성 기준틀의 관찰자들은 모두 지정된 초기 사건 O에서 지정된 최종 사건 B에 이르기까지 주어진 세계선을 따르는 고유 시간에 대해 일치하는 값을 얻는다.

고유 시간으로 측정한 세계 선의 경로

그림 19B에서 직선인 세계선 OB를 따르는 것과 같이 전혀 다른 세계선을 따라 사건 O에서 사건 B까지 진행할 수도 있다. 이때 경과되는 고유 시간은 원래의 세계선을 따를 때의 고유 시간과 다르다. 로런츠 기하학에서는 두 사건 사이의 곡선 세계선을 따라 경과되는 고유 시간이 동일한 두 사건 사이의 직선 세계선을 따라 경과되는 고유 시간보다 짧다. 유클리드 기하학과 로런츠 기하학 사이의 비교가 그림 20에 주어졌다. 곡선 경로 상의 인접한 두 점 사이의 거리는 동일한 두 점 사이의 y변위보다 항상 같거나 크다. 반면, 곡선 세계선을 따르는 인접한 사건 사이의 고유 시간은 직선 세계선을 따르는 해당 시간보다 항상 같거나 작다. 고유 시간을 결정하는 것은 두 사건 사이의 다른 세계선들을 비교하는 근본적인 방법이다.

고유 시간은 직선인 세계선 에서 가장 길다.

그림 19B와 그림 20B에서 점마다 세계선의 기울기가 변하는 것은 세계선을 따라 운반되는 시계의 속도가 변한다는 것을 의미한다. 즉, 시계가 가속된다. 시계가 충분히 작지 않으면, 가속될 때 시계들은 서로 다르게 작동한다. 일반적으로 시계는 작고 단단할 경우에만 큰 가속도를 견딜 수 있다. 시계는 작을수록 더 큰 가속도를 견딜 수 있으며, 세계선 곡선은 더 뾰족할 수 있다. 그림 19B나 그림 20B를 포함한 모든 그림에서 시계는 극도로 작은 이상적인 시계라고 가정한다.

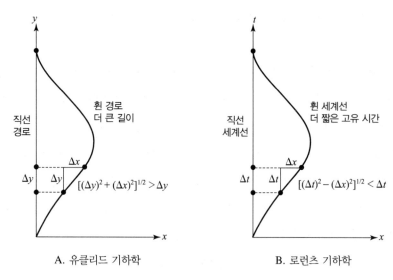

A. 유클리드 기하학　　　　　B. 로런츠 기하학

그림 20. 유클리드 기하학과 로런츠 기하학의 비교. 로런츠 기하학에서 직선보다는 곡선인 세계선을 더 짧은 고유 시간 안에 통과된다.

세 개의 세계선에 대해 비교한 O에서 B까지의 고유 시간

이제 입자와 시계가 큰 가속을 받는 운동은 자유롭게 분석될 수 있다. 그림 19B의 세계선의 단순하고 특별한 경우를 고려해보자. 입자가 서서히 속도를 올리거나 내림에 따라 세계선의 기울기가 서서히 변했다. 이제 큰 추진력을 가해서 가속이나 감속 시간을 점점 짧게 해보자. 이런 방법을 통해 고속의 안정된 운동을 하는 시간 비중이 점점 증가하게 되면, 결국 그림 21의 세계선 OQB와 같이 가속과 감속 시간이 너무 짧아서 시공간 도표에 나타나지 않는 극한의 경우에 이르게 된다. 이와 같이 단순한 극한의 경우 운동의 전체 이력은 (1) 초기 사건 O, (2) 최종

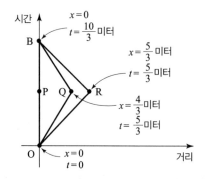

그림 21. 사건 O와 사건 B를 연결한 세 개의 세계선. 사건 Q와 R에서 속력의 급격한 변화는 가속도를 견디는 이상적인 매우 작은 시계에 대해 그렸다.

사건 B, 그리고 (3) 선회 지점 Q의 좌표 x에 의해 지정된다. 이 경우 O와 B 사이의 고유 시간의 경과가 중간 지점의 좌표 x에 따라 어떻게 달라지는지 쉽게 볼 수 있으며, 이에 따라 세 개의 세계선 OPB, OQB 및 ORB를 쉽게 비교할 수 있다.

경로 OPB는 움직이지 않는 입자의 세계선이다. 이 경우 입자는 내내 $x = 0$에 위치한다. O에서 P를 경유하여 B까지 가는 경로에서 고유 시간은 관성 기준틀 계에서 측정한 시간과 같은 것은 자명하다.

$$\tau_{OPB} = \frac{10}{3} \text{ 빛이동 시간미터}$$

반면, O에서 R를 경유하여 B까지 가는 경로 상에서 각 직선은 빛꼴이다. 각 직선 부분에 대해 변위의 공간 성분과 시간 성분이 서로 같으므로

$$\tau_{ORB} = (\text{직선 OR의 고유 시간의 2배}) = 2[(\text{시간})^2 - (\text{거리})^2]^{1/2} = 0$$

물론 어떤 시계도 광속만큼 빠르게 움직일 수는 없다. 따라서 세계선 ORB는 실제로 도달할 수 없지만, 이 세계선은 실제 도달할 수 있는 세계선의 이상적인 한계를 나타낸다. 다시 말해, 광속보다는 여전히 작지만 광속에 충분히 접근하는 속도는 가능하다. 따라서 이 속도로 어느 한 방향으로 이동한 다음 반대 방향으로 되돌아오는 여행은 원하는 만큼의 짧은 고유 시간의 경과 안에 시계를 $x = 0$으로 가져오게 할 수 있다.

극한의 경우인 ORB에 비해 세계선 OQB에 따른 고유 시간은 다음과 같이 주어진다.

$$\tau_{OQB} = \text{직선 OQ를 따른 고유 시간의 2배}$$
$$= 2\left[\left(\frac{5}{3}\right)^2 - \left(\frac{4}{3}\right)^2\right]^{1/2} = 2\left[\frac{25 - 16}{9}\right]^{1/2}$$
$$= 2\text{빛이동 시간미터}$$

이 값은 '직선' 세계선 OPB를 규정하는 고유 시간 $\tau_{OPB} = \frac{10}{3}$시간미터 보다 **짧다**!

실제 시공간의 물리적 세계에서 **고유 시간**은 교과서에 나오는 유클리드 기하학에서의 **거리**와는 매우 다른 것이 분명하다. 거리는 직접 경로일 때 가장 짧다. 즉, '직선은 두 점 사이의 최단 거리이다.' 이에 반해, 고유 시간의 경과는 집에 머무는 사람의 경우보다 여행을 떠나 고속으로 가속한 다음 방향을 되돌려 돌아오는

여행자의 경우가 더 짧다! (시계 역설에 관한 연습 문제 27번과 49번을 보라.) 간단히 말해, 유연한 테이프 눈금이 굴곡진 경로를 따르는 여행자의 이동 거리를 적절히 측정하는 것과 같이, 고유 시간은 세계선을 따라 이동하는 입자가 관찰하는 적절한 시간 측정이다.

7. 시공간 영역

y와 z좌표를 포함하는 간격 지금까지 두 사건 A와 B 사이의 간격을 다루면서 두 사건이 동일한 y좌표와 z좌표를 갖는 상황만 고려하였다. 이 경우 두 사건 사이의 공간적 분리는

$$거리 = \Delta x$$

로 측정되고, 간격은

$$[(\Delta t)^2 - (\Delta x)^2]^{1/2}$$

으로 주어진다. 그런데 x, y, z의 방향은 분명히 임의 선택의 문제이다. 축 방향을 달리 택하면 두 사건 사이의 분리의 성분 Δx는 다른 값을 가질 수 있다. 그러나 두 사건 사이의 공간적 분리는 축 방향 선택에 무관하며 다음과 같이 주어진다.

$$(거리)^2 = (\Delta x)^2 + (\Delta y)^2 + (\Delta z)^2$$

다시 말해, 이 값이 간격에 대한 완전한 공식에서 $(\Delta x)^2$을 대체하는 양이다. 따라서 두 사건

(t, x, y, z)일 때의 사건 A

$(t + \Delta t, x + \Delta x, y + \Delta y, z + \Delta z)$일 때의 사건 B

사이의 간격에 대한 완전한 표현식을 갖는다. 이는 간격이 시간꼴인 경우에는

$$(고유 시간 간격)^2 = (시간)^2 - (거리)^2 \tag{9}$$
$$= (\Delta t)^2 - (\Delta x)^2 - (\Delta y)^2 - (\Delta z)^2$$

으로 주어지고, 간격이 공간꼴인 경우에는

$$\text{(고유 거리 간격)}^2 = \text{(거리)}^2 - \text{(시간)}^2 \qquad (10)$$

$$= (\Delta x)^2 + (\Delta y)^2 + (\Delta z)^2 - (\Delta t)^2$$

으로 주어진다.

일상적인 유클리드 기하학에서와 같이 세 개의 덧셈 부호를 포함할 뿐만 아니라 한 개의 뺄셈 부호까지 포함한 '고유 거리 간격'에 대한 표현식으로 기술되는 새로운 종류의 기하학을 어떻게 이해해야 할까? 1908년에 민코프스키(Minkowski)가 했던 것과 같이 시간을 측정하기 위해 다음과 같이 정의되는 새로운 양 w를 도입할 수 있다.

시공간 결합에 관한 민코프스키의 통찰력

$$w = (-1)^{1/2}\, t$$

또는

$$\Delta w = (-1)^{1/2}\, \Delta t \qquad (11)$$

그러면 고유 거리 간격에 대한 표현은 다음과 같이 쓸 수 있다.

$$\text{(고유 거리 간격)}^2 = (\Delta x)^2 + (\Delta y)^2 + (\Delta z)^2 + (\Delta w)^2$$

이제 모든 부호가 양(+)이다. 이제 기하학은 표면적으로는 3차원이 아니라 4차원인 유클리드 기하학인 것처럼 보인다. 이 공식에 감명 받은 민코프스키는 '앞으로 공간 자체와 시간 자체는 단순한 그림자로 사라질 운명이고, 이 둘의 결합만이 독자적인 실체를 유지할 것'[*]라는 유명한 표현을 했다. 오늘날에는 시간과 공간의 결합한 것을 시공간(spacetime)이라 부른다. 시공간은 별, 원자, 그리고 인간이 살아 움직이고 존재하는 무대이다. 공간은 관찰자마다 다르다. 시간도 관찰자마다 다르다. 그러나 시공간은 모두에게 동일하다.

민코프스키의 통찰력은 물리적 세계를 이해하는 데 있어서의 핵심이다. 이는 모든 기준틀에서 동일한 간격과 같은 물리량에 주의를 집중시키며, 기준틀 선택에 따라 달라지는 속도, 에너지, 시간, 거리와 같은 물리량의 상대적 특성을 분명하게 해준다.

오늘 우리는 과장하지 않는 법을 배웠다. 민코프스키의 주장이다. 시간과 공간

시간과 공간의 차이

---

[*] A. Einstein *et al.*, *The Principle of Relativity*, (Dover Publications, New York).

은 더 큰 단일체의 분리할 수 없는 두 부분이라고 말하는 것은 옳다. 그러나 시간이 공간과 같은 양이라고 말하는 것은 옳지 않다. 왜 옳지 않을까? 거리처럼 시간도 미터 단위로 측정되지 않나? 측량사가 측정한 x좌표와 y좌표는 동일한 물리적 특성을 갖는 양이 아니란 말인가? 또는, 시공간 도표의 x좌표와 t좌표는 서로 같은 성질을 갖지 않는단 말인가? 그렇지 않다면, 공간꼴 간격에 대한 공식 $[(\Delta x)^2 + (\Delta y)^2 + (\Delta z)^2 - (\Delta t)^2]^{1/2}$에서 이 양들을 동등하게 취급하는 것이 어떻게 타당할 수 있단 말인가? '동등한 자격(equal footing)'은 옳고, '같은 성질(same nature)'은 틀리다. 이 공식에는 어떤 방법으로도 제거할 수 없는 **뺄셈 부호(−)** 가 있다. 공간과 시간이 다른 특성을 갖게 만드는 것이 바로 이 뺄셈 부호이다. 허수 $\Delta w = (-1)^{1/2}\Delta t$를 도입한다고 뺄셈 부호가 실제로 제거되는 것이 아니다. w가 실수라면 제거되지만, w는 실수가 아니다. 어떤 시계도 $(-1)^{1/2}$초나 $(-1)^{1/2}$시간미터를 기록할 수 없다. 실제 시계는 예를 들어 $\Delta t = 7$초와 같이 실제 시간을 보여준다. 결과적으로 '$-(\Delta t)^2$'항은 항상 거리 항 $[(\Delta x)^2 + (\Delta y)^2 + (\Delta z)^2]^{1/2}$의 부호와 반대이다. 어떤 방법을 써도 두 항의 부호를 같게 만들 수는 없다.

간격에 대한 표현식에서 시간 항과 공간 항의 부호 차이로 인해 로런츠 기하학에는 독특한 특성이 있는데, 이는 유클리드 기하학의 어떤 것과도 완전히 다르고 새로운 특성이다. 유클리드 기하학에서는 Δx, Δy 및 Δz가 모두 동시에 0이 아닌한, 두 점 사이의 거리 AB는 0이 될 수 없다. 이에 반해, 두 사건 A와 B의 공간적 분리 Δx, Δy, Δz와 시간적 분리 Δt가 각각 매우 클 때조차도 두 사건 사이의 간격 AB는 0이 될 수도 있다.

간격이 사라지는 경우 　어떤 조건에서 간격 AB가 0이 될까? A와 B 사이의 분리의 시간 부분이 공간 부분의 크기와 같을 때, 즉

$$\Delta t = \pm \left[(\Delta x)^2 + (\Delta y)^2 + (\Delta z)^2\right]^{1/2} \tag{12}$$

일 때, 간격 AB가 0이 된다. 이 조건의 물리적 의미는 무엇일까? 위 식의 오른쪽 표현식은 두 점 사이의 거리를 의미한다. 그런데 빛은 1빛이동 시간미터에 1미터의 거리를 이동한다. 따라서 오른쪽 표현식 또한 빛이 A와 B 사이의 거리를 이동하는 데 **필요한** 시간을 나타낸다. 반면에 Δt는 이 거리를 이동하는 데 **유효한** 시간

을 나타낸다. 다시 말해, 사건 A가 발생할 때 출발한 빛이 사건 B가 발생하는 순간에 정확히 도달할 때 (또는 B에서 출발한 빛이 A에 도달할 때) 조건 (12)가 만족되고 간격 AB가 사라진다. 두 사건이 하나의 광선으로 연결될 수 있을 때 두 사건 사이의 간격은 0이 된다.

적절한 도표에서 주어진 사건 A와 한 광선으로 연결할 수 있는 모든 사건 B의 위치를 상세히 나타내는 것은 매우 흥미로운 일이다. 단순화를 위해 사건 A가 시공간 도표의 원점에서 발생한다고 하자. 사건 B의 좌표 x, y, z를 임의의 값을 갖도록 하면, 사건 B의 시간 좌표는 다음 둘 중의 하나가 된다.

$$t_{미래} = +(x^2 + y^2 + z^2)^{12} \qquad (13)$$

또는

$$t_{과거} = -(x^2 + y^2 + z^2)^{1/2} \qquad (14)$$

이 수식의 그림 표현을 단순화하여 z좌표가 0인 사건 B에 주의를 집중하자. 그러면 그림 22에서와 같이 두 개의 공간 좌표 x, y와 시간 좌표 t로 시공간 도표를 구성할 수 있다. 그림에서 A와 간격 0('빛꼴 간격')으로 분리된 모든 사건 B는 A의 '미래 빛 원뿔'(식 13의 덧셈 부호) 또는 A의 '과거 빛 원뿔'(식 14의 뺄셈 부호) 상에 놓인다. 빛 원뿔: 시공간의 구획

그림 22에서 시간이 0인 섬광 A보다 시간 좌표가 7미터 늦은 모든 사건을 고려하자. 이 사건들은 xy평면에서 7미터 위에 있고 xy평면과 평행한 평면 위에 놓인

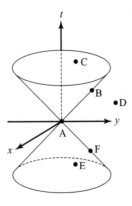

그림 22. $z = 0$인 사건들의 x, y, t좌표를 보여주는 시공간 도표

다. 이 사건들 중에서 A의 미래 빛 원뿔 상에 놓인 사건들은 원 위에 있다. 이 원은 반지름이 7 미터이다. 이 원(그림 22의 x, y, t 도표에서는 원이고, 완전한 x, y, z, t 도표에서는 구)은 A에서 나온 복사 에너지 섬광의 자취이다. 시간이 더 지난 후에 관찰하면 섬광은 더 큰 반지름으로 확장된다. 따라서 앞을 향하는 빛 원뿔은 A에서 출발해서 팽창하는 구형 섬광의 이력을 나타낸다. 마찬가지로 뒤로 향하는 빛 원뿔은 수렴하는 복사 섬광의 이력을 알려주므로 완벽하게 초점에 모여 시간 0일 때 원점에서 붕괴된다.

사건 A에 대해 5개 영역으로 분류된 시공간

빛 원뿔은 로런츠 기하학의 고유 특징으로, 유클리드 기하학에서는 이런 특징이 없다. 또한 빛 원뿔과 관련된 로런츠 기하학은 물리적 세계의 구조에 대해 가장 중요한 특징을 가지고 있다. 즉, 그림 22의 주어진 사건 A와의 인과 관계에 관련하여 로런츠 기하학은 다음과 같은 모든 사건들의 순서를 제공한다.

1. A에서 방출된 입자가 C에서 일어날 일에 영향을 주는가? 만약 그렇다면, C는 A의 미래 빛 원뿔 안에 놓인다.

2. A에서 방출된 섬광이 B에서 일어날 일에 영향을 주는가? 만약 그렇다면, B는 A의 미래 빛 원뿔 상에 놓인다.

3. A에서 무엇이 일어나더라도 그것이 D에 일어날 일에 아무런 **영향을 주지 못하는가**? 만약 그렇다면, D는 A의 빛 원뿔 밖에 놓인다.

4. E에서 방출된 입자가 A에서 **발생할** 일에 영향을 주는가? 만약 그렇다면, E는 A의 과거 빛 원뿔 안에 놓인다.

5. F에서 방출된 섬광이 A에서 **발생할** 일에 영향을 주는가? 만약 그렇다면, F는 A의 과거 빛 원뿔 상에 놓인다.

사건 A를 포함한 모든 사건의 빛 원뿔은 해당 사건을 기술하는 데 사용되는 좌표와 상관없이 시공간에 존재한다. 그러므로 앞선 5개의 질문에서 언급되었던, 한 사건이 다른 사건에 영향을 줄 가능성들은 사건 사이의 연결이 관찰되는 기준틀에 무관하다. 이런 의미에서 두 사건 사이의 인과 관계는 모든 기준틀에서 보존된다.

그림 23은 선택된 사건 A와 시공간의 다른 모든 사건 사이의 관계를 정리한 것이다.

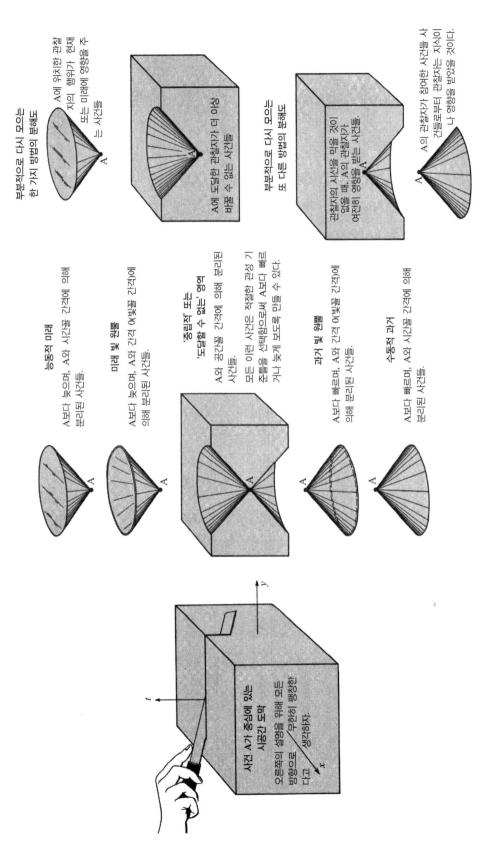

부분적으로 다시 모이는 한 가지 방법의 분해도

A에 위치한 관찰 자의 행위가 현재 또는 미래에 영향을 주 는 사건들

A에 도달한 관찰자가 더 이상 바꿀 수 없는 사건들

부분적으로 다시 모이는 또 다른 방법의 분해도

관찰자의 시선을 막을 것이 없을 때, A의 관찰자가 여전히 영향을 받는 사건들.

A. A의 관찰자가 참여한 사건들 사이에 관찰자는 지식이나 영향을 받았을 것이다.

능동적 미래

A보다 늦으며, A와 시간꼴 간격에 의해 분리된 사건들.

미래 빛 원뿔

A보다 늦으며, A와 간격 0(빛꼴 간격)에 의해 분리된 사건들.

'중립적' 또는 '도달할 수 없는' 영역

A와 공간꼴 간격에 의해 분리된 사건들.

모든 이런 사건은 적절한 관성 기 준틀을 선택함으로써 A보다 빠르 거나 늦게 보도록 만들 수 있다.

과거 빛 원뿔

A보다 빠르며, A와 간격 0(빛꼴 간격)에 의해 분리된 사건들.

수동적 과거

A보다 빠르며, A와 시간꼴 간격에 의해 분리된 사건들.

사건 A가 중심에 있는 시공간 도막

오른쪽이 설명을 위해 모든 방향으로 무한히 평창한 다고 생각하자.

그림 23. 선택된 사건 A에 대해 분류할 때 시공간의 사건들이 해체되는 5개 영역의 확장된 모습.

8. 로런츠 변환

π 중간자의 운동 기술에
간격보다 더 편리한 좌표

지상 10 km에서 30 km 높이에서 우주선은 끊임없이 산소와 질소 원자와 충돌을 일으켜서 중성인 π 중간자와 전하를 띄는 π 중간자를 생성한다. 그림 24에서와 같이 하나의 π^+ 중간자가 지상으로 떨어지는 경로를 생각해보자. 이 입자에 부착된 기준틀('로켓 기준틀')에서 π^+ 중간자의 평균 수명은 2.55×10^{-8}초이다. 이 로켓 기준틀에서 π^+ 중간자의 생성 사건의 좌표를 $x' = 0$, $t' = 0$이라고 하자. (그림 25B를 보라.) π 중간자가 폭발해서 뮤온과 중성미자로 변하는 사건의 좌표는 다음과 같다고 하자.

$$x' = 0, \qquad t' = \tau_\pi$$

이 사건들은 실험실 관찰자에게 어떻게 보일까? 그의 시계로 기록할 때, π 중간자가 생성되어서 소멸될 때까지 시간이 얼마나 걸릴까? 또는 실험실 경과 시간 t는 얼마일까? 이 입자는 얼마나 멀리 이동할까? 또는 생성 지점으로부터 대기 상층부의 아래쪽으로 측정된 실험실 거리 x는 얼마일까? 한 마디로, 로켓 기준틀에서

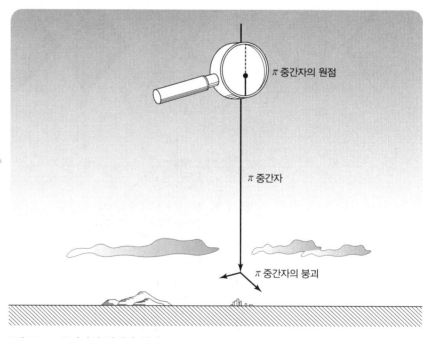

그림 24. π 중간자의 원점과 붕괴.

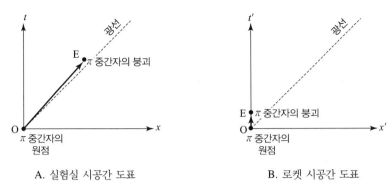

A. 실험실 시공간 도표   B. 로켓 시공간 도표

그림 25. 실험실과 로켓 시공간 도표에 그린 π 중간자의 원점(점 O)과 붕괴(점 E) 좌표.

알려진 좌표 x', t'에 의해 원점 O와 분리된 사건 E가 주어질 때, 실험실 기준틀에서 동일한 원점에 대해 동일한 사건의 좌표 x, t는 어떻게 예측될까(그림 25A)?

이 질문은 새로운 종류의 질문이다. 지금까지는 두 사건 사이의 분리를 기술하는 한 방편으로서의 불변량인 간격에 관심을 집중했었다. 간격은 기준틀의 선택에 무관한 값으로, 다음과 같이 주어진다.

$$(\text{공간꼴 간격})^2 = -(\text{시간꼴 간격})^2 = x^2 - t^2 = x'^2 - t'^2 \qquad (15)$$

이제 원점으로부터 사건 E의 분리를 나타내는 지표인 좌표 자체에 대해 주의를 집중하자. 이미 알고 있듯이 좌표 값은 기준틀 선택에 따라 달라진다. 이런 측면에서 좌표는 분리의 척도로서 불변량인 간격이 갖는 보편적 지위가 없다. 그러나 상관없다. 물리학은 세상일을 해나가야만 한다. 사람들은 현재 하고 있는 일에 최적화된 분리를 기술하는 방법을 사용한다. 어떤 경우에는 선두(뱃머리)와 선미 사이의 분리가 50미터라는 것이 어뢰 보트에 대한 유용한 사실인 반면 다른 경우에는 선두가 선미로부터 북쪽으로 40미터, 남쪽으로 30미터 떨어진 것을 아는 것이 훨씬 더 중요할 수 있다. 현재의 예에서 우리가 알고 싶은 것은 π 중간자의 붕괴 폭발 지점이 대략 10^{-8}초의 불변 간격 τ에 의해 원점과 분리되어 있다는 것이 아니라 분리에 대한 x좌표 값과 t좌표 값이다.

실험실 기준틀에서 사건 E의 좌표 (x, t)가 동일한 사건에 대한 로켓 기준틀에서의 좌표 (x', t')와 많이 다르더라도, 두 좌표는 잘 정의된 간단한 법칙에 의해 서로 연계되어 있다. 이 법칙은 **로런츠 좌표 변환**

사건의 좌표는 기준틀마다 다르다.

좌표에 대한 로런츠 변환

$$x = (1 - \beta_r^2)^{-1/2} x' + \beta_r (1 - \beta_r^2)^{-1/2} t'$$
$$t = \beta_r (1 - \beta_r^2)^{-1/2} x' + (1 - \beta_r^2)^{-1/2} t'$$

(16)

에 의해 요약된다. 여기서 β_r는 실험실에 대한 로켓 기준틀의 속력이다. 이 법칙으로 인해 **좌표**는 시공간에서 사건의 분리에 대한 **공변적**(covariant) 설명을 제공하는데, 이는 간격으로 주어지는 분리에 대한 **불변**(invariant) 척도와 대비된다. 형용사 'covariant'에서 'variant'는 기준계에 따라 좌표가 변하는 것을 의미한다. 접두사 'co'는 동일한 법칙에 따라 모든 사건의 좌표를 조화롭게 변형시킴을 의미한다. 따라서 사건마다 x'과 t'이 다르다. x와 t도 마찬가지이다. 그러나 두 좌표계 사이를 연결하는 4개의 계수

공변량의 정의

$$(1 - \beta_r^2)^{-1/2} \qquad \beta_r (1 - \beta_r^2)^{-1/2}$$
$$\beta_r (1 - \beta_r^2)^{-1/2} \qquad (1 - \beta_r^2)^{-1/2}$$

은 고려하는 사건에 무관한 값을 갖는다.

이 절에서는 로런츠 변환 공식의 유도, 사용, 그리고 측량사 우화에서 보았던 잘 알려진 유클리드 기하학과의 유사점에 대해 살펴본다.

로런츠 변환 방정식을 유도하는 세 가지 원리는 다음과 같다. (1) 변환 계수는 고려하는 사건에 독립적이다. ('공변 변환') (2) 변환 계수는 로켓 기준틀에서 정지해 있는 점이 실험실 기준틀에서는 x 방향으로 β_r의 속력으로 움직이는 것을 보장한다. (3) 변환 계수는 간격이 실험실 기준틀과 로켓 기준틀에서 동일한 값을 갖는 것을 보장한다.

원리 (1)~(3)은 π 중간자의 붕괴에 간단히 적용될 수 있다. 실험실 기준틀에서 이 사건은 생성 사건과 좌표 (x, t)에 의해 분리되어 있는데, 이 좌표는 π 중간자에 부착된 로켓 기준틀의 속력 β_r로 계산될 수 있다. t에 대한 x의 비율은 속도

$$\frac{x}{t} = \beta_r$$

에 의해 직접 주어진다. 또는 다음과 같이 쓸 수 있다.

$$x = \beta_r t$$

양 변을 제곱하면 다음과 같다.

로런츠 변환을 유도하는
세 가지 개념

로런츠 변환의 유도:
첫 번째 세부 정보

$$x^2 = \beta_r^2 t^2 \qquad (17)$$

x와 t로 정의된 시간꼴 간격은 π 중간자가 항상 $x' = 0$에 존재하는 로켓 기준틀에서 생성과 붕괴 사이의 시간으로 주어진다.

$$t^2 - x^2 = t'^2 - x'^2 = t'^2 - 0 = \tau_\pi^2$$

식 (17)을 이용해서 위 식의 x^2 대신 $\beta_r^2 t^2$을 대입하면

$$t^2 - \beta_r^2 t^2 = t'^2 = \tau_\pi^2$$

또는

$$t^2 = \frac{t'^2}{(1 - \beta_r^2)} = \frac{\tau_\pi^2}{(1 - \beta_r^2)}$$

또는

$$t = (1 - \beta_r^2)^{-1/2} t' = (1 - \beta_r^2)^{-1/2} \tau_\pi$$

(예: $\beta_r = \frac{12}{13}$인 경우, $1 - \beta_r^2 = 1 - \frac{144}{169} = \frac{25}{169}$이므로 $(1 - \beta_r^2)^{-1/2} = \frac{13}{5} = 2.6$이다. 따라서 실험실에서 측정된 π 중간자의 수명은 '고유 수명', 즉 π 중간자에 부착된 기준틀에서 측정된 수명보다 2.6배 길다.) 이동 거리는 속력에 시간을 곱한 것으로 주어지므로

$$x = \beta_r t = \beta_r (1 - \beta_r^2)^{-1/2} t' \qquad\qquad \text{π 중간자 문제가 풀렸다.}$$

이 계산으로 π 중간자의 생성 지점에 대한 붕괴 지점의 실험실 좌표를 찾는 원래의 문제가 완료된다.

π 중간자 문제는 주어진 어떤 사건의 로켓 좌표로부터 그 사건의 실험실 좌표를 구하는 일반적인 문제를 소개하는 문제였다. 이 목적이 로런츠 변환 방정식을 유도하는 것과 동등하다고 한다면, 우리는 단순한 논의를 통해 이 변환을 이끌어내는 방법을 찾아낸 것이다. 실제로 로런츠 변환 방정식의 4개의 계수 중 2개를 이미 발견한 것이다.

$$t = (1 - \beta_r^2)^{-1/2} t' + Ax'$$
$$x = \beta_r (1 - \beta_r^2)^{-1/2} t' + Bx'$$

잠정적으로 A와 B로 부르는 나머지 2개의 계수에 대해서는 기본적인 이유에 대해 아무 것도 모른다. 로켓 기준틀에서 π 중간자는 항상 $x' = 0$인 점에 있었다. 따라서 계수 A와 B는 계산 결과에 영향을 미치지 않으며 유한한 값을 가질 수 있었다. 이 계수들을 결정하기 위해 붕괴라는 특별한 사건 E에 쏟았던 관심을 임의의 x'과 t'을 갖는 점에서 발생하는 더 일반적인 사건으로 돌리자. 이 경우에도 간격은 실험실 기준틀과 로켓 기준틀에서 같은 값을 가져야 하므로 다음 식이 성립한다.

$$t^2 - x^2 = t'^2 - x'^2$$

또는

$$\left[(1 - \beta_r^2)^{-1/2} t' + Ax'\right]^2 - \left[\beta_r(1 - \beta_r^2)^{-1/2} t' + Bx'\right]^2 = t'^2 - x'^2$$

또는

$$t'^2 + 2(1 - \beta_r^2)^{-1/2}(A - \beta_r B)x't' + (A^2 - B^2)x'^2 = t'^2 - x'^2 \qquad (18)$$

A와 B에 대한 값들을 매우 특별한 방식으로 선택하지 않는 한, 가능한 t'과 x'의 모든 선택에 대해 A와 B의 단일 값으로 이 방정식을 만족시키는 것은 불가능하다. 첫째, 식 (18)의 우변은 $x't'$항이 없다. 따라서 A와 B는 좌변의 $x't'$항의 계수를 사라지게 만들어야 하므로 다음 식을 만족해야 한다.

$$A = \beta_r B$$

둘째, 식 (18)의 좌변과 우변의 $-x'^2$항의 계수가 같도록 만들어야 하므로 A와 B는 다음 식을 만족해야 한다.

$$B^2 - A^2 = 1$$

미지수 A와 B에 대한 두 식으로부터 A와 B는 각각 다음과 같이 주어진다.

$$A = \beta_r(1 - \beta_r^2)^{-1/2}, \qquad B = (1 - \beta_r^2)^{-1/2}$$

이 계산으로 식 (16)의 로런츠 변환에 대한 유도가 완료된다.

새로운 공변성(covariance)의 관점은 시공간 간격의 크기인 식 (15)보다는 이 간격의 x, t성분인 식 (16)에 초점을 맞추고 있다. 간격은 보편적인 언어의 특성을 갖는다. 즉, 간격은 모든 기준틀의 관찰자에 대해 동일한 값을 갖는다. 반면, 한 기준틀에서 측정된 시공간 분리의 성분들은 분리에 대해 말하기 위한 매우 전문화된 언어를 제공한다. 이러한 전문화된 언어는 동일한 분리를 설명하기 위해 다른 기준틀에서 사용되는 전문 언어와 유사한 형태를 갖는다. 두 언어 모두 '공간 성분'과 '시간 성분'을 사용한다. 이러한 상황 자체는 한 관찰자가 보유한 정보와 다른 관찰자가 보유한 정보를 비교하는 데 도움이 되지 못한다. 터키어로 쓰인 신문을 보는 영어를 사용하는 독자는 터키어에도 동사와 명사를 사용한다는 지식을 얻어도 거의 위안을 얻지 못한다! 그는 더 많은 것, 즉 사전을 요구한다. 다른 기준틀의 관찰자가 제공한 공간과 시간 성분에 대한 정보를 번역할 때, 번역자는 사전을 필요로 한다. 식 (16)의 로런츠 변환이 바로 이 사전이다.

더 가까운 문제에서도 유사한 사전이 필요하다. 자북을 사용하는 주간 측량사에게도 사전이 필요하다. 사전을 사용함으로써 그는 북극성 북극을 이용해서 야간 측량사가 측정한 북쪽과 동쪽 눈금을 자신의 언어로 번역할 수 있다. 거리라는 보편적인 언어로 두 사람이 자신들의 발견을 논의할 때 그런 사전은 필요하지 않다. 불변량(거리, 보편적 언어)에 초점을 맞춘 접근법과 성분(북쪽과 동쪽의 분리, 두 측량사가 측정한 다른 값)을 처리하는 설명 방법 사이에는 뚜렷한 차이가 있다. 불변량과 공변량 사이의 차이가 그림 26에 설명되어 있다.

측량사 우화에서 절반의 일만 했던 학생이 다시 등장한다. 학생은 각 측량사

유사: 측량사는 유클리드 변환이 필요하다.

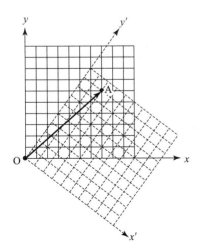

그림 26. 기하학에 대한 공변 접근법에서는, 벡터 OA의 성분 등과 같은, 성분들을 취급한다. (이와는 달리, 기하학에 대한 불변 접근법에서는, 길이 OA와 같은 길이들을 취급한다. 길이는 기준틀 선택과 무관한 값을 갖는다. 다시 말해, 북극성 북극을 사용하는 측량사에 의해 결정되든 자북을 사용하는 측량사에 의해 결정되든 길이는 같은 값을 갖는다.)

한 기준틀에서의 성분은 $(x, y) = (7, 6)$이고 다른 기준틀에서의 성분은 $(x', y') = (2, 9)$이다. 성분의 값들은 분명히 두 기준틀에서 같지 않다. 대신 이 값들은 '공변 변환 방정식'

$$x = (4/5)x' + (3/5)y' \qquad y = -(3/5)x' + (4/5)y'$$

에 의해 연결되어 있다. 벡터 OA의 예에서는

$$7 = (4/5)2 + (3/5)9 \qquad 6 = -(3/5)2 + (4/5)9$$

로 주어진다. 위에 쓰인 변환 방정식의 계수들의 특별한 수치들은 도표에 설명된 특별한 회전을 동반한다.

에게 자신의 발견을 거리라고 하는 보편적 언어로 번역하는 방법을 보여주었다.

$$(거리)^2 = (\Delta x)^2 + (\Delta y)^2 = (\Delta x')^2 + (\Delta y')^2$$

그러나 학생은 **성분**이라고 하는 주간 및 야간 언어를 사용한 논의 사이를 해석해 주는 사전을 제작하지는 않았다. 학생의 업적은 그럭저럭 유용했다. 그러나 때때로 주간 측량사는 거리 OA뿐만 아니라 분리 OA의 실제 성분 $(\Delta x, \Delta y)$를 알고 싶어 한다. 더욱이, 상황에 따라 자신이 직접 성분을 측정하지 못할 수도 있다. 기 껏해야 자신의 동료인 야간 측량사가 측정한 분리 OA의 성분 $(\Delta x', \Delta y')$만 사용 할 수 있다고 하자. 어떻게 그는 사용 가능한 숫자 $(\Delta x', \Delta y')$를 원하는 숫자 $(\Delta x, \Delta y)$로 번역할 수 있을까? 사전은 어디에 있을까? 사전을 만들려면 무엇을 알아 야만 하나?

회전 좌표에 대한 유클리드 변환

답: $(\Delta x', \Delta t')$으로부터 $(\Delta x, \Delta t)$로의 로런츠 변환을 구성하기 위해서는 두 기준틀 의 상대 속도 β_r를 알아야만 하듯이, $(\Delta x', \Delta y')$에서 $(\Delta x, \Delta y)$로 변환하기 위해서 는 선 Oy에 대한 선 Oy'의 기울기 S_r를 알아야 한다. 그림 26에 주어진 예제에서, 선 Oy에 대한 선 Oy'의 기울기는 $S_r = 3/4$이다. 즉, y축을 따라 위쪽으로 4단위가 올라갈 때마다 오른쪽으로 3단위씩 이동해야 y'축에 도달할 수 있다. 기울기 S_r를 이용한 '회전 변환 공식'은 다음과 같이 주어진다.

$$\Delta x = (1 + S_r^2)^{-1/2} \Delta x' + S_r (1 + S_r^2)^{-1/2} \Delta y'$$
$$\Delta y = -S_r (1 + S_r^2)^{-1/2} \Delta x' + (1 + S_r^2) - 1/2 \Delta y' \tag{19}$$

증명:

유클리드 변환의 유도

1. 그림 27에서 볼 수 있듯이, 모든 임의의 벡터 $(\Delta x', \Delta y')$을 x'축을 따르는 벡 터 $(\Delta x', 0)$과 y'축을 따르는 벡터 $(0, \Delta y')$의 합으로 간주할 수 있다. 식 (19) 의 일반적 타당성 여부를 확인하기 위해서는 두 종류의 벡터에 대해 식 (19) 가 정확하다는 것을 개별적으로 확인하는 것으로도 충분하다.

2. y'축을 향하며 크기가 $\Delta y'$인 벡터는 x와 y축 성분을 갖는데, 두 성분 사이의 비율은 S_r(기울기의 정의!)이다. 즉,

$$\frac{\Delta x}{\Delta y} = S_r$$

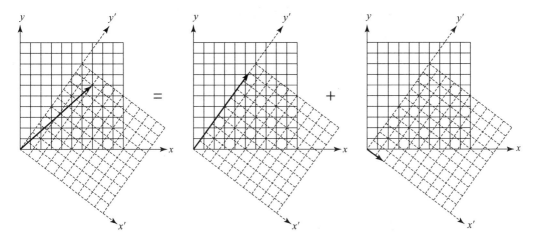

그림 27. 임의의 벡터는 각각 y'축과 x'축을 향하는 두 벡터의 합으로 표현할 수 있다. 본문에 설명하는 식 (19)의 회전 변환 유도 과정의 한 단계.

또는

$$\frac{(\Delta x)^2}{(\Delta y)^2} = S_r^2$$

또는

$$(\Delta x)^2 = S_r^2 \, (\Delta y)^2$$

3. 원점으로부터 벡터의 끝까지의 거리는 두 기준틀에서 같은 값을 가진다.

$$(\Delta x)^2 + (\Delta y)^2 = (\Delta x')^2 + (\Delta y')^2$$

또는

$$S_r^2 \, (\Delta y)^2 + (\Delta y)^2 = 0 + (\Delta y')^2$$

또는

$$(\Delta y)^2 = (1 + S_r^2)^{-1} \, (\Delta y')^2$$

또는

$$\Delta y = (1 + S_r^2)^{-1/2} \, \Delta y'$$

따라서

$$\Delta x = S_r \Delta y = S_r (1 + S_r^2)^{-1/2} \, \Delta y'$$

이 결과를 회전 변환에 관한 식 (19)와 비교하면 $\Delta y'$의 두 계수를 확인했음을 알 수 있다.

4. 마찬가지로 x'축을 향하며 성분이 $(\Delta x', 0)$인 벡터를 생각해보자. 이 벡터의 y와 x축 성분 사이의 비율은 다음과 같이 주어진다.

$$\frac{\Delta y}{\Delta x} = -S_r$$

이 식과 거리의 불변성

$$(\Delta x)^2 + (\Delta y)^2 = (\Delta x')^2 + 0$$

으로부터 다음 결과를 얻는다.

$$\Delta x = (1 + S_r^2)^{-1/2}\Delta x'$$
$$\Delta y = -S_r(1 + S_r^2)^{-1/2}\Delta x'$$

이 표현식은 유클리드 변환에 대한 식 (19)의 나머지 두 계수를 확인시킨다.

로런츠 상대 속도 β_r와 비교한 유클리드 상대 기울기 S_r

요약하자면, 유클리드 기하학에서 $(\Delta x', \Delta y')$으로부터 $(\Delta x, \Delta y)$로의 공변 변환은 실제 물리적 세계에 대한 로런츠 기하학에서 $(\Delta x', \Delta t')$으로부터 $(\Delta x, \Delta t)$로의 변환과 매우 유사하다. 한 좌표계 축의 다른 계의 해당 축에 대한 기울기 S_r는 한 관성 기준틀의 다른 기준틀에 대한 속도 β_r와 유사하다. 유클리드 기하학에서 한 직삼각형의 두 변과 빗변 사이의 비율인

$$\frac{1}{(1 + S_r^2)^{1/2}}\,과\quad \frac{S_r}{(1 + S_r^2)^{1/2}}$$

는 로런츠 기하학에서

$$\frac{1}{(1 - \beta_r^2)^{1/2}}\,과\quad \frac{\beta_r}{(1 - \beta_r^2)^{1/2}}$$

로 대체된다. 식 $(1 - \beta_r^2)^{1/2}$에서 음의 부호는 $(1 + S_r^2)^{1/2}$에서 양의 부호와 대비된다. 음의 부호는 로런츠 기하학에서 간격에 대한 표현식에 있는 음의 부호에 기인한다.

9. 속도 변수

이제 다 끝났을까? 지금까지 기준틀의 분리 성분에서 다른 기준틀의 분리 성분을 계산하는 방법을 알게 되었다. 간단히 말해, 로런츠 변환('x, t평면에서의 변환')과 회전('x, y평면에서의 변환')에 대한 성분을 연결하는 공변 법칙을 쓸 수 있게 되었다. 전자는 상대 속도 β_r가 변수로 포함되어 있고, 후자에는 상대 기울기 S_r가 변수로 포함되어 있다. 그러나 두 변수 중 어느 것도 두 좌표계 사이의 관계를 설명하는 가장 간단한 방법을 제공하지는 못한다. 따라서 β_r와 S_r를 좀 더 자연스러운 변수로 대체하는 것이 바람직하다. 속도와 회전을 기술하는 더 나은 수단을 찾을 수 있다! 각(angle)은 회전의 가장 좋은 척도이다. 마찬가지로, 속도 변수 θ는 아직 정의되지는 않았지만 속도의 가장 편리한 척도이다. 속도를 설명하는 데 있어서 속도 변수의 유용성과 의미는 다음과 같은 질문을 통해 쉽게 알 수 있다. 회전을 기술하는 데 있어서 왜 각도가 기울기보다 더 편리한 변수일까?

각의 덧셈 성질은 가법 속도 변수를 찾는 법을 제공한다.

이에 대한 답은 다음과 같다. 각도는 더할 수 있고 기울기는 더할 수 없기 때문이다. 이 진술의 의미는 무엇일까? 그림 26을 참조하라. 벡터 OA는 y'축으로 기울어져 있다. 기울어진 정도는 y' 방향의 단위 거리 당 x' 방향의 단위 거리 수인 기울기 S'으로 기술할 수 있다. 예제에서 기울기는

$$S' = \frac{2}{9}$$

로 주어진다. 반면, 벡터 OA는 y축에 다음과 같은 기울기로 기울어져 있다.

$$S = \frac{7}{6}$$

게다가 y'축은 다음과 같은 기울기로 y축에 기울어져 있다.

$$S_r = \frac{3}{4}$$

질문: 기울기에 대한 다음의 덧셈 법칙은 옳은가?

$$\begin{pmatrix} y\text{축에 대한} \\ \text{OA의 기울기} \end{pmatrix} \overset{?}{=} \begin{pmatrix} y'\text{축에 대한} \\ \text{OA의 기울기} \end{pmatrix} + \begin{pmatrix} y\text{축에 대한} \\ y'\text{축의 기울기} \end{pmatrix}$$

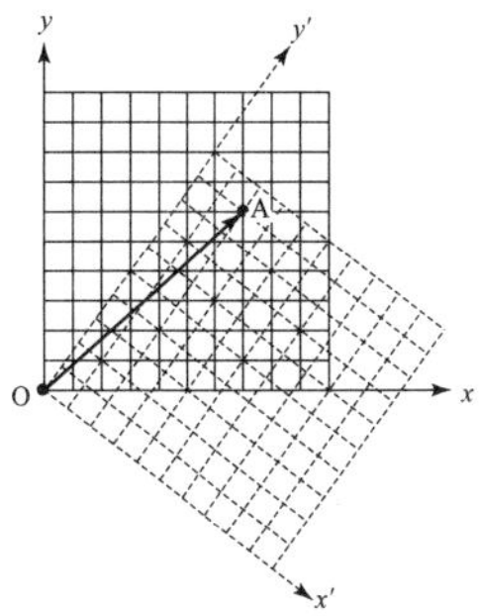

그림 26. 57쪽

검사 ('실험 수학'):

유클리드 기하학에서
기울기는 더할 수 없다.

$$\left(\frac{7}{6}\right) \stackrel{?}{=} \left(\frac{2}{9}\right) + \left(\frac{3}{4}\right)$$

$$\left(\frac{42}{36}\right) \stackrel{?}{=} \left(\frac{8}{36}\right) + \left(\frac{27}{36}\right)$$

$$42 \stackrel{?}{=} 8 + 27 = 35 \qquad \text{아니다!}$$

결론: 기울기는 더할 수 없다! 질문: 기울기는 더할 수 없기 때문에 S'과 S_r를 합친 것이 S와 같지 않다면, S'과 S_r로부터 S를 유도하는 올바른 방법은 무엇일까? 답:

$$\begin{pmatrix} y\text{축에 대한} \\ \text{OA의 기울기} \end{pmatrix} = S = \frac{\Delta x}{\Delta y} \qquad \text{(기울기의 정의에 의해)}$$

$$= \frac{(1+S_r^2)^{-1/2}\,\Delta x' + S_r\,(1+S_r^2)^{-1/2}\,\Delta y'}{-S_r\,(1+S_r^2)^{-1/2}\,\Delta x' + (1+S_r^2)^{-1/2}\,\Delta y'} \qquad \text{(식 19로부터)}$$

$$= \frac{\Delta x' + S_r\,\Delta y'}{-S_r\,\Delta x' + \Delta y'} \qquad \text{(분자와 분모에서 } (1+S_r^2)^{-1/2} \text{을 제거함)}$$

$$= \frac{(\Delta x'/\Delta y') + S_r}{-S_r\,(\Delta x'/\Delta y') + 1} \qquad \text{(분모와 분자를 } \Delta y' \text{로 나눔)}$$

따라서 최종적으로 다음과 같은 식을 얻는다.

$$S = \frac{S' + S_r}{1 - S'S_r} \tag{20}$$

다시 말해, 분모에 있는 두 기울기의 곱 $S'S_r$가 1에 비해 무시될 수 있을 때에만 두 기울기 S'과 S_r를 더할 수 있는 양으로 취급할 수 있다.

기울기가 더할 수 없는 양이기 때문에 두 좌표계 사이의 기울어진 정도를 측정 하는 데 편리한 방법이 아니라면, 기울어진 정도를 측정하는 더 적절한 방법은 무 엇일까? 답: y축과 y'축 사이의 각이다. 왜 그럴까? 그 이유는 그림 28에서 볼 수 있듯이 각은 간단한 덧셈 법칙을 만족하기 때문이다.

각은 더할 수 있다.

$$\begin{pmatrix} y\text{축에 대한} \\ \text{OA의 각} \end{pmatrix} \stackrel{?}{=} \begin{pmatrix} y'\text{축에 대한} \\ \text{OA의 각} \end{pmatrix} + \begin{pmatrix} y\text{축에 대한} \\ y'\text{축의 각} \end{pmatrix}$$

또는

$$\theta = \theta' + \theta_r \tag{21}$$

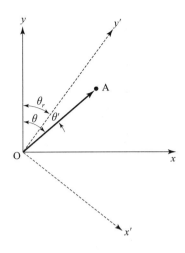

그림 28. 각은 간단한 덧셈 법칙 $\theta = \theta' + \theta_r$를 만족하기 때문에 y축과 y'축 사이의 기울기를 측정하는 편리한 방법이다.

이 관계 때문에 각이 기울기의 간단한 척도로 사용된다.

새로운 기울기 척도와 낡은 척도(즉, y축에 대한 y'축의 기울기 S_r) 사이의 관계는 무엇일까? 답:

$$S_r = \tan \theta_r \quad \text{(삼각법에서 접선의 정의로부터; 그림 29를 보라.)} \quad (22)$$

질문: 기울기가 각의 탄젠트 값임을 안다고 할 때, 어떻게 기울기의 덧셈 법칙을 이해할 수 있을까? 답:

기울기에 대한 유클리드 덧셈 법칙

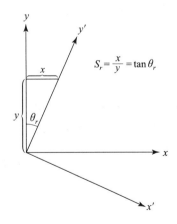

그림 29. 두 유클리드 좌표계의 축 사이의 상대 기울기 S_r과 해당 축 사이의 각 θ_r 사이의 관계.

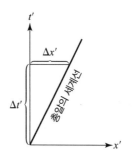

그림 30. 로켓 시공간 도표에서 그린 총알의 세계선. 로켓 기준틀에서
총알은 $\beta' = \Delta x'/\Delta t'$의 속력으로 앞으로 발사된다.

$$\tan\theta = \tan(\theta' + \theta_r) \qquad \text{(각의 덧셈 성질)} \quad (23)$$
$$= \frac{\tan\theta' + \tan\theta_r}{1 - \tan\theta'\tan\theta_r} \qquad \text{(삼각법)}$$

또는

$$S = \frac{S' + S_r}{1 - S'S_r} \qquad \text{(접선은 기울기를 측정한다)}$$

각의 간단한 덧셈 법칙 $\theta = \theta' + \theta_r$를 접선 또는 기울기의 복잡한 덧셈 법칙과 비교하면 각이 왜 회전의 가장 단순한 척도인지가 명확해진다.

속도의 가장 단순한 척도는 무엇일까? 속도 자체는 아니다. 속도 자체는 단순
속도 덧셈 법칙 한 덧셈 법칙을 만족시키지 못한다. 속도의 덧셈 법칙은 무엇일까? 그림 30에서
와 같이 로켓 기준틀에서 총알이 $\beta' = \dfrac{\Delta x'}{\Delta t'}$의 속도로 발사되었다고 하자. 로켓은
실험실에 대해 β_r의 속도로 움직이고 있다. 실험실의 시계 격자로 측정할 때, 실험
실에 대한 **총알**의 속도 β는 얼마인가? 답: 속도는 다음과 같다.

$$\beta = \frac{\Delta x}{\Delta t}$$
$$= \frac{(1-\beta_r^2)^{-1/2}\Delta x' + \beta_r(1-\beta_r^2)^{-1/2}\Delta t'}{\beta_r(1-\beta_r^2)^{-1/2}\Delta x' + (1-\beta_r^2)^{-1/2}\Delta t'} \qquad \text{로런츠 변환, 식(16)]}$$
$$= \frac{\Delta x' + \beta_r\Delta t'}{\beta_r\Delta x' + \Delta t'} \qquad \text{(분모, 분자에서 } (1-\beta_r^2)^{-1/2}\text{을 제거)}$$
$$= \frac{(\Delta x'/\Delta t') + \beta_r}{\beta_r(\Delta x'/\Delta t') + 1} \qquad \text{(분모, 분자를 } \Delta t'\text{으로 나눔)}$$

따라서 최종적으로 다음과 같은 식을 얻는다.

$$\beta = \frac{\beta' + \beta_r}{1 + \beta'\beta_r} \qquad \text{(속도 덧셈 법칙)} \qquad (24)$$

다시 말해, 속도는 덧셈 성질이 없다. 속도가 매우 낮은 극한의 경우: 분모의 $\beta'\beta_r$가 1에 비해 무시될 정도로 작을 때 두 속도 β'과 β_r를 (일정 수준의 정확성까지) 더할 수 있는 양으로 취급할 수 있다. 속도에 덧셈 성질이 없는 것에 대한 예: 광속의 3/4배로 날아가는 로켓이 총알을 발사한다. 총알은 로켓에 대해 광속의 3/4배로 움직인다. 실험실에 대한 총알의 속력은 얼마인가? 답: 광속의 (3/4) + (3/4) = 1.5 배가 아니라

$$\beta = \frac{(3/4) + (3/4)}{1 + (3/4)(3/4)} = \frac{(3/2)}{(25/16)} = \frac{24}{25} = 0.96$$

이다. 단위는 실험실에서의 빛이동 시간미터 당 실험실에서의 거리(미터)이다. 따라서 속도의 상대론적 덧셈 법칙인 식 (24)는 어떤 물체도 광속보다 더 큰 속력으로 나아갈 수 없다는 것을 보증한다.

속도 자체는 더할 수 있는 양이 아니므로, 속도에 대한 새로운 척도로써 더할 수 있는 양인 '속도 변수' θ를 다음과 같이 정의하자.

$$\begin{pmatrix} \text{실험실에 대한} \\ \text{총알의 속도 변수} \end{pmatrix} = \begin{pmatrix} \text{로켓에 대한} \\ \text{총알의 속도 변수} \end{pmatrix} + \begin{pmatrix} \text{실험실에 대한} \\ \text{로켓의 속도 변수} \end{pmatrix}$$

더할 수 있도록 정의된 속도 변수!

또는

$$\theta = \theta' + \theta_r \qquad (25)$$

변수 θ는 회전을 기술하는 각과는 의미가 완전히 다르다. 속도 변수는 어떤 도표에서도 간단한 각으로 표현될 수 없으며, 그럴만한 이유가 있다. 종이 위에 찍힌 점 사이의 거리는 유클리드 기하학의 법칙에 의해 정해진다. 반면에 물리적 세계에서 사건 사이의 간격은 시공간에 대한 로런츠 기하학에 의해 정해진다. 그러나 움직이는 총알이나 똑딱이는 시계를 종이 위에 동결시키기가 불가능하다는 것이 이 활발한 물체들에게서 그들의 실체를 조금이라도 빼앗지 않는다. 속도 변수 θ의 덧셈 성질을 종이 한 장에 서술하는 것이 더 이상 불가능하다는 것은 우리를 낙담시키는 것이 아니라 오히려 고속 입자와 고에너지 물리학의 실제 세계에서 속도 변수가 작동하는 것을 볼 수 있도록 우리를 초대하는 것이다. 속도 변수의 덧

셈 법칙인 $\theta = \theta' + \theta_r$는 회전각의 덧셈 법칙만큼이나 현실적이다.

속도는 속도 변수의 하이퍼
볼릭 탄젠트이다.

속도 β와 속도 변수 θ는 어떻게 연관되어 있을까? 적절한 공식은 각을 이용한 기울기 공식인 '기울기 = 각의 접선'과 유사하며, 다음과 같이 주어진다.

$$\beta = \tanh\theta \qquad (26)$$

여기서 'tanh'는 '하이퍼볼릭 탄젠트'로 읽는다. 하이퍼볼릭 사인 함수 $\sinh\theta$와 하이퍼볼릭 코사인 함수 $\cosh\theta$뿐만 아니라 하이퍼볼릭 탄젠트 함수는 수학의 표준 부분을 형성한다. (이들 사이의 관계는 $\tanh\theta = \sinh\theta/\cosh\theta$이다.) 세 함수의 정의가 표 8에 주어져 있지만, 이 표 및 이와 관련된 수학적 지식이 필요하지는 않다. $\tanh\theta$에 대해 우리가 알아야 할 모든 것은 이 함수의 정의에서 자연스럽게 찾을 수 있다. 다음의 두 성질 (a)와 (b)가 이 함수를 정의한다. (a) 속도 덧셈 법칙을 정확하게 기술해야 한다. 속도 사이의 관계식

$$\beta = \frac{\beta' + \beta_r}{1 + \beta'\beta_r}$$

와 요구되는 식 $\theta = \theta' + \theta_r$로부터 덧셈 법칙은

$$\tanh\theta = \tanh(\theta' + \theta_r) = \frac{\tanh\theta' + \tanh\theta_r}{1 + \tanh\theta' \tanh\theta_r} \qquad (27)$$

가 되어야 한다. (b) 낮은 속도의 경우 속도 변수 θ는 일반적인 속도 척도인 β로 환원되어야 한다. 이는 작은 θ값에 대해 $\tanh\theta$가 θ에 근접해야 함을 의미한다. 각의 단위가 라디안이고 고려하는 각이 매우 작을 때, $\tanh\theta \approx \theta$임을 상기하자. 단위가 도(°)일 때에는 보정 인자 $\pi/180°$를 고려해야 한다. 마찬가지로, 속도 변수도 다양한 단위를 사용할 수 있지만, 가당 간단한 단위는 작은 θ값에 대해 $\tanh\theta \to \theta$를 만족하는 단위이다. 이 단위는 '하이퍼볼릭 라디안'이라 부르는, 차원 없는 단위이다.

속도 변수와 속도 사이의 관계를 (a) 덧셈 성질과 (b) 작은 속도 변수에 대한 $\tanh\theta = \theta$의 원리로부터 어떻게 찾을 수 있을까?

답: (1) 충분히 작은 속도 변수 θ로 시작하자. 이 경우 적절한 수준의 정확도 안에서 $\tanh\theta$를 θ로 놓을 수 있다. 따라서 원하는 하이퍼볼릭 탄젠트 표의 첫 번째

항을 다음과 같이 쓸 수 있다.

하이퍼볼릭 탄젠트 표
만들기

$$\tanh 0.01 = 0.01$$

(2) 덧셈 법칙인 식 (27)을 이용하여 두 번째 항을 얻는다. 즉,

$$\tanh 0.02 = \tanh(0.01 + 0.01) = \frac{\tanh 0.01 + \tanh 0.01}{1 + (\tanh 0.01)(\tanh 0.01)} \tag{28}$$
$$= \frac{0.01 + 0.01}{1 + 0.0001}$$

(3) 이 시점에서 수치 작업의 정확도에 대한 결정을 내리자. 왜 $\tanh 0.01$은 0.01로 쓰면서 왜 $\tanh 0.02$는 0.02로 쓰지 않을까? 그 이유는 식 (28)의 분모에 0.0001의 보정 항이 있기 때문이다. 보정 항의 존재는 0.02가 $\tanh 0.02$의 정확한 값으로부터 대략 10^4분의 1 정도 벗어나는 것을 의미한다. 이제부터 모든 $\tanh$의 값을 10^4분의 1의 정확도로 계산하자. 따라서 분모에 0.0001 보정을 포함시키려고 한다. 그런데, $\tanh 0.02$을 계산함에 있어서 그 정도 보정을 해야만 한다면서 $\tanh 0.01$을 계산할 때에는 그러한 보정을 하지 않았을까? 그 이유는 보정이 훨씬 작기 때문이다. 다시 말해, 자신의 결과를 10^4분의 1 정도로 정확하게 만들고 싶다면, $\tanh 0.01$과 0.01 사이의 차이는 무시할 수 있다. 이 정도 정확도에서 다음과 같이 쓸 수 있다.

$$\tanh 0.02 = \frac{0.020000}{1.0001} = 0.019998$$

(4) 이제 $\tanh 0.04$ 의 값에 대해서는 다음과 같이 쓸 수 있다.

$$\tanh 0.04 = \tanh(0.02 + 0.02) = \frac{\tanh 0.02 + \tanh 0.02}{1 + (\tanh 0.02)(\tanh 0.02)}$$
$$= \frac{2 \times 0.019998}{1 + (0.019998)^2} = 0.039980$$

분모의 보정 항은 결과 값에 약 10^4분의 4 정도의 영향을 준다. 그럼에도 불구하고 이 결과는 약 10^4분의 1 정도일 때만큼 좋다. 결과는 10^4분의 1 정도의 오차를 갖는 하이퍼볼릭 탄젠트 값들과 정확한 공식인 식 (27)을 결합하여 얻는 것이다.

(5) 위와 동일한 절차를 통해 하이퍼볼릭 탄젠트 표에 더 많은 항들을 추가할 수 있다. 따라서 $\tanh 0.04$와 $\tanh 0.01$로부터 $\tanh 0.05 = \tanh(0.04 + 0.01)$를 계

산할 수 있다. 이런 과정을 계속 진행하면 tanh 0.1, tanh 0.2, tanh 0.4를 얻고, 이로부터 tanh 0.5 = tanh(0.4 + 0.1)를 얻는다. 마찬가지로 tanh 1과 tanh 2는 물론 원하는 모든 값들을 얻을 수 있다. 이런 방식을 통해 얻은 결과가 그림 31에 요약되어 있다.

속도 변수와 일반적인 각의 차이

그림 31에서는 세부적인 숫자를 제외한 속도 변수의 두 가지 특성이 잘 드러난다. 첫째, θ에 대한 tanh θ 곡선의 기울기는 θ가 작아질 때 1에 수렴한다. 즉, 속도 β = tanh θ와 속도 변수 θ는 작은 θ값에서 같아진다. 둘째, 속도 β = tanh θ가 +1 또는 −1에 접근함에 따라 속도 변수 θ는 무한히 큰 양 또는 음의 값으로 수렴한다. 즉, 속도 변수의 값은 $\theta = -\infty$에서 $\theta = \infty$까지 무한한 범위를 갖는다. 무한 범위의 변이를 갖는 '하이퍼볼릭 각' 또는 속도 변수와 0에서 2π 라디안까지 갖는 일반적인 각 사이의 차이는 분명하다.

속도 변수와 속도 덧셈 법칙, 이 두 개념은 물리학에 시공간적 관점을 갖게 하는 기본적인 물리 관찰과 어떤 관계가 있을까? 가능한 가장 직접적인 관계는 다음과 같다. 전자기 파동에 대한 관측과 알려진 자료로부터 1905년 아인슈타인은 모든 관성 기준틀에서 광속이 동일하다는 결론을 내리게 되었다. 이상화된 실험

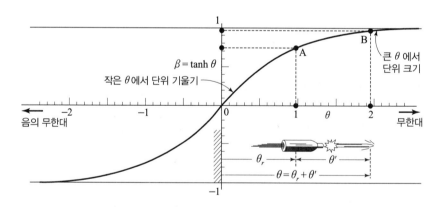

그림 31. 본문에서 설명된 바와 같이 덧셈 법칙 $\tanh(\theta_1 + \theta_2) = \dfrac{\tanh\theta_1 + \tanh\theta_2}{1 + \tanh\theta_1\tanh\theta_2}$로부터 직접 결정된 속도 변수 θ와 속도 β = tanh θ 사이의 관계. 예제: β_r = 0.75의 속력으로 이동하는 로켓으로부터 β' = 0.75의 속력으로 총알이 발사되었다. 실험실에 대한 총알의 속력 β를 구하여라. 덧셈 성질이 있는 양은 속도가 아니라 속도 변수이다. 그래프의 점 A에서 $\theta' = \theta_r = 0.973$으로 읽는다. 두 값을 더하면 $\theta = \theta' + \theta_r = 1.946$이다. 이 속도 변수 값에 대해 그래프로의 점 B부터 읽은 결과는 $\beta = 0.96$이다. 본문에서는 다른 방식으로부터 동일한 결과를 얻는다.

용어로 달리 말하면, 빠르게 움직이는 로켓에서 광속으로 발사된 광자(photon)는 실험실에 대해 광속과 동일한 속력으로 이동한다. 속도 변수로 표현하면, 로켓은 유한한 변수 θ_r를 갖는 반면 광자($\beta' = 1$)는 무한한 값의 속도 변수($\theta' = \infty$; 그림 31에서 오른쪽 위쪽의 점근적인 극한)를 갖는다. 유한한 값을 무한대에 더하므로 $\theta = \theta' + \theta_r$는 무한한 값을 갖게 된다. 따라서 실험실 기준틀에서 광자의 속력은 $\beta = \tanh\theta = \tanh\infty = 1$로, 다시 광속과 일치한다. 지금까지 빙 돌아서 광속은 모든 관성 기준틀에서 동일한 값을 갖는다는 상대성 이론의 출발점으로 되돌아왔다.

간단한 덧셈 법칙인 $\theta = \theta' + \theta_r$를 만족하는 속도 변수는 속도를 측정하는 자연스러운 방법이라고 결론내릴 수 있다. 그런데 왜 속도 변수를 직관적으로 파악하지 못하는 것일까? 왜 하이퍼볼릭 각은 일반 각처럼 익숙하지 않을까? 대답은 간단하다. 일상 경험에서는 크고 작은 모든 크기의 각을 다룬다. 따라서 어느 누구도 $S' = 1$(45°인 각)인 기울기를 $S_r = 1$(또 다른 45°의 각)인 기울기에 더해서 $S = S' + S_r = 2$(63°26'의 각. 틀렸다!)인 기울기를 얻을 것이라는 기대를 할 만큼 순진하지 않다. 올바른 방법은 두 각을 더하는 것이다. (즉, 합은 45° + 45° = 90°이고, 기울기는 $S = \infty$이다.) 그러나 일상 경험에서는 광속에 근접하는 속도를 다루지 않는다. 경주용 자동차, 로켓, 총알은 광속에 비해 극히 작은 속력으로 이동한다. 따라서 시공간 물리학의 진실을 인식하는 데 오랜 시간이 걸린 것은 그리 놀라운 일이 아니다. 그러나 이제 마침내 자연에 존재하는 속도 결합 법칙(복잡한 식 24)과 속도 변수의 결합 법칙(단순한 식 21; $\theta = \theta' + \theta_r$) 사이의 차이에 대해 이해하게 되었다. 뿐만 아니라, 모든 관성 기준틀에서 광속의 동일성과 같이 난처하게 만들던 관찰들은 속도 변수의 개념을 채택하면 쉽게 설명될 수 있다. 또한, 물리학의 시공간 기술에 있어서 이 변수 및 이 변수와 동행하는 모든 것이 필수적인 것이 되었다. 물리적 세계의 구조를 보기를 원하는 사람에게는 4차원 세계가 실존한다는 이런 생각을 대체할 것이 없다. 핵실험 장치와 고속 입자가 현대 문명 구조의 일부가 되면서 이러한 필요성은 점점 더 분명해진다.

다른 방법이 없다! 일반 각이 기울기를 측정하는 간단한 방법을 제공하듯이, 속도 변수는 속력을 측정하는 간단한 방법을 제공한다. 이 결론을 수용할 때, 로런츠 변환을 기술하는 더 간단한 방법의 형태에서 얻을 수 있는 이득은 무엇일까?

우선, 연습 삼아 xy평면의 유클리드 기하학에 관해 유사한 질문을 해보자. 한 좌표계의 성분으로부터 다른 좌표계 성분을 계산하는 공식인 식 (19)

각을 이용하여 로런츠 변환을 단순화한다.

$$\Delta x = (1 + S_r^2)^{-1/2}\,\Delta x' + S_r(1 + S_r^2)^{-1/2}\,\Delta y'$$
$$\Delta y = -S_r(1 + S_r^2)^{-1/2}\,\Delta x' + (1 + S_r^2)^{-1/2}\,\Delta y'$$

은 일반적인 각 θ_r를 이용해서 y와 y'축의 상대적 기울기 S_r를 표현하면 좀 더 단순하게 표현될 수 있을까? 답: 회전 변환 계수들은 다음과 같이 쓸 수 있다.

$$(1 + S_r^2)^{-1/2} = (1 + \tan^2\theta_r)^{-1/2} = \left(\frac{\cos^2\theta_r + \sin^2\theta_r}{\cos^2\theta_r}\right)^{-1/2} = \left(\frac{1}{\cos^2\theta_r}\right)^{-1/2} = \cos\theta_r$$

$$S_r(1 + S_r^2)^{-1/2} = \tan\theta_r\cos\theta_r = \frac{\sin\theta_r}{\cos\theta_r}\cos\theta_r = \sin\theta_r$$

그러므로 변환 방정식은

$$\Delta x = \Delta x'\cos\theta_r + \Delta y'\sin\theta_r$$
$$\Delta y = -\Delta x'\sin\theta_r + \Delta y'\cos\theta_r$$
(29)

로 표현할 수 있으며, 이로부터 '공변 변환 계수가 회전각의 삼각 함수로 표현될 때, 옛 좌표와 새 좌표 사이의 관계는 가장 간단한 형태를 취한다.'는 결론을 내릴 수 있다.

이제 상대 속도를 이용해 표현된 로런츠 변환

속도 변수를 이용하여 로런츠 변환을 단순화한다.

$$\Delta x = (1 - \beta_r^2)^{-1/2}\,\Delta x' + \beta_r(1 - \beta_r^2)^{-1/2}\,\Delta t'$$
$$\Delta t = \beta_r(1 - \beta_r^2)^{-1/2}\,\Delta x' + (1 - \beta_r^2)^{-1/2}\,\Delta t'$$

을 고려하자. 개선된 속도 척도인 θ_r를 사용할 때 이 방정식 쌍은 어떻게 보일까? 답: 속도 β_r와 속도 변수 사이의 관계가 $\beta_r = \tanh\theta_r$임을 상기하면 로런츠 변환 계수는 다음과 같이 쓸 수 있다.

$$(1 - \beta_r^2)^{-1/2} = (1 - \tanh^2\theta_r)^{-1/2}$$
(30)

$$\beta_r(1 - \beta_r^2)^{-1/2} = \tanh\theta_r(1 - \tanh^2\theta_r)^{-1/2}$$
(31)

두 표현식은 다소 복잡해 보임에도 불구하고 잘 정의되어 있다. 주어진 θ_r값에 대해 $\tanh\theta_r$의 값을 구하는 방법을 알고 있으므로(그림 31 및 관련 본문 내용을 참조하라.) $\tanh \theta_r$값으로부터 주어진 속도 변수에 대해 원하는 정확도로 식 (30)과 (31)을 구할 수 있다. θ_r의 함수인 두 표현식은 너무 중요해서 쌍곡선 함수 분야에서 이름을 부여받았다. 문제의 함수에 표준 이름을 붙인다고 해서 원하면 언제든지 문헌이나 표를 참조하지 않고 함수 값을 구하는 능력이 감소되는 것이 결코 아니다. 이름은 이름일 뿐이다! 따라서 지금부터는 다음과 같은 두 함수의 표준 이름을 채택하여 사용하자.

$$(1 - \tanh^2 \theta_r)^{-1/2} = \cosh \theta_r \equiv \text{하이퍼볼릭 코사인 } \theta_r$$

$$\tanh \theta_r (1 - \tanh^2 \theta_r)^{-1/2} = \sinh \theta_r \equiv \text{하이퍼볼릭 사인 } \theta_r$$

이 명명법을 사용하면 로런츠 변환 방정식은

$$\begin{aligned} \Delta x &= \Delta x' \cosh \theta_r + \Delta t' \sinh \theta_r \\ \Delta t &= \Delta x' \sinh \theta_r + \Delta t' \cosh \theta_r \end{aligned} \quad (32)$$

속도 변수를 이용한 로런츠 변환

로 주어진다. 이로부터, 변환 계수를 상대 운동의 속도 변수 θ_r의 쌍곡선 함수로 표현할 때, 옛 좌표와 새 좌표 사이의 관계는 가장 간단한 형태를 취한다는 결론에 도달한다. 또한, 하이퍼볼릭 사인과 하이퍼볼릭 코사인으로 표현된 로런츠 변환은 회전 변환에 대한 표준 삼각 함수 형태와 거의 유사한 형태를 갖는다.

로런츠 변환에 나타나는 쌍곡선 함수의 성질을 파악하고 느끼기 위해 할 수 있는 것은 무엇일까? 이 함수의 중요하고 흥미로운 두 가지 특성은 이 함수의 정의인 식 (30)과 (31)에서 바로 드러난다. 첫째, 두 쌍곡선 함수의 비는 다음과 같다.

$$\frac{\sinh \theta_r}{\cosh \theta_r} = \tanh \theta_r \quad (33)$$

이는 삼각 함수에서와 완벽하게 유사하다. 둘째, 두 쌍곡선 함수의 제곱의 차는

$$\cosh^2 \theta_r - \sinh^2 \theta_r = \frac{1}{(1 - \tanh^2 \theta_r)} - \frac{\tanh^2 \theta_r}{(1 - \tanh^2 \theta_r)} = \frac{1 - \tanh^2 \theta_r}{1 - \tanh^2 \theta_r} = 1 \quad (34)$$

인데, 이는 삼각 함수에서의 유사한 관계식

$$\cos^2(\text{각}) + \sin^2(\text{각}) = 1 \quad (35)$$

과 대조를 이룬다.

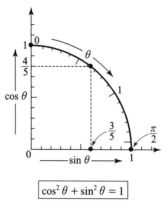

$$\boxed{\cos^2 \theta + \sin^2 \theta = 1}$$

그림 32. 원함수의 $\cos \theta$ 대 $\sin \theta$를 나타내는 원. 예: $(3/5)^2 + (4/5)^2 = 1$.

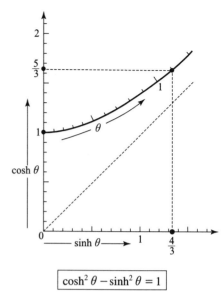

$$\boxed{\cosh^2 \theta - \sinh^2 \theta = 1}$$

그림 33. 쌍곡선 함수의 $\cosh \theta$ 대 $\sinh \theta$를 나타내는 쌍곡선. 예: $(5/3)^2 - (4/3)^2 = 1$.

원함수와 쌍곡선 함수의 비교

식 (34)와 (35)는 기하학적으로 간단히 해석할 수 있다. 그림 32와 같이 수평 축에 사인 함수를, 수직 축에 코사인 함수를 그리면 식 (35)는 단위 반지름의 원 방정식이 된다. 이 때문에 사인과 코사인을 '원함수(circular function)'라고도 한다. 반면에 식 (34)는 쌍곡선 방정식이므로 '쌍곡선 함수'라는 용어를 사용한다. 방정식 $\cos^2 \theta + \sin^2 \theta = 1$에서 양의 부호는 한 벡터의 x성분과 y성분이 결합하여 해당 벡터 길이의 제곱을 얻는 방법에 기인한다. 그런데 왜 $\cosh^2 \theta - \sinh^2 \theta = 1$에서는 음의 부호일까? 그 이유는 시공간 간격의 제곱이 시간 분리의 제곱에서 공간 분리의 제곱만큼 감소된 양으로 주어지기 때문이다.

확인: 유클리드 변환은 거리 불변을 유지한다.

$\cos^2 \theta + \sin^2 \theta = 1$에서 양의 부호와 $\cosh^2 \theta - \sinh^2 \theta = 1$에서 음의 부호의 차이는 유클리드 기하학의 길이와 로런츠 기하학의 간격 사이의 차이와 관련이 있다. 두 종류의 기하학에 대한 이러한 특성을 순서대로 좀 더 자세히 살펴보자. 유클리드 기하학에서, 기울기 대신 삼각 함수로 표현된 **좌표의 공변 변환**(식 29)은 길이 **불변성 원리**를 보장한다는 것을 재확인하자. 이를 위해 $(길이)^2 = (\Delta x)^2 + (\Delta y)^2$을 계산하면

$$\text{(길이)}^2 = (\Delta x)^2 + (\Delta y)^2$$
$$= (\Delta x' \cos\theta_r + \Delta y' \sin\theta_r)^2 + (-\Delta x' \sin\theta_r + \Delta y' \cos\theta_r)^2$$
$$= [(\Delta x')^2 + (\Delta y')^2](\cos^2\theta_r + \sin^2\theta_r)$$
$$= (\Delta x')^2 + (\Delta y')^2$$

이 되는데, 이로부터 길이 표현의 불변성을 확인할 수 있다. 공변성(방향이 다른 두 좌표계 좌표 사이의 변환)과 불변성(두 좌표계에서 길이의 동일성)과 연관하여 방정식

확인: 로런츠 변환은 간격 불변을 유지한다.

$$\cos^2\theta_r + \sin^2\theta_r = 1$$

의 중요성에 유의하라.

로런츠 기하학에서 공변성과 불변성 사이의 관계는 방정식

$$\cosh^2\theta_r - \sinh^2\theta_r = 1$$

에 분명히 나타난다. 이 방정식은 임의의 간격을 계산할 때 공간꼴인지 시간꼴인지 보여준다.

$$\text{(고유 거리 간격)}^2 = -\text{(고유 시간 간격)}^2$$
$$= \text{(공간 분리)}^2 - \text{(시간 분리)}^2$$
$$= (\Delta x)^2 - (\Delta t)^2$$
$$= (\Delta x' \cos\theta_r + \Delta t' \sin\theta_r)^2 - (-\Delta x' \sin\theta_r + \Delta t' \cos\theta_r)^2$$
$$= [(\Delta x')^2 - (\Delta t')^2](\cosh^2\theta_r - \sinh^2\theta_r)$$
$$= (\Delta x')^2 - (\Delta t')^2$$

이로부터 로런츠 변환은 간격에 대한 표현의 불변성을 유지한다는 점을 가장 간단한 방법으로 재확인할 수 있다.

지금까지 자세히 살펴본 로런츠 변환은 로켓의 좌표의 언어 (x', t')를 실험실 좌표의 언어 (x, t)로 번역해준다. 뿐만 아니라, 번역 구조는 모든 점에서 간격의 보편적인 언어(시공간 물리학의 공변 서술과 시공간 물리학의 불변 서술의 일관성)와 일치한다. 그러나 우리는 더 많은 것을 필요로 한다. 전형적인 터키어-영어 사전은 영어-터키어 사전과 함께 묶여 있다. 그렇다면 두 번째 '상대성 사전'은 어디에 있을까? 어떻게 하면 x와 t에 대한 정보를 되돌려 x'과 t'에 대한 정보를 얻을

로런츠 역 변환

9. 속도 변수 **73**

수 있을까? 하나의 사전이 공식

$$x = x' \cosh \theta_r + t' \sinh \theta_r$$
$$t = x' \sinh \theta_r + t' \cosh \theta_r \tag{36}$$

에 의해 주어지는 경우, 실험실 기록에서 로켓 기록으로의 역 변환 공식은 어떻게 주어지나? 답: 식 (36)에 대한 로런츠 '역' 변환은 다음과 같이 주어진다.

$$x' = x \cosh \theta_r - t \sinh \theta_r$$
$$t' = -x \sinh \theta_r + t \cosh \theta_r \tag{37}$$

증명: x'과 t'에 대한 표현을 식 (36)에 대입하고 항등식이 나오는 것을 증명한다. (터키어로 번역된 다음 영어로 다시 번역된 영어 단어는 한 사전이 다른 사전의 진정한 역이라는 조건 하에 원래 단어로 나온다!)

다음 표에는 쌍곡선 함수의 형식적 정의와 이들이 만족하는 관계의 일부가 원 함수에 대한 유사한 정의 및 관계와 함께 나란히 제시되어 있다. 표에서 e는 자연 로그의 밑으로, 2.718281…의 값을 갖는다. 기호 i는 −1의 제곱근을 나타내므로 $i^2 = -1$이다. 지수의 덧셈과 곱셈에 대한 일반적인 규칙이 i를 포함하는 지수에도 적용된다. 각 θ의 단위는 도(°)가 아니라 삼각 또는 하이퍼볼릭 라디안이다. 예를 들어, 4!은 4 순차곱셈(즉, $4 \times 3 \times 2 \times 1$)을 의미한다. 이런 관계들을 이해하기 위해서 표 양 쪽 각각의 1행부터 6행까지의 정의로부터 7행부터 13행까지 유도하고, 그림 32와 33이 어떻게 이런 관계에서 나오는지 정성적으로 보여라. 특히 표 양쪽 사이의 **부호** 차이에 유의하라.

표 8. 원 함수와 쌍곡선 함수

원함수	쌍곡선 함수
정의	
1. $\sin\theta = \dfrac{e^{i\theta} - e^{-i\theta}}{2i}$	1. $\sinh\theta = \dfrac{e^{\theta} - e^{-\theta}}{2}$
2. $\cos\theta = \dfrac{e^{i\theta} + e^{-i\theta}}{2}$	2. $\cosh\theta = \dfrac{e^{\theta} + e^{-\theta}}{2}$
3. $\tan\theta = \dfrac{\sin\theta}{\cos\theta}$	3. $\tanh\theta = \dfrac{\sinh\theta}{\cosh\theta}$
4. $\sin\theta = \theta - \dfrac{\theta^3}{3!} + \dfrac{\theta^5}{5!} - \dfrac{\theta^7}{7!} + \cdots$	4. $\sinh\theta = \theta + \dfrac{\theta^3}{3!} + \dfrac{\theta^5}{5!} + \dfrac{\theta^7}{7!} + \cdots$
5. $\cos\theta = 1 - \dfrac{\theta^2}{2!} + \dfrac{\theta^4}{4!} - \dfrac{\theta^6}{6!} + \cdots$	5. $\cosh\theta = 1 + \dfrac{\theta^2}{2!} + \dfrac{\theta^4}{4!} + \dfrac{\theta^6}{6!} + \cdots$
6. $\tan\theta = \theta + \dfrac{\theta^3}{3!} + \dfrac{2}{15}\theta^5 + \cdots$	6. $\tanh\theta = \theta - \dfrac{\theta^3}{3!} + \dfrac{2}{15}\theta^5 - \cdots$
관계	
7. $\sin(-\theta) = -\sin\theta$	7. $\sinh(-\theta) = -\sinh\theta$
8. $\cos(-\theta) = \cos\theta$	8. $\cosh(-\theta) = \cosh\theta$
9. $\tan(-\theta) = -\tan\theta$	9. $\tanh(-\theta) = -\tanh\theta$
10. $\boxed{\cos^2\theta + \sin^2\theta = 1}$	10. $\boxed{\cosh^2\theta - \sinh^2\theta = 1}$
11. $\sin(\theta_1 + \theta_2) = \sin\theta_1\cos\theta_2 + \cos\theta_1\sin\theta_2$	11. $\sinh(\theta_1 + \theta_2) = \sinh\theta_1\cosh\theta_2 + \cosh\theta_1\sinh\theta_2$
12. $\cos(\theta_1 + \theta_2) = \cos\theta_1\cos\theta_2 - \sin\theta_1\sin\theta_2$	12. $\cosh(\theta_1 + \theta_2) = \cosh\theta_1\cosh\theta_2 - \sinh\theta_1\sinh\theta_2$
13. $\tan(\theta_1 + \theta_2) = \dfrac{\tan\theta_1 + \tan\theta_2}{1 - \tan\theta_1\tan\theta_2}$	13. $\tanh(\theta_1 + \theta_2) = \dfrac{\tanh\theta_1 + \tanh\theta_2}{1 - \tanh\theta_1\tanh\theta_2}$
간단한 근삿값	

작은 θ값에 대해 $\sin\theta \simeq \theta$
  $\tan\theta \simeq \theta$
	작은 θ값에 대해 $\sinh\theta \simeq \theta$
	  $\tanh\theta \simeq \theta$

예: $\theta = 0.1$
  간단한 근삿값 $\sin\theta \simeq 0.1$
    $\tan\theta \simeq 0.1$
  정확한 값들 $\sin\theta \simeq 0.0998$
    $\tan\theta \simeq 0.1003$
	예: $\theta = 0.1$
	  간단한 근삿값 $\sinh\theta \simeq 0.1$
	    $\tanh\theta \simeq 0.1$
	  정확한 값들 $\sinh\theta \simeq 0.1002$
	    $\tanh\theta \simeq 0.0997$

	큰 θ값에 대해 $\sinh\theta \simeq e^{\theta}/2$ $\cosh\theta \simeq e^{\theta}/2$

	예: $\theta = 3$ $e^{\theta} \simeq 20$
	  간단한 근삿값 $\sinh\theta \simeq 10$
	    $\cosh\theta \simeq 10$
	  정확한 값들 $\sinh\theta \simeq 10.018$
	    $\cosh\theta \simeq 10.068$

현대 연구의 주요 분야는 상대성이론을 이용하면 매우 간단히 분석될 수 있다. 분석은 물리적 직관에 따라 달라지는데, 물리적 직관은 실험과 함께 발전한다. 상대성이론에 대한 실험은 실험실에서 쉽게 할 수 없는데, 그 이유는 광속이 너무 빠르기 때문에 상대론에 대한 간단한 실험조차 매우 어려울 뿐만 아니라 비용도 많이 들기 때문이다. 이에 대한 대안으로서의 아래 연습 문제들은 시공간의 속성에 기인한 광범위한 물리적 결과를 수반한다. 시공간의 속성은 다음과 같은 상황에서 끊임없이 되풀이된다.

역설
수수께끼
유도
기술적 응용
추정
정확한 계산
철학적 난제

이 책의 본문이 연습 문제에 답하는 데 필요한 모든 공식 도구를 제시하지만 '훈련된 보는 방식'인 직관은 서둘러 개발할수록 좋다. 이런 이유로 이 책을 포함한 다양한 자료에서 상대론에 대한 연습을 계속 하는 것이 유용할 것이다. 가능한 한 최소의 시간 내에 필수 내용을 익히기를 원하더라도 아래에 굵은 글씨체로 표시된 연습 문제는 반드시 풀어보도록 한다.

연습 문제의 수학적 조작은 매우 간단하다. 단지 일부 문제만이 답을 하는 데 여섯 줄이 넘어간다. 반면에 곰곰이 생각해보는 시간 또한 필요로 한다. 별표가 없는 문제는 최소의 시간이 요구되고, 별표가 하나인 문제는 조금 더 어려우며, 별표가 두 개인 문제는 물리학 전공 대학원생에게 적합하다.

휠러(Wheeler)의 제1원칙. 답을 알기 전까지는 계산하지 말라. 계산하기 전에 추정해보고, 유도하기 전에 대칭성, 불변성, 보존 법칙 등과 같은 간단한 물리적 논증을 해보고, 모든 수수께끼에 답하기 전에 추측해보라. 자신 이외에는 어느 누구도 그 추측이 무엇인지 알 필요가 없다. 그러므로 본능에 따라 빨리 추측하라. 올바른 추측은 본능을 강화한다. 잘못된 추측은 상쾌한 놀라움을 불러일으킨다. 어느 경우라도 시공간 전문가로서의 삶은 얼마 동안이 되던 더 재미있을 것이다!

A. 시공간 간격 (본문 5, 6, 7절)

1. 공간과 시간—풀이가 있는 예제
2. 시계를 동기화하는 방법
3. 사건 사이의 관계
4. 동시성
5. 사건의 시간적 순서
6.* 팽창하는 우주

7. 의사소통의 고유 시간
8. 자료 수집과 의사 결정

B. 로런츠 변환 (본문 8, 9절)

9. **로런츠 수축—풀이가 있는 예제**
10. **시간 팽창**
11. **시계의 상대적 동기화**

A. 시공간 간격(본문 5, 6, 7절)

1. 공간과 시간 — 풀이가 있는 예제

실험실 기준틀의 동일 장소에서 두 사건이 3초의 시차를 두고 발생한다. (a) 두 사건의 시차가 5초인 로켓 기준틀에서 두 사건 사이의 공간 거리는 얼마인가? (b) 로켓 기준틀과 실험실 기준틀의 상대 속력 β_r는 얼마인가?

풀이: (a) 두 기준틀에서 측정한 두 사건 사이의 시공간 간격은 동일한 값을 가진다. 즉,

$$(\Delta t)^2 - (\Delta x)^2 = (\Delta t)^2 - (\Delta x)^2$$

문제의 진술로부터

$$\Delta x = 0 \quad \Delta t = 3\,(\mathrm{s}) \times c\,(\mathrm{m/s}) = 9 \times 10^8\ \mathrm{m}$$

$$\Delta x' = (\text{미지수})$$

$$\Delta t' = 5\,(\mathrm{s}) \times c\,(\mathrm{m/s}) = 15 \times 10^8\ \mathrm{m}$$

이 값들을 간격에 대한 위의 식에 대입하면

$$81 \times 10^{16} - 0 = 225 \times 10^{16} - (\Delta x')^2$$

따라서

$$(\Delta x')^2 = 144 \times 10^{16}\ (\mathrm{m})^2 \ \text{또는} \ \Delta x' = 12 \times 10^8\ \mathrm{m}$$

(b) 실험실 기준틀에서 두 사건은 **동일 장소**에서 일어난다. 로켓 기준틀에서, 실험실의 '이 장소'는 5초 동안 12×10^8 m 또는 15×10^8 빛이동 시간미터를 이동했다. 그러므로 두 기준틀의 상대 속력은

$$\frac{\Delta x'}{\Delta t'} = \frac{12 \times 10^8}{15 \times 10^8} = \frac{4}{5}$$

2. 시계를 동기화하는 방법

실험실 기준틀에서 $(x, y, z) = (6, 8, 0)$ m인 공간 좌표에 놓인 시계 근처에 관찰자가 위치해 있다. 관찰자가 기준 섬광을 이용해서 이 시계를 원점에 놓인 시계와 동기화하려고 한다. 진행 방법을 수치를 이용해서 자세히 설명하라.

3. 사건 사이의 관계

그림 34의 실험실 시공간 도표에 사건 A, B, C가 그려져 있다. 사건 A와 B의 쌍에 대해 다음 질문에 답하라. (a) 두 사건 사이의 간격은 시간꼴, 빛꼴, 공간꼴 중 어느 것인가? (b) 두 사건 사이의 **고유 시간**(또는 고유 거리)은 얼마인가? (c) 두 사건 중 하나가 다른 사건의 원인일 **가능성**이 있나? 사건 A와 C의 쌍에 대해서도 동일한 질문에 답하라. 사건 C와 B의 쌍에 대해 동일 질문에 답하라.

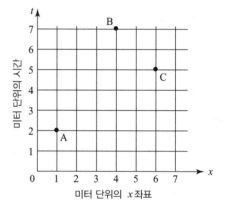

그림 34. 사건 A, B, C 사이에는 어떤 관계가 있나?

4. 동시성

"A가 B를 치는 동시에 1억 마일 떨어진 C가 D를 친다." 특수 상대론이 어떻게 이 진술을 다시 표현하도록 하거나 타당성을 부여하도록 하는 지에 대해서 두 문장 이내로 설명하라.

5. 사건의 시간적 순서

"사건 G가 사건 H 이전에 발생했다." 두 사건의 분

리가 시간꼴이거나 빛꼴일 경우에만 실험실 기준틀에서 두 사건의 시간적 순서는 모든 로켓 기준틀에서와 동일하다는 것을 증명하라.

6.* 팽창하는 우주

(a) 거대한 폭탄이 텅 빈 공간에서 폭발한다. 파편 사이의 상대 운동의 본성은 무엇인가? 이러한 상대 운동은 어떻게 감지할 수 있을까? 논의: 각각의 파편이 자신의 기준틀에서 일정한 시간 간격, 즉 고유 시간 $\Delta\tau$마다 섬광을 방출하는 장치를 갖고 있다고 가정해보자. $\Delta\tau$를 알고 있을 때, 한 파편 안의 관찰자가 다른 파편의 상대 속도 β를 결정하기 위해 생각할 수 있는 탐지 방법은 어떤 게 있을까? 이 과정에서 관찰자는 (1) 섬광 사이의 알려진 고유 시간 $\Delta\tau$, (2) 자신의 위치에 연속적으로 도착하는 섬광 사이의 시간 $\Delta_{수신}$을 사용한다고 가정하자. (이 시간은 자신의 기준틀에서 보는 후퇴하는 광원에서 방출하는 섬광 사이의 시간 Δt와 같지 않음에 유의하라. 그림 35를 보라.) $\Delta\tau$와 $\Delta t_{수신}$을 이용하여 β에 대한 공식을 유도하라. 측정되는 후퇴 속도(recession velocity)는 자신의 조각으로부터 자신이 바라보는 조각까지의 거리에 어떻게 의존하는가? (참고: 주어진 임의의 기준틀에서 주어진 임의의 시간 동안 파편이 폭발 지점으로부터 이동한 거리는 파편의 속도에 직접 비례한다.)

(b) 별빛 관찰을 이용해서 우주가 팽창하고 있다는 것을 어떻게 증명할 수 있을까? 논의: 뜨거운 별을 구성하는 원자들은 '스펙트럼선'이라 불리는 다양한 진동수의 빛을 발산한다. 각 스펙트럼선에 해당하는 빛의 관찰된 주기는 지구에서 측정할 수 있다. 스펙트럼선의 패턴으로부터 빛을 방출하는 원자의 종류를 식별할 수 있다. 같은 종류의 원자가 실험실에서 정지한 채 들떠 빛을 방출할 수 있으므로 임의의 스펙트럼선에 해당하는 빛의 고유 주기(proper period)를 측정할 수 있다. 별빛의 한 스펙트럼선에 해당하는 빛의 관찰된 주기와 실험실에 정지한 원자의 동일한 스펙트럼선에 해당하는 빛의 고유 주기를 비교하여 어떻게 빛을 방출하는 별의 후퇴 속도를 알 수 있는지를 (a)의 결과를 이용하여 설명하라. 별의 속도에 의한 관찰된 주기의 변화를 도플러 편이(Doppler shift)라고 한다. (더 자세한 취급은 2장의 연습 문제 75번과 그에 따른 연습 문제들을 참조하라.) 우주가 거대한 폭발로 시작되었다면, 서로 다른 거리에 있는 서로 다른 별들 사이의 관찰된 후퇴 속도는 어떻게 서로 비교될까? 여기서는 팽창하는 동안 중력 등에 의해 속도가 느려지는 것은 무시하지만, 연습 문제 80번에서와 같이 좀 더 완전한 취급을 위해서는 고려되어야 한다.

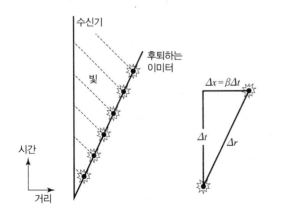

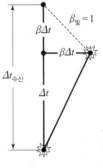

그림 35. 후퇴하는 광원에서 방출되어 관찰자에게 도착하는 일련의 섬광 사이의 시간 $\Delta t_{수신}$ 계산

7. 통신에서의 고유 시간

태양에서 방출된 섬광이 달에서 흡수된다. "이 섬광의 방출과 흡수 사이의 고유 시간은 0이다." 참인가 거짓인가? 달에 흡수되기 전에 달 표면에 놓인 거울 사이를 섬광이 앞뒤로 반사하는 경우 두 사건 (방출과 흡수) 사이의 고유 시간은 0인가? 지상에서 방출된 섬광이 공기를 통해서 직접 이동한 후 지상의 다른 지점에서 흡수된다. (공기 중에서 광속은 c보다 약간 작다.) 이 섬광의 방출과 흡수 사이의 고유 시간은 0인가?

8. 자료 수집과 의사 결정

사건을 기술하기 위해 기록하는 시계 격자를 사용하였다. 사건의 위치는 그 사건에 가장 가까운 시계의 위치이고, 사건의 시간은 그 시계에 기록된 시간이다. 물리학은 사건 사이의 관계를 다루는 학문이다. 자료 분석 센터가 시계 격자의 원점에 있다면, 이 기준틀에서 볼 때 센터에서 분석에 이용될 수 있는 자료와 센터로부터 거리 R만큼 떨어진 시계에 이미 기록된 자료 사이의 지연 시간은 얼마인가? $x = 6 \times 10^9$ m, $y = 8 \times 10^9$ m, $z = 0$ m인 지점에 놓인 시계로는 41×10^9 시간미터에 유성이 통과하는 것으로 기록되고, $x = 3 \times 10^9$ m, $y = 4 \times 10^9$ m , $z = 0$ m인 지점에 놓인 시계로는 47×10^9 시간미터에 유성이 통과하는 것으로 기록된다. 자료 분석 센터의 관찰자가 회피 조치를 취하는 데는 3초가 필요하다. 위의 자료가 관측자에게 섬광과 함께 보내어지고 도착과 동시에 표시되는 경우, 관찰자는 스스로를 보호할 수 있는 시간이 있을까?

B. 로런츠 변환(본문 8, 9절)

9. 로런츠 수축 – 풀이가 있는 예제

로켓에 미터자가 부착되어 있다. 막대와 시계로 구성된 실험실 기준틀에서 미터자를 관찰한다. 미터자의 길이에 대한 실험실 관찰자의 결과는 상대론 이전의 물리학에서 예측된 결과와 어떤 면에서 대비될까? 이 개괄적 질문을 4개의 부분으로 나눠 생각해보자.

(a) 어떻게 하면 길이에 관한 이 질문을 두 사건 사이의 간격에 관한 문제로 옮길 수 있을까? 막대의 각 끝은 시공간의 세계선을 따라 간다. 그런데 하나의 세계선은 무수한 사건의 연속이다. 그렇다면 미터자의 겉보기 길이에 관해 원하는 정보를 주는 두 사건을 어떻게 정확하게 선택할 수 있을까?

풀이: 다음 두 사건을 선택하여 주목하자. A: 실험실 시계가 정오를 가리키는 순간 그 시계를 지나는 미터자의 한쪽 끝에서 빛을 방출한다. B: 실험실 시계가 정오를 가리키는 순간 그 시계를 지나는 미터자의 다른 쪽 끝도 빛을 방출한다.

논의: 실험실 기준틀에서 움직이는 미터자의 양쪽 끝 위치를 동시에 측정해야 한다. 그렇지 않으면 길이 측정을 할 실험실 지점의 쌍이 제대로 정의될 수 없을 것이다. 따라서 두 사건은 실험실 기준틀에서 동시($\Delta t = 0$)에 발생한다. 두 사건은 로켓 기준틀에서는 동시적일 수도 있고 아닐 수도 있다. 즉, $\Delta t'$가 0일 수도 있고 아닐 수도 있다. 그러나 문제는 없다! 미터자는 로켓 기준틀에 정지해 있으므로, 이 기준틀에서는 양 끝의 위치는 여유롭게 결정지을 수 있다.

(b) 미터자가 로켓의 운동 방향인 x축을 따라 놓

여 있어서 로켓 기준틀에서 양 끝의 분리가 $\Delta x' = 1$ m 일 때, 실험실 기준틀에서는 얼마의 길이로 관찰될까?

풀이: 길이는 실험실 기준틀에서 두 사건 A와 B 의 공간 분리이다.

$$\Delta x = \frac{\Delta x'}{\cosh\theta_r} = \Delta x'(1 - \beta_r^2)^{1/2} \qquad (38)$$

이 길이는 1미터보다 작다. 이러한 짧아짐을 로런츠 수축(Lorentz contraction)이라고 한다.

논의: 로런츠 변환(식 (37))은 다음 식들을 통해 실험실 기준틀의 분리와 로켓 기준틀의 분리를 연결해준다.

$$\begin{aligned}
\Delta x' &= \Delta x \cosh\theta_r - \Delta t \sinh\theta_r \\
\Delta t' &= -\Delta x \sinh\theta_r + \Delta t \cosh\theta_r \\
\Delta y' &= \Delta y \\
\Delta z' &= \Delta z
\end{aligned} \qquad (39)$$

두 사건은 실험실 기준틀에서 동시적($\Delta t = 0$)이다. 따라서 $\Delta x' = \Delta x \cosh\theta_r$이므로 답은 다음과 같다. $\Delta t'$가 0이 아님을, 즉 두 사건 A와 B가 로켓 기준틀에서는 동시에 기록되지 않음에 유의하자. 미터자 양끝에서의 사건 사이의 시간차 때문에 로켓 관찰자가 미터자의 길이에 관해 의심하는 일은 없다. 로켓 관찰자에 대해 미터자는 정지해 있으며, 그 길이는 1미터이다. 로켓 관찰자는 실험실 관찰자가 길이가 짧아졌다고(즉, '로런츠 수축되었다고') 기록해도 당황하지 않는다. 로켓 관찰자가 말한다. "왜 안 돼? 실험실 관찰자는 서로 다른 시간 t_A'과 t_B'에 미터자 양끝의 위치를 기록했어. 그러니 그가 어떻게 1미터와 다른 길이를 얻지 않을 수 있겠어?"

(c) 미터자가 로켓의 운동 방향에 수직인 y축을 따라 놓여 있어서 로켓 기준틀에서 양 끝의 분리가 $\Delta y' = 1$ m일 때, 실험실 기준틀에서는 얼마의 길이로 관찰될까?

풀이: 길이는 실험실 기준틀에서 두 사건 A와 B의 공간 분리이다.

$$\Delta y = \Delta y'$$

이 길이는 1미터이다. 운동 방향에 수직인 차원에서는 수축이 일어나지 않는다.

논의: 두 사건은 실험실 기준틀에서 동시($\Delta t = 0$)일뿐 아니라 로켓 기준틀에서도 동시($\Delta t' = 0$; 식 39를 보라.)이다. 따라서 미터자의 길이에 대해 실험실 관찰자와 로켓 관찰자가 동일한 결과를 얻는 것이 놀랄 일은 아니다.

(d) (b)의 결론의 재고하자. 실험실 관찰자에게는 로켓에 놓인 미터자가 1미터보다 작게 보인다는 결과를 어떻게 받아들일 수 있을까? 이 결론이 사실이라면, 미터자가 표준 길이를 갖는 로켓 기준틀에서의 물리학과 동일한 미터자가 수축된 것으로 기록되는 실험실 기준틀에서의 물리학을 구별하는 방법이 없다는 것일까? 만약 그렇다면 상대성 추론(reasoning)이 상대성 원리를 파괴하는 것이 아닌가? 상대성 원리란 두 기준틀의 물리학 사이의 어떤 차이도 한 관성 기준틀과 다른 관성 기준틀 사이를 구별할 수 없다는 것이다. 두 기준틀에서의 물리학 사이에 두드러진 차이점을 발견하지 못하였나?

풀이: 두 기준틀의 x차원에는 차이가 있지만, 두 기준틀의 **물리학**에는 차이가 없다. 로켓에 대해 정지해 있고 운동 방향을 따라 놓인 미터자는 실험실에서는 1미터보다 작게 기록된다. 그러나 **실험실에 정지해 있으며 운동 방향에 나란히 놓인 미터자는 로켓 관찰자에겐 짧아진 것으로 기록된다.

이의: 이 얼마나 터무니없는 이야기인가! 나는 단순 논리에 충실할 것이고 이 모든 비상식적인 상대론을 무시할 것이다. 상대론은 로켓에 놓인 미

터자는 실험실에서 0.5미터로 기록될 수도 있다고 말한다. 그렇다면 역으로 실험실에서 0.5미터의 길이를 로켓에서는 1미터로 기록된다는 것에 동의해야만 한다. 따라서 운동 방향을 따르는 로켓에서의 치수는 실험실에서의 치수보다 더 길다. 물리학은 두 기준틀 사이에 있을 수 있는 만큼 다르다. 내가 실험실 기준틀에 있는지 로켓 기준틀에 있는지 말하는 데 전혀 문제가 없다. 상대성 원리라니! 이 얼마나 망상인가!

답변: 정말 빠르게 움직이는 물체에 대한 경험이 거의 없었기 때문에 아마도 아인슈타인과 로런츠도 처음에는 혼란스러웠을 것이다. 유클리드 기하학과의 유사성을 보게 되면 아마도 상대성 원리에 대해 좀 더 즐거운 마음이 들 것이다. 물론 유클리드 기하학에서의 공식 $(\Delta L)^2 = (\Delta x)^2 + (\Delta y)^2$과 로런츠 기하학에서의 공식 $(\Delta \tau)^2 = (\Delta t)^2 - (\Delta x)^2$ 사이에 약간의 차이는 있다. 그러나 두 기준틀에서 거리가 다른지 여부에 대한 질문은 새로운 기준틀에서의 거리가 옛 기준틀에서보다 작아지는지 (로런츠 기하학에서 로런츠 수축) 또는 커지는지(유클리드 기하학에서 길이 증가) 여부에 대한 질문보다 분명히 더 성가시게 만드는 질문이다. 이제 그림 36을 보자. x' 방향으로 거리 $\Delta x'$만큼 펼쳐진 목초지는 x 방향으로는 더 먼 거리로 펼쳐져 있다.

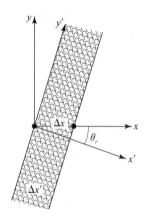

그림 36. x' 방향보다 x 방향으로 더 큰 거리만큼 펼쳐진 목초지

$$\Delta x = \frac{\Delta x'}{\cos \theta_r} \qquad (40)$$

이제 그림 37을 보자. (그림 36과 37의 시공간 유사성에 대해서는 연습 문제 48번을 보라.) 여기에는 목초지가 x 방향으로 거리 Δx 만큼 펼쳐져 있다. 그러나 이 목초지의 x' 방향의 펼쳐진 거리는 더 크다.

$$\Delta x' = \frac{\Delta x}{\cos \theta_r} \qquad (41)$$

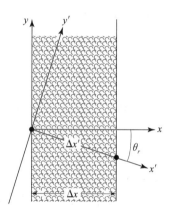

그림 37. x 방향보다 x' 방향으로 더 큰 거리만큼 펼쳐진 목초지

이 결과는 누구나 받아들인다. 식 (40)과 (41) 사이의 모순에 대해서는 걱정하지조차 않는다. 누구나 알다시피 두 식에서 Δx는 다른 목초지 위의 다른 측정값들이다. 따라서 누구나 로켓에 대해 정지한 미터자의 길이는 실험실에서는 더 작게 기록되는 반면 실험실에 대해 정지한 미터자는 로켓에서는 더 작게 기록된다는 것을 기꺼이 믿을 수 있을 것이다. 응답: 이제 설명에는 논리적 모순이 없다는 데 동의한다. 그러나 실제로 한 걸음 더 나아가,

실험실 미터자가 로켓 기준틀에서는 더 작게 기록된다는 것을 실제로 증명해 보여라. 대답: 로켓 기준틀 좌표를 사용해서 실험실 좌표에 대한 로런츠 변환 방정식(식 39)을 풀어보자. 아니면 단순히 이 식들에서 프라임 표시된 좌표와 프라임 표시가 안 된 좌표의 역할을 교환하고 속도의 부호를 역전시켜 보자. 그것도 싫으면 식 (39)의 역인 식 (36)을 보자. 어느 경우든 다음의 관계를 쓸 수 있다.

$$\Delta x = \Delta x' \cosh \theta_r + \Delta t' \sinh \theta_r$$
$$\Delta t = -\Delta x' \sinh \theta_r + \Delta t' \cosh \theta_r \qquad (42)$$
$$\Delta y = \Delta y'$$
$$\Delta z = \Delta z'$$

새로운 미터자가 실험실 기준틀에 놓여 정지해 있다. 로켓 기준틀에서 볼 때 이 막대는 움직인다. 이에 따라 로켓 기준틀에서 미터자의 길이를 결정하기 위해서는 로켓 기준틀 안에 두 개의 기준점, 즉 동일한 로켓 시간에 미터자의 양끝의 위치를 가져야 한다. 따라서 $\Delta t' = 0$이며, 식 (42)의 첫 번째 식으로부터 다음 식을 쉽게 얻을 수 있다.

$$\Delta x' = \frac{\Delta x}{\cosh \theta_r} = \Delta x (1 - \beta^2)^{1/2} \qquad (43)$$

앞에서 보였듯이 미터자가 실험실에 정지해 있을 때 로켓 기준틀에서 기록된 길이는 1미터보다 작다.

10. 시간 팽창

그림 38과 같이 시계가 로켓에 의해 운반되고 있다. 실험실 기준틀(막대와 시계로 구성된 실험실 격자)에서 시계를 관찰한다. 이동하는 시계의 시간 기록에 대한 실험실 관찰자의 결과와 상대론 이전의 물리학에서 예측된 결과는 어떤 면에서 대비될까? 이 질문을 4개의 부분으로 나눠 생각해보자.

(a) 어떻게 하면 시간 경과에 대한 이 질문을 두 사건 사이의 분리에 관한 문제로 옮길 수 있을까?

(b) 로켓 시계가 (a)에서 선택된 두 사건 사이의 시간을 1 빛이동 시간미터로 읽도록 하자. 즉, 로켓 기준틀에서 기록된 시간 경과가 $\Delta t' = 1$시간미터라고 하자. 이 때, 실험실 기준틀에서 관찰된 시간 경과가 다음 식으로 주어짐을 보여라.

$$\Delta t = \Delta t' \cosh \theta_r = \frac{\Delta t'}{(1 - \beta^2)^{1/2}} \qquad (44)$$

이 시간 경과는 1 빛이동 시간미터보다 길다. 이와 같은 길어짐을 시간 팽창이라고 한다.('팽창시키는 것'은 '늘리는 것'을 의미한다.)

(c) 로켓의 1시간미터는 실험실 관찰자의 1 시간미터보다 더 길게 보인다는 (b)의 결론을 어떻게 받아들

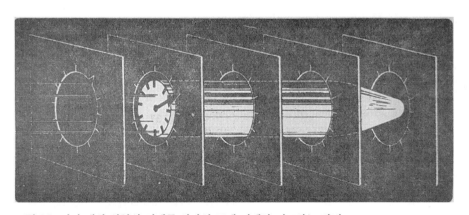

그림 38. 여러 개의 실험실 시계를 하나의 로켓 시계와 비교하는 방법.

일 수 있을까? 이 결과는 시계가 원래 비율로 작동하는 로켓 기준틀에서의 물리학과 동일한 시계가 느리게 가는 것으로 기록되는 실험실 기준틀에서의 물리학을 구별하는 방법을 주지 않을까? 이에 따라 이 추론이 상대성이론의 전체를 지탱하고 있는 **상대성 원리**를 위반하는 것은 아닌가?

(d) 한 걸음 더 나아가서, 실험실 기준틀에 의해 운반되는 시계에 의해 기록된 1 시간미터($\Delta t = 1$시간미터)를 로켓 기준틀의 관찰자가 기록할 때에는 다음 식으로 주어지며, 이는 1시간미터보다 길다는 것을 보여라.

$$\Delta t' = \Delta t \cosh \theta_r = \frac{\Delta t}{(1 - \beta^2)^{1/2}} \qquad (45)$$

이 결과로부터 상대성 원리가 요구하는 실험실과 로켓 기준틀 사이의 대칭성을 어떻게 검증할 수 있을까?

11. 시계의 상대적 동기화

(a) 실험실 기준틀에서 두 사건이 같은 장소에서 동시에 일어날 경우 두 사건은 모든 로켓 기준틀에서 동시에 일어남을 보여라. 실험실 기준틀의 x축 위의 서로 다른 지점에서 두 사건이 동시에 일어나는 경우 두 사건은 운동하고 있는 어느 로켓 기준틀에서도 동시에 일어나지 **않음**을 보여라. 상대 운동을 하는 관측자가 두 사건이 동시적인지 여부에 항상 동의하지는 않는다는 사실을 **동시성의 상대성**(*relativity of simultaneity*)이라고 한다.

(b) 실험실 기준틀에서 동시에 일어나는 두 사건이 x좌표는 동일하지만 y와 z좌표는 Δy와 Δz만큼 분리되어 있다. 두 사건이 로켓 기준틀에서도 동시에 일어남을 보여라.

(c) 로런츠 변환 방정식을 이용해서, 실험실 기준틀에서 $t = 0$인 순간 다음의 식

$$t' = -x \sinh \theta_r = -\frac{x \beta_r}{(1 - \beta_r^2)^{1/2}} \qquad (46)$$

에 따라 로켓 기준틀의 $+x$축 방향을 따라 놓인 시계들은 원점에서 멀리 떨어질수록 실험실 기준틀의 시계들보다 점점 더 늦게 설정된 것으로 나타나고, 로켓 기준틀의 $-x$축 방향을 따라 놓인 시계들은 원점에서 멀리 떨어질수록 실험실 기준틀의 시계들보다 점점 더 이르게 설정된 것으로 나타남을 보여라.

(d) 로런츠 역변환 방정식을 이용하여, 로켓 기준틀에서 $t' = 0$인 순간 다음의 식

$$t = +x' \sinh \theta_r = +\frac{x' \beta_r}{(1 - \beta_r^2)^{1/2}} \qquad (47)$$

에 따라 실험실 기준틀의 $+x$축 방향을 따라 놓인 시계들은 원점에서 멀리 떨어질수록 로켓 기준틀의 시계들보다 점점 더 앞서 설정된 것으로 나타나고, 실험실 기준틀의 $-x$축 방향을 따라 놓인 시계들은 원점에서 멀리 떨어질수록 로켓 기준틀의 시계들보다 점점 더 늦게 설정된 것으로 나타남을 보여라. 상대 운동을 하는 두 관찰자 중 어느 누구도 상대방 기준틀의 시계에서 기준 사건과 시간 0의 기록이 동시에 일어난다는 것에 동의하지 않은 사실을 시계의 **상대적 동기화**(*relative synchronization*)라고 한다.

(e) 식 (46)과 (47)의 부호 차이는 상대성 원리에 위반되며, 이에 따라 두 기준틀을 식별하는 데 이용할 수 있는 기준틀 간 비대칭성을 의미하는 것으로 보인다. 어느 한 기준틀의 관찰자가 자신의 $+x$축을 다른 기준틀의 운동 방향으로 선택하면 시계의 동기화에 대한 물리적 측정을 통해서는 두 기준틀의 결과를 구별할 수 없음을 보여라. 즉, 이 방법을 사용해서는 두 기준틀 자체를 구별할 수 없다. 위의 식에서 부호의 차이는 두 $+x$축의 공통 방향을 임의적이고 비대칭적으로 선택할 수 있기 때문이다.

(f) 앞선 결과들은 때때로 "로켓 관찰자는 실험실 시계들이 서로 동기화되어 있지 않는 것으로 본다."는 진술로 요약된다. 이런 방식으로 문제를 진술하는 것은 어떤 잘못이 있는지 설명하라. 한 명의 로켓 관찰자로는 필요한 측정을 하기에 충분하지 않음을 보여라. 어떻게 하면 동일한 결과를 예리하고, 깔끔하고, 정확하고, 명확하게 진술할 수 있을까?

12. 유클리드 기하학의 유사성

(a) 유클리드 좌표계의 xy평면에 직선 막대가 놓여 있다. xy평면에서 막대가 보이도록 도표를 그리고, 막대의 x, y축과 x', y'축의 정사영을 표시하라. 회전하는 두 유클리드 좌표계에서 각각 측정한 이 막대의 x 성분 사이의 관계와 실험실 기준틀(막대가 움직이는 기준틀)과 로켓 기준틀(막대가 정지해 있는 기준틀)에서 각각 측정한 막대 길이 사이의 관계의 유사성에 대해 상세히 설명하라.

(b) 시간 팽창과 회전하는 두 유클리드 좌표계에서 관찰한 (a)에서의 막대 길이의 y성분 사이의 유사성에 대해 상세히 설명하라. 유클리드 불변량과 로런츠 불변량은 무엇인가?

(c) 시계의 상대적 동기화와, 예를 들어, 한 좌표계의 $+x$축 위의 점들이 다른 좌표계에서는 $-y$좌표를 갖는 (공통 원점에서 멀수록 더 큰 음수값을 갖는) 회전하는 두 유클리드 좌표계의 경우 사이의 유사성에 대해 상세히 설명하라.

13. 로런츠 수축 II

미터자가 로켓 기준틀의 x'축을 따라 놓여 정지해 있다. 실험실 기준틀의 관찰자는 미터자가 자신의 시계 중 하나를 통과하는 데 걸리는 시간을 측정하고 이 결과에 두 기준틀의 상대 속도로 곱하면 미터자가 로런츠 수축을 겪었다는 결론을 내릴 수 있음을 보여라.

14. 시간 팽창 II

두 사건이 로켓 기준틀의 동일 장소에서 서로 다른 시간에 발생한다. 실험실 기준틀의 관찰자가 두 사건 사이의 거리를 측정하고 그 값을 두 기준틀의 상대 속도로 나누면 두 사건 사이의 시간이 팽창되었다고 결론 내릴 수 있음을 보여라.

15. 초 단위의 시간으로 표현된 로런츠 변환 방정식

시간을 초 단위로 표현하고 (첨자를 붙여 $t_초$로 쓰자.) v_r를 m/s단위로 표현된 실험실과 로켓 기준틀의 상대 속력이라 할 때, 로런츠 변환 방정식이 다음과 같이 주어짐을 보여라.

$$x' = x \cosh \theta_r - ct_초 \sinh \theta_r = \frac{x - v_r t_초}{(1 - v_r^2/c^2)^{1/2}} \quad (48)$$

$$t'_초 = -\left(\frac{x}{c}\right) \sinh \theta_r + t_초 \cosh \theta_r = \frac{t_초 - (v_r/c^2)x}{(1 - v_r^2/c^2)^{1/2}}$$

여기서

$$\frac{v_r}{c} = \tanh \theta_r$$

이다. 동일한 기호를 사용해서 로런츠 역변환 방정식을 써보아라.

16.* 로런츠 변환 방정식의 유도

다음과 같이 아인슈타인이 사용했던 새로운 방법을 따라 로런츠 변환 방정식을 유도하자. 로켓이 실험실의 x방향을 따라 속도 β_r로 일정하게 움직인다고 하자. 폭발과 같은 임의의 사건에 대한 로켓 기준틀 좌표 x', y', z', t'는 실험실 기준틀에서 측정한 동일한 사건에 대한 좌표 x, y, z, t와 일대일 대응 관계를 갖는다. 또한 $y = y'$와 $z = z'$이다. (즉, 수직 거리는 동일하다.) x, t와 x', t' 사이의 관계는 다음과 같은 선형 관계를 가정한다.

$$x = ax' + bt'$$

$$t = ex' + ft'$$

여기서 4개의 계수 a, b, e, f는 (1) 미지수이고, (2) x, t와 x', t'에 독립적이며, (3) 두 기준틀의 상대 속도 β_r에만 의존한다.

다음 세 논거만 이용해서 비율 b/a, e/a, f/a를 속도 β_r의 함수로 찾아라. (1) $x = 0$, $t = 0 (x' = 0$, $t' = 0)$에서 출발한 섬광은 두 기준틀에서 모두 광속으로 오른쪽으로 이동한다. ($x = t$; $x' = t'$) (2) $x = 0$, $t = 0 (x' = 0$, $t' = 0)$에서 출발한 섬광이 두 기준틀에서 광속으로 왼쪽으로 이동한다.($x = -t$; $x' = -t'$) (3) $x' = 0$인 지점은 실험실 기준틀에서 속도 β_r를 갖는다.

이제 5절에서 다룬 간격 불변성 $t^2 - x^2 = (t')^2 - (x')^2$을 네 번째 정보로 사용하여 a, b, e, f 상수를 찾아라. 이 방법으로 얻는 결과는 변환 계수에 대한 로런츠의 값과 일치하는가?

17.* 고유 거리와 고유 시간

(a) 두 사건 P와 Q 사이의 분리가 공간꼴일 때, 두 사건이 동시에 일어나는 로켓 기준틀을 찾을 수 있음을 보여라. 또한 이 로켓 기준틀에서 두 사건 사이의 거리가 두 사건 사이의 고유 거리 σ와 같음을 보여라. (한 가지 방법: 그런 로켓 기준틀이 있다고 가정한 후, 로런츠 변환 방정식을 이용해서 이 로켓 기준틀의 상대 속도가 광속보다 작음($\beta_r < 1$)을 보임으로써 가정을 정당화한다.)

(b) 두 사건 P와 R 사이의 분리가 시간꼴일 때, 두 사건이 같은 장소에서 일어나는 로켓 기준틀을 찾을 수 있음을 보여라. 또한 이 로켓 기준틀에서 두 사건 사이의 시간이 두 사건 사이의 고유 시간 τ과 같음을 보여라.

18.* 두 시계가 일치하는 평면

어느 순간에 실험실 시계와 로켓 시계가 일치하는

유일한 평면이 있다. 실험실 기준틀에서 이러한 평면의 속도가 $\tanh(\theta_r/2)$임을 보여라. 여기서 θ_r는 실험실 기준틀과 로켓 기준틀 사이의 상대 속도 변수이다.

19.* 각 변환

미터자가 로켓 기준틀에서 정지한 상태로 x'축과 ϕ'의 각을 이루며 놓여 있다. 이 막대가 실험실 기준틀의 x축과 이루는 각 ϕ는 얼마인가? 실험실 기준틀에서 관찰할 때 이 미터자의 길이는 얼마인가? 이제 어느 한 점전하 주위의 전기력선 방향이 이 전기력선을 따라 놓여 있는 미터자의 방향과 같은 방식으로 변환한다고 가정하자. 로켓 기준틀에서 정지해 있는 고립된 양전하에 의한 전기력선을 (a) 로켓 기준틀에서 볼 때와 (b) 실험실 기준틀에서 볼 때에 각각 정성적으로 그려라. 실험실에서 움직이는 전하 주변에 정지해 있는 시험 전하에 작용하는 힘에 대해 어떤 결론을 내릴 수 있을까?

20.* y방향 속도의 변환

입자가 로켓 기준틀의 y'축을 따라 $\beta^{y'} = \dfrac{\Delta y'}{\Delta t'}$의 일정한 속력으로 운동한다. 로런츠 변환 방정식을 이용하여 y와 t 변위의 성분을 변환하라. 실험실 기준틀에서 이 입자의 x성분 속도와 y성분 속도가 각각 다음과 같이 주어짐을 보여라.

$$\beta^x = \tanh\theta_r, \qquad \beta^y = \frac{\beta^{y'}}{\cosh\theta_r} \qquad (49)$$

21.** 속도 방향의 변환

입자가 x'축과 ϕ'의 각을 이루는 방향으로 로켓 기준틀의 $x'y'$평면에서 β'의 속도로 운동하고 있다. 이 입자의 속도 벡터가 실험실 기준틀의 x축과 이루는 각을 구하라. (힌트: 속도 대신 변위를 변환하라.) 이 각이 19번 문제에서 구한 각과 다른 이유는 무엇 때문일까? 로켓 기준틀과 실험실 기준틀 사이의 상대 속도가 매우 큰 경우 두 결과를 비교하라.

22.** 전조등 효과

섬광이 로켓 기준틀의 x'축에 대해 ϕ'의 각을 이루며 방출된다. 이 섬광의 방향이 실험실 기준틀의 x축과 이루는 각 ϕ가 다음 식으로 주어짐을 보여라.

$$\cos\phi = \frac{\cos\phi' + \beta_r}{1 + \beta_r \cos\phi'} \qquad (50)$$

$\beta' = 1$인 경우, 앞선 문제에 대한 답은 동일한 결과를 제공함을 보여라. 이제 모든 방향으로 균일하게 빛을 방출하며 로켓 기준틀에 정지해 있는 입자를 생각하자. 로켓 기준틀에서 전방 반구로 들어가는 50%의 빛을 고려하자. 로켓은 실험실에 대해 매우 빠르게 움직인다고 가정한다. 실험실 기준틀에서 이 빛은 입자의 운동 방향에 축이 놓인 좁은 전방 원뿔에 집중됨을 보여라. 이 효과를 전조등 효과라고 한다.

C. 수수께끼와 역설

23. 아인슈타인의 기차 역설 – 풀이가 있는 예제

그림 39와 같이 세 사람 A, O, B가 속도 β_r의 값이 1에 가까운 기차를 타고 있다. A는 앞쪽에, O는 중간 지점에, B는 뒤쪽에 위치해 있다. 네 번째 사람 O′은 철로 옆에 서 있다. O가 O′을 통과하는 순간 A와 B에서 출발한 섬광이 O와 O′에 동시에 도착한다. 누가 신호를 먼저 보냈을까? 광속이 광원의 속도에 관계없이 일정하다는 사실만을 이용하여 이 질문에 대해 O와 O′의 답이 다르다는 것을 보여라. 기차 기준틀과 O′ 기준틀에서 관찰할 때 A와 B에서 섬광이 방출된 시간의 차이를 각각 Δt_{BA}와 $\Delta t_{BA}'$이라고 할 때, 로런츠 변환이나 다른 방법을 이용해서 Δt_{BA}와 $\Delta t_{BA}'$을 정량적으로 계산하라.

풀이: 관찰자 A와 B가 관찰자 O에 대해 같은 거리만큼 떨어져 정지해 있다. 따라서 섬광이 A와 B

로부터 O에 도착하는 데 걸리는 시간은 동일하다. A와 B에서 출발한 두 섬광이 O에 동시에 도달하는 것으로 관찰되므로 관찰자 O는 A와 B가 동시에 섬광을 **방출했다**는 결론, 즉 $\Delta t_{BA} = 0$에 도달한다. 철로 옆에 서있는 관찰자 O′은 완전히 다른 결론을 내린다. 그는 다음과 같이 추론한다. "기차의 중앙에 있는 관찰자 O가 나를 통과하는 순간 두 섬광이 도착했다. 따라서 두 섬광은 모두 기차의 중앙이 나에게 도착하기 전에 방출되었음이 분명하다. 기차의 중앙이 나에게 도달하기 전에 관찰자 A는 관찰자 B보다 나에게 더 가까이 있었다. 따라서 빛이 B로부터 내게 도착할 때까지 더 먼 거리를 이동해야 했고, 이에 따라 A의 경우보다 더 오랜 시간이 걸렸다. 그런데 두 섬광이 동시에 도착했으므로 관찰자 B는 관찰자 A가 섬광을 방출하기 **전에** 섬광을 먼저 방출했음이 분명하다. 즉,

그림 39. 탑승객 A와 B 중 누가 먼저 섬광을 방출했을까?

$\Delta t'_{BA} = t'_B - t'_A < 0$이 틀림없다." 요약하면, 철로 옆의 관찰자 O'은 A가 섬광을 방출하기 전에 B가 섬광을 방출한 반면, 기차를 타고 있는 관찰자 O는 A와 B가 **동시에** 섬광을 방출했다는 결론을 내린다.

A와 B로부터 섬광이 방출된 시간 차이는 얼마로 관찰될까? 프라임이 붙지 않은 기차 기준틀에서는 섬광이 동시에 방출되므로 $\Delta t = 0$이다. 방출 사이의 분리는 $\Delta x = \Delta x_{BA} = x_B - x_A = L$인데, 여기서 L은 기차의 길이를 나타낸다. 따라서 프라임이 붙은 기준틀(프라임이 붙지 않은 기차 기준틀에 대해 **오른쪽으로** 이동하는 기준틀)에서 방출 사이의 시간 간격은 로런츠 변환 방정식을 이용해서 구할 수 있다. 즉,

$$\Delta t' = -\Delta x \sinh\theta_r + \Delta t \cosh\theta_r{'}$$

$$\Delta t' = -L \sinh\theta_r = -L \frac{\beta_r}{(1-\beta_r^2)^{1/2}}$$

음의 부호는 $+x'$축 위에 있는 관찰자 B가 관찰자 A보다 더 이른(더 음의) 기차 시간에 섬광을 방출했다는 것을 보여준다.

24. 아인슈타인 수수께끼

소년 시절의 아인슈타인은 다음과 같은 수수께끼 때문에 혼란스러웠다. 한 사람이 팔을 앞으로 쭉 뻗어서 잡고 있는 거울 속의 자신을 바라본다. 이 사람이 광속에 가까운 속력으로 달린다면, 그는 거울에 비친 자신을 볼 수 있을까? 상대론을 이용해서 이 질문을 분석하라.

25.* 막대와 차고 역설

한 학생이 다음과 같이 말한다. "상대론은 **틀렸음**이 분명하다. 20미터짜리 막대가 막대의 길이 방향으로 빠르게 운반되어 실험실 기준틀에서 10미터로 보인다

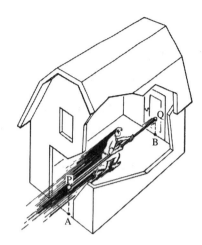

그림 40. '20미터짜리 막대'를 들고 **빠르게** 달리는 사람이 '10미터짜리 차고'에 끼인 순간의 모습. 다음 순간 그는 종이로 만든 뒷문을 밀치고 나간다.

고 하자. 따라서 그림 40과 같이 어느 순간 막대는 10미터짜리 차고에 완전히 들어갈 수 있다. 그러나 달리는 사람의 기준틀에서 동일한 상황을 바라보자. 그에게는 차고가 원래 길이의 절반으로 수축되어 보인다. 어떻게 20미터짜리 막대가 5미터짜리 차고에 들어맞을 수 있나? 이 믿기 어려운 결론은 상대론의 어딘가에 근본적으로 논리적 모순이 있다는 것을 증명하지 않는가?"

이 학생에게 아무 모순 없이 막대와 차고를 상대론으로 다루는 방법에 대해 명확하고 신중하게 설명하는 답장을 써보아라. (주의 깊게 표시된 두 개의 도표, 즉 xt도표와 $x't'$도표를 만들어서 이 역설을 해결하라. A와 일치하는 '사건' Q를 두 도표의 원점에 놓아라. 두 도표에서 A, B, P, Q의 세계선을 그려라. 두 도표의 척도에 주의를 기울여라. 두 도표에 Q와 B가 일치하는 시간(미터 단위 사용)을 표시하라. P가 B와 일치하는 시간을 두 도표에 표시하라. 로런츠 변환 또는 다른 방법을 이용하여 이 시간들을 계산하라.)

26.** 우주 전쟁

정지 길이가 동일한 두 로켓이 그림 41과 같이 상대론적 속력으로 정면으로 지나가고 있다. 관찰자 O는 자신의 로켓 후미에 운동 방향에 수직인 방향을 향하는 총을 가지고 있다. 그림 42와 같이 두 점 a와 a'

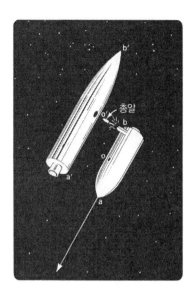

그림 43. 기준틀 o'에서는 a와 a'이 일치할 때 발사된 총알이 상대방 로켓을 맞힐 것으로 예측한다.

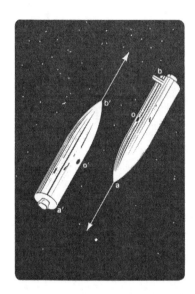

그림 41. 고속으로 통과하는 두 로켓

이 일치할 때 O가 총을 발사했다. O의 기준틀에서는 상대방 로켓이 로런츠 수축된다. 그러므로 O는 그림 42와 같이 자신이 쏜 총알이 상대방 로켓을 빗맞힐 것으로 예상한다. 그러나 상대방 관측자 O'의 기준틀에서는 O의 로켓이 로런츠 수축된 것으로 나타난다. 그러므로 a와 a'이 일치할 때 관찰자 O'은 그림 43처럼 보게 된다. 총알은 실제로 로켓을 맞힐까 빗맞힐까? 자신이 생각한 답에 대해 논의해 보아라. 문제를 설명하는 데 사용된 언어의 느슨함을 지적하고, 그림의 오류를 지적하라.

27.* 시계 역설[*]

첫 번째 버전; 또 다른 버전은 연습 문제 49, 51, 81에 있음

21번째 생일날 피터는 자신의 쌍둥이인 폴을 지구

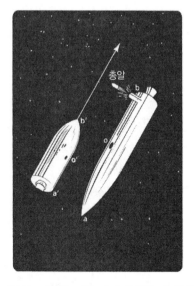

그림 42. 기준틀 o에서는 a와 a'이 일치할 때 발사된 총알이 상대방 로켓을 빗맞힐 것으로 예측한다.

---

[*] 시계 역설에 대한 논문들을 보기 위해서는 *Special Relativity Theory*, Selected Reprints, published for the American Association of Physics Teachers by the American Institute of Physics, 335 East 45th Street, New York 17, New York, 1963을 참고하라.

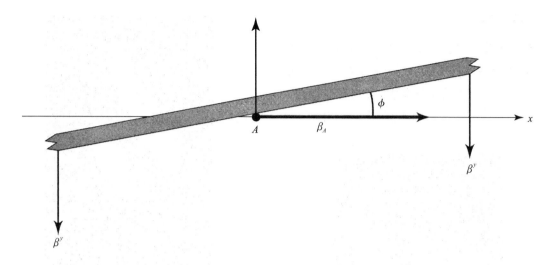

그림 44. 교점 A는 광속보다 더 빠른 속력으로 움직일 수 있을까?

에 남겨두고 광속의 (24/25) = 0.96배인 속력으로 자신의 시간으로 7년(2.2×10^8초 또는 6.6×10^{16}시간미터) 동안 x축 방향으로 떠났다가 방향을 바꾸어 동일한 속력으로 또다시 자신의 시간으로 7년 동안 되돌아온다. (a) 돌아온 피터의 나이는 몇 살인가? (b) 피터의 운동을 나타내는 시공간 도표를 그려라. 도표에 반환점과 재결합 점의 x와 t좌표를 표시하라. 문제를 간단하게 하기 위해 지구를 관성 기준틀로 가정하고, 도표 구성에 이 관성 기준틀을 채택하고, 출발 사건을 원점으로 잡아라. (c) 재회하는 순간 폴의 나이는 몇 살인가?

28.* 빛보다 빠른 것들*

두 기준틀 사이의 상대 속도가 광속보다 크면 로런츠 변환 방정식은 아무 의미가 없다. 이는 질량, 에너지, 그리고 정보(메시지)가 광속보다 더 빠르게 움직일 수 없다는 것을 의미한다. 다음 예제들을 통해 그

---

* Milton A. Rothman, "Things that go Faster than Light," Scientific American 203, 141(July, 1960)을 참고하라.

의미를 확인해 보자.

(a) 가위 역설. 그림 44에서와 같이 매우 긴 직선 막대가 x축에 대해 각 ϕ로 기울어진 채 일정한 속력 β^y로 아래쪽으로 움직인다. 막대의 아래쪽 모서리와 x축의 교점 A의 속력 β_A를 구하여라. 이 속력은 광속보다 클까? 이를 원점에서 멀리 떨어진 x축 위의 사람에게 메시지를 전송하는 데 사용할 수 있을까?

(b) 교점 A가 원점에 위치한 동일한 막대가 처음에 정지해 있다. 망치로 막대의 원점 부근을 아래쪽으로 가격한다. 교점이 오른쪽으로 이동한다. 이 교점의 운동을 광속보다 빠르게 메시지를 전송하는 데 사용할 수 있을까?

(c) 광선이 평평한 평면을 휩쓰는 방식으로 매우 강력한 탐조등이 빠르게 회전하고 있다. 평면 위의 관찰자 A와 B는 탐조등으로부터 같은 거리만큼 떨어져 있지만 서로 가까이 있지는 않다. A에서 B까지 빛신호가 이동하는 것보다 더 빠르게 탐조등 광선이 움직이기 위해서는 A와 B가 탐조등으로부터 얼마나 멀리 떨어져 있어야 하나? 두 관찰자에게는 자신의 자리를 잡기 전에 다음의 지시가 내려졌다.

A가 받은 지시: "탐조등 광선이 보이면 B에게 총알을 발사하라."

B가 받은 지시: "탐조등 광선이 보이면, A가 총알을 발사한 것이니 고개를 숙여라."

이런 상황에서는 빛보다 빠른 속력으로 A에게서 B까지 경고가 전달되지 않았을까?

(d) 일부 오실로스코프 제조업자들은 빛 속도를 초과하는 쓰기 속도가 가능하다고 주장한다. 이것이 가능할까?

D. 배경 지식

29. 움직이는 시계에 의한 동기화 – 풀이가 있는 예제

엥겔스버그(Engelsberg)는 4절에서 다루었던, 섬광을 이용해서 시계를 동기화 하는 방법에 찬성하지 않는다. 그는 "나는 내가 선택한 방식으로 시계를 동기화할 수 있어."라고 말한다. 그가 옳을까? 엥겔스버그는 빅벤(Big Ben)과 리틀 벤(Little Ben)이라 불리는 두 개의 동일한 시계를 동기화하려고 한다. 상대 속도가 0인 두 시계가 1백만 마일(1.5×10^9보다 약간 더 긴 거리)만큼 분리되어 있다. 그가 두 시계와 똑같이 만들어진 세 번째 시계를 사용하는데, 이 시계는 두 시계 사이를 일정한 속도로 이동한다. 이 이동 시계는 빅벤을 통과할 때 빅벤과 동일한 시간을 읽도록 설정되었고, 리틀 벤은 자신을 통과하는 순간의 이동 시계의 시간을 읽도록 설정되었다. "이제 빅벤과 리틀 벤은 동기화되었어."라고 엥겔스버그가 말한다. 이 말이 옳을까? 섬광을 이용한 전통적 방식으로 동기화된 시계의 격자로 측정할 때, 빅벤과 리틀 벤이 동기화되지 않은 정도는 어느 정도일까? 엥겔스버그가 사용한 이동 시계가 시속 10만 마일(4.5×10^4 m/s)로 움직일 때 동시성(synchronism)이 얼마나 결여되었는지 추정하라. 개인적 선호도는 별개로 하고, 엥겔스버그가 사용하는 동기화 방법을 채택하지 말아야 할 이유는 무엇일까?

풀이: 수치적 풀이부터 시작하자. 빅벤과 리틀 벤에 대해 정지해 있는 시계 격자(시계들이 섬광을 이용하는 표준 방법으로 동기화된 격자)를 사용해서 이동 시계를 관찰할 수 있다. 이 격자에 대한 이동 시계의 속력은 $v = 4.5 \times 10^4$ m/s 또는 $\beta = v/c = (4.5 \times 10^4 \text{ m/s})/(3 \times 10^8 \text{ m/s}) = 1.5 \times 10^{-4}$ m/(빛이동 시간미터) 이다. 시계는 이 속도로 $\Delta t = 10^{13}$ 빛이동 시간미터의 시간 동안에 빅벤에서 리틀 벤까지의 거리를 이동한다. 이동 시계가 격자 시계들을 차례로 통과할 때 이들 시계들의 기록들을 비교하면 **시간 팽창** 현상이 나타난다. (연습 문제 10번을 참조하라.) 즉, 이동 시계는 격자 시계들보다 $(1 - \beta^2)^{1/2}$배만큼 느리게 간다. 따라서 **이동 시계에 기록되는 빅벤에서 리틀 벤까지의 이동 시간 $\Delta t'$**은 다음과 같이 주어진다.

$$\Delta t' = \Delta t (1 - \beta^2)^{1/2}$$
$$= \Delta t (1 - 2.25 \times 10^{-8})^{1/2}$$

작은 δ값에 대한 이항 전개

$$(1 - \delta)^{1/2} = 1 - \left(\frac{\delta}{2}\right) - \left(\frac{1}{8}\right)\delta^2 - \cdots \approx 1 - \frac{\delta}{2}$$

를 이용하면 근사 해는 다음과 같이 주어진다.

$$\Delta t' = \Delta t - \frac{1}{2} 2.25 \times 10^{-8} \Delta t$$

또는

$$\Delta t' - \Delta t = -1.12 \times 10^{-8} \times 10^{13} \text{(시간미터)} \quad (51)$$
$$= -1.12 \times 10^5 \text{시간미터}$$
$$= -0.4 \times 10^{-3} \text{ s}$$

이동 시계로 리틀 벤의 시간을 맞추고 나서 리틀 벤의 시간을 인근에 위치한 격자 시계와 비교하면, 리틀벤은 격자 시계보다 0.4밀리초만큼 **앞선** 것으로 읽힌다.

빅벤에서 리틀 벤까지 가면서 이동 시계가 기록한 시간 경과 $\Delta t'$을 찾는 좀 더 직접적인 방법이 있다. 경로가 직선이므로 이 세계선을 따르는 이동 시계의 경과 시간은 두 사건 사이의 세계선의 고유 길이, 즉 빅벤과 리틀벤 사이의 간격과 같다.

$$\Delta t' = \Delta(\text{고유 시간}) = \text{간격} = [(\Delta t)^2 - (\Delta x)^2]^{1/2}$$

이 계산으로부터 실험실 시계와 이동 시계 사이의 시간 불일치가 다음과 같이 주어짐을 알 수 있다.

$$\Delta t' - \Delta t = [(\Delta t)^2 - (\Delta x)^2]^{1/2} - \Delta t$$

이 식은 식 (51)과 완벽하게 일치한다.

이제 되돌아가서 시계의 동기화를 정의하는 이동 시계 방법의 타당성에 대해 생각해보자. 엥겔스버그는 자신이 원하는 대로 자유롭게 동기화를 정의할 수 있다. 그러나 이동 시계 방법을 사용해서 빅벤과 리틀 벤을 동기화하려 할 때 그는 다음과 같은 어려움을 겪을 것이다. (1) 이 동기화 방법을 이용한 실험실 시계들의 세팅 값은 이동 시계의 속력에 따라 달라진다. 이동 시계가 위에서 주어진 속력의 10배로 움직인다고 하면 리틀 벤과 그 옆의 격자 시계 사이의 불일치는 0.4밀리 초가 아니라 대략 30밀리 초가 된다. 서로 다른 속력으로 움직이는 이동 시계들을 사용해서 동기화된 나란히 놓인 두 리틀 벤은 서로 일치하지 않는다! (2) 이동 시계들이 특정 속력으로 제한되더라도 이 동기화 방법의 결과들은 이동 시계의 **경로**에 따라 달라진다. 고정된 속력의 이동 시계가 택한 경로가 길어질수록 리틀 벤은 인접한 격자 시계들에 비해서 더 앞선 시간을 읽는다. (3) 이동 시계가 빅벤에서 출발해서 **왕복 여행**을 할 경우, 되돌아온 이동 시계는 빅벤과 동기화되지 않는다. (연습 문제 27번의 시계 역설을 참조하라.) 엥겔스버그의 동기화 방법은 또 다른 불편함이 있지만 시공간에서 일어나는 일에 대한 간단한 서술에서의 부적절함을 보여주는 것으로 충분하다.

30. 시간 팽창과 시계 구조

연습 문제 10번에서 시간 팽창 현상을 기술할 때 스프링 시계, 석영 결정 시계, 생물학적 시계(노화), 원자시계, 방사능 시계, 그리고 두 거울 사이에서 섬광의 왕복을 이용한 시계를 구별하지 않았다. 이와 같은 모든 시계들이 로켓 기준틀에서 정지해 있을 때 동일한 비율로 작동하도록 조정되었다고 하자. 이 시계들이 실험실 기준틀에 놓인 표준 시계를 지나갈 때, 시계의 내부 동작과는 전혀 관계없이 연습 문제 10번의 시간 팽창 현상이 일어남을 보여라. (논의: 지금까지 시계의 구조에 대한 논의가 없었던 이유는 무엇일까? 동기화를 위해 섬광이 두 시계 사이를 왕복할 때 기계적으로 작동하는 시계 장치가 실제로 필요할까? 전기 불꽃 같은 섬광이나 정확한 시간 팽창을 측정하기 위한 반 은도금 거울보다 더 필요한 것이 있을까?)

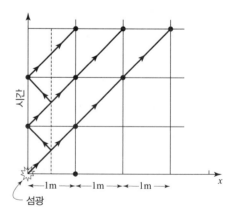

그림 45. 시계를 이용하지 않는 시간 측정. 파선은 반은도금 거울의 세계선이다.

31. 지표면 관성 기준틀

한 기준틀에서 정지한 시험 입자가 특정 정확도 범위 안에서 어떤 시공간 영역에서 계속 정지해 있는 경우 이 기준틀은 이 시공간 영역에서 관성 기준틀이다. 지구 근처에서 자유 낙하하는 우주선은 몇 초의 시간 동안 실질적으로 관성 기준틀이라는 것을 보였었다. 지표면 실험실에서 고속 입자와 빛을 포함하는 많은 실험들이 진행되었다. 이들은 자유 운동이 아니다. 지표면 실험실에는 중력이 존재하지만 시간이 매우 짧은 일부 실험에서는 실험이 시작될 때 방출된 시험 입자가 실험이 끝날 때까지 많이 낙하하지 못한다. 그러므로 많은 실험에서 지표면 실험실은 상당한 정확성을 갖는 관성 기준틀로 간주될 수 있다.

(a) 속도가 $0.96c$인 소립자가 한 변의 길이가 1미터인 정육면체 방전함을 통과한다. 이 시간 동안 지구 중력장에서 정지 상태로부터 놓은 시험 입자가 낙하하는 거리는 얼마일까? 낙하 거리를 원자핵의 크기(10^{-15} m의 몇 배 정도인 크기)와 비교하라. 실험실 기준틀 또는 지표면 기준틀이 특정 정확도로 관성 기준틀로 간주되기 위한 시공간 영역의 크기를 설명하라. 소립자가 $0.96c$의 속력으로 방전함을 통과하는 데 걸리는 시간 동안 시험 입자가 정지 상태로부터 측정 가능한 거리만큼 떨어지기 위해서는 방전함의 크기가 얼마나 커야 할까?

(b) 연습 문제 33번의 마이컬슨–몰리 실험에서, 2미터 정도 떨어진 거울 쌍 사이를 광선 빔이 앞뒤로 반사되면서 총 22미터의 거리를 이동한다. 하나의 광자가 마이컬슨–몰리 장치를 가로지르는 데 걸리는 시간 동안 지구 중력장에서 가만히 놓인 시험 입자가 낙하하는 거리는 얼마인가? 마이컬슨–몰리 실험이 수행되는 시공간 영역에서 어느 정도의 정확도까지 지표면 기준틀이 관성 기준틀이 될까?

32.* 관성 기준틀의 크기

이상적인 관성 기준틀로부터 감지될만한 불일치 ϵ이 나타나기까지, 주어진 공간 영역($\Delta x = \Delta y = \Delta z = L$, 미터 단위)이 얼마나 클 수 있고, 얼마나 긴 시간(Δt, 미터 단위!) 동안 관찰될 수 있고, 중력 끌림의 중심에 얼마나 가까이 근접할 수 있을까?

(a) 한 종류의 불일치: 끌림 선에 수직인 상대 가속도

(1) 특별한 경우: 그림 46에서와 같이, 25미터 떨어진 두 개의 볼 베어링이 높이 250미터인 곳에서 정지 상태로부터 낙하하기 시작한다. 닮은 꼴 삼각형 방법 또는 다른 방법을 이용해서 두 볼 베어링은 지면에 떨어지기 전까지 약 10^{-3} m 정도의 거리만큼 가까워짐을 보여라. (이 문제는 본문의 12쪽에서 다루었던 예제이다.) 9.8 m/s^{2}의 가속도로 250미터 낙하하는 데 걸리는 시간은 약 7초 또는 21×10^8 빛이동 시간미터이다. 요약하면, 낙하하는 철도 객차는 다음 조건 하에서 관성 기준틀로 취급할 수 있다.

(2) 좀 더 일반적인 경우: 시험 입자 B가 시험

ϵ (주어진 기구가 탐지할 수 있는 최소의 불일치)	이상적인 관성 기준틀과의 불일치를 탐지할 수 없음을 보증하는 데 적합한 조건들			
	r(지구 중심으로부터의 거리)	Δx (수평 방향의 폭)	Δy와 Δz (다른 두 방향의 영역 폭)	Δt (관찰 시간)
$\epsilon \geq 1 \times 10^{-3}$ m	$r \geq r_e = 6.4 \times 10^6$ m	$\Delta x = L \leq 25$ m	분석에서 0으로 놓는다. 따라서 (c) 분석 시 자동적으로 0으로 놓았다.	$\Delta t \leq 21 \times 10^8$ m (7초)

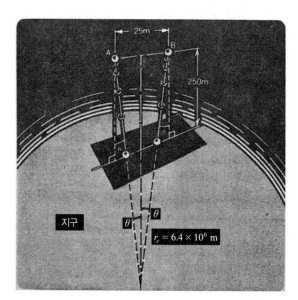

그림 46. 지구 근처에서 나란히 놓인 두 개의 볼 베어링은 하강함에 따라 서로에게 더 가까이 운동한다. (그림은 척도 대로 그려지지 않았다.)

입자 A에 대해서 Δx만큼 떨어져 있다. 두 입자는 인력 중심으로부터 같은 거리 r만큼 떨어져 있고, Δt의 시간 동안 관찰된다. 끌림 중심을 향한 두 입자의 공통 가속도를 [m/s²] 단위를 사용하면 a로, [m/(시간미터)²] 단위를 사용하면 $a^* = a/c^2$로 표기하자. 입자 A에 대한 입자 B의 가속도 $(\Delta a^x)^*$[m/(시간미터)²]가 다음 식으로 주어짐을 보여라.

$$(\Delta a^x)^* = -\frac{\Delta x}{r} a^* \tag{52}$$

(문제와 관련된 각이 너무 작아서 사인과 탄젠트와 각 자체가 모두 서로 동일하다고 가정하라.)

(b) 또 다른 종류의 불일치: 끌림 선과 평행한 상대 가속도

(1) 일반적인 경우: r와 평행한 선상에서 입자 B가 입자 A로부터 Δz만큼 떨어져있다. 이에 따라 B는 끌림 중심으로부터 A보다 더 멀리 떨어져 있고, 더 작은 인력을 받는다. 결과적으로 B가 A에 뒤쳐지거나 혹은 A의 관찰자가 보았을 때 +z 방향의 상대 가속도를 갖는다. 이 상대 가속도 $(\Delta a^z)^*$[단위: m/(시간미터)²]가 다음과 같이 주어짐을 보여라.

$$(\Delta a^z)^* = +\frac{2\Delta z}{r} a^* \tag{53}$$

(힌트: 입자가 뉴턴의 중력의 역 제곱 법칙에 따라 떨어지므로 $a^* = $ 일정$/r^2$임을 이용하라. r와 $r + \Delta z$에 대해서 계산하고 그 차이를 구하라. Δz(수 미터)가 r(수천 킬로미터)에 비해 매우 작다는 사실을 이용하여 결과를 단순화하라.)

(2) 특별한 경우(본문 12쪽): 지표면으로부터 한 입자는 250 m 위에, 또 다른 입자는 275 m 위에 있다. 25 m이었던 두 입자의 분리는 첫 입자가 땅에 부딪힐 때까지 경과한 약 7초 후에 얼마나 증가할까? (힌트: 앞서 다루었던 Δa^z와 Δa^x가 몇 배 차이 나는가?) 결과를 이용하여, 원한다면 (a, 1)의 표를 완성하거나 수정하라.

(c) 실험 영역이 지구 중심으로부터 멀리 떨어진 경우 한 우주 개발 회사가 정지한 입자와 광선을 이용하는 실험의 범위를 증가시키려 한다. 이전

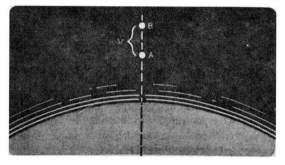

그림 47. 지구 근처에서 일직선상의 서로 다른 높이에서 놓인 두 개의 볼 베어링은 하강함에 따라 서로에게서 더 멀리 떨어지며 운동한다. (그림은 척도대로 그리지 않았다.)

연구에 사용된 영역은 새로운 프로그램에 충분히 크지도 않고 7초도 충분히 길지 않은 시간이라는 것을 확인한 연구 그룹은 이전과 동일한 $\epsilon = 1 \times 10^{-3}$ m의 허용 오차를 유지하는 $\Delta x = 200$ m, $\Delta y = 200$ m, $\Delta z = 100$ m의 공간과 100초의 시간에 대한 권고안을 냈고, 경영진은 이에 동의했다. 편차가 이상적인 상태로부터 허용 가능한 상한선보다 작게 만들기 위해 로켓에 의해 장비가 추진되어야 하는 지구 중심으로부터의 위치는 지구 반지름의 몇 배인가? (이 방식을 따라 물어볼 수 있는 몇 가지 질문들: a^*는 r에 따라 어떻게 달라질까? $(\Delta a^x)^*$와 $(\Delta a^z)^*$는 r에 따라 어떻게 달라질까? Δx와 Δz는 $(\Delta a^x)^*$와 $(\Delta a^z)^*$와 Δt에 어떻게 의존할까?)

33.* 마이컬슨─몰리 실험*

(a) 비행기가 지구상의 A지점에서 B지점까지 속력 c (광속이 아니라)로 움직인다. 속력 v의 맹렬한 바람이 B에서 A로 불고 있다. 이 조건에서 A에서 B까지 갔다가 다시 A까지 되돌아오는 왕복 시간은 고요한 대기 중을 동일하게 왕복할 때보다 $1/(1 - v^2/c^2)$배 크다는 것을 보여라. 역설: 바람은 비행의 반은 도움을 주고 나머지 반은 방해를 한다. 그런데 왜 바람이 있는 경우와 바람이 없는 경우 왕복 시간이 같지 않을까? 이 차이에 대한 간단한 물리적 이유를 제시하라. 바람의 속력이 비행기의 속력과 거의 같아지면 어떻게 될까?

(b) 동일한 비행기가 A와 C 사이를 왕복한다. A와 C 사이의 거리는 A와 B 사이의 거리와 같지만 A에

서 C까지의 직선은 A에서 B까지의 직선과 수직이기 때문에 A에서 C 사이를 이동할 때 비행기는 바람을 가로질러 비행한다. 이 조건에서 A와 C 사이의 왕복 시간은 고요한 대기 중을 동일하게 왕복할 때보다 $1/(-v^2/c^2)^{1/2}$배 크다는 것을 보여라.

(c) 두 비행기가 동일한 속력 c로 동시에 A를 출발한다. 한 비행기는 처음에는 속력이 v인 바람에 맞서고 나중에는 바람과 함께 A에서 B까지 갔다가 A로 되돌아온다. 다른 비행기는 바람을 가로질러 A에서 C까지 갔다가 다시 A로 되돌아온다. 어느 비행기가 출발점에 먼저 돌아오고, 두 비행기의 도착 시간 차이는 얼마인가? $v \ll c$인 경우, 이항 정리를 이용해서 이 시간 차이의 대략적 표현이 $\Delta t = \dfrac{L}{2c}\left(\dfrac{v^2}{c^2}\right)$임을 보여라. 여기서 L은 A와 B 사이 또는 A와 C 사이의 왕복 거리이다.

(d) 남극 비행장은 비행장을 중심으로 300 km 반경의 원 위에 있는 연구 막사를 위한 공급 창고이다. 매주 월요일에 많은 공급 비행기가 동시에 비행장을 출발하여 같은 고도에서 모든 방향으로 방사형으로 날아간다. 각각의 비행기는 보급품과 우편물을 연구 막사에 떨어뜨리고는 곧장 비행장으로 되돌아간다. 스톱워치를 든 한 떠버리가 비행장이 내려다보이는 언덕 위에 서 있다. 그는 모든 비행기가 동시에 돌아오지 않는다는 것을 알아차린다. 이런 불일치는 그를 당황케 하는데, 그 이유는 (1) 비행장에서 모든 연구 막사까지의 거리가 같고, (2) 모든 비행기가 시속 300킬로미터로 비행하고, (3) 모든 비행기가 직선 경로를 따라 비행장에서 막사까지 왕복한다는 것을 알고 있었기 때문이다. 떠버리는 마침내 이 불일치가 비행기가 날아가는 고도의 바람 때문이라고 결정한다. 그가 스톱워치를 이용해서 측정한 결과, 첫 번째 비행기와 마지막 비행기의 왕복 시간에 4초의 차이가 났다. 비행기가 날아가는 고도에서 바람의 속력은 얼마

---

* A. A. Michelson and E. W. Morley, American Journal of Science, **34**, 333(1887). 상대성이론에서 이 실험의 논리적 주장은 H.P. Robertson, in Reviews of Modern Physics, **21**, 378 (1949)에 간략하게 서술되어 있다.

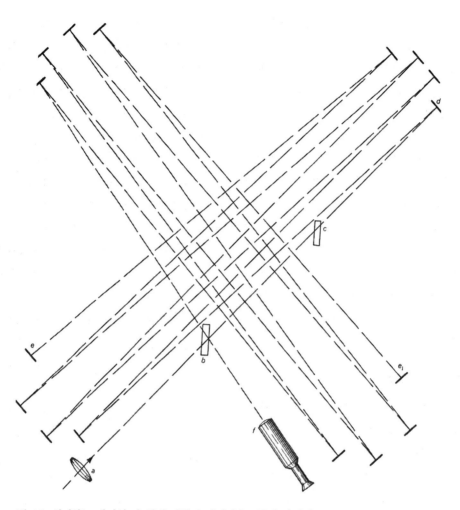

그림 48. 회전하는 대리석 판 위에 장착된 마이컬슨-몰리 간섭계

인가? 떠버리는 바람의 방향에 대해 어떤 말을 할 수 있을까?

(e) 자신들의 유명한 실험에서 마이컬슨과 몰리는 소위 '에테르 바람(ether drift)'이라고 부르는 "에테르"를 통한 지구의 운동을 감지하려고 시도했다. 빛은 에테르에 대해 속도 c로 이동한다고 추정되었다. 그들은 빛이 태양 주위를 도는 지구의 운동 방향에 평행한 방향과 수직인 방향의 동일한 두 거리를 왕복하는 데 걸리는 시간을 비교하였다. 그들은 평행한 거울 사이에서 빛을 앞뒤로 반사시켰다. (각 비행기가 왕복 운동

을 반복하면 이것은 (c)에 해당한다.) 이 방법으로 각 경로마다 총 왕복 거리 22미터를 사용할 수 있었다. 에테르가 태양에 대해 정지해 있고 지구가 태양 주위의 경로를 따라 30×10^3 m/s로 이동한다면, 동시에 방출되어 서로 수직인 두 경로를 따라 이동한 두 섬광의 복귀 시간 차이는 대략 얼마인가? 에테르 바람 가설에 의해 예측된 차이는 너무 작아서 오늘날의 장비로도 직접 측정할 수 없기 때문에 다음 방법이 대신 사용되었다.

(f) 원래의 마이컬슨-몰리 간섭계가 그림 48에 그

려져 있다. 단색광(단일 진동수의 빛)이 렌즈 a를 통해 들어간다. 빛의 일부가 반 은도금 거울 b에서 반사되고 나머지는 d를 향해 계속 진행한다. 두 광선은 각각 거울 e와 e_1에 도달할 때까지 앞뒤로 반사된다. e와 e_1에서 반사된 각각의 광선은 경로를 되돌아 거울 b에 도달한다. b에서 합쳐진 두 광선은 함께 망원경 f로 들어간다. 반 은도금 거울 b와 같은 두께의 투명한 유리 조각이 c에 삽입되어 있어서 두 광선이 망원경 f에 도달하기까지 이 유리를 같은 횟수만큼(3번) 통과한다.

두 수직 경로의 길이가 정확히 같고 계측기가 에테르에 대해 정지해 있다고 가정하자. 그러면 거울 b에서 어떤 상대 위상으로 출발한 단색광은 동일한 위상으로 거울 b로 되돌아올 것이다. 이런 상황에서 망원경 f로 들어가는 두 파동은 **보강되어** 이 망원경에 밝은 상을 만든다. 반면에 두 광선 중 하나가 빛 주기의 절반에 해당하는 시간만큼 지연되면 그 빛은 그만큼 늦게 b에 도착하게 되고, 이에 따라 망원경으로 들어간 두 파동은 **상쇄되어** 이 망원경의 어두운 상을 만든다. 한 광선이 한 주기만큼 늦어지면 망원경의 상은 밝아지며, 이런 식으로 밝고 어두운 상이 교차할 것이다. 빛의 주기에 해당하는 시간 간격은 얼마인가? 마이컬슨과 몰리는 파장이 5890 옹스트롬(Å)인 나트륨 빛을 사용하였다. (1Å은 10^{-10} m이다.) 두 식 $\nu\lambda = c$와 $\nu = 1/T$로부터 나트륨 빛의 주기 T는 약 2×10^{-15} s에 해당함을 보여라. (ν는 진동수이고 λ는 파장이다.)

추정된 에테르 바람을 '끄고' 실험 장치를 조정한 다음 다시 에테르 바람을 켤 방법은 없다. 대신 마이컬슨과 몰리는 간섭계를 수은 웅덩이에 띄우고 망원경의 상을 관찰하는 동안 축음기 레코드처럼 간섭계 중앙에 대해 간섭계를 서서히 회전시켰다. 이와 같은 방식에서는 계측기가 어느 특정 방향을 가리킬 때 빛이 어느 한 에테르 경로 상에서 지연된다면 다른 에테르 경로를 따르는 빛도 계측기를 90° 회전했을 때 같은 시간만큼 빛을 지연된다. 따라서 간섭계가 회전함

에 따라 관측되는 두 경로 사이의 지연 시간의 합은 (c)에서 유도된 식을 사용하여 계산한 차이의 두 **배**가 되어야 한다.

이 방법을 간단히 개량함으로써 마이컬슨과 몰리는 계측기가 회전할 때 두 경로 사이의 시간 변화가 망원경의 한 어두운 상에서 다음 어두운 이미지까지의 이동의 1/100보다 작다는 것을 보일 수 있었다. 이 결과는 만일 에테르가 존재한다면 지표면에서 에테르의 운동은 지구 공전 속력의 1/6보다 작다는 것을 의미함을 보여라. 에테르가 지구의 공전 속도와 같은 속도로 태양을 지나갈 가능성을 제거하기 위해 그들은 3개월 간격으로 실험을 반복하였으나 항상 부정적인 결과가 나왔다.

(g) 마이컬슨-몰리 실험 자체가 빛이 에테르를 통해 전파된다는 이론을 반증하는 것일까? 아니면 실험 결과와 일치하도록 에테르 이론이 수정될 수 있을까? 어떻게 하면 될까? 수정된 이론을 검증하기 위해 어떤 추가 실험이 이용될 수 있을까?

34.* 케네디-손다이크(Kennedy-Thorndike) 실험*

마이컬슨-몰리 실험은 가상의 유체인 에테르에 대한 지구의 운동을 탐지하려고 고안되었는데, 에테르는 그 안에서 빛이 특정 속력 c로 움직이는 것으로 가정된 매질이다. 그러나 지구와 에테르의 상대 운동은 감지되지 않았다. 이 실험의 결과로 에테르의 개념이 그 후 부분적으로 폐기되었다. 현대적인 관점에서 볼 때, 빛은 매질을 필요로 하지 않는다.

마이컬슨-몰리 실험의 부정적인 결과는 빛의 전파에 대한 에테르 이론을 믿을 수 없는 우리에게 어떤 의미가 있을까? 간단히 말해서 다음과 같다. (1) 지구

---

* 최초 실험의 보고서는 Physical Review, **42**, 400 (1932)에서 볼 수 있다. 상대성이론에서 이 실험의 논리적 주장 (logical position)은 H. P. Robertson, in Reviews of Modern Physics, **21**, 378 (1949)에 간략하게 설명되어 있다.

에서 측정된 빛의 왕복 속도는 모든 방향에서 동일하다. 즉, 광속은 **등방적**이다. (2) 광속은 지구가, 예를 들어 1월에, 태양 주위를 따라 한 방향으로 움직일 때 (이 운동을 하는 지구를 '실험실 기준틀'이라 부르자) 뿐만 아니라 6개월 뒤에 반대 방향으로 운동할 때(이 운동을 하는 지구를 '로켓 기준틀'이라고 부르자)에도 등방적이다. (3) 상대 운동을 하는 관성 기준틀 쌍에 대한 이 결과의 일반화는 '**빛의 왕복 속도는 실험실 기준틀과 로켓 기준틀 모두에서 등방적이다.**'라는 말 속에 포함되어 있다.

이 결과는 다음과 같은 중요한 미해결 문제를 남겨 둔다. 실험실 기준틀과 로켓 기준틀 모두에서 등방적인 빛의 왕복 속력은 두 기준틀 모두에서 **동일한 값**을 갖는가? 이 속력이 두 기준틀 모두에서 동일한 값을 갖는다는 가정은 5절에서 간격 불변성을 입증하는 데 중심적인 역할을 했다. 그런데 이 가정은 타당한가?

(a) 상대 운동을 하는 두 관성 기준틀에서 빛의 왕복 속력이 같다는 가정을 검증하기 위한 실험이 1932년 케네디(Roy J. Kennedy)와 손다이크(Edward M. Thorndike)에 의해 수행되었다. 이 실험에는 그림 49에서와 같이 길이가 다른 팔이 있는 간섭계가 이용된다. 간섭계의 한 팔이 다른 팔보다 Δl만큼 더 길다고 가정하자. 장치에 들어오는 섬광은 짧은 팔을 따라 왕복할 때보다 긴 팔을 따라 왕복할 때 $2\Delta l/c$만큼 더 긴 시간이 걸림을 보여라. 케네디와 손다이크가 사용한 길이 차 Δl은 대략 16 cm이었다. 두 경로를 따르는 빛의 왕복 시간차는 대략 얼마인가?

(b) 케네디와 손다이크는 빛 펄스 대신에 수은 광원에서 나오는 연속적인 단색광을 사용했는데, 이 단색광의 주기는 $T = 1.820 \times 10^{-15}$ s $(\lambda = 5461\text{Å})$이다. 간섭계의 긴 팔을 오가는 빛은 짧은 팔을 오가는 빛보다 대략 몇 주기 수 n만에 되돌아올까? 실제 실험에서 주기 수가 정수인 경우, 두 팔로부터 재결합된 빛은 **보강되어** 망원경을 통해 보이는 시야가 **밝아진다.** 반

면에 실제 실험에서 주기 수가 반정수인 경우, 두 팔로부터 재결합된 빛은 **상쇄되어** 망원경을 통해 보이는 시야는 **어두워진다.**

(c) 지구는 태양 주위의 궤도를 따라 계속 돈다. 6개월 후 지구가 태양에 대한 자신의 속도 방향을 바꾸었을 때, 이 새로운 기준틀에서 빛의 왕복 속력은 원래 기준틀에서와 같이 동일한 값 c를 가질 것인가? (b)의 답은 원래 기준틀에 대해 다음의 형태로 다시 쓸 수 있다.

$$c = \frac{2}{n}\frac{\Delta l}{T} \qquad (54)$$

여기서 Δl은 두 간섭계 팔 사이의 길이 차이고, T는 원자 광원의 주기이며, n은 짧은 경로 상의 빛의 복귀와 긴 경로 상의 빛의 복귀 사이에 경과한 주기 수이다. 지구가 태양을 선회할 때, 망원경의 시야에서, 예를 들어 어둠을 향하는 빛으로부터 아무런 변이가 관찰되지 않는다고 가정하자. 이는 n이 일정하다는 것을 의미한다. 이 가상의 결과로부터 광속의 값 c에 대해 어떤 말을 할 수 있을까? 식 (54)에 나타난 것과 같은 결과를 결정할 때 사용된 시간과 거리의 표준을 밝혀라. 석영은 알려진 물질 중에서 크기에 대한 안정성이 가장 큰 물질이다. 원자 시간 표준은 지상에서 가장 신뢰할 수 있는 시계 장치로 입증되었다.

(d) 앞 단락에서 간단히 설명된 실험을 수행하기 위해 케네디와 손다이크는 망원경을 통해 시야를 관찰하는 반 년 동안 자신들의 간섭계가 완벽한 작동을 유지하도록 해야만 했다. 그렇게 오랫동안 중단되지 않는 작동은 불가능했다. 그들의 실제 관찰 기간은 8일에서 한 달까지 다양했다. 3개월 간격으로 여러 번의 관찰 기간이 있었다. 이 기간 동안 얻은 자료로부터 케네디와 손다이크는 6개월 동안의 관찰에서 상대 지연의 주기 수 n은 한 주기의 3/1000배보다 작게 변할 것이라고 추정할 수 있었다. 식 (54)를 미분해서 이 추정된 n의 변화와 일치하는 두 기준틀 사이의 빛의 왕

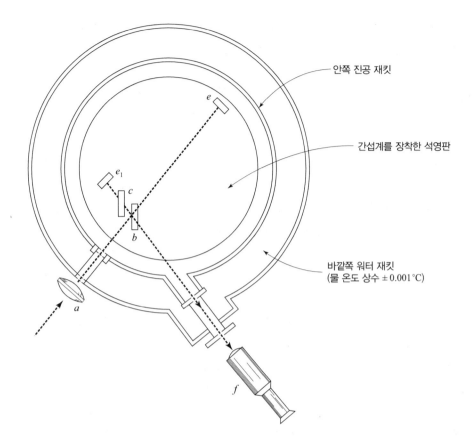

그림 49. 케네디–손다이크 실험에 사용된 기구의 개략도. 간섭계의 각 부분들은 연습 문제 33번의 마이컬슨–몰리 간섭계를 설명하는 데 이용된 것들에 해당하는 문자로 표시되었다. 실험자들은 장치의 광학적 및 역학적 안정성을 보장하기 위해 많은 시간을 보냈다. 간섭계는 석영 판 위에 장착되는데, 석영은 온도가 변해도 크기가 거의 변하지 않는다. 간섭계는 진공 재킷(jacket)에 둘러싸여 있어서 대기압의 변화가 간섭계 팔의 유효 광학 경로 길이를 바꾸지 못한다. (대기압이 다르면 광속이 약간 다르다!) 안쪽 진공 재킷은 바깥쪽 워터 재킷으로 둘러싸여 있고, 그 안에서 물은 ±0.001°C 미만의 변화로 온도를 유지한다. 그림에 표시된 전체 장치는 수 백 분의 1도 이내로 온도를 일정하게 유지하는 작은 암실에 둘러싸여 있다. (작은 암실은 그림에 표현되지 않았다.) 작은 암실은 온도가 수십 분의 1도 이내로 일정하게 유지되는 더 큰 암실에 둘러싸여 있다. 장치의 전체 크기는 간섭계의 두 팔의 길이 차(길이 be_1과 비교한 길이 be)가 16 cm라는 사실로부터 판단할 수 있다.

복 속력의 최대 변화율 dc/c를 구하여라. (첫 번째 기준틀인 '실험실' 기준틀과 두 번째 기준틀인 '로켓' 기준틀은 이 문제의 분석에서 지구 공전 속력의 두 배인 2×30 km/s의 상대 속도를 갖는 1년 중 서로 다른 두 시기의 지구이다.)

역사 노트: 1887년 마이컬슨–몰리 실험 당시 아무도 광속을 포함한 물리학이 모든 관성 기준틀에서 동일하다는 생각을 할 준비가 되어 있지 않았다. 오늘날의 표준 아인슈타인 해석에 따르면 마이컬슨–몰리 실험과 케네디–손다이크 실험 모두 '0의 결과'를 얻어야 하는 것이 분명해 보인다. 그러나 1932년 케네디와 손다이크가 측정을 수행했을 때 아인슈타인 이론에 대한 두 가지 대안(A 이론과 B 이론이라 부르자)이 고려되었다. A와 B는 모두 광속이 c인 절대 좌표계 또

는 '에테르'라는 오래된 생각을 가정했다. A와 B는 '절대 공간'에 대해 속도 v로 움직이는 모든 물질은 운동 방향으로 공간 수축을 겪어 원래 길이의 $(1-v^2/c^2)^{1/2}$ 배에 해당하는 새로운 길이로 축소한다("로런츠-피츠제럴드 수축 가설")고 함으로써 마이컬슨-몰리 실험에서 줄무늬의 이동이 없는 것을 설명했다. 두 이론은 시계의 시간 흐름 비율에 미치는 "절대 공간을 통과하는 운동"의 효과에 대해서는 해석을 달리 했다. A 이론은 효과가 없다고 주장한 반면, B 이론은 절대 공간을 속도 v로 통과하는 표준 초시계는 '똑딱' 소리 사이의 시간이 $(1-v^2/c^2)^{1/2}$초라고 주장했다. B 이론에서는 식 (54)의 비율 $\Delta l/T$은 시계의 속도에 영향을 받지 않으며, 이에 따라 케네디-손다이크 실험은 관찰된 바와 같은 0의 결과를 제공할 것이라며, 너무나 단순한 효과에 대해 복잡한 설명을 했다. A 이론에서는 "절대 공간에 대한 지구의 속도"가 v_1인 연중 어느 시기에는 식 (54)의 비율 $\Delta l/T$에 $(1-v_1^2/c^2)^{1/2}$가 곱해져야 하고, 속도가 v_2인 연중 어느 시기에는 $(1-v_2^2/c^2)^{1/2}$가 곱해져야 한다. 따라서 관측된 '0 효과'에 대한 타당한 설명을 제공하지 못하는 것으로 판단된 사건인 태양이 아주 우연히 "절대 공간에 대해 0의 속도"를 갖는 경우가 아니라면, 줄무늬는 연중 어느 한 시기 $(v_1 = v_{공전} + v_{태양})$로부터 다른 시기$(v_2 = v_{공전} - v_{태양})$까지 이동해야만 한다. 그러므로 케네디-손다이크 실험은 길이 수축만 일어나는 A 이론을 배제했지만 길이 수축에 시간 수축까지 더해진 B 이론을 허용했을 뿐만 아니라, 모든 관성 기준틀의 등가성에 대한 훨씬 간단한 아인슈타인의 이론까지 허용했다.

케네디-손다이크 실험의 "감도"는 고려하는 이론에 따라 달라진다. A 이론에서는 관찰을 통해 "절대 공간을 통과하는 태양의 속력"의 상한선을 케네디-손다이크 논문에 보고된 감도인 약 15 km/s로 설정하였다. 아인슈타인의 이론에서는, 관찰한 바에 따르면 상대 속도가 60 km/s인 두 관성 기준틀에서 빛의 왕복 속력은 2 m/s의 오차 범위 내에서 동일한 수치를 갖는다고 말한다.

35.* 디키(Dicke) 실험[*]

(a) 피사의 사탑은 높이가 대략 55 m이다. 갈릴레이는 다음과 같이 말했다. "금, 납, 구리, 반암, 기타 무거운 물질로 만든 공의 공기 중 속력의 변화는 너무 미미해서 100큐빗(cubit, 약 46미터)만큼 낙하하는 동안 금으로 만든 공은 구리로 만든 공보다 손가락 네 마디만큼도 앞지를 수 없음이 확실하다. 이 관찰로부터 나는 저항이 전혀 없는 매질에서 모든 물체는 동일한 속력으로 낙하한다는 결론에 도달했다."[**] 손가락 네 마디의 길이를 7 cm라 할 때, 갈릴레이의 실험 결과와 일치하는 금과 구리로 만든 공 사이의 중력 가속도의 최대 차이 비율 $\Delta g/g$를 구하여라. 좀 더 현대적인 디키(Dicke) 실험의 결과는 이 비율이 3×10^{-11} 보다 크지 않다. 이 비율을 가장 최근에 결정된 최댓값이라고 가정하자. 46미터짜리 진공관 꼭대기로부터 두 공이 동시에 떨어질 때, 첫 번째 공이 땅에 닿는 순간 두 번째 공은 첫 번째 공으로부터 얼마나 뒤에 있는지 결정하라. 동일한 상황에서, 한 물체가 다른 물체로부터 1 mm의 거리만큼 뒤처지기 위해서는 서로 다른 물질로 만들어진 두 공은 10 m/s²의 중력장에서 자유 낙하를 얼마나 해야 할까? 이 거리를 지구와 달 사이의

---

[*] R. H. Dicke, "The Eötvös Experiment," Scientific American, **205**, 84 (December, 1961)와 P. G. Roll, R. Krotkov, and R. H. Dicke, Annals of Physics, **26**, 442 (1964)를 참조하라. 첫 번째 논문은 실험 과정의 초기에 쓰인 유명한 논문이다. 두 번째 논문은 실험의 최종 결과를 담고 있을 뿐만 아니라 실험에 영향을 미칠 수 있는 요인들을 무시하지 않도록 보장하는 데 필요한 정교한 사전조치에 대한 설명이 담겨 있기 때문에 추가적인 관심을 받는다.

[**] Henry Crew와 Alfonso de Salvio에 의해 번역된 갈릴레오 갈릴레이의 두 개의 새로운 과학에 대한 대화(*Dialogues Concerning Two New Sciences*) (Northwestern 대학교 출판부, Evanston, Illinois, 1950).

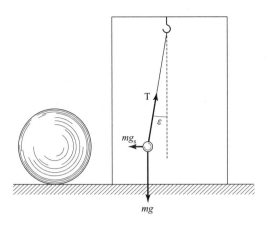

그림 50. 옆의 무거운 공 때문에 진자 추는 연직 방향에 대해 정적 편향된다.

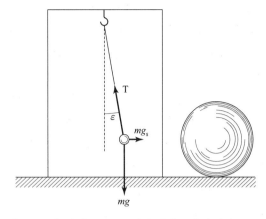

그림 51. 공을 반대쪽으로 굴리면 진자는 반대 방향으로 편향되어 평형을 유지한다.

거리(3.8×10^8 m)와 비교하라. 디키 실험은 낙하하는 공을 이용해 수행되지는 않았다.

(b) 그림 50에서와 같이 닫힌 방 천장으로부터의 긴 선 끝에 질량 m 인 진자 추가 매달려 있다. 방 한쪽에 놓인 매우 무거운 공이 진자 추에 수평 방향의 중력 mg_s를 작용한다. 여기서 $g_s = \dfrac{GM}{R^2}$이고, M은 공의 질량, R는 진자 추와 공의 중심 사이의 거리이다. 이 수평 방향의 힘은 연직 방향에 대해 작은 각 ϵ만큼 진자 줄의 정적 편향을 일으킨다. (이와 비슷한 실제 예: 인도 북부 지역에서는 히말라야 산맥의 질량으로 인해 진자 선이 약간 옆으로 기울어져 있어서 정확한 측량에 어려움을 겪는다.) 그림 51은 같이 공이 방의 반대편 해당 위치까지 굴러가서 반대 방향으로 같은 크기의 각 ϵ만큼 정적 편향을 일으킨 것을 나타낸 것이다. 각 ϵ는 매우 작다. (히말라야 산맥으로 인한 편향은 호(arc)로는 약 5초, 각으로는 0.0014°이다.) 그러나 공이 밀실 밖으로 점점 굴러 나감에 따라 밀실 안의 관찰자는 진자 선의 총 편향 각 $2\epsilon = 2\sin\epsilon$을 점점 더 정확하게 측정해서 공에 의한 중력장 g_s를 측정할 수 있게 된다. g_s를 계산하는 데 필요한 식을 유도하여라.

(c) 지구상의 우리는 실질적으로 하루에 한 번씩 우리 주위를 굴러가는 거대한 공을 가지고 있다. 이것은 바로 태양계에서 가장 무거운 공인 태양이다! 지구의 위치에서 태양에 의한 중력 가속도 $g_s = \dfrac{GM^2}{R}$의 값은 얼마인가? (이 계산에서 유용한 일부 상수는 이 책의 앞표지 안에 있다.)

(d) 그런데 여러 물질에 대한 중력 가속도 g_s의 최종 비교에 들어가지 않는 추가적인 또 하나의 가속도를 고려할 필요가 있다. 이는 태양 주위의 지구 공전으로 인한 원심 가속도이다. 자동차를 타고 모퉁이를 돌 때 몸은 회전 바깥쪽에 있는 차면에 눌린다. 원심 가상력(*centrifugal pseudo-force*) 또는 원심 관성력(*centrifugal inertial force*)이라 불리며 바깥쪽을 향하는 이 힘은 회전 중심을 향한 기준틀(자동차)의 가속도에 기인한다. 원심 관성력의 크기는 mv^2/r인데, 여기서 v는 자동차의 속력이고 r는 회전 반지름이다. 지구는 태양을 중심으로 거의 원에 가까운 경로를 따라 운동한다. 태양의 중력 mg_s는 진자 추에 태양을 향하는 방향으로 작용하고, 원심 관성력 mv^2/R은 태양으로부터 멀어지는 방향으로 작용한다. 지구의 위치에서의 '원심 가속도' v^2/R을 (c)에서 계산된 반대 방향

의 중력 가속도 g_s와 비교하여라. (가속되는) 지구 기준틀에서 측정할 때 지구 위에 놓인 입자의 태양을 향하거나 또는 태양에서 멀어지는 알짜 가속도는 얼마인가?

(e) 지금까지의 논의는 얼마나 유용할까? 지표면 근처에서 매달린 진자 추는 태양을 향하는 중력 가속도 g_s뿐만 아니라 크기는 같지만 방향은 반대인 원심 가속도 v^2/R도 받는다. 따라서 가속하는 지구 기준틀에서 진자 추는 태양의 존재로 인한 힘을 전혀 받지 않는다. 실제로 이것은 2절에서 처음부터 관성 기준틀을 구축한 방법이다: 기준틀을 중력 끌림의 중심에 대해 자유 낙하 상태에 있도록 하자. 지표면에 정지한 입자는 태양에 대해 자유 낙하 상태에 있으므로 태양에 의한 알짜 힘을 전혀 받지 않는다. 그렇다면 이 모든 것은 서로 다른 물질로 만들어진 입자들의 중력 가속도의 동일성을 측정하는 디키 실험의 주제와 어떤 관계가 있을까? 답: 우리의 목적은 태양을 향하는 중력 가속도 값이 물질에 따라 차이가 난다면 그 차이를 감지하는 것이다. 태양에서 멀어지는 방향의 원심 가속도 v^2/R은 모든 물질에 대해 같을 것이므로 물질 사이의 비교에 고려될 필요가 없다. 그림 52A와 같이 얇은 석영 실에 의해 중앙에 매달린 비틀림 진자를 생각해보자. 길이가 l인 가벼운 막대가 양 끝에 다른 물질(예를 들어 알루미늄과 금)로 만든 동일 질량의 추를 지탱하고 있다. 태양에 의한 금의 중력 가속도 g_1이 태양에 의한 알루미늄의 중력 가속도 g_2보다 약간 크다고 가정하자. 그러면 비틀림 진자에는 태양에 의한 약간의 알짜 토크가 있을 것이다. 그림 52A에 보인 태양의 위치에 대해서, 위에서 바라본 알짜 토크는 방향이 **반시계 방향**이고 크기가 다음 식으로 주어짐을 보여라.

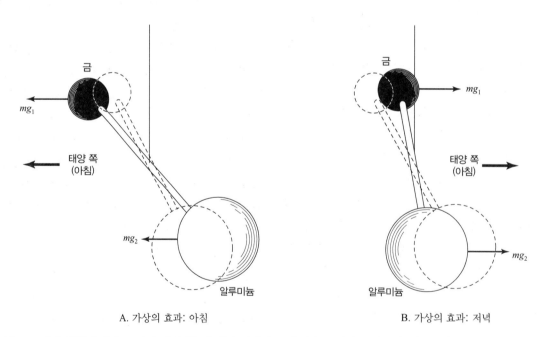

A. 가상의 효과: 아침   B. 가상의 효과: 저녁

그림 52. 디키 실험의 개략도. 금과 알루미늄에 대한 태양의 중력 가속도 차이는 비틀림 진자에 작용하는 알짜 토크의 방향이 조석으로 서로 반대가 되도록 할 것이다. 큰 알루미늄 공은 부피가 작고 밀도가 높은 금으로 만든 공과 질량이 같다.

$$\text{토크} = mg_1 \frac{l}{2} - mg_2 \frac{l}{2} = m(g_1 - g_2) \frac{l}{2} \quad (55)$$

$$= mg_s \left(\frac{\Delta g}{g_s} \right) \frac{l}{2}$$

$\Delta g / g_s$의 최댓값을 3×10^{11}라고 하자. 이 값은 l이 0.06 m이고 각 공의 질량이 0.03 kg인 최종 실험의 결과와 일치한다. 알짜 토크의 크기는 얼마인가? 이 값을 지구 중력장에서 자신의 중앙을 중심으로 균형을 잡고 있는 미터자의 한쪽 끝에 놓인 질량 10^{-15} kg의 박테리아의 추가된 무게에 의한 토크와 비교하라.

(f) 지구에서 볼 때 태양은 하늘 위를 회전한다. 12시간 뒤에 태양은 그림 52B에 보인 위치에 있다. 이런 변화된 상황에서 알짜 토크는 앞서 계산된 것과 같은 크기를 갖지만, 위에서 볼 때 (e)와 반대 방향인 시계 방향 작용함을 보여라. 이와 같은 12시간마다의 토크 방향의 변화는 비틀림 진자를 이용하여 금과 알루미늄의 가속도 사이의 미세한 차이 $\Delta g = g_1 - g_2$를 검출할 수 있게 한다. 무작위 운동이나 트럭의 운행 또는 지구의 진동 등으로 인해 비틀림 진자의 실이 떨리기 때문에 태양의 위치 변화에 보조를 맞춘 편향만을 고려할 필요가 있다.

(g) 막대에 작용하는 토크에 비례해서 석영 실은 θ 라디안만큼 회전한다. 즉,

$$\text{토크} = k\theta$$

여기서 k는 실의 비틀림 상수라고 부른다. 지구가 한 번 회전하는 동안 비틀림 진자의 최대 회전각은 다음과 같이 주어짐을 보여라.

$$\theta_{\text{tot}} = \frac{mg_s l}{k} \left(\frac{\Delta g}{g} \right)$$

(h) 실제로 디키의 비틀림 저울은 진공 중에서 비틀림 상수가 2×10^{-8} Nm/rad인 석영 실에 매달린 길이 6×10^{-2} m인 막대의 양 끝에 붙어 있는 질량 0.03 kg의 금으로 만든 추와 알루미늄으로 만든 추로 구성되

어 있다고 생각할 수 있다. 장기간에 걸친 비틀림 진자의 각 변위에 대한 통계적 분석으로부터 금과 알루미늄에 대한 비율 $\Delta g / g$이 3×10^{-11}보다 작다는 결론에 도달할 수 있다. 지구가 1회전 하는 동안 좌우로의 최대 회전각은 얼마인가? 비틀림 진자의 무작위 운동은 이것보다 훨씬 진폭이 크므로 프로그래밍된 컴퓨터를 이용하여 결과를 통계적으로 분석할 필요가 있다.

36.* 상대론을 타도하자!

반담(Van Dam)은 고등학교 물리학 수준의 지식을 쌓은 지적이고 합리적인 사람이다. 그는 상대론에 대해 다음과 같은 반대 의견을 가지고 있다. 반담의 반대 의견 각각에 대해 그를 비판하지 않으면서도 단호하게 답하여라. 원한다면, 상대론에 사람들이 어떻게 그리고 왜 몰두하는지에 대한 설명을 할 수도 있는데, 이 설명에는 모든 반대 의견에 대한 답이 들어 있다.

(a) "A는 B의 시계가 느리게 간다고 말하고, B는 A의 시계가 느리게 간다고 말한다. 이것은 논리적 모순이다. 따라서 상대론은 폐기되어야 한다."

(b) "A는 B의 미터자가 수축되었다고 말하고, B는 A의 미터자가 수축되었다고 말한다. 이것은 논리적 모순이다. 따라서 상대론은 폐기되어야 한다."

(c) "상대론은 공간과 시간의 좌표를 정의하는 유일한 방법조차 없다. 따라서 상대론에서 속도와 그에 따른 운동에 대해서 말하는 것은 아무런 의미가 없다."

(d) "상대론은 관성 기준틀에 무관하게 빛이 하나의 표준 속력으로 이동한다고 가정한다. 이 가정은 확실히 틀렸다. 멀어지는 섬광 방향으로 고속으로 쫓아가면 섬광이 멀어지는 속력이 줄어든다는 것은 상식이 있는 사람이라면 누구나 안다. 따라서 빛은 상대운동을 하는 관측자들에 대해 동일한 속력을 가질 수 없다. 기본 가정에 대한 이 반증으로 상대론의 모든

게 붕괴된다."

(e) "특수 상대론의 결과에 대한 단 한 번의 실험적 검증도 없다."

(f) "상대론은 좌표 없이 사건을 기술할 방법도 없으며, 하나 또는 다른 특정 **기준틀**을 참조하여 **좌표계**에 대해서 말할 방법도 없다. 그러나 물리적 사건은 좌표계의 선택이나 기준틀 선택과는 무관한 존재이다.

따라서 좌표계와 기준틀을 포함하는 상대론은 물리적 사건을 올바르게 기술할 수 없다."

(g) "상대론은 **실제로 일어나는 것**에 관심을 두는 것이 아니라 사물을 **관찰하는 방법**에만 관심이 있다. 따라서 상대론은 과학적 이론이 아닌데, 그 이유는 과학은 실체를 다루기 때문이다."

E. 저속 근사

37. 유클리드 기하학과의 유사성 — 풀이가 있는 예제

각 축 사이에 매우 작은 각 θ_r만큼 회전된 두 개의 유클리드 기준틀이 있다. 표 8의 급수 전개를 이용하여 두 기준틀에 대해 주어진 한 점의 좌표 사이의 근사 변환 방정식을 찾아라. θ_r의 첫 번째 항 이후의 멱급수는 무시한다.

풀이: 표 8로부터, 작은 θ_r에 대해 $\sin\theta_r \simeq \theta_r$와 $\cos\theta_r \simeq 1$이다. 따라서 유클리드 변환 방정식[식 (29)의 역]은 다음과 같다.

$$x' = x\cos\theta_r - y\sin\theta_r \simeq x - \theta_r y$$
$$y' = x\sin\theta_r + y\cos\theta_r \simeq \theta_r x + y \qquad (56)$$

θ_r를 충분히 작게 함으로써 이 근사 변환을 원하는 만큼 정확하게 만들 수 있다.

38. 갈릴레이 변환

θ_r가 매우 작다고 가정하면 $\beta_r = \tanh\theta_r \simeq \theta_r$로 쓸 수 있다. 표 8의 급수 전개를 이용하여, θ_r의 멱급수 중 첫 번째 항 이상을 무시하면, 변환 방정식은 다음과 같이 쓸 수 있음을 보여라.

$$x' = x - \beta_r t \qquad (57)$$
$$ \qquad\qquad (\beta_r \ll 1)$$
$$t' = -\beta_r x + t \qquad (58)$$

비상대론적인 뉴턴 역학적 논의를 통해 두 기준틀 사이의 변환 방정식을 유도하라. 이를 갈릴레이 변환 방정식이라 부른다.

$$x' = x - v_r t_s \quad \text{(갈릴레이 변환)} \qquad (59)$$
$$t_s' = t_s \qquad (60)$$

여기서 v_r는 m/s 단위로 표현되는 두 기준틀 사이의 상대 속력이다.

변환 방정식 (57) 및 (58)은 (59) 및 (60)과 완전히 불일치하는 것처럼 보인다. 이 첫 인상이 맞을까? 아니라면 왜 아닐까? (논의: 갈릴레이 변환 식 (59)의 v_r가 식 (57)의 β_r를 대체하는 이유는 무엇일까? v_r와 t_s를 사용하여 다시 쓰면 식 (58)은 어떻게 될까? 일상의 속도와 광속의 비는 얼마인가?)

39.* 갈릴레이 변환의 정확도 한계

θ_r의 멱급수에서 θ_r^2항까지 남기고 더 큰 항을 무시하는 조건 하에서 느린 상대 속도에 대한 변환 방정식을 보다 정확하게 근사시켜라. (이를 θ_r의 2차 근사라고 부른다. 표 8의 $\tanh\theta$의 급수 전개로부터 θ_r의 2차 근사에서도 $\beta_r \simeq \theta_r$임에 유의하라.) 1/7보다 작은 속력 β_r에 대해, 식 (57)과 (58)의 x와 t의 계수는 개량된 2차 근사와 1% 이내로 일치함을 보여라.

스포츠카가 정지 상태로부터 7초 만에 시속 60마일(약 27 m/s)로 일정하게 가속할 수 있다면, 이 가속도로 $\beta = 1/7$에 도달하는 데 대략 며칠이 걸릴까? 인체가 적당한 기간 동안 견딜 수 있는 최대 가속도(대략 중력 가속도의 7배인 $7\,g$)로 이 속도에 도달하는 데에는 며칠이 걸릴까?

40.* 뉴턴 역학적 충돌과 상대론적 충돌, 그리고 두 예측이 오차 1% 이내로 일치하는 영역

양성자 A가 정지해 있던 양성자 B와 탄성 충돌을 한다. 충돌 결과는 예측할 수 없다. 결과는 충돌 거리에 따라 달라진다. 대부분의 경우 양성자 A는 원래의 운동 방향으로부터 작은 각 α_A만큼 편향된다. 그러면 양성자 B는 진행 방향에 대해 거의 90°에 가까운 각 α_B로 튕겨나간다. 때때로 B가 거의 모든 에너지를 획득하고 진행 방향에 대해 매우 작은 각 α_B로 벗어나는 근접 충돌도 발생한다. 양 극단 사이에서 때때로, 그림 53과 같이 두 동일 입자가 진행 방향에 대해 동일한 각 $\alpha_B' = \alpha_B = \alpha/2$와 동일한 속력으로 튕겨나가는 "대칭적 충돌"이 일어나기도 한다.

질문: 대칭적 충돌에서 편향 각은 얼마나 클까? **논의:** 뉴턴 역학에 의하면, 대칭적이든 아니든 모든 탄성 충돌에서 총 분리 각(angle of separation)은 90°이다. 빠른 충돌의 경우 이 각이 90°보다 작을 것이라는 사실은 상대성 이론의 가장 흥미롭고 결정적인 예측 중 하나이다. 그림 54A는 분리 각이 뉴턴 역학의 예측을 만족시키는 90°인 저속 충돌을 보여준다. 반면에, 그림 54B는 분리 각이 의심할 여지없이 90°보다 작은 고속 충돌을 보여준다. 이런 상황은 분리 각이 90°에서 벗어나는 정도가 뉴턴 역학으로부터의 이탈에 대한 유용한 척도를 제공한다는 것을 의미한다.

예를 들어 다음과 같은 질문을 해보자. 충돌 실험에서 분리 각이 90°에서 0.01라디안 정도 벗어나기 시작하는 속력은 얼마인가? 대칭성 논의를 이용할 수 있도록 선택된 기준틀에서 대칭적 충돌을 보면 이 질문에 대한 분석을 매우 간단하게 할 수 있다. 이 목적을 위해 로켓을 타고 충돌 후 A와 B의 전방 속도를 따라갈 수 있는 만큼의 속도로 오른쪽으로 이동하자. 그러면 로켓에서 볼 때 입자 A와 B는 전방 속도 성분을 갖지 않는다.

실험실 기준틀에서 A와 B의 측면(위–아래) 속도 성분은 크기는 같고 방향은 반대임에 유의하라. 속도 도표의 이러한 대칭성 특성은 오른쪽으로 이동하는 로켓 기준틀에서 충돌을 관찰해도 변하지 않는다. 즉, 로켓 기준틀에서 볼 때에도 충돌 후 A와 B의 속도는

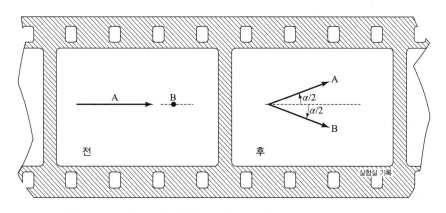

그림 53. 대칭적 탄성 충돌에 대한 실험실 기준틀의 기록.

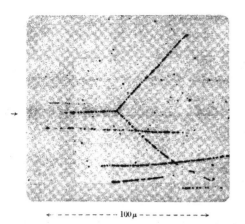

그림 54A. 운동하던 양성자와 정지해 있던 양성자 사이의 비상 대론적이고 대칭적인 탄성 충돌 사진. 입사 양성자의 초기 속력은 약 $\beta = 0.1$이다. 튀어나가는 두 양성자 사이의 각은 뉴턴 역학에서 예측되었듯이 90°이다. 사진의 출처는 C. F. Powell and G. P. S. Occhialilki, *Nuclear Physics in Photographs*(옥스퍼드 대학교 출판부, 1947)이다.

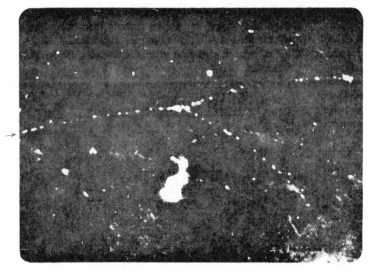

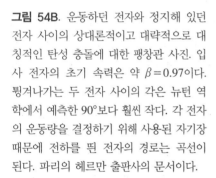

그림 54B. 운동하던 전자와 정지해 있던 전자 사이의 상대론적이고 대략적으로 대칭적인 탄성 충돌에 대한 팽창관 사진. 입사 전자의 초기 속력은 약 $\beta = 0.97$이다. 튕겨나가는 두 전자 사이의 각은 뉴턴 역학에서 예측한 90°보다 훨씬 작다. 각 전자의 운동량을 결정하기 위해 사용된 자기장 때문에 전하를 띤 전자의 경로는 곡선이 된다. 파리의 헤르만 출판사의 문서이다.

크기가 같고 방향이 반대이다. 이러한 결론은 **대칭성**에 기초한 논의의 첫 번째 이득이다. 두 번째 이득은 로켓 기준틀에서 충돌을 바라봄으로써 달성할 수 있다. 로켓 기준틀에서, **충돌 전 A와 B의 속도는 크기가 같고 방향이 반대이다. 왜 그럴까?** 둘의 속력이 같지 **않으면 어떤 모순이 초래될까?** 다음 논의에서 볼 수 있듯 대칭성을 위반할 것이다.

로켓 기준틀에서 충돌 후의 속도 도표는 좌우 대칭성을 갖는다. 다시 말해, 충돌 후 분리되는 두 입자를 보는 것만으로는 두 입자가 어느 방향으로부터 충돌

지점까지 도착했는지 말할 수 없다. A가 왼쪽에서 오고 B가 오른쪽에서 오는 대신, A는 오른쪽에서 오고 B는 왼쪽에서 올 수도 있다. (예: 관찰자가 뒤로 돌아가서 반대편에서 충돌을 바라보는 경우.) 그런데 충돌 입자들은 동일한 입자들이다. 따라서 도표에서 B라고 불리는 입자는 A라고 불릴 수도 있고, 그 반대도 가능하다.

위의 논의에 따르면 두 가지 초기 조건(그림 56, 58)으로부터 하나의 동일한 결과(그림 53)가 나온다는 것에 유의하라. 게다가 이 초기 조건은 관찰 로켓

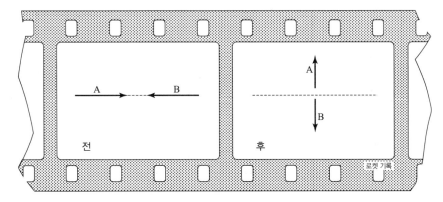

그림 55. 그림 53의 대칭적이고 탄성적인 충돌에 대한 로켓 기준틀의 기록. 로켓 기준틀은 입자 A와 B가 충돌 후 전방 속도 성분을 갖지 않도록 선택되었다.

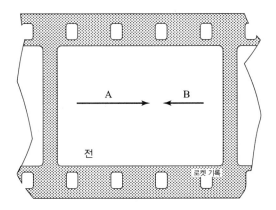

그림 56. 충돌 전에 입자 A와 B가 서로 다른 속력을 가질 경우 예상되는 로켓 기준틀에서의 기록으로, 틀린 가정이다.

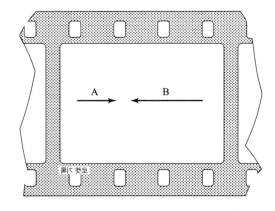

그림 58. 동일 입자들의 분류 표시 A와 B를 맞바꾼 그림 57의 로켓 기록.

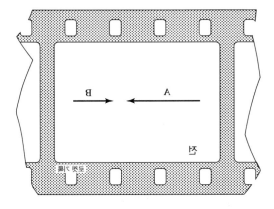

그림 57. 반대편에서 바라본 그림 56의 로켓 기록.

의 속력을 적당히 증가시키면 그림 56을 그림 58의 모양으로 변환할 수 있다는 점만 다르다. 그러나 그림 56의 결과는 관찰자의 속력이 증가한 후의 그림 58의 결과와 계속 동일하게 보일 수는 없다. 따라서 그림 56과 58이 처음에는 달랐다고 가정하는 것에 모순이 있다. 이 모순을 피하기 위해서는 로켓 기준틀에서는 그림 55에 그렸듯이 **충돌 전 *A*와 *B*의 속력은 동일하다**는 결론을 내려야 한다.

로켓 기준틀에서 A와 B는 충돌 전에 동일한 속력을 갖고 충돌 후에 동일한 속력을 가질 뿐만 아니라

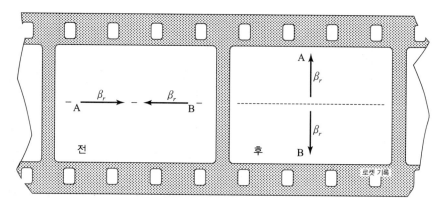

그림 59. 대칭성 논증의 결론: 충돌 후 입자 A와 B의 전방 속도 성분이 없는 로켓 기준틀에서 충돌 전의 모든 속력과 충돌 후의 모든 속력은 같은 값을 갖는다.

충돌 전과 후의 속력들은 모두 **동일**하다. 그렇지 않으면 다음과 같은 어려움이 생기게 된다. (대칭성 논증의 3번째 사용. 여기서는 공간 대칭성이 아니라 시간 대칭성이다!) 충돌 동영상을 만들고, 현상과 인화를 한 다음, 영사기를 통해서 뒤로 돌려보자. 원래 입자가 충돌에서 속력을 잃었다면, 영사기를 거꾸로 돌릴 때에는 속력을 얻는 것으로 보일 것이다. 시간의 두 방향 사이의 이런 차이는 (1) 뜨거운 물체에서 차가운 물체로의 열 흐름, (2) 동물의 노화, (3) 달걀의 깨짐, (4) 비탄성 충돌과 같은 소위 비가역 과정의 특성이다. 그러나 여기에서는 **탄성** 충돌에만 관심을 둔다. 그러므로 아래의 정의에 따라 **가역적**인 사건에 대한 연구만 수용한다.

가역 과정이란 영사기를 통해 한 방향으로 진행하는 과정의 필름과 반대 방향으로 진행되는 동일한 필름 사이의 차이에 의해 한 방향의 시간을 반대 방향의 시간과 구별하는 것이 불가능한 과정이다.

두 양성자의 충돌이 탄성 충돌이므로 그림 59의 네 속력 모두 **동일**하다. 이 결과는 매우 간결하고 단순하다. 이 결과를 이끄는 추론도 똑같이 간결하고 단순한 형태로 요약될 수 있다. 두 단어를 인용하면, "대칭에 의해!"이다. 이런 종류의 대칭성 추론은 다양한 물리적 문제의 분석을 단순화시킨다.

대칭성에 기초한 지금까지의 추론은 뉴턴 역학과 상대론적 역학에서 동일하다. 현재 완료된 로켓-속도 도표가 실험실 기준틀로 다시 변환될 때 둘 사이의 차이가 드러난다. 뉴턴 역학에서 속도는 벡터로 더해진다. 그러므로 충돌 후 실험실 기준틀에서 A와 B의 속도를 찾기 위해서는 충돌 후 로켓 기준틀의 수평 속도 β_r를 더하기만 하면 된다.

뉴턴 역학에서는 원래 충돌 속도에 무관하게 분리 각 α가 항상 90°인 것이 분명하다. 그러나 상대성 이론에서는 그렇지 않다!

대칭적 충돌에서 v_A와 v_B가 이루는 각이 뉴턴 역학적 값인 90°에서 0.01라디안[정지한 입자와 $(2/7)c$

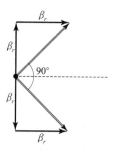

그림 60. 실험실 기준틀에서 충돌 후의 속도에 대한 뉴턴 역학적(비상대론적) 분석

의 속력으로 충돌하는 입자(또는 서로 달려와서 충돌하는 속력 $(1/7)c$인 두 입자)의 정확도]만큼 벗어나지 않으면서 입사 입자가 $\beta = 2/7$만큼 큰 속도를 가질 수 있음을 보여라. 연습 문제 20번의 결과가 유용할 수 있다.

41.* 뉴턴 역학의 한계의 예

연습 문제 39번에서의 입자 속력 $\beta = 1/7$을 뉴턴 역학의 타당성에 대한 대략적인 크기 한계로 사용하여, 완성된 첫 번째 항목의 예를 따라 아래 표를 채워 넣어라.

운동의 예	β	이 운동에 대한 뉴턴 역학적 분석은 타당한가?
시속 18,000마일로 지구 주위를 도는 위성	$\beta < 1/7$	$\beta < 1/7$이므로 타당하다.
초당 30 km의 공전 속력으로 태양 주위를 도는 지구		
수소 원자에서 반지름이 가장 작은 궤도를 따라 양성자 주위를 도는 전자 [힌트: 원자 번호가 Z(핵 안의 양성자 수)인 원자의 내부 궤도를 도는 전자의 속력은 2장 연습 문제 101번에서 다음과 같이 유도된다. $$v = \frac{Z}{137}c$$ 이 식은 저속에서 잘 맞는다. 수소의 경우 $Z = 1$이다.]		
$Z = 79$인 금 원자의 내부 궤도를 도는 전자		
운동 에너지가 5,000 eV인 전자 (힌트: 1 eV는 1.6×10^{-19} J에 해당한다. 운동 에너지에 대한 고전 역학적 표현을 이용하여 계산하라.)		
운동 에너지가 10 MeV인 핵 안의 양성자 또는 중성자		

F. 시공간의 물리학: 더 많은 관

42. 뮤온의 시간 팽창—풀이가 있는 예제

주어진 뮤온(일부 핵반응에서 생성되는 기본 입자인 μ-중간자의 별칭) 시료의 절반은, 뮤온이 정지해 있는 기준틀에서 측정할 때 1.5 μs 이내에 다른 기본 입자로 붕괴된다. 남아 있는 부분의 절반씩은 다음 1.5 μs마다 붕괴되는 과정이 계속 진행된다.

(a) 우주선(cosmic ray)이 지상 60 km 상공의 대기 중 기체 핵과 충돌해서 생성되는 뮤온을 생각하자. 뮤온은 빛에 근접하는 속력으로 연직 아래로 이동한다. 지표면에 정지해 있는 관찰자가 측정할 때, 이 뮤온이 지상에 도달하는 데 걸리는 시간은 대략 얼마인가? 시간 팽창이 없다면, 60 km 상공에서 생성되어 지면에 도달할 때까지 붕괴되지 않고 남아있는 뮤온의 비율은 얼마인가?

(b) 다소 복잡한 실제 실험 상황을 이상화하여 거의 동등한 다음 상황을 따르도록 하자. (1) 모든 뮤온은 60 km의 동일한 높이에서 생성된다. (2) 모든 뮤온의 속력은 동일하다. (3) 모두 연직 아래로 이동한다. (4) 이들 중 1/8이 붕괴되지 않고 해수면에 도달한다. 질문: 어떻게 (a)의 예측과 이 관찰 사이에 이토록 큰 모순이 가능할 수 있을까? 뮤온의 속력과 광속 사이의 차이는 얼마나 될까?[*]

풀이: 뮤온은 거의 광속으로 이동한다. 따라서 60 km를 이동하는 데 걸리는 시간은 대략 다음과 같다.

$$\frac{60 \times 10^3 \text{ m}}{3 \times 10^8 \text{ m/s}} = 2 \times 10^{-4} \text{ s}$$

뮤온이 정지해 있는 기준틀에서 관찰된 뮤온의 "반감기"는 1.5×10^{-6} s이다. 시간 팽창이 없다면 지표면까지의 이동 시간은 반감기의 $2 \times 10^{-4}/1.5 \times 10^{-6} = 133$배가 될 것이다. 매 반감기가 지날 때마다 남아있는 뮤온의 수는 반으로 줄어든다. 따라서 133번의 반감기 후에 살아남을 뮤온의 비율은 다음과 같다.

$$\frac{1}{2} \times \frac{1}{2} \times \frac{1}{2} \times \frac{1}{2} \cdots = \frac{1}{2^{133}} \approx 10^{-40}$$

실험으로 확정된 대로 실제로 $1/8 = 1/2^3$의 비율만큼 살아남는다. 그러므로 뮤온이 정지해 있는 로켓 기준틀에서는 단지 3번의 반감기가 지났을 뿐이다. 즉,

$$\Delta t' = 3 \times (1.5 \times 10^{-6} \text{ s}) \times (3 \times 10^8 \text{ m/s})$$
$$= 1.35 \times 10^3 \text{ m}$$

로켓 기준틀에서 볼 때 뮤온의 운동은 당연히 0 이므로

$$\Delta x' = 0$$

따라서 생성에서 지상 도달까지의 고유 시간 간격은

$$\Delta \tau = [(\Delta t')^2 - (\Delta x')^2]^{1/2} = 1.35 \times 10^3 \text{ m}$$

그런데 이 간격은 실험실 기준틀에서도 동일한 값을 가지므로

$$\Delta \tau = [(\Delta t)^2 - (\Delta x)^2]^{1/2} = 1.35 \times 10^3 \text{ m}$$

또는

$$\left[\left(\frac{\Delta x}{\beta}\right)^2 - (\Delta x)^2\right]^{1/2} = 1.35 \times 10^3 \text{ m} \quad (61)$$

실험실 기준틀에서 이동 거리는 $\Delta x = 6 \times 10^4$ m 이므로 식 (61)로부터 속도 β를 구할 수 있다. 즉,

---

[*] 이 실험에 대한 영상은 이용 가능하다. David H. Frish and James H. Smith, "Measurement of the Relativistic Time Dilation Using μ-Mesons," American Journal of Physics, **31**, 342(1963)을 보라. 최초의 실험은 B. Rossi and D. B. Hall, in Physical Review, **59**, 223(1941)에 보고되었다.

양변을 제곱하고 $(\Delta x)^2$으로 나누면

$$\frac{1}{\beta^2} - 1 = \left(\frac{1.35 \times 10^3}{6 \times 10^4}\right)^2$$

또는

$$\frac{1 - \beta^2}{\beta^2} = 5.06 \times 10^{-4}$$

확실히 β가 거의 1에 가까우므로

$$1 - \beta^2 = (1 + \beta)(1 - \beta) \approx 2(1 - \beta)$$

를 이용하면

$$\frac{1 - \beta^2}{\beta^2} = \frac{2(1-\beta)}{\beta^2} \approx 2(1 - \beta) \approx 5 \times 10^{-4}.$$

따라서 뮤온과 광속 차이는 다음과 같다.

$$1 - \beta \approx 2.5 \times 10^{-4}$$

즉, 뮤온은 $0.99975c$의 속력으로 이동한다.

43. 파이온의 시간 팽창

입자 붕괴에 대해 실험실에서 수행되는 실험은 아래의 표에서 볼 수 있듯이 뮤온보다는 파이온(π^+ 중간자)을 이용하면 훨씬 편리하게 할 수 있다.

입자	반감기 (정지 기준틀 에서 측정)	'특성 거리' (광속 × 반감기)
뮤온(전자 질량의 207배)	1.5×10^{-6}초	450미터
파이온(전자 질량의 273배)	18×10^{-9}초	5.4미터

파이온이 정지해 있는 기준틀에서 측정된 파이온의 반감기는 18 ns이다. 매 반감기마다 남아있는 파이온의 절반이 다른 소립자로 붕괴된다. 펜실베이니아–프린스턴 양성자 싱크로트론에서 양성자 빔이 가속기 안에 있는 알루미늄 표적을 때릴 때 파이온이 생성된다. 파이온은 거의 광속으로 표적을 떠난다. 시간 팽창도 없고 충돌에 의해 생성된 빔에서 파이온이 제거되지 않는다면, 파이온의 절반이 붕괴되지 않고 남아 있을 동안 표적으로부터 이동하는 최대 거리는 얼마인가? 특정 실험에서 파이온의 속도 변수 θ에 대해 $\cosh\theta = 1/(1 - \beta^2)^{1/2} = 15$이 성립한다. 시간 팽창에 의해 반감기 동안 목표물로부터의 예상 이동 거리는 이전의 예상 이동 거리보다 몇 배나 증가할까? 즉, 시간 팽창 효과는 탐지 장비와 표적물 사이의 거리를 몇 배나 증가시킬까?

44.* 광행차

먼 별(B)와 또 다른 먼 별(A, C) 사이의 각은 연중 한 시기에서 다른 시기까지 변하는 것으로 나타나는데, 이는 지구의 속도가 6개월 주기로 $2 \times 30\,\text{km/s} = 60\,\text{km/s}$만큼 변하기 때문이다. 태양의 관찰자가 측정한 각에 대한 광행차 각(angle of aberration) ψ는 방정식 $\sin\psi = \beta$에 의해 주어짐을 보여라. 여기서 β는 태양에 대한 지구의 공전 속력이다. 광행차는 실험적으로 관찰될 수 있지만, ψ가 너무 작아서 위의 상대론적인 예측이 옳은 것인지 아니면 거의 동등한 뉴턴역학적 예측 $\tan\psi = \beta$이 옳지 않은 것인지 현재까지는 실험으로 확인하는 것이 가능하지 않다.

45. 피조 실험

빛은 진공보다 투명한 매질을 통과할 때 더 천천히 이동한다. 매질에서 줄어든 광속을 β'이라 하고, 이 값이 빛의 파장과 무관한 이상적인 경우만을 고려하자. 실험실 기준틀에 대해 속력 β_r로 오른쪽으로 움직이는 로켓 안에 매질을 놓고, 빛이 이 매질을 오른쪽으로 통과하도록 하자. 속도 덧셈 법칙을 이용하여 실험실 기준틀에서 광속 β에 대한 표현식을 찾아라. 로켓 기준틀과 실험실 기준틀의 상대 속도 β_r가 작을 때, 실험실 기준틀에 대한 광속의 표현으로 다음과 같이 대략적으로 주어짐을 보여라.

$$\beta \simeq \beta' + \beta_r[1 - (\beta')^2] \tag{62}$$

일 년 중 어느 한 시기에 주어진 방향으로 빠르게 여행하는 관찰자는 4개의 별을 보기 위해서 망원경을 지시한 곳으로 향하도록 해야 한다.

6개월 뒤 반대 방향으로 빠르게 여행하는 관찰자

그림 61. 별빛의 광행차. 두 도표 모두 태양이 정지해 있는 기준틀에서 관찰된 위치를 보여준다.

이 식은 마이컬슨과 몰리가 사용한 간섭계(연습문제 33번)와 유사한(동일하지는 않음) 간섭계의 두 팔에서 반대 방향으로 흐르는 물을 이용하여 피조(Fizeau)가 검증하였다.[*]

46. 체렌코프 복사

진공 속에서의 광속보다 더 빠르게 움직이는 입자는 관찰된 적이 없다. 그러나 매질 속에서는 입자가 광속보다 더 빠르게 움직일 수 있음이 관찰되었다. 매질 내에서 하전 입자가 빛보다 빨리 움직일 때 하전 입자는 운동 경로를 따르는 축을 갖는 원뿔 안에서 **결맞는 빛**(*coherent light*)을 복사한다. (고요한 물 위의 쾌속 보트가 만드는 파도와의 유사성에 주목하라!) 이를 체렌코프(Cerenkov) 복사라고 부른다. (러시아어 'C'는 "ch"로 발음된다.) 매질 내에서 입자의 속력과 광속을 각각 β와 β'이라 할 때, 그림 62를 이용하여 빛 원뿔의 반각 ϕ가 다음과 같음을 보여라.

$$\cos\phi = \frac{\beta'}{\beta} \tag{63}$$

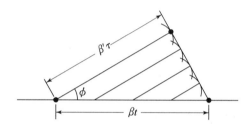

그림 62. 체렌코프 각 ϕ의 계산

$\beta'/\beta = 2/3$인 플라스틱 루사이트(Lucite, 투명한 아크릴 합성수지의 일종)가 있다. 루사이트에서 체렌코프 복사가 생성되기 위한 하전 입자의 최소 속력과 최대 각 ϕ는 각각 얼마인가? 각 측정은 입자 속도를 측정하는 좋은 방법을 제공한다.[**]

47.* 태양에 의해 휘어지는 별빛

기본적인 분석을 통해서 별빛의 휘어짐을 추정하라. 논의: 우선 유사한 현상에 대한 좀 더 간단한 예를 생각해보자. 폭 L의 승강기가 지표면 근처에서 정지 상태로부터 낙하한다. 낙하하는 순간 좁은 광선이

---

[*] H. Fizeau, Comptes Rendus, **33**, 349(1851). 아인슈타인의 첫 번째 논문이 나오기 50여 년 전에 상대성이론의 몇몇 중심 테마에 대해 프랑스어로 논의된 매우 흥미로운 논문이다.

[**] 체렌코프 복사의 실험적 이용에 대한 자세한 내용은 *Techniques of High Energy Physics*, edited by David M. Ritson (Interscience Publishers, New York, 1961)의 7장을 참고하라.

그림 63. 공기를 통과하는 700 MeV 전자 빔의 체렌코프 복사. 빔은 스크린에 나타나는 체렌코프 빛의 원보다 훨씬 좁다. 빔은 스탠포드 대학의 선형 전자 가속기 내부의 진공 상태에서 얇은 알루미늄 호일을 통해 왼쪽 하단에서 나타난다. 빔 자체는 공기를 통과할 때 발생하는 들뜸 및 이온화를 통해 그림에서 볼 수 있다. 공기 분자의 이러한 들뜸 외에도 전자는 좁은 전방 원뿔에 체렌코프 방사선을 방출한다. 빔의 왼쪽 부분에서 나온 빛 원뿔은 스크린에 형성된 빛 디스크의 바깥 부분을 구성하는 원형 링의 스크린을 가로챘다. 스크린에 가까운 전자들은 동일한 각으로 방사선을 방출하며 더 작은 동심원 고리에서 스크린에 충돌하는데, 이는 방출시키는 전자들이 스크린에 더 가깝기 때문이다. 견고한 빛 디스크는 가깝고 먼 전자들로부터의 복사 결과이다. 가장 먼 전자에 대한 체렌코프 각 ϕ는 진공 시스템의 출구 창에서 원에 의해 지정된 반각과 일치해야 한다. (2장의 표현을 사용하여 결정된) 700 MeV 전자의 속도 β는 광속인 1과 1백만분의 1 이하로 차이가 난다. 따라서 β값에 1을 부여해도 거의 오류가 없다. 공기 중에서 광속 β'은 공기 중 빛의 굴절률인 $n = 1/\beta' = 1.00029$로부터 계산할 수 있으므로 체렌코프 공식은 다음과 같게 된다.

$$\cos\phi = \frac{\beta'}{\beta} \approx \beta' = \frac{1}{n} = \frac{1}{1.00029}$$

작은 ϕ에 대해 이 표현을 근삿값으로 대체할 수 있다.

$$\cos\phi \approx 1 - \frac{\phi^2}{2} = (1 + 2.9 \times 10^{-4})^{-1} \approx 1 - 2.9 \times 10^{-4}$$

이로부터 계산된 각은 $\phi_{계산} \approx 2.4 \times 10^{-2}$ rad이다. 출구 창에서 스크린까지의 거리는 약 40피트이고 반점의 반지름은 약 10.5인치 또는 0.88피트이다. 따라서 관찰된 각은

$$\phi_{관찰} \approx \frac{0.88}{40} = 2.2 \times 10^{-2} \text{ rad}$$

으로, 계산 값과 잘 맞는다. (시간 노출 사진은 Occidental College의 A. M. Hudson이 촬영했으며 그의 허락 하에 여기서 재현되었다.)

승강기 안의 한쪽 벽에서 반대편 벽을 향해 발사된다. 낙하하는 승강기는 관성 기준틀이다. 따라서 광선은 **승강기**에 대해 직선으로 승강기를 가로지른다. 그러나 승강기가 떨어지고 있기 때문에 **지구**에 대해서 광선도 떨어진다. 따라서 중력장 하에서 광선도 낙하해야만 한다. 또 다른 예로 지구 표면을 접선 방향으로 가로질러 통과하는 별빛 광선은 지구 대기에 의한 굴절 이상의 중력 편향을 받게 된다. 그러나 지구 통과 시간이 너무 짧고 그 결과 편향이 너무 작기 때문에 이 효과는 아직 지구에서 감지되지 않았다. 그런데 태양 표면에서 중력 가속도는 275 m/s²이라는 매우 큰 값을 갖는다. 더군다나 태양이 1.4×10^9 m의 거대한 지

름을 가졌기 때문에 표면 통과 시간은 훨씬 증가한다. 이 지름과 광속으로부터 "실효 낙하 시간"을 구하여라. 이 낙하 시간으로부터 중력이 작용하는 최종 순간에 생기는 태양을 향하는 알짜 낙하 속도를 추론하여라. (이 실효 시간 동안 작용하는 최대 가속도는 광선이 태양 중력장을 통과하는 동안 경로에 따라 크기와 방향이 변하는 실제 가속도에 의해 생성된 효과와 동일한 알짜 효과를 생성한다.) 이 측면(횡방향) 속도를 빛의 전방(종방향) 속도와 비교하여 **편향** 각을 유추하

여라. 특수 상대론의 정확한 분석은 동일한 결과를 제공한다. 그러나 아인슈타인의 1915년에 발표한 일반 상대론은 광선의 추가적인 굴절과 같은 무언가를 만드는 중력장 하에서의 길이 변화와 관련하여 이전에 무시되었던 효과를 예언하고, 이로부터 예상되는 편향을 두 배로 늘였다. 1947년 일식 때 관찰된 편향은 $(9.8 \pm 1.3) \times 10^{-6}$ rad이었고, 1952년 일식 때 관찰된 편향은 $(8.2 \pm 0.5) \times 10^{-6}$ rad이었다.

G. 기하학적 해

48. 기하학적 해석

다음 순서에 따라 로런츠 변환의 기하학적 해석을 전개하라.

(a) 실험실 시공간 도표에서 로켓 기준틀 원점의 세계선은 그림 64에 t'으로 표시된 선임을 보여라. 이 선은 로켓 기준틀의 원점에서 일어나는 모든 사건들의 자취, 즉 로켓의 t'축이다. 로켓 기준틀의 $x' = 1$ m에서 일어난 사건들의 자취는 그림 64에서 t'축에 평행한 선임을 보여라. $x' = 2, 3, 4$ m에 대해서도 동일한 작업을 반복하라.

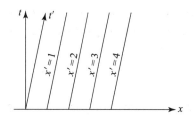

그림 64. 실험실 시공간 도표에서 로켓의 시간 축 위치.

(b) 그림 64에서 t축에 대한 t'축의 기울기는 $\beta_r =$ $\tanh\theta_r$로 주어짐을 보여라. β_r는 (각 이동 거리 미터)/ (빛이동 시간미터)로 정의되는 양이다. 다음의 두 경우, 즉 (1) 로켓이 매우 느리게 이동하는 경우와 (2) 로켓이 광속에 근접한 속력으로 이동하는 경우에 기울기 β_r는 각각 어떻게 될까?

(c) 이제부터가 중요한 단계이다! 실험실 시공간 도표의 어디에 로켓의 x'축을 위치시켜야 할까? 상대성 원리에 의하면 측정된 광속은 두 기준틀에서 같아야만 한다. 그림 65의 점선은 섬광의 세계선을 나타낸다. 상대성 원리에 따라 로켓의 x'축은 로켓의 t'축이 오른쪽으로 기운 각과 동일한 각으로 위쪽으로 기울어야 함을 보여라. 로켓 시간 $t' = 1, 2, 3$미터에서 발생한 사건들의 자취는 각각 그림에 그려진 로켓의 x'축에 평행하게 놓임을 보여라.

(d) 로켓의 축들에 눈금을 매기자! 그림 66에서와

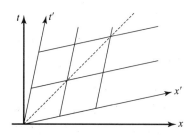

그림 65. 실험실 시공간 도표에서 로켓의 공간 축 위치.

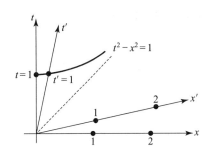

그림 66. 로켓의 공간과 시간 축 눈금.

같이 쌍곡선 $t^2 - x^2 = 1$을 그려라. 쌍곡선이 실험실의 t축과 교차하는 지점($x = 0$인 지점)에서 $t = 1$시간미터이다. 그런데 $t^2 - x^2$이 불변량이므로 $(t')^2 - (x')^2 = 1$도 불변량이다. 따라서 쌍곡선이 로켓의 t'축과 교차하는 지점($x' = 0$인 지점)에서 $t' = 1$시간미터이다. 변환 방정식의 대칭성과 선형성 때문에, 로켓의 t'축을 따라 원점으로부터 $t' = 1$까지의 거리를 단위 거리로 사용하여 t'축과 x'축을 따라 구획할 수 있다. 이렇게 해서 축 구조의 유도가 완료되었다. 다음은 이것을 적용하는 것이다!

(e) 두 사건이 실험실 기준틀에서 동시에 일어나면 이들은 그림 67에서와 같이 시공간 도표의 실험실 x축과 평행한 선 위에 놓임을 보여라. 두 사건이 로켓 기준틀에서 동시에 일어나면 이들은 시공간 도표의 로켓 x'축에 평행한 선 위에 놓임을 보여라. 따라서 두 관찰자는 두 사건이 동시에 일어나는지에 대해 반드시 동의하지는 않는다. 이것이 바로 **시계의 상대적인 동기화**이다.

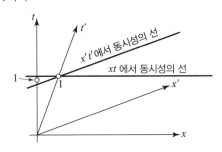

그림 67. 시간 팽창에 대한 설명.

(f) 그림 67의 동시성 선들을 이용하여, 로켓 시간 $t' = 1$미터일 때, 로켓 기준틀의 관찰자는 실험실의 원점에 놓인 시계는 아직 1시간미터에 도달하지 못했다고(즉, 실험실 시계가 느리게 간다고) 결정하는 반면, 실험실 기준틀의 관찰자는 실험실의 원점에 놓인 시계는 이미 1시간미터보다 더 읽힌다고 (즉, 실험실 시계가 느리게 간다고) 관찰함을 보여라. 이것이 바로 **시간 팽창**이다.

(g) 그림 68에서와 같이 미터자가 실험실 기준틀에서 정지한 상태로 놓여 있다. 자의 한쪽 끝은 기준틀의 원점과 일치한다. 실험실 기준틀에서 자의 길이를 측정하면 그림 68의 선분 ab와 같다. 이 길이를 **로켓 기준틀**에서 측정하면(즉, 양 끝의 위치를 "동시에" 정하면), 그림의 선분 de와 같다. 이 측정으로부터 로켓 기준틀에서 관찰된 길이가 **로런츠 수축**됨을 보여라. 그림 69를 이용하여, 한 끝이 로켓 기준틀의 원점에 일치한 채 정지해 있는 미터자를 실험실 기준틀에서 관찰할 때 로런츠 수축됨을 보여라.

(h) 실험실과 로켓 기준틀 사이의 상대 속도가 매우 작은 경우와 매우 큰 두 극단적인 경우에 동시성의 상대성, 시간 팽창, 로런츠 수축에 대한 시공간 도표를 개략적으로 그려라.

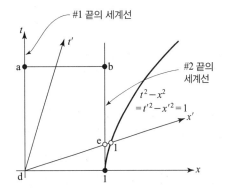

그림 68. 실험실 기준틀에서 정지해 있는 미터자는 로켓 기준틀에서 볼 때 로런츠 수축되어 보인다.

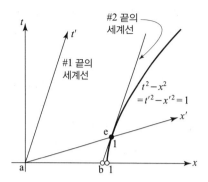

그림 69. 로켓 기준틀에서 정지해 있는 미터자는 실험실 기준틀에서 볼 때 로런츠 수축되어 보인다.

(i) 2차원에서 입자와 섬광의 운동을 기술하는 그림22의 시공간 도표로 되돌아가자. 로켓의 '동시성 평면'이 실험실의 동시성 평면에 대해 기울어져 있음을 보여라. 실험실 시공간 도표의 x축 위의 서로 다른 지점에서 발생하는 사건들의 상대적 동시성과 실험실 시공간 도표의 y축 위의 서로 다른 지점에서 발생하는 사건들의 상대적 동시성에 대한 이 기울기의 의미를 설명하라.

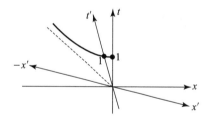

그림 70. 실험실 기준틀의 $-x$방향으로 이동하는 로켓 기준틀에 대한 공간 축과 시간 축의 위치.

(j) 실험실 기준틀의 $-x$방향으로 이동하는 로켓 기준틀을 생각해보자. 그림 70의 특징들, 특히 $+x$방향으로 이동하는 로켓과 비교할 때, 시계의 상대적 동기화의 반대 방향성과 시간 팽창의 동일한 방향성에 대해 검증하라.

49. 시계 역설 II—풀이가 있는 예제[*]

연습 문제 27번의 피터는 14년 동안의 여행에서 돌아왔을 때에도 상대론을 배우기에 충분히 젊었었다. 그러나 공부를 하면 할수록 점점 더 당혹스러워졌다. 상대 운동을 하는 피터와 폴은 '각자 상대방 시계가 느리게 가는 것으로 보여야 한다.' 이 간단한 문구는, 폴의 입을 빌리자면, 왜 '피터의 시계와 그에 따른 피터의 노화 과정이 서서히 진행되어서' 피터가 돌아올 때 둘 중 피터가 더 젊은가를 충분히 쉽게 이해하도록 만든다. "그런데 이 문구가 타당하다면..." 피터가 의문을 제기했다. "...내가 조사했어도 폴의 시계가 느리게 간다는 것을 발견하지 못했을까? 그렇다면 그는 어떻게 나보다 나이를 더 먹었지?" 질문: 피터의 어려움을 해결하는 방법은 무엇일까?

풀이: 자신을 성가시게 하는 이 역설에 대해 공부를 할수록 피터는 '관찰자'나 '관찰 시간'과 같은 단어들이 자신이 처음에 생각했던 단순한 의미가 아님을 알게 되었다. 그는 지구에 남은 폴의 노화를 어떻게 하면 직접 매일 추적할 수 있는지에 대해 생각할 필요가 없었다. 피터는 그 과정이, 상상을 할 수는 있지만, 가장 간단한 분석에도 도움이 되지 않음을 알아냈다. 그가 알아낸 바에 따르면, 상대론에서 관찰자는 피터 자신이 $\beta_r = 24/25 = 0.96$의 속력으로 외계로 향하는 것과 동일한 균일한 속도로 이동하는 막대 격자와 기록 시계 전체로 이해되어야 한다. 시계들의 행렬("피터의 시계들과 기준틀")이 지구까지 확대된다. 시계들이 폴을 지날 때, 각 시계는 (1) 폴의 시계 눈금과 (2) 자신의 시계 눈금과 위치를 기록한다. "피터가 폴을 관찰한다."는 짧은 문장은 피터가 이런 카드들 또

[*] E. Lowry, American Journal of Physics, **31**, 59 (1963)을 참조하라.

는 카드에 기록된 정보를 나중에 수집한다는 것을 의미한다.

"그래서 뭐?" 이 시점에 피터가 자문했다. "어떤 경우이든 나는 폴 시계의 눈금은 한 기록 카드에서 다음 번 기록 카드까지 내 시계 눈금의 증가 만큼인 $(1 - \beta_r^2)^{1/2} = 7/25$씩 증가한다는 것을 알고 있어. 그래서 이 여행의 마지막에 더 젊은 사람은 내가 아니라 폴이야. 그런데 그의 회색 머리를 봐! 내가 뭘 틀렸지?"

다시 한 번 자신의 여정을 떠올리던 피터는 외계로 향하는 여행을 멈추고 지구로 향하는 여행을 시작하는 순간을 기억하고 갑자기 자문했다. "나는 멈추고 나서 돌아섰지만, 내 관성 기준틀은 어떻게 되었지? 관성 기준틀이 어떻게 되돌아갈 수 있지?" 이 문제에 대해 점점 더 주의 깊게 조사한 피터는 외계로 향하는 7년 동안의 비행에 사용된 기준틀과 특히 자신 곁에서 정보를 기록하던 격자 시계는 자동차가 고속도로에서 유턴할 때와 마찬가지로 자신들의 선을 유지했음에 틀림없다는 결론내릴 수밖에 없었다. 두 번째 관성 기준틀인 또 다른 시계 행렬이 그의 귀환에 동행했다. 7년 동안의 귀환 여행 동안 이 시계들 중 하나가 충실하게 옆에 나란히 있었다. 이 시계가 호위 임무를 넘겨받았을 때, 외계로 향하는 시계의 7년간의 기록도 함께 받아들였다. 피터가 폴과 재회할 때 시계에는 14년의 시간이 표시되었다.

지구로 향하는 시계 행렬이 7년 동안 지구를 지나갔다. 차례대로 지구를 지날 때마다 시계들은 자신들의 눈금과 폴의 시계 눈금을 기록했다. 기록 카드는 폴의 발 옆에서 점점 쌓여가는 더미를 만들었다. 피터의 복귀를 호위하는 7년이 끝났을 때 기록 카드는 폴의 시계가 이 시간의 7/25, 즉 1.96년에 불과하다는 것을 보여주었다.

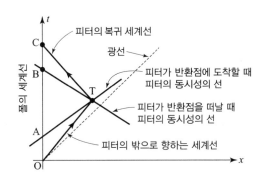

그림 71. 폴이 나이 드는 과정에 대한 피터의 기록. 피터의 외계로 향하는 여행 동안 (OT) 그의 시계는 새해를 7번 깜박인다. 동기화된 시계 배열이 그를 호위한다. 각각의 시계는 자신의 7년을 "동시성의 선" AT를 따르는 어딘가에서 깜박이고 기록한다. A에서 기록을 적는 피터의 시계는 폴의 시계가 '움직이는 기준틀에서 볼 때 시간의 느려짐' 때문에 단지 1.96년으로 읽히는 것으로 본다. 지구로 향하는 여행에서는 '두 번째 관성 기준틀'인 또 다른 동기화된 시계 배열이 피터를 호위한다. 이 시계들의 각각은 동시성의 선 BT를 가로지르며 7년의 신호를 깜박인다. 피터 옆에서 나란히 여행하는 시계는 세계선 TC를 따라 7번 더 깜박이는데, 이 중 마지막 깜박임은 C에서 피터가 폴과 재회하는 순간인 14년의 여행의 신호이다. BC 기간 동안, 피터의 지구로 향하는 기준틀의 시계는 7년이 지나갔음을 나타지만, 또 다시 움직이는 기준틀에서 본 시계의 느려짐 때문에 폴은 단지 또 다른 1.96만 나이가 들었다. 그러나 피터의 두 관성 기준틀에 의한 지금까지의 기록은 불완전하다. 둘 중 어느 것도 시간 경과 AB를 고려하지지 않았다. '피터의 외계로 향하는 기준틀과 지구로 향하는 기준틀 사이의 동시성 기준의 변화에 대한 보정'에 해당하는 이 시간은 46.08이다. 따라서 피터가 두 세트의 기록 시계로 관찰한 폴의 시계의 느려짐은 결코 피터가 폴보다 젊어지는 것을 막을 수 없다.

"내 추론이 도대체 뭐가 문제야?" 이 시점에서 피터가 소리 내어 물었다. "내 결론은 외계로 향하는 여행에 1.96년, 지구로 향하는 여행에 1.96년, 합쳐서 3.92년만큼 폴이 나이 들었다는 거야. 하지만 나는 내가 14살이나 나이가 들고, 폴은 나보다 나이가 더 들었다는 걸 알았어. 내가 뭘 간과한 거지?" 그렇게 말하며 피터는 그림 71의 시공간 도표를 그린 후 마침내 자신의 문제에 대한 답을 얻었다. 지금까지 시간 AB를 고려하지 않았던 것이다. 피터가 볼 때 이 시간은 그의 외계로 향하는 기준틀과 지구로 향하는 기준틀의 동시성의 기준 사이의 차이를 수정해준다. 연습 문제 11번의 결과를 이용하여 별도로 계산하면 이 시간이 46.08년임을 알 수 있다. 이 추가 시간이 피터가 두 세트의 기록 시계로 측정한 폴의 나이 값에 더해져야 한다. 여행이 시작되었을 때의 나이인 21살을 포함한 폴의 나이에 대한 피터의 최종 계산은 다음과 같다.

$$21 + 1.96 + 46.08 + 1.96 = 71년$$

피터는 $21 + 14 = 35$살이라는 자신의 상대적 젊음에 감사하며 기뻐할 수 있다. 지금 하고 있는 분석은 쌍둥이의 나이를 계산하는 가장 간단한 방법이라고 할 수는 없다. 간단한 방법을 원하면 연습 문제 27번에 간략히 설명된 폴의 분석으로 돌아가라. 27번 문제에서는 오직 하나의 관성 기준틀, 즉 폴이 원점에 있는 기준틀만 생각한다. 지금까지의 분석은 임의의 올바른 분석 방법은 또 다른 올바른 분석 방법과 어떻게 동일한 결과를 이끌어내는 지를 보여주고 있다.

H. 종합 문제

50. 수축일까 회전일까?*

한 변의 길이가 1미터인 입방체가 로켓 기준틀에서 정지해 있는 경우를 생각하자. 실험실 기준틀에서 이 입방체는 그림 72에 보인 바와 같이 운동 방향으로 로렌츠 수축된다. 이러한 로렌츠 수축은 예를 들어, 4개의 시계가 모두 같은 시간을 읽을 때 입방체의 네 모서리 E, F, G, H가 일치하는 실험실 기준틀에서 정지해 있으며 동기화된 4개의 시계 위치로부터 정해질 수 있다. 이와 같은 방식으로 입방체의 서로 다른 모서리들로부터 나온 빛의 이동에 생기는 시간 지체가 관찰 과정에서 제거된다. 이제 다른 관찰 방법에 대해 생각해보자!

그림 72와 같이, 실험실 기준틀에 서서 머리 위로 지나가는 입방체를 한 눈으로 바라보자. 임의의 시간에 눈에 보이는 것은 빛이 서로 다른 시간에 입방체의 서

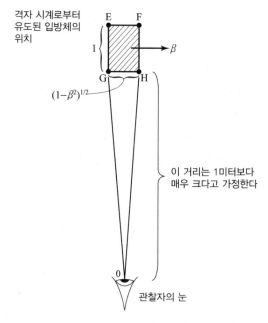

격자 시계로부터 유도된 입방체의 위치

$(1-\beta^2)^{1/2}$

이 거리는 1미터보다 매우 크다고 가정한다

관찰자의 눈

그림 72. 머리 위로 지나가는 입방체를 바라보는 관찰자의 눈의 위치.

로 다른 모서리를 떠났더라도 동시에 그의 눈에 들어오는 빛이다. 따라서 시각적으로 보는 것은 시계 격자를 이

---

* 이 주제에 대한 더 상세한 내용과 참고문헌을 위해서는 Edwin F. Taylor, *Introductory Mechanics*, (John Wiley and Sons, New York, 1963), p.346을 참고하라.

용해서 관찰하는 것과 같지 않을 수 있다. 입방체를 밑에서 바라볼 때, 거리 GO는 거리 HO와 같으므로 G와 H에서 동시에 출발한 빛은 O에 동시에 도달한다. 따라서 머리 위로 지나가는 입방체를 보면, 바닥의 모서리가 로런츠 수축되는 것을 볼 수 있다.

(a) G에서 나온 빛과 E에서 나온 빛이 동시에 O에 도달하기 위해서는 E에서 나온 빛은 G에서 나온 빛보다 먼저 출발해야 한다. 얼마나 일찍 출발해야 하는가? 이 시간 동안 입방체는 얼마나 멀리 이동하는가? 그림 73에서 거리 x의 값은 얼마인가?

(b) 그림 73에서 정사영을 로런츠 수축되지 않은 입방체의 회전으로 해석한다고 가정하자. 그림 74에서 이 수축되지 않은 입방체의 겉보기 회전각 ϕ에 대한 표현식을 찾아라. 두 극한 $\beta \to 0$과 $\beta \to 1$의 경우에 대해 이 표현식을 해석하라.

(c) 다음 인용문에서 "실제로(really)"라는 단어는 적절한 단어인가?

(1) 로켓 기준틀의 관찰자가 말하길, "입방체는 실제로 회전하지도 않고 축소되지도 않는다."

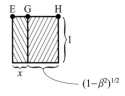

그림 73. 아래에서 올려다본 관찰자가 보는 모습

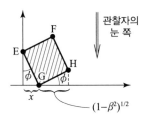

그림 74. 눈으로 관찰하는 관찰자는 그림 73의 정사영을 어떻게 해석할까?

(2) 실험실 시계 격자를 사용하는 관찰자가 말하길, "입방체는 실제로 로런츠 수축되었지만 회전하지는 않는다."

(3) 실험실 기준틀에서 눈으로 직접 보는 관찰자가 말하길, "입방체는 실제로 회전하지만 로런츠 수축되지 않는다."

각 관찰자가 다른 관찰자들이 자신과 다른 결론을 내리는 것이 합리적이라고 생각하도록 만들기 위해서는 어떻게 말해야 옳은지 한 두 문장으로 설명하여라.

51.** 시계 역설 III

40년 이상 나이를 먹지 않고 7,000광년 떨어진 곳까지 갔다가 되돌아올 수 있을까? 한 대형 항공사 엔지니어가 최근 보고서에서 내린 결론은 '그렇다'이다. 그의 분석에 의하면, 여행자는 이 여행 도달 단계에 따라 일정한 "1 − g" 가속도로 가속이나 감속을 경험한다. (그림 75의 시공간 도표를 참조하라.) 이 한계를 가정할 때, 그의 결론이 옳은가? (단순화를 위해, 처음 10년간의 비행사 시간 동안의 운동의 첫 번째 또는 'A제트' 상태로 주의를 집중하고, 그 시간 동안 이동한 거리를 두 배로 해서 여행 기간 중에 도달한 가장 먼 거리가 얼마인지를 찾아라.)

(a) 실험실 기준틀에 대한 가속도는 $g = 9.8\,\text{m/s}^2$이 아니다. 만약 가속도가 g라면 10년 후에 우주선은 빛보다 몇 배나 더 빨리 움직일 수 있을까? (1년은 31.6×10^6초이다.) 가속도가 실험실에 대해서 명시된 것이 아니라면 무엇에 대해서 명시된 것일까? 토론: 한 사람이 올라탄 욕조의 저울을 생각하자. 로켓 제트기는 항상 저울이 사람의 **정확한 몸무게를** 읽도록 움직인다. 이런 조건 하에서 (1) 순간적으로 동일한 속도로 나란히 타고 있지만 (2) 가속되고 있지 **않으므로** (3) 그 계에 대해서 가속도가 g인(순간적인) 관성 기준틀을 제공하는 우주선에 대해서 사람은 $g = 9.8\,\text{m/s}^2$로 가속된

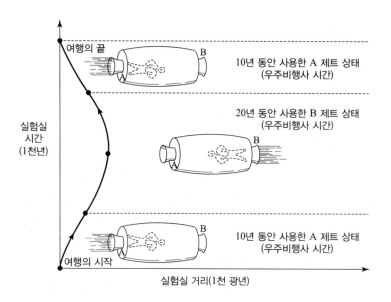

실험실 시간
(1천년)

여행의 끝

10년 동안 사용한 A 제트 상태
(우주비행사 시간)

20년 동안 사용한 B 제트 상태
(우주비행사 시간)

10년 동안 사용한 A 제트 상태
(우주비행사 시간)

여행의 시작

실험실 거리(1천 광년)

그림 75. 일정한 가속과 감속을 겪는 로켓의 왕복 세계선.

다. (지금부터 이 가속도는 g(단위: m/s^2)에서 $g^* = g/c^2$ (단위: [거리미터/(시간미터)^2]로 변환된다.)

(b) 주어진 시간 이후에 우주선의 속도는 얼마인가? 지금이 바로 이 질문에 반대하고 질문을 수정해야 할 순간이다. 속도 β는 간단히 분석되는 물리량이 아니다. 간단한 물리량은 **속도 변수** θ인데, 이 변수가 간단한 이유는 다음과 같은 덧셈 성질 때문이다. 순간적으로 동시에 움직이는 가상의 관성 기준틀에 대해 그림 76의 우주선의 속도 변수가 우주비행사 시간 $d\tau$ 동안 0에서 $d\theta$로 변한다고 하자. 그러면 실험실 기준틀에

대한 우주선의 속도 변수는 동일한 우주비행사 시간 동안 초기 값 θ에서 다음 값 $\theta + d\theta$로 변한다. 이제 $d\theta$를 순간적으로 동시에 움직이는 관성 기준틀에서의 가속도 g^*와 연계시키자. 이 기준틀에서 $g^* d\tau = d\beta = \tanh(d\theta) \approx d\theta$이므로

$$d\theta = g^* d\tau \qquad (64)$$

우주비행사의 시계로 $d\tau$의 시간 경과마다 우주선의 속도 변수는 $d\theta = g^* d\tau$만큼씩 추가로 증가한다. 실험실 기준틀에서 우주선의 총 속도 변수는 단순히 이

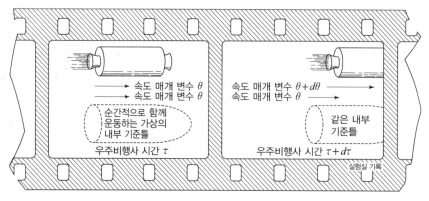

속도 매개 변수 θ
속도 매개 변수 θ

순간적으로 함께 운동하는 가상의 내부 기준틀

우주비행사 시간 τ

속도 매개 변수 $\theta + d\theta$
속도 매개 변수 θ

같은 내부 기준틀

우주비행사 시간 $\tau + d\tau$

실험실 기록

그림 76. 가속하는 로켓에 대한 실험실 기록.

러한 속도 변수의 추가적인 증가의 합이다. 우주선이 정지 상태로부터 출발한다고 가정하면, 우주선의 속도 변수는 우주비행사 시간이 증가함에 따라 다음 식과 같이 선형적으로 증가할 것이다.

$$\theta = g^{*}\tau \qquad (65)$$

이 표현으로부터 임의의 우주비행사 시간 τ에 실험실 기준틀에서의 우주선의 속도 변수 θ를 알 수 있다.

(c) 주어진 우주비행사 시간 τ 동안 우주선이 여행하는 실험실 거리 x는 얼마인가? 임의의 순간에 실험실 기준틀에서 우주선의 속도는 속도 변수와 식

$$\frac{dx}{dt} = \tanh\theta$$

에 의해 연계되어 있으므로 실험실 시간 dt 동안 여행한 거리 dx는 다음과 같다.

$$dx = \tanh\theta\, dt$$

우주비행사 시계의 똑딱 소리 사이의 시간 $d\tau$는 실험실 기준틀에서는 시간 팽창으로 인해 더 큰 값인 dt를 갖는 것으로 나타나는 것을 기억하자. 즉,

$$dt = \cosh\theta\, d\tau.$$

따라서 우주비행사 시간 $d\tau$ 동안 이동한 실험실 거리 dx는 다음과 같다.

$$dx = \tanh\theta\cosh\theta\, d\tau = \sinh\theta\, d\tau$$

(b) 로부터의 식 $\theta = g^{*}\tau$를 이용하면

$$dx = \sinh(g^{*}\tau)d\tau$$

초기 우주비행사 시간인 0부터 최종 우주비행사 시간인 τ까지 작은 변위 dx를 합하면(또는 적분하면) 다음 식을 얻는다.

$$x = \frac{1}{g^{*}}[\cosh(g^{*}\tau) - 1] \qquad (66)$$

이 식은 우주비행사 기준틀에서 임의의 시간 τ에 우주선이 이동한 실험실 거리 x를 나타낸다.

(d) (c)의 표현에서 g^{*}(단위: [거리미터/(시간미터)^2])를 $g = g^{*}c^2$(단위: [m/s^2])로 변환하고, τ(단위: [미터])를 $\tau_{\text{sec}} = \tau/c$(단위: [초])로 변환하라. 이 문제의 시작 부분에 보고된 엔지니어의 결론이 옳은지 여부를 판단하라.

52.* 기울어진 미터자

실험실 기준틀의 x축과 나란히 놓인 미터자가 β^y의 속력으로 y 방향으로 이동하고 있다. 로켓 기준틀에서 미터자는 $+x'$ 방향에 대해서 위로 기울어져 있다. 어떤 식도 이용하지 말고 왜 그런지를 설명하여라. 그림에서와 같이 미터자의 중심이 시간 $t = t' = 0$일 때 지점 $x = y = x' = y' = 0$을 통과한다고 하자. 로켓 기준틀에서 미터자가 x'축에 대해 기울어진 각 ϕ'을 계

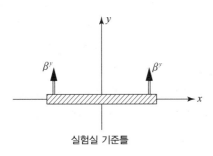

그림 77A. 실험실 기준틀에서 관찰된 길이 방향에 수직으로 움직이는 미터자.

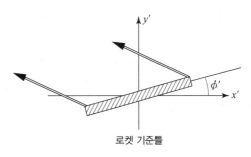

그림 77B. 로켓 기준틀에서 관찰된 미터자.

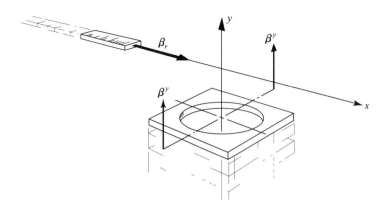

그림 78. '미터자'는 충돌 없이 "지름 1미터의 구멍"을 통과할 수 있을까?

산하여라. 토론: 실험실 기준틀에서 관찰할 때, 미터자의 오른쪽 끝은 언제 어느 지점에서 x축을 가로지를까? 로켓 기준틀에서 관찰할 때, 미터자의 오른쪽 끝은 언제 어느 지점에서 x'축과 교차할까? 원자 내 전자에 대해 실험적으로 관찰된 토마스 세차(Thomas precession, 연습 문제 103에 설명됨)는 기울어진 미터자 현상과 같은 방식으로 설명될 수 있다.

53.* 미터자 역설*

주의: 53번 문제를 풀기 전에 52번 문제를 먼저 해결해야 한다.

실험실 기준틀의 x축을 따라 놓인 미터자가 속력 β로 원점을 향하고 있다. 실험실 xz 평면에 나란히 놓인 매우 얇은 판이 속력 β^y로 y축을 따라 위로 움직이고 있다. 판에는 지름이 1미터이고 중심이 y축에 있는 원형 구멍이 뚫려 있다. 실험실 기준틀에서 볼 때, 판이 $y=0$인 평면에 도착하는 시간에 맞춰 미터자의 중심이 실험실 원점에 도착한다. 실험실 기준틀에서 볼 때 로런츠 수축된 미터자는 쉽게 판의 구멍을 통과해 지나갈 것이다. 따라서 미터자와 판 사이의 충돌은 일어나지 않을 것이다. 그러나 이 결론에 반대하는 사람

은 다음과 같은 주장을 할 수 있다. 미터자가 정지해 있는 **로켓** 기준틀에서 볼 때, 미터자는 수축되지 않는 반면 판의 구멍은 로런츠 수축되어 있다. 따라서 미터자는 평판의 구멍을 통과해 지나갈 수 없다. 그러므로 미터자와 평판 사이에 **충돌**이 일어남이 분명하다. 앞 문제의 답을 이용하여 이 역설을 해결하라. 다음 질문에 명확하게 답하여라. 미터자와 평판 사이에 충돌이 일어날까?

54.** 홀쭉이와 격자

한 남자가 매우 **빠르게** 걷고 있다. 너무 빨라서 상대론적 길이 수축이 그를 홀쭉하게 만든다. 거리에서 그가 격자를 지나야만 한다. 격자에 서 있는 남자는 빠르게 걷는 홀쭉한 남자가 격자 구멍을 통해 빠질 것이라고 확신한다. 그러나 빠르게 걷는 남자에게는 자기 자신은 평소 크기인 반면 상대론적 수축을 겪는 것은 격자이다. 그가 볼 때 격자 구멍은 서있는 자신의 크기보다 훨씬 좁기 때문에 구멍에 빠지지 않을 것으로 확신한다. 누가 옳을까? 답은 강성(rigidity)의 상대성에 달려 있다.

문제를 평평한 책상 위에 길이 방향으로 미끄러지는 1미터 막대로 이상화하자. 막대의 경로 상에 1미

---

* R. Shaw, *American Journal of Physics*, **30**, 72(1962)를 참조하라.

터짜리 구멍이 있다. 로런츠 수축 인자가 10이면 책상 기준틀(실험실 기준틀)에서 막대의 길이는 10 cm이므로 쉽게 1미터 구멍으로 떨어질 것이다. 실험실 기준틀에서 막대가 충분히 빨리 움직여서 막대가 구멍으로 내려갈 때에도 수평을 유지한다고 가정하자. (실험실 기준틀에서 '급격한 변화'는 없다.) 막대의 뒤쪽 끝이 구멍의 가장자리를 떠나는 순간을 $t = t' = 0$로 가정하고 실험실 기준틀에서 막대의 아래쪽 모서리의 운동에 대한 방정식을 세워라. 작은 수직 방향 속도에 대해 막대는 일상의 가속도 g 로 낙하한다. 막대 기준틀(로켓 기준틀)에서는 막대의 길이가 1미터인 반면 구멍은 폭 10 cm로 로런츠 수축되어 있으므로 막대가 구멍으로 들어갈 수 없다. 실험실 방정식을 로켓 기준틀로 변환하고 그 기준틀에서 막대가 구멍의 가장자리 위에서 수그러짐을, 즉 막대가 단단하지 않음을 보여라. 막대는 결국 둘 중 어느 기준틀에서도 구멍 속으로 빠질까? 실험을 하는 동안 막대는 **실제로** 단단할까 아니면 단단하지 않을까? 상대론이 제공하는 운동에 대한 설명으로부터 막대의 신축성이나 압축성과 같은 물리적 특성을 유도하는 것이 가능할까?

2장

운동량과 에너지

10. 서론: 질량 단위로 나타낸 운동량과 에너지

물리학은 물질과 운동 및 운동을 일으키는 힘에 관한 학문이다. 그렇다면 힘과 운동 사이에는 어떤 관계가 있을까? 이 간략한 설명에서 전기와 자기 및 다른 모든 종류의 힘을 분류하는 것은 필요하지 않다. 대신, 더 긴급한 질문을 해보자. 힘이 입자에 작용하는지를 어떻게 알 수 있을까? 입자에 힘이 작용한다면, 그 입자의 세계선의 어떤 특징이 힘의 존재를 드러낼까? 마지막으로, 입자의 에너지와 운동량 변화량으로 어떻게 힘의 세기를 측정할 수 있을까?

'힘'이라는 개념의 본성을 이해하기 위해서 그것 없이 어떻게 지낼 수 있을지 상상해보라! 입자가 속력을 높이거나 낮추는 이유를 설명하기 위해 가장 필요한 것은 힘이다. 아무 힘도 받지 않는 시험 입자는 속력을 올리거나 내릴 수 없다는 사실에 의해 명확하게 정의된다. 관성 기준틀에 대해 입자는 정지 상태를 유지하거나 일정한 속도로 운동을 계속한다. 입자는 일직선인 세계선을 따라간다. 이 세계선을 입자가 x 방향으로 움직이는 특별한 경우에 대해 그림 79에 나타냈다. 반면에 그림 80은 분명히 속도가 변하고 이에 따라 힘을 받고 있는 입자의 세계선을 그린 것이다. 어느 누구도 인접한 입자와의 충돌이나 멀리 떨어진 입자에 의한 힘과 같은 원인이 없어도 이러한 속도 변화가 일어나는 것을 본 적이 없다. 따라서 힘은 그림 81에 나타낸 것과 같이 상호작용의 한 형태라고 할 수 있다. 이런 방식의 언급은 다음 두 가지 추가적 상황에 의해 더욱 정당화된다. (1) A의 존재가 B의 속도 변화를 일으키면, B의 존재 또한 A의 속도 변화를 일으킨다. (2) 상호작용이 끝나고 두 입자가 분리된 후에, 한 입자의 **운동량** 변화량은 다른 입자의 운동

다른 물체와 상호작용하는 징후로서의 물체의 운동량 변화

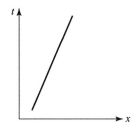

그림 79. 힘을 받지 않는 입자의 세계선.

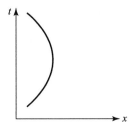

그림 80. 힘을 받는 입자의 세계선.

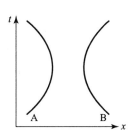

그림 81. 상호작용 하는 두 입자의 세계선.

량 변화량과 크기는 같고 방향은 반대이다. 따라서 두 입자 사이의 힘에 대해 말하는 대신 입자들의 운동량 변화량에 대해 말할 수 있다. 실제로 상대론의 맥락에서 운동량과 힘 모두를 논의하는 것은 이야기를 복잡하게 만드는 것이므로 이 책에서는 운동량에 대해서만 분석하도록 하자.

운동량은 어떻게 정의되어야 할까? 뉴턴 역학 시대의 연구자들은 운동량을 입자의 질량과 입자의 속도를 곱한 것으로 정의했다. 이 정의를 유용하게 만드는 것은 이렇게 정의된 운동량이 저속 충돌에서 보존된다는 사실이다. 그러나 관측에 따르면 뉴턴 원리에 따라 질량 곱하기 속도로 정의된 운동량은 고속 충돌에서는 보존되지 않는다. 따라서 운동량에 대한 뉴턴 방식의 표현을 버리던지 아니면 운동량 보존 법칙을 버리던지 선택해야만 한다. 운동량 보존 법칙은 너무나 중요해졌기 때문에 새로운 토대로 여겨진다. 운동량 보존 법칙으로 시작해서 이로부터 모든 기준틀에서 보존되는 벡터 물리량으로 정의되는 운동량에 대한 표현을 유도해보자.

이렇게 정의된 운동량은 보존된다.

모든 기준틀에서 운동량이 보존되어야 한다는 조건은 이 장에서 세 번 사용되는데, 매번 사용할 때마다 자연을 바라보는 방식에 혁명을 일으킬 것이다. 다음 절에서는 이 조건을 2차원 비스듬한(glancing) 충돌에 적용시켜 입자의 **운동량**에 대한 **상대론적 표현**을 유도할 것이다 12절에서는 보존 조건을 1차원 충돌에 적용시켜 입자의 에너지에 대한 **상대론적 표현**을 유도할 것이다. 13절에서는 보존 조건을 비탄성 충돌에 적용시켜 **에너지와 정지 질량의 동등성**을 유도할 것이다. 운동량 보존 법칙이 참이 되도록 운동량과 에너지가 **정의된다면**, 운동량 보존 법칙이 어떤 가치를 갖는가에 대해 질문할 수도 있다. 이 질문은 물리학의 법칙과 이론의 본질의 핵심으로 우리를 인도한다.* 질문에 대한 답을 위해 당구공처럼 물체들과 차례대로 충돌하면서 돌진하는 물체를 고려해보자. 첫 번째 충돌을 분석할 때, 보존 법칙을 사용해서 여러 물체들의 미지의 운동량을 찾아내거나 정의한다. 이후의 충돌에서는 상황이 완전히 다르다. 이 충돌에서 운동량은 이미 알려져 있다. 거기에서 운동량 보존 법칙은 정의에 의해서가 아니라 세상이라는 기계의 내부 작용에

중복 확인은 보존 법칙이 단순한 순환 추론이 아니라는 것을 검사한다.

---

* Henri Poincare의 *The Foundations of Science*,를 G. B. Halsted가 번역한 책(Science Press, Lancaster, Pennsylvania, 1946)의 310쪽과 333쪽을 참조하라.

의해 유지된다. 물리학의 모든 법칙과 이론이 우리에게 필요한 개념을 정의하고 그 개념에 대해 진술한다는 점에서 법칙과 이론은 이러한 깊고 미묘한 특성을 가지고 있다. 반대로, 이론, 법칙, 원리의 본체가 없다는 것은 우리에게서 개념을 사용하거나 정의하기 위한 적절한 수단을 박탈한다. "진행하기 전에 용어를 먼저 정의하라."고 말하던 과학의 관점은 얼마나 구식인가! 인간 지식의 진보 단계의 참된 창조적 본질은 이론, 개념, 법칙 및 측정 방법이 영원히 분리될 수 없도록 연합하여 세상에 나타난다.

따라서 물리학은 실험적 사실들을 조화시키는 방법을 제공한다. 보존 법칙을 확립하기 위해서는 하나의 실험만으로는 충분하지 않다. 적어도 두 가지 실험, 즉 보존되는 양을 정의하기 위한 실험과 이 양이 실제로 보존되는지를 확인하는 실험이 필요하다. 이 장에서는 두 실험 중 정의하는 데 필요한 첫 번째 실험에 대해 살펴볼 것이다. 이렇게 내린 정의에 대한 확인은 실험 물리학 활동에서 쉴 새 없이 진행되고 있다.

뉴턴 역학에서는 입자의 운동량이 질량과 속도를 곱한 것으로 정의된다. 1장에서는 빛이동 시간미터 당 진행한 거리미터 단위로 속도 β를 측정했다. 이 속도를 이용한 운동량의 뉴턴 역학적 표현은 $m\beta$이다. 이 표현은 운동량에 대한 새로운 것을 말하지도 않고 운동량의 상대론적 표현도 아니지만, 시간이 미터 단위로 측정된다는 것을 명확하게 한다. 시간이 미터 단위로 측정되면 운동량은 질량 단위를 갖는다. 운동량의 단위를 kgm/s와 같은 관습 단위로 변환하기 위해서는 변환 인자 c를 곱해서 β를 v로 변환한다. 따라서 관습 단위로 나타낸 뉴턴 역학적 운동량은 $m\beta c = mv$이다.

마찬가지로, 뉴턴 역학에서 입자의 운동 에너지는 질량 곱하기 속도의 제곱 나누기 2로 정의된다. 시간미터 당 거리미터(m/m) 단위로 측정된 속도 β를 이용할 때, 운동 에너지의 뉴턴 역학적 표현은 $m\beta^2/2$이다. 이 표현은 에너지에 대한 새로운 것을 말하지도 않고 에너지의 상대론적 표현도 아니지만, 시간이 미터 단위로 측정된다는 것을 명확하게 한다. 시간이 미터 단위로 측정되면, 에너지는 질량의 단위를 가지며, 이에 따라 에너지와 운동량은 같은 단위를 갖는다. 에너지의 단위를 J(줄)과 같은 관습 단위로 변환하기 위해서는 변환 인자 c^2을 곱해서 β^2을 v^2으로 변

질량 단위로 가장 편리하게 표현한 운동량과 에너지

환한다. 따라서 관습 단위로 나타낸 뉴턴 역학적 운동 에너지는 $m\beta^2 c^2 / 2 = mv^2 / 2$ 이다.

질량 단위를 사용한 운동량과 운동 에너지의 기호는 첨자를 사용하지 않고 각각 p와 T로 주어진다. 따라서 저속의 뉴턴 역학적 극한에서 이들은 다음과 같이 주어진다.

$$\left.\begin{array}{l} p = m\beta \\ T = \dfrac{1}{2} m\beta^2 \end{array}\right\} \quad \text{(저속의 경우 - 질량 단위)} \qquad (67)$$

반면에 관습 단위를 사용한 운동량과 에너지는 기호에 아래 첨자 '관습'을 붙여 사용한다. 따라서 저속의 뉴턴 역학적 극한에서 이들은 다음과 같이 주어진다.

$$\left.\begin{array}{l} p_{관습} = mv \\ T_{관습} = \dfrac{1}{2} mv^2 \end{array}\right\} \quad \text{(저속의 경우 - 관습 단위)} \qquad (68)$$

이 장에서는 운동량과 에너지의 상대론적 표현을 질량 단위로 유도할 것이다. 질량 단위를 사용한 운동량과 에너지에 각각 c와 c^2을 곱하면 관습 단위의 표현으로 쉽게 전환된다. 두 단위를 사용한 결과의 요약은 이 책의 뒤표지 안쪽에 표로 만들어 놓았다.

11. 운동량

실험에 앞서 시공간 구조에 대한 지식만으로 운동량에 대해 얼마나 유추할 수 있을까? 특히, 각 입자에 대해 운동량과 같은 벡터 물리량이 존재하고 입자들이 상호작용할 때 모든 입자에 대해 그 합이 보존된다면, 각 입자의 운동량은 자신의 속도에 따라 어떻게 달라질까? 운동량이 벡터 물리량이므로 먼저 **방향**을 정하고 나서 크기가 입자의 속력에 따라 어떻게 달라지는지를 알아야 한다. 입자의 운동량

대칭성은 운동량이 속도와 나란하다는 것을 보여준다.

벡터는 입자가 운동하는 방향을 향한다는 추론으로부터 시작하자. 이 결론은 물리학의 강력한 도구인 **대칭성 (symmetry)** 논증에 의해 다음과 같은 방법으로 뒷받침될 수 있다. 관성 기준틀에서 공간은 모든 방향에서 동일하다. 이런 공간을 **등방적**

공간이라고 한다. 그렇기 때문에 직선을 따라 움직이는 입자의 운동과 관련된 유일무이한 방향은 입자가 움직이는 방향이다. 예를 들어, 입자의 운동량 벡터가 운동 방향을 가리키지 않고 이 방향에서 30° 만큼 벗어난 방향을 가리킨다면, 이 방향의 수많은 벡터 중 하나가 운동량을 나타내게 된다. 그런데 공간은 등방적이므로 수많은 벡터 중 어느 것이 다른 벡터에 대해 우선적인지 선택할 수 없게 된다. 이는 운동량이 속도에 의해 크기와 방향이 유일무이하게 결정된다는 가정과 모순이 된다. 모순을 탈출하는 방법은 단 한 가지뿐이다. 운동량 벡터의 선이 입자의 운동 선을 따라 놓이는 것뿐이다. 입자의 운동 선을 따르는 가능한 두 방향 중에서 입자의 속도와 같은 방향을 운동량 벡터의 방향으로 임의 선택한다.[*] 최종 결론은 **입자의 운동량 벡터는 입자의 속도 방향을 향한**다는 것이다.

입자의 운동량 벡터가 가리키는 **방향**에 대해 알았다. 두 번째 문제는 이 운동량 벡터의 **크기**를 찾은 것이다. 이는 탄성 충돌에서 총 운동량이 보존된다는 조건으로부터 알 수 있다. 이 조건과 로런츠 기하학에서의 간격 불변성을 결합하면 운동량의 뉴턴 역학적 표현인

$$p = m\beta \qquad (= m\tanh\theta) = m \times (\text{단위 시간당 변위})$$

가 상대론적 공식인

$$p = m\sinh\theta = m\frac{\beta}{(1-\beta^2)^{1/2}} = m \times (\text{단위 고유 시간당 변위}) \qquad (69)$$

로 대체되어야 한다는 것을 보여주기에 충분하다. 낮은 속도 β(작은 속도 매개 변수 θ)에 대해 정확한 상대론적 표현은 뉴턴 역학적 표현과 대략적으로 같아진다.

충돌하는 두 물체를 동일한 공 A와 B라고 하고 충돌은 보기 드문 정면충돌이 아니라 전형적인 비스듬한 충돌이라고 하자. 그림 82와 같이 충돌 전에 두 공이 크기는 같고 방향이 반대인 속도로 움직이는 기준틀은 항상 찾을 수 있다. 이 기준틀에서 두 공의 **총** 운동량은 0이다.

운동량 보존은 운동량이 속도에 따라 어떻게 달라지는지를 찾는데 사용되었다

적절하게 선택한 기준틀에서는 충돌 전의 총 운동량이 0이다

---

* 물론 운동의 반대 방향을 입자의 운동량 벡터의 방향으로 선택할 수도 있다. 이러한 선택은 문제의 대칭성과도 일치하며 모든 입자에 사용되면 물리적 모순이 발생하지 않는다. 이런 상황에서 각 입자의 운동량과 계의 총 운동량은 위에서 정의된 해당 운동량과 반대 방향을 가리킨다. 관례상 입자의 운동량 벡터를 그 입자의 속도와 같은 방향으로 놓는다.

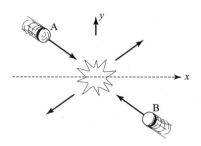

그림 82. 충돌 전에 두 공이 속력은 같지만 반대 방향으로 운동하는 방식으로 움직이는 기준틀에서 관찰한 비스듬한 탄성 충돌. 본문의 논증으로부터 탄성 충돌 후 두 공은, 속력은 원래 자신들의 속력으로, 방향은 원래 방향의 반대 방향으로 움직인다는 것을 알 수 있다.

총 운동량이 0이라는 결론은 다음의 대칭성 논증으로부터 확인할 수 있다. 그림에서와 같은 '속도가 대칭적인' 기준틀에서 총 운동량이 0이 아니라고 가정하자. 그러면 다음 논의로부터 설명하듯 모순이 생긴다. A가 있는 곳에 B가 위치하고 B가 있는 곳에 A가 위치하는 경우를 제외하고는 그림 82에서와 똑같이 시작되는 두 번째 공의 쌍에는 어떤 새로운 특징도 없다. 따라서 총 운동량은 그림 82에서의 총 운동량과 마찬가지로 동일한 크기와 동일한 방향을 가질 것이다. (실제 총 운동량이 0이기 때문에 보이지 않는다!) 그런데 새로운 충돌의 그림은 책을 거꾸로 뒤집으면, 즉 평면에 대해 180° 회전하면 그림 82로부터 얻을 수 있다. 이 조작으로 총 운동량의 방향이 반대로 뒤집힌다. 결과적으로 총 운동량 벡터는 180° 회전된 총 운동량과 동일해야 한다. 이 모순은 총 운동량 벡터의 크기가 0일 때에만 해결될 수 있다. 따라서 충돌 전에 두 동일 입자는 크기는 같고 방향이 반대인 운동량을 갖는다.

충돌 후에는 어떻게 될까? 두 공은 같은 속력으로 서로 반대 방향을 향해 운동해야만 한다. 그렇지 않으면, 두 운동량의 합이 0이 되지 않는데, 이는 총 운동량이 보존되어야 한다는 조건에 반하는 것이다. 다음 규정에 따라 탄성 충돌을 고려하자. 충돌 동영상을 찍는다. 동영상을 거꾸로 돌린다. 입자 A가 오른쪽에서 왼쪽으로 지나가고 입자 B가 왼쪽에서 오른쪽으로 지나가는 것을 제외하고는 충돌에서 아무런 변화가 없을 것이다. 이런 의미에서 탄성 충돌은 **가역적**이다. 이런 의미에서 그림 82에 그려진 충돌이 탄성 충돌이라면 각각의 공은 운동 방향은 변하

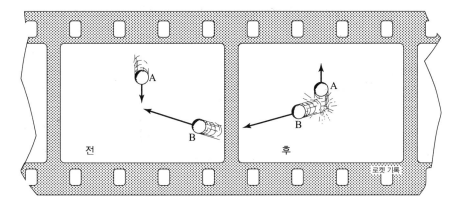

그림 83. 로켓 기준틀에서 관찰한 그림 82의 충돌.

지만 속력은 변하지 않는다. 즉, 충돌의 종합적 효과는 단순히 두 입자의 속도 벡터를 회전시키는 것이다. 그림에서 보인 바와 같이, 기준틀의 x 방향은 각 입자의 속도의 x성분은 충돌에 의해 변하지 않고 y성분은 방향이 뒤집히는 방향으로 놓이도록 선택할 수 있다.

이 충돌에서 운동량의 총 y성분과 이의 보존에 대해 살펴보자. 이를 위한 가장 쉬운 방편으로, 공 A가 y 방향으로만 움직이는 기준틀에서의 충돌을 관찰하자. 이 기준틀은 그림 82의 기준틀에 대해 공 A의 x성분 속도와 같은 속도로 오른쪽으로 움직이는 로켓 기준틀이다. 그림 83은 이 로켓 기준틀에서 관찰된 충돌을 나타낸 것이다.

공 B가 y 방향으로만 움직이는 기준틀도 있다. 이 기준틀은 그림 82의 기준틀에 대해서 공 B의 x성분 속도와 같은 속도로 왼쪽으로 움직이는 실험실 기준틀이다. 그림 84는 이 실험실 기준틀에서 관찰된 충돌을 나타낸 것이다.

우리의 목적은 뉴턴 역학으로부터 알고 있는 매우 저속인 입자의 운동량으로부터 광속에 거의 근접하는 고속인 입자의 운동량을 찾는 것이다. 이를 위해서는 비스듬한 충돌이 이상적이다. 충돌을 조정해서 맞은 입자(그림 84의 입자 B)가 충돌 전뿐만 아니라 그 이후에도 임의의 낮은 속도를 갖도록 할 수 있다. 따라서 맞은 입자의 충돌 전후의 운동량은 뉴턴 역학적 공식인 $p = m\beta$로부터 얻을 수 있다. 이러한 상황으로부터 느린 입자(B)의 운동량 변화량을 쉽게 결정할 수 있으며, 이에

세 가지 기준틀에서 본 충돌의 모습

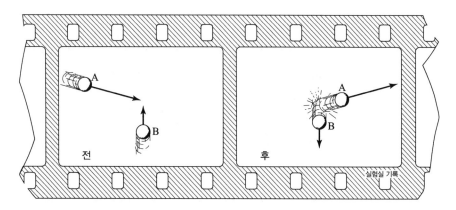

그림 84. 실험실 기준틀에서 관찰한 그림 82의 충돌.

따라 운동량 보존 법칙을 사용하면 빠른 입자 (A)의 운동량 변화량은 물론 심지어 운동량까지도 얻을 수 있다. 그림의 대칭성으로부터 B에 전달된 운동량은 충돌하기 전 자신의 운동량의 두 배임을 알 수 있다. 즉,

$$\text{B의 운동량 변화량} = 2\left(m\frac{dy}{dt}\right)$$

단위 고유 시간당 변위에 비례하는 운동량

입자 A는 자신의 운동량 크기를 변화시키는 것이 아니라 자신의 운동량 벡터의 **방향**을 변화시킴으로써 B에게 운동량을 전달한다. 다시 말해, 운동량 전달은 운동량 삼각형에서 값을 아는 짧은 변에 해당한다. 나머지 두 개의 긴 이등변의 값은 미지수이다. 그런데 닮은꼴 삼각형의 길고 짧은 변들은 삼각형의 변위이므로, 그림 85에서 알 수 있듯이, 닮은꼴 삼각형의 변 사이의 비례 관계로부터 높은 에너지를 갖는 입자의 운동량에 대한 표현식을 쉽게 얻을 수 있다 .

$$\boldsymbol{p} = m\frac{d\boldsymbol{r}}{d\tau} = m \times (\text{단위 고유 시간당 변위}) \tag{70}$$

실험실 기준틀에서 이 벡터의 개별 성분[*]은 다음과 같이 주어진다.

$$p^x = m\frac{dx}{d\tau} \qquad p^y = m\frac{dy}{d\tau} \qquad p^z = m\frac{dz}{d\tau} \tag{71}$$

로켓 기준틀에서 운동량의 성분은 로켓 기준틀에서 측정한 변위의 성분 dx', dy', dz'을 포함한다는 것을 제외하고는 식 (71)과 유사한 표현으로 주어진다.

---

[*] 왜 p_x가 아니고 p^x일까? 4차원 시공간 기하학에서는 유클리드 공간 기하학과는 달리 라벨의 위치가 중요하다. (표준 표기법에 대한 자세한 내용은 147쪽의 각주에 포함되어 있다).

'간격 불변성'에 의해, 입자의 궤도상에서 인접한 두 사건 사이의 고유 시간의 경과 $d\tau$은 로켓 측정으로부터 계산할 때와 실험실 측정으로부터 계산할 때에 동일한 값을 갖는다. 따라서 $d\tau$로부터 $d\tau'$을 구별할 필요가 없다. 또한 로켓 기준틀에서의 값 dy'은 실험실 기준틀에서의 값 dy와 동일하다. 마찬가지로 $dz = dz'$이다. 결과적으로 로켓 기준틀과 실험실 기준틀의 상대 운동에 수직인 방향의 운동량 성분인 $p^y = m\dfrac{dy}{d\tau}$와 $p^z = m\dfrac{dz}{d\tau}$는 상대 운동과 무관하다.

운동량과 변위는 두 벡터의 횡 방향 성분이 관찰자의 운동에 영향을 받지 않는다는 점에서 유사하다. 두 벡터의 특성이 유사한 이유는 단순하다! 운동량은 변위 $(\Delta x, \Delta y, \Delta z)$에 $(m/\Delta\tau)$을 곱해서 얻어지는데, $m/\Delta\tau$은 모든 관성 기준틀에서 동일한 값을 갖는다.

그림 85의 운동량 분석으로부터 물리량 m이 뉴턴 역학에서 나오는 질량이라는 것이 분명해졌다. 즉, m은 모든 속력, 모든 장소, 모든 시간에서 동일한 값을 갖는 상수이다. 따라서 운동량에 대한 상대론적 표현(예를 들어, $m\,dx/d\tau$)과 이에 해당하는 뉴턴 역학적 표현($m\,dx/dt$) 사이의 차이는 자연에 대한 두 설명에서 m값의 차이가 아니라 고유 시간과 실험실 시간 사이의 차이에 기인한다. 일부 오래된 논의에서는 운동량에 대한 뉴턴 역학적 표현 ($m\,dx/dt$)이 오늘날 단순한 방법으로 간주되는 방식인 dt를 $d\tau$로 바꾸는 것에 의해서가 아니라 뉴턴 역학적 표현을 사용하는 것이 여전히 정당화되는 방식으로 속도에 의존하는 '수정된 질량'을 도입하는 것에 의해 수정되었다. 즉,

$$p^x \text{ (상대론적)} = m_{수정}\left(\frac{dx}{dt}\right)$$

수정된 질량은 다음 값을 가져야 한다.

$$m_{수정} = m\frac{dt}{d\tau} = \frac{m}{\sqrt{1-\beta^2}} \tag{72}$$

이 표기법은 여전히 자주 사용되고 있다. 그러나 물리학 분석에서 가장 유용한 양은 종종 m과 $d\tau$와 같이 모든 기준틀에서 동일한 값을 갖는 양이다. 오늘날 이 사실은 점점 더 널리 인정되고 있다. 따라서 우리는 평소대로 속도에 무관한 양 m을 '질량'이라는 용어로 이해할 것이다.

운동량에서 속도에 무관한 양으로 가장 유용하게 정의된 질량

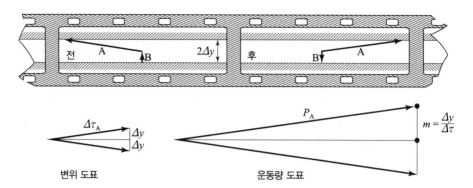

변위 도표　　　　　　　　　　　　　　　운동량 도표

그림 85. 비스듬한 충돌에 적용된 운동량 보존 법칙으로부터 운동량의 상대론적 표현 유도. 매우 저속인 입자 B의 뉴턴 역학적 운동량$=m(\Delta y_B/\Delta t_B)$는 B의 운동량에 매우 좋은 근사식이다. 여기서 Δt_B는 입자 B가 아래 경계에서 충돌 지점까지의 거리 Δy_B를 이동하는 데 필요한 시간이다. B의 속도를 임의로 느리게 할 수 있기 때문에 실험실 시간 Δt_B는 이동에 대한 고유 시간 $\Delta \tau_B$에 임의로 가깝다. (예: $\beta=0.01$에 대해 $\Delta\tau$와 Δt는 5/100,000 만큼 다르다.) 따라서 B의 운동량을 $m(\Delta y_B/\Delta \tau_B)$의 형태로 쓸 수 있다. B의 운동량을 알면, 닮은꼴 삼각형인 A의 운동량 도표와 변위 도표와 비교함으로써 A의 운동량 p_A를 알 수 있다. '바닥'과 '천정'을 대칭적으로 위치시켜서 A의 y변위와 B의 y변위가 일치하도록 조정하였다 즉, $\Delta y_A = \Delta y_B = \Delta y$이다. 또한 충돌로부터 A가 천정에, B가 바닥에 각각 '도달'할 때까지 경과한 고유 시간은 동일하다. 즉, $\Delta \tau_A = \Delta \tau_B$이다.

[**증명**: (1) 그림 83과 84를 비교하면 로켓 기준틀에서 보는 A의 운동은 실험실 기준틀에서 보는 B의 운동과 동일한 것을 알 수 있다. 따라서 둘의 이동에 걸린 고유 시간은 서로 같다. 즉,

$$(\Delta \tau_A)_{로켓} = (\Delta \tau_B)_{실험실}$$

(2) 그런데 두 사건(충돌과 도달) 사이의 고유 시간은 모든 기준틀에서 동일한 값을 갖는다. 즉,

$$(\Delta \tau_A)_{실험실} = (\Delta \tau_A)_{로켓}$$

(3) 이에 따라 다음 관계가 성립한다.

$$(\Delta \tau_A)_{실험실} = (\Delta \tau_B)_{실험실}$$

물론 A가 광속에 근접한 속도로 이동할 때에는 **실험실** 시계는 A와 B의 이동에 대해 매우 다른 이동 시간을 가리킨다. 즉,

$$(\Delta t_A)^2_{실험실} = (\Delta \tau_A)^2_{실험실} + (\Delta x_A)^2_{실험실} \gg (\Delta \tau_A)^2_{실험실} = (\Delta \tau_B)^2_{실험실} = (\Delta t_B)^2_{실험실}$$

따라서 A의 운동량은 결국 A의 운동에만 관련된 양을 이용해 직접 알 수 있다.

$$p_A = m\frac{\Delta r_A}{\Delta \tau_A}$$

유한한 차이(Δ)를 미분(d)으로 바꾸고 운동량과 변위가 동일한 방향을 가리키는 것을 상기하면 다음의 벡터 방정식을 얻을 수 있다.

$$\boldsymbol{p} = m\frac{d\boldsymbol{r}}{d\tau}$$

이것이 바로 운동량에 대한 상대론적 공식이며, 임의의 큰 에너지를 갖는 입자에 대해서도 유효하다.

운동량의 상대론적 표현과 뉴턴 역학적 표현 사이에는 얼마나 큰 차이가 있을까? 운동량의 상대론적 표현은 저속 영역에서는 뉴턴 역학적 표현으로 환원되어야 한다. 저속 입자는 1시간미터 안에 1거리미터보다 훨씬 적게 이동한다. 따라서 이 입자의 변위 dr에 대한 고유 시간 $d\tau = [(dt)^2 - (dr)^2]^{1/2} = \sqrt{1 - \beta^2}\, dt$는 시간 dt와 거의 같다. 즉,

상대론적 운동량은 저속 영역에서 뉴턴 역학적 표현으로 환원된다.

$$d\tau \approx dt \quad \text{(저속 입자의 경우)}$$

($\beta = 0.01$일 때에는 5/100,000까지 일치하고, $\beta \to 0$일 때에는 완전히 일치한다.) 이런 상황에서 운동량의 상대론적 표현 $\boldsymbol{p} = m\,d\boldsymbol{r}/d\tau$는 뉴턴 역학적 표현 $\boldsymbol{p} = m\,d\boldsymbol{r}/dt$와 일치하게 되며, 두 경우의 물리량 m은 서로 같다. 즉 m은 불변량이다!

때로는 운동량의 크기를 입자의 속도 매개 변수 θ 또는 입자의 속력 $\beta = \tanh\theta$로 표현하는 것이 편리하다. 이 경우 운동량의 표현은 다음과 같다.

$$p = m\frac{dr}{d\tau} = m\frac{dr}{[(dt)^2 - (dr)^2]^{1/2}} = \frac{m\left(\dfrac{dr}{dt}\right)}{\left[1 - \left(\dfrac{dr}{dt}\right)^2\right]^{1/2}} = \frac{m\beta}{\sqrt{1-\beta^2}}$$

$$= \frac{m\tanh\theta}{\sqrt{1-\tanh^2\theta}} = \frac{m\tanh\theta}{\sqrt{\dfrac{\cosh^2\theta}{\cosh^2\theta} - \dfrac{\sinh^2\theta}{\cosh^2\theta}}} = \frac{m\tanh\theta\cosh\theta}{\sqrt{\cosh^2\theta - \sinh^2\theta}} = m\sinh\theta$$

이를 요약하면 다음과 같이 쓸 수 있다.

$$p = m\sinh\theta = \frac{m\beta}{\sqrt{1-\beta^2}} \quad \left(\begin{array}{c}\text{질량 단위로 표현한}\\\text{운동량의 상대론적 표현}\end{array}\right) \tag{73}$$

반면에 운동량의 뉴턴 역학적 표현은 다음과 같은 형태가 된다.

$$p = m\beta = m\tanh\theta \quad \left(\begin{array}{c}\text{질량 단위로 표현한}\\\text{운동량의 뉴턴 역학적 표현}\end{array}\right) \tag{74}$$

운동량의 두 표현은 인자 $dt/d\tau = \cosh\theta = 1/(1-\beta^2)^{1/2}$만큼 차이가 난다. 이 인자는 입자와 함께 움직이는 시계에 의해 기록된 고유 시간에 대한 실험실 시간의 비율을 나타낸 것으로, 연습 문제 10번의 시간 팽창 비율이다. 운동량의 상대론적 공식에서 이 인자의 존재는 입자가 임의로 광속에 접근하면 임의로 많은 양의 운동량을 충돌 과정으로 운반할 수 있음을 나타낸다. m이 상수이고 β는 1보다 클

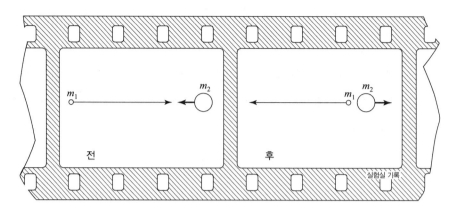

그림 86. 총 운동량이 0인 기준틀에서 바라본 정면 탄성 충돌 전과 후의 속도.

수 없기 때문에 운동량에 대한 부정확한 뉴턴 역학적 공식인 $p = m\beta$만 배운다면 이 결과를 의심조차 하지 않을 것이다.

따라서 고속 입자의 운동량에 대한 표현은 뉴턴 역학적 예측과는 크게 다르다. 그러나 충돌에 관여하는 새로운 입자의 질량을 결정하는 과정은 상대성이론과 뉴턴 역학 사이의 원칙에 차이가 없다. 기본적인 아이디어는 (1) 작용 반작용 원리, (2) 총의 반동을 총탄의 운동량과 연결하는 원리, (3) 운동량 보존 법칙 등 다양한 용어로 표현될 수 있다.

표준 입자와의 탄성 충돌로부터 결정할 수 있는 미지 입자의 질량

특히 질량이 m_1인 표준 입자와 질량이 m_2인 입자의 정면 탄성 충돌에 대해 생각해보자. m_1은 국제 도량형 위원회에서 임의로 지정한 질량이고, m_2는 결정되어야 할 미지의 질량이다. 충돌이 정면 탄성 충돌이라는 것은 충돌 전후의 속도가 그림 86의 대칭성을 보여주는 기준틀이 존재한다는 것을 의미한다. 이 대칭성은 충돌에서 총 운동량의 부호가 역전되는 것을 의미한다. 그런데 총 운동량은 충돌에서 일정하게 유지된다. 따라서 총 운동량은 0이어야 한다. 결과적으로, 충돌 후에 관찰되는 두 입자의 운동량은 다음 조건을 만족해야 한다.

$$m_1 \left(\frac{dx}{d\tau}\right)_1 + m_2 \left(\frac{dx}{d\tau}\right)_2 = 0$$

이 식으로부터 다음과 같이 미지의 질량을 알려진 질량 단위로 구할 수 있다.

$$\frac{m_2}{m_1} = \frac{(-dx/d\tau)_1}{(dx/d\tau)_2} = \frac{-\Delta x_1}{\sqrt{(\Delta t_1)^2 - (\Delta x_1)^2}} \frac{\sqrt{(\Delta t_2)^2 - (\Delta x_2)^2}}{\Delta x_2} \tag{75}$$

여기서 Δx_1과 Δx_2는 두 입자가 각각 충돌한 지점에서 감지된 지점까지 이동한 거리이고, Δt_1과 Δt_2는 각각의 이동 시간이다. 비상대론적인 속도의 탄성 충돌에 대해서, 식 (75)의 오른쪽 항은 다음과 같이 뉴턴 역학적 값으로 환원된다.

$$\frac{m_2}{m_1} = -\frac{\beta_1}{\beta_2} = -\frac{\Delta x_1/\Delta t_1}{\Delta x_2/\Delta t_2} \quad \text{(뉴턴 역학적 영역)} \tag{76}$$

운동량에 대한 상대론적 개념은 운동량−에너지 4차원 벡터의 공간 부분으로 간주될 때 그 완전한 단순성이 드러난다. 그리고 그때에만 충돌 과정에서 에너지 보존에 대한 점검이 운동량 보존에 대한 수많은 직접적 실험적 검증에 추가된 간접적 검증으로 작용한다.

12. 운동량-에너지 4차원 벡터

운동량과 에너지를 더 큰 개체의 부분으로 보기 위해서는 공간과 시간을 더 큰 개체의 부분으로 보는 방법을 상기하는 것이 도움이 된다. 시공간의 사건 A에서 근처의 사건 B로 입자가 통과하는 것을 생각해보자. A에서 B로 인도하는 4차원 벡터는 통합적 개념이다.* 4차원 벡터의 성분들인 변위 dx, dy, dz 및 dt는 기준틀마다 다른 값을 갖는다. 4차원 벡터 AB를 설명하는데 사용하는 방법의 이러한 임의성에도 불구하고 4차원 벡터 자체는 잘 정의된 양이다. 두 대문의 위치가 좌표계

---

* 1892년 에를랑겐 대학교의 교수 취임 강연에서 펠릭스 클라인(Felix Klein)은 현대 수학의 등불을 밝히는 기하학에 대한 결정적인 새로운 관점을 창시했다. 그의 핵심 아이디어는 성분의 변환 법칙(law of transformation of components)에 의해 임의의 기하학을 다른 기하학과 구별하는 것이다. 예를 들어, 실제 물리적 세계에 대한 유클리드 기하학과 로런츠 기하학 사이의 차이는 오늘날 벡터에 적용되는 정의에서 매우 명확하게 볼 수 있다.

　4차원 벡터는 모든 관성 기준틀에서 4개의 숫자(기준틀마다 다른 숫자!)를 부여하고 이 숫자들이 로런츠 변환 공식인 식 (32)에 의해 한 기준틀에서 다른 기준틀로 변환되도록 정의된다.

　3차원 벡터는 모든 유클리드 좌표계에 3개의 숫자(성분; 좌표계마다 다른 숫자!)를 부여하고 이 숫자들이 적절한 유클리드 회전 공식인 식 (29)에 의해 한 좌표계에서 다른 좌표계로 변환되도록 정의된다.

물리량이 벡터로 주어지고 오직 한 기준틀에서만 그 성분이 알려진 경우, 성분에 대한 적절한 3차원 또는 4차원 변환 법칙으로부터 다른 모든 기준틀에서의 성분을 즉시 알 수 있다.

의 종류나 심지어 좌표계의 사용 여부에 무관하듯이, 간격 AB는 모든 기준틀에서 동일한 크기를 가질 뿐만 아니라, 보다 중요한 것은 사건 A와 B 자체의 위치와 그에 따른 시공간에서 4차원 벡터 AB의 위치는 잘 정의된다는 것이다.

운동량–에너지 4차원 벡터의 4번째 성분인 에너지

비슷한 방식으로, 좌표에 대한 어느 질문보다 더 현실적인 4차원 벡터의 성분으로 입자의 운동량과 에너지를 취급하는 것이 기대된다. 게다가 이 '에너지–운동량 4차원 벡터'를 변위 4차원 벡터 AB에 연결하는 것은 동떨어진 것이 아니다. 다음과 같은 연쇄적인 아이디어보다 더 직접적인 것은 없을 것이다.

(1) 변위 4차원 벡터 AB의 성분 dt, dx, dy, dz가 그림 87에 그려져 있다.

(2) 4차원 벡터 AB를 변위의 양 끝 사이의 고유 간격

$$d\tau = \sqrt{(dt)^2 - (dx)^2 - (dy)^2 - (dz)^2}$$

으로 나누어 얻은 단위 접선 벡터. 이 벡터의 성분

$$\left(\frac{dt}{d\tau}\right), \left(\frac{dx}{d\tau}\right), \left(\frac{dy}{d\tau}\right), \left(\frac{dz}{d\tau}\right)$$

이 그림 88에 그려져 있다.

(3) 이 단위 벡터에 일정한 질량 m을 곱해서 얻은 에너지–운동량 4차원 벡터. 이 벡터의 성분

$$E = p^t = m\frac{dt}{d\tau}, \quad p^x = m\frac{dx}{d\tau}, \quad p^y = m\frac{dy}{d\tau}, \quad p^z = m\frac{dz}{d\tau} \tag{77}$$

이 그림 89에 그려져 있다.

한 기준틀에서의 에너지 보존은 모든 기준틀에서의 운동량 보존을 따른다.

이 연쇄적인 아이디어의 세부 사항과 4차원 벡터의 공간 및 시간 성분에 대한 대체 표현이 그림에 나타나 있다. 어느 누구도 4차원 벡터 (dt, dx, dy, dz)가 $d\tau$로

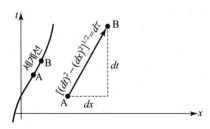

그림 87. 입자의 세계선 상에서 변위 4차원 벡터 AB. 여기서는 변위의 y와 z성분인 dy와 dz가 모두 0인 특별한 경우에 대해 그려져 있다.

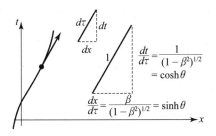

그림 88. 입자의 세계선의 단위 접선 벡터. 이는 그림 87의 변위 4차원 벡터 AB를 불변 고유 시간 간격 $d\tau$로 나누어 얻는다. 단위 접선 벡터의 시간과 공간 성분은 다음 값을 갖는다.

$$\frac{dt}{d\tau} = \frac{dt}{\sqrt{(dt)^2 - (dx)^2}} = \frac{1}{\sqrt{1 - (dx/dt)^2}} = \frac{1}{\sqrt{1 - \beta^2}} = \frac{1}{\sqrt{1 - \tanh^2\theta}} = \cosh\theta$$

$$\frac{dx}{d\tau} = \frac{dx}{\sqrt{(dt)^2 - (dx)^2}} = \frac{dx/dt}{\sqrt{1 - (dx/dt)^2}} = \frac{\beta}{\sqrt{1 - \beta^2}} = \frac{\tanh\theta}{\sqrt{1 - \tanh^2\theta}} = \sinh\theta$$

(여기서 선택한 특별한 경우에서, 변위의 총 공간 성분 dr는 x성분인 dx와 같다. 일반적으로 변위의 공간 부분 dr의 값은 $\sqrt{(dx)^2 + (dy)^2 + (dz)^2}$이다. 이 경우 단위 접선 벡터의 총 공간 부분의 값은 $dr/d\tau = \beta/(1 - \beta^2)^{1/2} = \sinh\theta$이다.

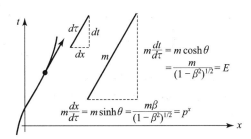

그림 89. 에너지–운동량 4차원 벡터. 그림 88의 단위 접선 벡터에 입자의 일정한 질량 m을 곱해서 얻는다. 시간 성분은 '상대론적 에너지'라 부르며 E로 표기된다.

나뉜 후 m이 곱해진 후에도 여전히 4차원 벡터로 남아있는 것에 의문을 제기할 수 없다. $d\tau$과 m은 모든 기준틀에서 동일한 값을 가짐에 유의하라.

운동량과 에너지의 관계에 대한 간단한 소개는 많다. 이제 중요한 질문을 하자. 4차원 벡터의 시간 성분을 왜 에너지라는 이름으로 부를까? 두 가지 이유가 있다. 첫 번째 이유는 시간 성분의 단위가 올바른 단위인 질량 단위이기 때문이다. 두 번째이자 더 중요한 이유는 총 시간 성분이 모든 충돌에서 보존되기 때문이다. 충돌에서 모든 입자의 E 값의 합이 보존된다는 증거는 모든 기준틀에서 4차원 벡터의 세 성분이 보존되면, 네 번째 성분도 역시 보존된다는 간단한 원리에 달려있다. (표 9를 참조하라.) 모든 기준틀에서 한 계의 총 운동량의 세 개의 공간 성분은 보존된다는 것을 알고 있으므로, 총 시간 성분도 역시 보존된다. 이 증명의 세부 사항은 다음과 같다.

실험실 기준틀에서 로켓 기준틀로 변위의 구성 요소를 변환시키는 로런츠 방정식 [식 (37)]은 다음과 같이 쓸 수 있다.

표 9. 두 기준틀에서 운동량 변화가 없다는 것은 모든 기준틀에서 에너지 변화가 없다는 것을 보장한다.

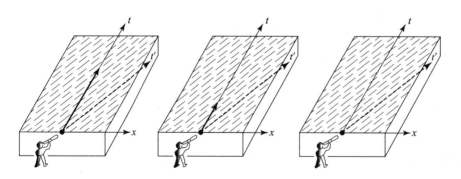

한 기준틀에서 임의의 벡터의 x성분이 사라지는 것은 해당 벡터의 t성분에 대한 결론을 도출하는 데 아무런 도움이 되지 않는다. 크기가 다른 세 벡터는, 심지어 이 중 하나의 크기가 0이어도, x성분만 인식하는 사람에게 모두 같게 보인다.

이전 기준틀에서 같게 보이던 세 벡터를 다른 기준틀에서 바라보면 벡터 사이의 차이가 즉시 드러난다. 서로 다른 두 기준틀에서 4차원 벡터의 공간 성분이 사라지는 것이 알려졌다고 하자. 그러면 4차원 벡터 자체가 진짜 0인 것이 확실하다. (오른쪽 경우)

운동량과 에너지에 대한 논의와의 관련성

운동량 보존 법칙이란 충돌 후의 총 운동량이 충돌 전의 총 운동량과 같다는 것이다. 달리 표현하면, 크기가 0으로 알려진 임의의 물리량(충돌에서 총 운동량의 변화량)이 존재한다는 것이다. 이것은 이야기의 일부에 불과하다. 우리는 완전한 4차원 벡터의 (충돌에서 총 에너지-운동량 4차원 벡터의 변화와 동일한) 모든 정보를 알고 싶다. 공간 성분만 보는 것 또는 도표에서 이 4차원 벡터의 x성분이 사라진다는 것만 증명하는 것은 시간 성분이 사라진다는 것, 즉 에너지 변화가 0이라는 것을 밝히는데 도움이 되지 못한다.

서로 다른 기준틀에서 임의의 한 4차원 벡터(충돌에서 총 에너지-운동량 4차원 벡터의 변화를 나타내는 벡터)의 공간 성분('운동량 성분')이 사라지는 것은 이 4차원 벡터 자체가 완전히 사라지는 것을 보장하기에 충분하다. 따라서 실험실 기준틀과 로켓 기준틀에서 운동량이 보존된다는 사실로부터 에너지는 모든 기준틀에서 보존된다고 결론을 내린다.

$$dt' = -dx \sinh \theta_r + dt \cosh \theta_r$$
$$dx' = dx \cosh \theta_r - dt \sinh \theta_r$$
$$dy' = dy$$
$$dz' = dz$$

이 방정식의 양 변에 불변량인 질량 m을 곱한 후 불변량인 간격 $d\tau = d\tau'$으로 나누면 다음과 같다.

$$m\frac{dt'}{d\tau} = -m\frac{dx}{d\tau}\sinh\theta_r + m\frac{dt}{d\tau}\cosh\theta_r$$
$$m\frac{dx'}{d\tau} = m\frac{dx}{d\tau}\cosh\theta_r - m\frac{dt}{d\tau}\sinh\theta_r$$
$$m\frac{dy'}{d\tau} = m\frac{dy}{d\tau}$$
$$m\frac{dz'}{d\tau} = m\frac{dz}{d\tau}$$

그런데 $m\dfrac{dx}{d\tau}$, $m\dfrac{dy}{d\tau}$, $m\dfrac{dz}{d\tau}$는 상대론적 운동량의 성분들이고, 새로운 4차원 벡터의 시간 성분인 $m\dfrac{dt}{d\tau}$는 '상대론적 에너지 E'라고 부르기로 선택된 양이다. 따라서 한 기준틀에서의 운동량과 새로운 물리량 'E'를 다른 관성 기준틀에서의 운동량 및 E'과 연결하는 중요한 방정식에 도달했다. 이 변환 방정식은 다음과 같다.

$$E' = -p^x\sinh\theta_r + E\cosh\theta_r$$
$$p'^x = p^x\cosh\theta_r - E\sinh\theta_r \qquad \left(\begin{array}{l}\text{"운동량과 에너지에}\\ \text{대한 로런츠 변환"}\end{array}\right) \qquad (78)$$
$$p'^y = p^y$$
$$p'^z = p^z$$

운동량과 에너지에 대한 로런츠 변환

이제 두 입자를 충돌시키자. p_1^x와 p_2^x는 각각 **실험실** 기준틀에서 측정된 충돌 전 두 입자의 운동량의 x성분이고, E_1과 E_2는 각각 이 기준틀에서의 '상대론적 에너지'이다. 마찬가지로 $p_1'^x$와 $p_2'^x$는 **로켓** 기준틀에서 측정한 충돌 전 운동량의 x성분이다. 각 입자에 대한 식 (78)의 두 번째 식의 양 변을 더하면 다음과 같이 충돌 전 로켓 기준틀에서 총 운동량의 x성분을 얻게 된다.

$$(p_1'^x + p_2'^x) = (p_1^x + p_2^x)\cosh\theta_r - (E_1 + E_2)\sinh\theta_r$$

충돌에서 되튀는 입자(탄성 충돌의 경우 두 개의 입자; 결합이 일어나면 하나의 입자; 분열이 일어나면 많은 입자들)에 대해서도 동일한 방정식을 쓸 수 있다. 이와 같은 **충돌 전과 후의 방정식**들은 다음과 같이 분석할 수 있다.

$$\begin{pmatrix} \text{충돌 전:} \\ \text{로켓 기준틀에서} \\ \text{관찰된 총 } x \text{운동량} \end{pmatrix} = \begin{pmatrix} \text{충돌 전:} \\ \text{실험실 기준틀에서} \\ \text{관찰된 총 } x \text{운동량} \end{pmatrix} \cosh\theta_r - \begin{pmatrix} \text{충돌 전:} \\ \text{실험실 기준틀에서 관찰된} \\ \text{총 상대론적 에너지} \end{pmatrix} \cosh\theta_r \quad (79)$$

1단계: 두 값이 같다   2단계: 두 값이 같다.   결론: 두 값이 같다.
– 운동량 보존!   – 운동량 보존!   – 상대론적 에너지 보존을 증명한다!

$$\begin{pmatrix} \text{충돌 후:} \\ \text{로켓 기준틀에서} \\ \text{관찰된 총 } x \text{운동량} \end{pmatrix} = \begin{pmatrix} \text{충돌 후:} \\ \text{실험실 기준틀에서} \\ \text{관찰된 총 } x \text{운동량} \end{pmatrix} \cosh\theta_r - \begin{pmatrix} \text{충돌 후:} \\ \text{실험실 기준틀에서 관찰된} \\ \text{총 상대론적 에너지} \end{pmatrix} \cosh\theta_r \quad (80)$$

이제, 이 장에서 두 번째로 실험실 기준틀과 로켓 기준틀에서 관찰된 충돌에서 운동량은 보존되어야 한다고 **요구한다**. 이 조건에 의해 식 (79)의 각 운동량은 식 (80)의 해당 운동량과 같다. 두 식이 옳고, 해당 운동량도 같다면, 에너지 역시 같아야 한다. 따라서 실험실 기준틀에서 총 상대론적 에너지는 충돌 전과 후가 같다. **즉, 충돌에서 총 상대론적 에너지는 보존된다.**

총 상대론적 에너지의 특징   이 식으로부터 세 개의 결론을 끌어냈다. 첫째, 질량 m인 임의의 입자에 '상대론적 에너지'

$$E = m\frac{dt}{d\tau}$$

를 부여할 수 있다. 둘째, 여러 개의 입자가 자유 운동을 할 때, 계의 상대론적 에너지는 개별 입자의 상대론적 에너지의 합과 같다. 셋째, 이 입자들이 충돌했다가 분리하는 과정에서 개별 입자의 에너지가 변할 때에도 계의 총 상대론적 에너지는 충돌 전과 후가 같다. 이를 상대론적 에너지 보존이라고 한다.

자유 입자 집단의 에너지와 개별 입자 에너지의 덧셈 관계는 총 에너지와 이 입자들의 개별 운동량 사이의 덧셈 관계로 거슬러 올라간다. 이 덧셈 성질로부터 개별 입자의 에너지를 계산하면 입자 집단의 에너지 계산을 계산할 수 있다.

에너지에 대한 다양한 표현   한 입자의 상대론적 에너지에 대한 표현은 어느 형태가 가장 유용한 상황인가를 판단하여 다음과 같이 다양한 방식으로 쓸 수 있다.

$$E = m \frac{dt}{d\tau} = \frac{m}{\sqrt{1 - \beta^2}} = m \cosh \theta \qquad (81)$$

상대론적 에너지 E와 속도 사이의 관계에 대한 이 표현들에서 무엇을 배울 수 있을까? E와 뉴턴 역학에서 정의된 에너지 사이의 관계에서는 무엇을 배울 수 있고, E와 운동량 사이의 관계에서는 무엇을 배울 수 있을까?

β가 매우 작은 경우, 이항 정리 또는 다른 방법을 이용해서 상대론적 에너지에 대한 표현을 β에 대해 멱급수 전개하면 다음과 같다.

$$E = \frac{m}{\sqrt{1 - \beta^2}} = m(1 - \beta^2)^{-1/2} = m\left(1 + \frac{\beta^2}{2} + \frac{3}{8}\beta^4 + \cdots\right)$$

β가 매우 충분히 작은 경우에는 처음 두 항에 의해 원하는 정확도로 근사될 수 있다. 즉,

$$E \approx m\left(1 + \frac{\beta^2}{2}\right) = m + \frac{1}{2}m\beta^2 \qquad \text{(저속의 경우)} \qquad (82)$$

그런데 $m\beta^2/2$은 질량 단위를 사용한 운동 에너지에 대한 뉴턴 역학적 표현이다. 따라서 상대론적 에너지 E는 입자의 운동 에너지와 관계가 있다. 그러나 여분의 항 m의 존재 때문에 E는 입자의 운동 에너지와 **동일하지는 않다**, 이 여분의 항은 입자가 정지해서 운동 에너지가 전혀 없는 경우에도 남아 있다. 이런 이유로 m을 입자의 정지 에너지 $E_{정지}$라고 한다.

$$E_{정지} = m \qquad \text{(질량 단위를 사용한 정지 에너지)} \qquad (83)$$

이 식에 변환 인자 c^2을 곱하면 유명한 식

$$E_{정지, 관습} = mc^2 \qquad \text{(관습 단위를 사용한 정지 에너지)} \qquad (84)$$

을 얻는데, 이 식이 바로 관습 단위를 사용한 입자의 정지 에너지이다.

모든 기준틀에서 에너지를 기록할 때 정지 에너지가 포함되지 않는 한 모든 관성 기준틀에서 만족하던 운동량과 에너지 보존 법칙이 유지되는 것이 불가능하다. 이것은 뉴턴 역학에서는 절대로 나타나지 않던 시공간 물리학의 새로운 교훈이다. 뉴턴 물리학에서는 입자의 정지 에너지에 대한 표현이 포함되어 있지 않다. 그런데 뉴턴 역학에서는 입자의 운동을 기술하는 법칙을 변경하지 않고서도 입자

보존 법칙을 유지하는 데 필수적인 정지 에너지의 허용

의 에너지에 임의의 일정한 에너지를 더할 수는 있다. 따라서 에너지에 대한 상대론적 표현의 저속 한계를 앞의 임의의 상수를 더하는 것으로 간주할 수도 있다.

운동 에너지의
상대론적 표현

임의의 기준틀에서 입자의 상대론적 에너지는 두 부분으로 구성된 것으로 생각할 수 있다. 하나는 입자의 정지 에너지 m이고, 다른 하나는 입자의 운동으로 인해 입자가 갖는 부가적인 에너지이다. 이 부가적인 에너지가 입자의 운동 에너지이다. 운동 에너지에 대한 상대론적 표현은 다음과 같다.

$$T = E - T_{정지} = m\cosh\theta - m = m(\cosh\theta - 1)$$
$$= m\left[\frac{1}{\sqrt{1-\beta^2}} - 1\right] \quad \begin{pmatrix} 질량\ 단위를 \\ 사용한\ 운동 \\ 에너지 \end{pmatrix} \quad (85)$$

상대론적 운동 에너지에 대한 이 표현은 입자의 모든 속도에 대해 유효하다. 반면에 뉴턴 역학적 운동 에너지 $m\beta^2/2$은 저속의 입자에 대해서만 유효하다.

속도가 증가해서 광속에 접근함에 따라 에너지는 제한 없이 증가한다. 따라서

표 10. 수소 원자가 광속에 근접한 속력을 갖도록 하기 위해 이 원자에 전달해야 하는 에너지
(수소 원자의 질량: $m = 1.67 \times 10^{-27}$ kg)

β	입자와의 경주에서, 입자가 1 cm 뒤쳐진 순간 섬광이 출발선으로부터 이동한 거리	$\dfrac{E_{관습}}{mc^2}$	$\dfrac{T_{관습}}{mc^2}$	$T_{관습}$ (줄)	이 에너지와 등가인 일상 에너지
0.5	2 cm	1.15	0.15	2×10^{-11}	–
0.99	1 m	7.1	6.1	10^{-9}	–
0.99999	1 km	222	221	3×10^{-8}	1 cm 높이에서 떨어진 테이블 위 소금 한 알의 운동 에너지
0.999…99 (13개의 9)	10^{11} m*	2.2×10^6	$\sim 2.2 \times 10^6$	3×10^{-4}	1 cm 높이에서 떨어진 산탄 총알 1개의 운동 에너지
0.999…99 (18개의 9)	10^{16} m**	7.1×10^8	$\sim 7.1 \times 10^8$	10^{-1}	2층 창문에서 떨어진 테이블 위 소금 한 알의 운동 에너지
0.999…99 (28개의 9)	10^{26} m***	7.1×10^{13}	7.1×10^{13}	10^4	시속 25마일로 달리는 오토바이의 운동 에너지

* 태양까지의 거리의 약 2/3배인 거리
** 약 1광년
*** 현재까지 사진 찍힌 가장 먼 은하까지의 대략적인 거리

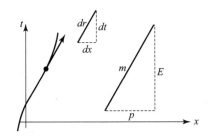

그림 90. 에너지-운동량 4차원 벡터.

무제한의 에너지를 공급해도 입자를 광속까지 가속시킬 수 없다. 속도가 광속에 접근함에 따라 요구되는 에너지가 얼마나 빨리 증가하는지가 표 10에 숫자로 주어져 있다.

운동량-에너지 4차원 벡터의 시간 성분인 에너지와 그림 90에서 삼각형의 시간 차원인 에너지는 임의의 삼각형의 측면을 계산하는 방식과 유사한 방식으로 계산할 수 있다. 두 가지 주요 방법은 **비례 관계**와 피타고라스 정리이다. 속도의 함수로 에너지를 계산할 때 삼각형 mEp와 삼각형 $d\tau\,dt\,dx$의 닮은꼴을 이용했다. (그림 87을 참조하라.) 비례를 이용해서 관계식 $E/m = dt/d\tau = 1/\sqrt{1 - \beta^2}$을 찾았다. 이제 운동량의 함수로 에너지를 찾아보자. 이 목적을 위해서는 삼각형 mEp만 고려하는 것으로 충분하다. 다만 유클리드 기하학이 아니라 로런츠 기하학인 점을 인식할 필요는 있다. 빗변의 제곱은 다른 두 변의 제곱의 합이 아니라 차로 주어진다. 즉,

운동량-에너지 4차원 벡터의 크기인 질량

$$m^2 = E^2 - p^2 \quad \text{(질량 단위)} \tag{86}$$

이 식은 운동량-에너지 4차원 벡터의 제곱 크기를 나타낸다.[*] 이 식은 입자의 세

---

[*] 많은 목적을 위해 벡터의 네 가지 성분을 이용해서 4차원 벡터의 제곱 크기를 표현하는 것이 편리하다. 3차원 유클리드 공간의 벡터보다 이 성분들에 대한 표기법에 대해 조금 더 주의해야 한다. 이 책과 대부분의 문헌에서 4차원 벡터에 대한 전형적인 표현은 위쪽 지수를 사용한다.

$$p^t = E = m\,dt/d\tau, \qquad p^x = m\,dx/d\tau, \qquad p^y = m\,dy/d\tau, \qquad p^z = m\,dz/d\tau$$

아래쪽 지수를 사용하는 또 다른 표현도 있는데, 여기서는 부호가 바뀐 시간 성분을 사용한다.

$$p_t = -m\,dt/d\tau, \qquad p_x = m\,dx/d\tau, \qquad p_y = m\,dy/d\tau, \qquad p_z = m\,dz/d\tau$$

위쪽과 아래쪽 지수를 채용한 두 표현식은 다른 4차원 벡터에서도 사용된다. 예를 들어, 관성 기준틀의 원점으로부터 선택된 사건까지의 벡터 R는

$$R^t = t, \qquad R^x = x, \qquad R^y = y, \qquad R^z = z$$

계선 상에서 인접한 두 사건 사이의 공간꼴 간격의 제곱 크기를 나타내는 식

$$(d\tau)^2 = (dt)^2 - (dr)^2$$

의 정확한 유사체이다. 두 식에서 우변의 개별 물리량들은 입자의 운동 상태나 운동이 관찰되는 기준틀에 따라 달라진다. 다시 말해, 운동량-에너지 4차원 벡터의 개별 성분 (또는 입자의 에너지 E와 운동량 p)은 실험실 기준틀과 로켓 기준틀에서 같은 값을 갖지 않는다. 반면에 각 식의 좌변의 항(정지 질량 m과 간격 $d\tau$)은 불변량이다. 즉, m과 $d\tau$는 모든 기준틀에서 같은 값을 갖는다.

운동량을 이용한 에너지에 대한 명시적인 표현은 식 (86)을 E에 대해 풀어서 얻을 수 있으며, 다음과 같이 주어진다.

$$E = \sqrt{m^2 + p^2} \tag{87}$$

이 식은 낮거나 높은 운동량 모두에서 잘 맞으며, 양 극단 영역에서는 단순한 표현으로 환원된다.

운동량 p가 m에 비해 작은 경우(즉, β가 1보다 매우 작은 '비상대론적 극한'의 경우), 이항 정리나 다른 방법을 이용해서 식 (87)을 전개할 수 있고, 그 결과 다

와

$$R_t = -t, \qquad R_x = x, \qquad R_y = y, \qquad R_z = z$$

로 쓸 수 있다. 이 표기법을 이용하면, 원점과 사건 사이의 공간꼴 분리에 대한 불변량 간격의 제곱은 다음과 같은 편리한 형태를 취한다.

$$\sigma^2 = R_t R^t + R_x R^x + R_y R^y + R_z R^z = -t^2 + x^2 + y^2 + z^2$$

분리가 시간꼴인 경우, 간격의 제곱에 대한 표현은 다음과 같다.

$$\tau^2 = -\left(R_t R^t + R_x R^x + R_y R^y + R_z R^z\right) = t^2 - x^2 - y^2 - z^2$$

운동량-에너지 4차원 벡터는 시간꼴 4차원 벡터이다. 입자의 세계선에서 두 연속적인 사건은 시간꼴 간격으로 분리되어 있기 때문이다. 따라서 이 4차원 벡터의 크기의 제곱은 τ^2에 대한 식과 유사한 공식으로부터 계산되어야 하며, 다음과 같이 주어진다.

$$\begin{aligned}(\text{크기의 제곱}) &= -\left(p_t p^t + p_x p^x + p_y p^y + p_z p^z\right) \\ &= m^2 \left[(dt)^2 - (dx)^2 - (dy)^2 - (dz)^2\right] / d\tau^2 = m^2\end{aligned}$$

벡터가 공간 성분만 갖는 유클리드 기하학에서, 위쪽 지수와 아래쪽 지수 사이의 구분은 중요하지 않으며, 아래쪽 지수가 주로 사용되고 있다. 그러나 위쪽 지수와 아래쪽 지수의 차이와 관련된 시간 성분의 부호에 차이가 있는 시공간 기하학에서는 이 구분을 유지하는 것이 중요하다. 또한 위쪽 지수를 사용한 4차원 벡터의 성분이 일반적으로 작업하기가 더 편한데, 그 이유는 이 성분들이 종종 개별 좌표의 변경과 직접 관련되기 때문이다.

음 식을 얻는다.

$$E = m\left(1 + \frac{p^2}{m^2}\right)^{1/2} = m + \left(\frac{p^2}{2m}\right) + \left(\frac{p^4}{8m^3}\right)\cdots \quad \text{(낮은 p 영역)}$$

충분히 작은 운동량 p에 대해 이 급수는 처음 두 항에 의해 임의의 정확도로 근사할 수 있다.

$$E \approx m + \frac{p^2}{2m} \quad \text{(낮은 p 영역)} \tag{88}$$

여기서 첫 번째 항은 정지 질량을 나타내며, 두 번째 항은 운동량이 p인 입자의 운동 에너지에 대한 뉴턴 역학적 공식이다.

운동량 p가 m에 비해서 매우 큰 경우('극한의 상대론적 영역'의 경우), 정확한 공식을 멱급수로 전개하면 다음 식을 얻는다.

$$E = p\left(1 + \frac{m^2}{p^2}\right)^{1/2} = p + \left(\frac{m^2}{2p}\right) + \left(\frac{m^4}{8p^3}\right)\cdots \quad \text{(높은 p 영역)}$$

충분히 높은 운동량 p에 대해 이 급수는 첫 번째 항에 의해 원하는 정확도로 근사할 수 있다.

$$E \approx p \quad \text{(극한의 상대론적 영역)} \tag{89}$$

이 극한의 경우 정지 질량은 운동량과 에너지의 관계에 아무런 영향을 주지 못한다.

그림 90의 삼각형의 빗변 m이 다른 두 변 E와 p에 비해 작은 값으로 고정되어 있는 반면 E와 p가 점점 더 커지는 것은 놀랄만할 일인가? 직삼각형의 밑변과 높이가 아무 제한 없이 증가하는 동안 어떻게 빗변이 고정되어 있을 수 있나? 빗변의 길이와 나머지 두 변의 길이 사이의 이러한 관계는 유클리드 기하학에서는 절대로 양립할 수 없다. 그러나 시공간 기하학은 유클리드 기하학이 아니다. 시공간의 로런츠 기하학에서는 빗변의 제곱이 나머지 두 변 각각의 제곱의 **차이**와 같다. 따라서 일정한 길이의 빗변과 나머지 두 변 E와 p의 조합에는 아무런 역설이 없다. 즉, E와 p의 크기는 제한 없이 증가할 수 있고 궁극적으로는 같은 크기가 될 수도 있다.

에너지 또는 운동량이 정지 질량에 비해 엄청나게 큰 경우, 에너지가 거의 운동량과 같아져야 한다는 것을 알아보는 또 다른 방법이 있다. 매우 일반적이고도 아무 근사를 사용하지 않은 채 공식 $p = m\beta / \sqrt{1 - \beta^2}$와 $E = m / \sqrt{1 - \beta^2}$으로부터 다음 식을 유도할 수 있다.

질량 에너지 수송
비율로서의 운동량

$$p = \beta E \quad \text{(모든 속도에 대해서)} \tag{90}$$

이 식으로부터 속도가 임의로 광속에 접근할수록 p가 E에 임의로 접근함을 알 수 있다.

식 (90)을 빛나게 해주는 해석을 할 수 있다. E는 입자의 질량–에너지를 나타내고 β는 이 질량–에너지가 움직이는 속력을 측정한다. 따라서 두 값의 곱으로 주어지는 운동량 p는 질량–에너지의 수송 비율을 나타낸다. 이 공식에서 질량–에너지 인자인 E는 뉴턴 역학적 분석에서 제안했었을 질량 m과 다르다. 질량–에너지 수송을 설명하는 것은 정지 질량만이 아니라 이 값에 운동 에너지의 질량 등가를 더한 값, 즉 총 질량–에너지 E이라는 것이다.

정지 질량 자체는 공식 $p = \beta E$에 나타나지 않는다. 따라서 이 공식을 그림 91의 중앙에 놓고 에너지, 운동량, 속도를 연계하는 다른 주요 공식을 그룹으로 묶

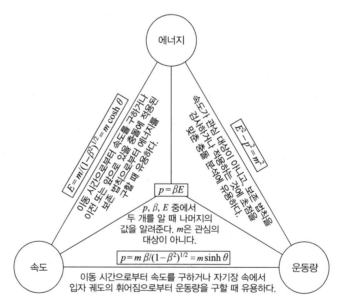

그림 91. 실험에서 측정된 물리량은 어떤 상대론적 공식이 실험 분석에 편리한 지를 결정한다.

는다. 각각의 관계는 도표의 설명문에 표시된 것처럼 자신만의 독특하고 유용한 분야가 있다.

운동량과 에너지에 대한 분석에서 이들의 속성을 지닌 물체의 내부 구조에 대해서는 아무 언급도 하지 않았다. 물체는 로켓이나 복합 유기 분자 또는 기본 입자, 심지어 빛의 기본 양자인 광자일 수 있다. 이 모든 예에서 빛을 제외한 물체는 광속보다 작은 속력으로 이동한다. 진공을 이동하는 빛의 경우, 속도 β는 정확히 1이다. 이 경우에는 두 공식 $E = m(1 - \beta^2)^{-1/2}$과 $p = m\beta(1 - \beta^2)^{-1/2}$는 분명히 모든 유용성을 잃어버린다. 그러나 식 (90)의 관계는 매우 단순해진다. 즉,

$$p = E \qquad \text{(광속으로 이동하는 에너지에 대해)} \qquad (91)$$

광속으로 이동하는 에너지 다발은 정지 질량이 0이다.

이와 더불어, 식 $m^2 = E^2 - p^2$에 의하면, 이 경우 정지 질량은 0이다. 따라서 광속으로 직선을 따라 에너지를 운반하는 임의의 매개자는 정지 질량이 0이라는 특징을 갖는다고 결론내릴 수 있다. 현재까지 광속으로 에너지를 전달하는 메커니즘은 전자기 복사, 중력 복사, 그리고 중성미자 등 단 세 개만 알려져 있고, 이 중 첫 번째와 세 번째만이 현재까지 실험적으로 관찰되었다.[*]

관계식 $p=E$는 정지 질량이 0인 경우에만 100%의 정확도로 충족되지만, 정지 질량에 비해 충분히 큰 에너지를 갖는 입자에 대해서도 임의의 높은 정확도로 근사될 수 있다. 따라서 극한의 상대론적 영역에서 정지 질량이 m인 입자는, 운동량과 에너지 보존 법칙에 관한 한, 실제로는 광자와 같이 행동한다.

13. 에너지와 정지 질량의 동등성

충돌에서 모든 입자의 운동량의 총합과 에너지 E(정지 에너지와 운동 에너지를 더한 에너지)의 총합은 보존된다. 이것이 충돌을 분석할 때의 지도 원리였다. 그런

---

[*] 자유 중성미자의 관측에 대해서는 C. L. Cowan, Jr., F. Reines, F. B. Harrison, H. W. Kruse, and A. D. McGuire, Science **124**, 103(1956)을 참조하라. 우주선을 이용해서 중력 복사를 탐지하기 위해 진행 중인 시도에 대해서는 J. Weber, "Gravitational Waves," in *Gravitation and Relativity*, edited by H.-Y. Chiu and W. F. Hoffmann(W. A. Benjamin, New York, 1964)을 참조하라.

데 관심의 대상을 탄성 충돌에서 비탄성 충돌로 바꾸는 경우에도 이 원리를 받아들이는 것이 옳을까? 스케이트 링크 위에 정지해 있는 퍼티 공을 향해 또 하나의 퍼티 공을 빠른 속도로 던진다. 충돌 후 두 공은 한 덩어리가 되어 얼음 위를 돌진한다. 이 충돌에서 운동량 보존 법칙이 적용된다는 것은 기꺼이 믿는다. 그런데 이 충돌을 분석할 때 에너지 보존 법칙도 유용할 것이라고 기대하는 것은 합리적일까? 충격 에너지의 일부는 열로 전환되었다. 원래 에너지의 또 다른 일부는 결합된 두 공의 질량 중심에 대한 회전 에너지로 나타난다. 기본 공식인 $E^2 - p^2 = m^2$에 의해 연결된 두 양 E와 p만으로 계의 최종 상태에 대한 설명을 제한할 때, 어떻게 처리해야 이와 같이 복잡한 상황을 적절히 인식할 수 있을까? 해답은 다음과 같다. 계의 최종 상태의 정지 질량 m은 충돌하는 원래 물체들의 정지 질량의 합보다 더 크다. 이 결과는 뉴턴 역학으로는 결코 알 수 없었고 심지어 상상하지도 못했던 시공간 물리학만의 새로운 특징이다. 정지 질량의 증가량은 열과 회전 그리고 내부적 들뜸과 같이 다른 형태로 빠져나간 에너지와 정확히 일치한다. 많은 충돌에서 발생하는 정지 질량의 변화를 인식하지 못하는 한, 에너지 보존 법칙 또는 운동량 보존 법칙 또는 두 법칙 모두가 위반되는 것으로 보일 것이다.

정지 질량의 변화를 어떻게 계산할 수 있을까? 두 퍼티 공의 예에서 (1) 에너지 보존 법칙

$$E_f = E_i = E_1 + m_2$$

(2) 운동량 보존 법칙

$$p_f = p_i = p_1 + p_2 = p_1$$

그리고 (3) 식

$$m_f^2 = E_f^2 - p_f^2$$

을 적용하면 다음의 결과를 얻는다.

$$
\begin{aligned}
m_f^2 &= (E_1 + m_2)^2 - p_1^2 \\
&= E_1^2 + 2E_1 m_2 + m_2^2 - p_1^2 \\
&= (E_1^2 - p_1^2) + 2E_1 m_2 + m_2^2 \qquad (92) \\
&= m_1^2 + 2(m_1 + T_1)m_2 + m_2^2 \\
&= (m_1 + m_2)^2 + 2T_1 m_2
\end{aligned}
$$

충돌의 종류에 관계없이
보존 법칙들은 성립한다.

한 덩어리가 된 계의 정지 질량이 원래 물체 1과 2의 정지 질량의 합을 초과하는
것이 분명하다. 게다가 충격의 운동 에너지 T가 클수록 초과되는 양이 크다. 이 예
로부터 운동량과 에너지 보존 법칙은 탄성 충돌에서와 마찬가지로 비탄성 충돌에서도 성
립할 뿐만 아니라 유용하기까지 하다는 결론을 내릴 수 있다.

어떻게 보존 법칙으로부터 이런 예기치 못한 덤이 생겼을까? 그리고 이것은 에
너지와 정지 질량의 등가성에 대해 무엇을 말해주는가? 이 질문들은 면밀한 조
사가 필요하다.

"실험실 기준틀과 로켓 기준틀에서 운동량이 보존되면 에너지는 모든 기준틀
에서 보존된다." 식 (79)와 (80)의 이 정리에 대한 증명에서, 충돌에서 하나의 물
체가 나왔는지 또는 천여 개의 파편이 나왔는지, 또는 두 충돌 입자가 탄성 충돌
을 했는지 여부는 아무런 차이를 만들지 못했다. 물리학에서는 입자의 개수가 변
하는 반응이 많이 있다. 가장 극적인 예는 에너지를 가진 매개자가 충돌하는 동
안 빈 공간에서 한 쌍의 전자쌍이 만들어지는 것이다. 하나는 음전하를 띠고 다른
하나는 양전하를 띤다. 예를 들어, 두 전자의 충돌에서 전자쌍이 만들어지는 과정
은 다음과 같다.

$$e^-(\text{빠른}) + e^-(\text{정지}) = e^- + e^- + e^- + e^+$$

이 과정은 비탄성 과정인데, 그 이유는 운동 에너지가 정지 질량으로 변환되기 때
문이다. 초탄성(superelastic) 과정도 있는데, 이 과정에서는 내부 에너지를 저장한
물체의 정지 질량이 운동 에너지로 전환된다. 즉,

$$\begin{pmatrix} \text{느린} \\ \text{전자} \end{pmatrix} + \begin{pmatrix} \text{내부 들뜸 에너지를} \\ \text{포함한 원자} \end{pmatrix} \rightarrow \begin{pmatrix} \text{하방 전이된} \\ \text{원자} \end{pmatrix} + \begin{pmatrix} \text{빠른} \\ \text{전자} \end{pmatrix}$$

마지막으로, 감쇠 과정이 있는데, 이 과정에서는 하나의 입자가 두 개의 생성물로
쪼개지는데, 쪼개진 두 생성물의 정지 질량의 합은 원래 입자의 정지 질량보다 작
아진다. 이 과정의 예는 다음과 같다.

$$K^+ \rightarrow \pi^+ + \pi^0$$

즉, 전자 질량의 967배인 케이온 양이온이 10^{-8}초 이내에 전자 질량의 273배인 파
이온 양이온과 전자 질량의 264배이고 중성인 파이온으로 감쇠한다.

다양한 방식을 통한 입자 개수의 변화에서 비롯된 어떤 혼란도 운동량과 에너지 보존 법칙의 적용성에 영향을 미치지 못한다. 다행히도 반응 물질과 반응 생성물 그리고 이들의 에너지와 운동량을 통해 반응 물질이 이미 겪었거나 앞으로 겪을 반응이 탄성인지 비탄성인지 여부를 정의하고 논의할 수 있다. 개개의 입자는 항상 운동량–에너지 4차원 벡터를 갖는다. 입자는 자신이 비탄성 충돌을 겪을지 탄성 충돌을 겪을지 알지 못한다. 가능한 **탄성** 충돌에 대해서는 모든 기록 장치를 갖추어야 한다. 겪게 될 충돌이 탄성이든 비탄성이든 충돌 전 각 입자의 운동량과 에너지를 알고 있으므로, 충돌 전 전체 계의 **총** 운동량과 에너지를 알고 있다. 마찬가지로 충돌 후의 **총** 운동량과 에너지도 알고 있다. 따라서 만약 충돌 과정에서 총 에너지와 운동량의 변화가 있다면 그 **변화량**에 대해 말할 수 있다. 탄성 충돌에서 이 변화량은 0이다. 실험실 기준틀과 로켓 기준틀에서 모두 총 **운동량** 변화가 0이라면 에너지 변화 또한 비탄성 충돌에서도 0이 된다. 이는 앞선 추론인 식 (79)와 (80)으로 보증된다. 비탄성 충돌에서 운동량과 그에 따른 에너지가 보존된다는 것을 의심하는 설득력 있는 주장은 아직까지 제기된 적이 없다.

비탄성 충돌에서의 운동량과 에너지 보존에 대한 관찰 증거는 어떨까? 운동량과 에너지는 가장 단순한 탄성 충돌에서 보존되는 방식으로 정의되었다. 따라서 더 넓은 범위의 충돌 과정에 대한 관찰에 맞도록 정의를 바꾸기에는 너무 늦었다. 모든 실험에서 측정된 운동량과 에너지의 변화량은 0이거나 0이 아니거나 둘 중의 하나이다. 전자의 경우 운동량과 에너지의 보존은 광범위한 의미의 원리이고, 후자의 경우 실험 결과는 상대성 원리를 전복시키는 혁명이 될 것이다. 이를 검증하기 위한 실험이 수행되고, 그에 따른 관찰 결과는 이 변화량이 0이라는 것을 확인해준다. 이 검증은 전 세계에 걸친 고에너지 충돌 실험실에서 빈번히 반복되고 있다. 보존 법칙 검증과 관련된 실험에 대해서는 연습 문제 90번에서 100번까지를 참조하라.

석탄 연소, 가스 연소, 그리고 다이너마이트 폭발에서 방출되는 에너지는 일상적인 경험 수준에서는 크게 보인다. 그러나 그 수치를 질량 등가로 변환하면 정지 질량의 $1/10^9$ 미만이 에너지로 변환되는 것으로, 이 질량 변화는 현존하는 장비로는 감지하기에 너무 작다. (에너지 변환과 관련해서는 연습 문제 63번을 참

보존 법칙에 대한 무수한 관측 실험

표 11. 유클리드 기하학과 로런츠 기하학의 연간 검정 수

유클리드 기하학은 얼마나 잘 검정되는가?	상대성은 얼마나 잘 검정되는가?
1963년도 미국통계연보에 따르면, 42,000명의 측량사가 1인당 연간 20회 측량하고, 매 측량마다 다각형 경계의 n개의 정점을 확인하고 각 정점에서 내각을 측정한 다음 그 합을 유클리드 기하학에서 예측된 $(n-2)180°$와 비교하는 검정이 이루어진다.	100 MeV 이상의 에너지를 갖는 입자를 생성하는 입자가속기가 50여 개로 추정되고, 각 가속기는 연간 100일간 작동하며, 각 가속기에서 상대론적 보존 법칙으로부터의 이탈이 나타날 수 있는 충돌이 하루에 200번씩 기록된다.
결과: 연간 840,000번의 검증이 이루어지며, 각 검증의 민감도는 $1/10^4$ 이상이다.	결과: 연간 1,000,000번의 검증이 이루어지며, 각 검증의 민감도는 $1/10^4$ 이상이다.

조하라.) 따라서 보존 법칙을 신중하게 검증할 곳을 찾을 때 입자물리학과 핵물리학의 세계로 인도된다.

입자물리학에서 연구 중인 많은 입자들의 수명은 매우 짧다. 기존의 질량 분석기를 사용해서 이와 같이 수명이 짧은 입자의 질량을 정확하게 결정하는 것은 쉽지 않다. 대신 질량이 알려진 하나 이상의 입자의 충돌이나 변환 과정에서 운동량과 에너지 보존 법칙을 적용하면 질량을 알아낼 수 있다. 주어진 입자가 종종 다른 여러 반응에서 생성되기 때문에 이 방식으로 보존 법칙들을 확인할 수도 있다. 그러나 정지 질량의 변화로 예상되는 에너지에 대한 변환 에너지를 직접 확인하기 위해서는 핵물리학의 세계로 방향을 선회하는 것이 더 낫다. 핵물리학에서는 안정된 핵과 몇몇 불안한 핵 모두에 대한 질량 값을 직접적이고도 높은 정확도로 결정해 왔다. 방출된 에너지와 질량 변화를 정확하게 비교하기 위한 조건은 원자핵이 가벼울수록 유리하다. 가벼운 원자핵에서 전형적인 핵반응에 의한 질량 변화량은 총 질량 대비 높은 비율 값을 가지므로 무거운 핵보다 더 정확한 결정의 대상이 된다. 이런 이유로 원자핵 중 가장 가벼운 핵 두 개의 반응이자 핵 시대에 가장 중요한 반응을 조사해보자.

핵물리학에서 특히 적합한 보존 법칙의 정확한 검증을 위한 조건

$$\begin{pmatrix} \text{빠른} \\ \text{중양성자} \end{pmatrix} + \begin{pmatrix} \text{정지한} \\ \text{중양성자} \end{pmatrix} \nearrow \begin{matrix} \begin{pmatrix} \text{매우 활동적인} \\ \text{양성자} \end{pmatrix} + \begin{pmatrix} \text{활동적인} \\ \text{삼중양성자} \end{pmatrix} \\ \\ \begin{pmatrix} \text{매우 활동적인} \\ \text{중성자} \end{pmatrix} + \begin{pmatrix} \text{활동적인} \\ \text{헬륨 3} \end{pmatrix} \end{matrix}$$

$$H^2(빠른) + H^2 \longrightarrow \begin{array}{l} H^1 + H^3 \\ n + He^3 \end{array} \tag{93}$$

식 (93)의 대체 반응들은 수소 폭탄 또는 '융합' 무기에서 비슷한 빈도로 발생한다. 이들은 중수소 ('무거운 수소,' H^2)에 의해 연료가 공급되는 장치의 에너지 방출 특성의 큰 부분을 제공한다. 이러한 열핵반응 생성물들의 운동 에너지는 반응에 참여하는 중양성자들의 운동 에너지보다 수백 배 더 크다.

식 (93)의 두 대체 변환 중 첫 번째인 삼중양성자 생성 반응은 물리학의 모든 곳에서 발견할 수 있었던 보존 법칙에 대한 가장 정확한 단일 검증에 적합하다. 이 검증을 가능하게 만드는 것은 이 반응에 참여하는 입자들, 즉 중양성자, 양성자, 삼중양성자의 정지 질량을 결정하는 독립적이고 주의 깊은 질량 분석기 결정법이다.

보존 법칙으로부터 계산된 삼중양성자의 질량으로 질량 분석기로부터 측정된 삼중양성자의 질량을 확인한다.

중성자의 정지 질량에 대해 똑같이 정확하고 독립적인 결정은 가능하지 않다. 따라서 식 (93)에서 두 번째 반응인 중성자 생성 반응은 관심에서 배제한다. 이 반응은 질량과 에너지의 등가성에 대한 매우 정확한 검증에는 적합하지 않다. 중성자는 평균 수명이 약 17분인 불안정한 입자이다. 더 중요한 것은 중성자가 전기적으로 중성이기 때문에 질량 분석기 안의 전기장과 자기장에 대해 반응하지 않는 것이다. 이 무반응성은 중성자의 질량에 대한 정확하고 독립적인 결정에 방해가 된다.

삼중양성자보다 중성자에 관심을 가져야 한다고 상상해보자. 중성자의 질량에 대해 독립적으로 결정된 **정확한** 값이 없기 때문에 무엇을 발견하기를 바랄 수 있을까? 보존 법칙을 **확인하는** 것을 포기할 수 있다. 그 대신, 보존 법칙을 **적용해**서 중성자의 질량을 $1/10^5$의 정확도로 추론할 수 있다. 왜 두 번째 반응에 적용되는 보존 법칙이 중성자의 질량을 결정하는 데 믿을만한 수단을 제공한다고 확신할 수 있을까? 첫 번째 반응에 적용된 보존 법칙은 질량 분석기 값을 $1/10^5$ 이상의 정확도로 확인하는 삼중양성자의 질량 값을 주기 때문이다. (157~160쪽의 $H^2 + H^2 \rightarrow H^1 + H^3$ 반응의 분석을 참조하라.) 현재의 최대 정밀도를 자랑하는 이 검사는 물리학의 다른 곳에서 진행되는 정확도가 약간 낮은 많은 검사들과 함께 보존 원리의 견고함을 강력하게 주장한다.

157~160쪽의 계산에서 단위에 대해 언급할 필요가 있다. 원칙적으로 이 장의 앞선 계산들에서와 마찬가지로 모든 에너지와 운동량을 킬로그램 단위로 표현하는 것이 자연스럽다. 그러나 이 목적을 위해서는, 질량 분석법에 의해 주어진 숫자들을 '통합 원자 질량 단위' (u : 1961년에 $O^{16} = 16.000\cdots$에서 $C^{12} = 12.000\cdots$로 척도가 바뀜)에서 킬로그램 단위로 변환하고, 핵물리학자가 측정한 운동 에너지 값을 전자볼트(eV) 단위에서 킬로그램 단위로 변환시키는 것이 필요하다. 변환 계산 중 하나, 즉 u를 킬로그램으로 바꾸는 계산이 필요치 않으므로 모든 에너지를 u로 표현하는 것이 더 편리하다. 더욱이, 주어진 단위 세트를 일관되게 사용한다면, 이 책의 모든 공식들은 다른 세트와 마찬가지로 질량−에너지 단위 세트에도 잘 적용된다. 그렇다면 어떻게 eV에서 u로 변환시킬 수 있을까? 다행스럽게도 한 질량 단위와 관련된 킬로그램 단위의 질량을 알지 못하거나 또는 1그램의 원자에 얼마나 많은 원자가 있는지 알지 못해도 변환이 가능하다. 아보가드로수는 $N = 6.02252 \pm 0.00028 \times 10^{23}$이다. 킬로그램으로 변환하는 것을 선택하면, 이 숫자의 현재 불확실성인 $5/10^5$는 모든 결과에 영향을 미칠 것이다. 전자볼트에서 u로의 변환 인자는 160쪽에서 유도된다.

H^2(빠른) $+ H^2 \rightarrow H^1 + H^3$ 반응의 분석[*]

에너지와 운동량 보존 법칙:

$$E_2 + m_2 = \overline{E}_1 + \overline{E}_3 \qquad \text{에너지 보존} \qquad (94)$$

$$p_2^x + 0 = 0 + \overline{p}_3^x \qquad x\text{성분 보존} \qquad (95)$$

$$0 + 0 = \overline{p}_1^y + \overline{p}_3^y \qquad y\text{성분 보존} \qquad (96)$$

$$0 + 0 = 0 + \overline{p}_3^z \qquad z\text{성분 보존} \qquad (97)$$

---

[*] 이 계산에 주어진 실험 결과는 E. N. Strait, D. M. Van Patter, W. W. Buechner, and A. Sperduto에 의해 Physical Review **81**, 747(1951)에 출판되었다. 저자는 추가 자료와 그들의 적절한 해석을 언급한 논의에 대해 W. W. Buechner와 A. Sperduto에게 감사를 표한다.

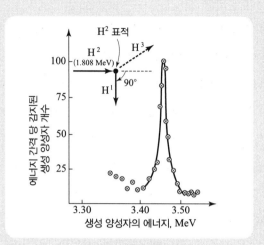

그림 92. 다음 반응

$$H^2(1.808 \text{ MeV}) + H^2 (\text{정지}) \rightarrow H^1 (\text{매우 빠른}) + H^3 (\text{빠른})$$

에서 입사 중양성자(H^2)의 방향으로부터 90° 방향으로 나오는 양성자(H^1)가 3.467 MeV의 에너지를 갖는다는 실험적 증명. (3.467 MeV라는 값은 여기에 보인 결과와 여러 유사한 결정법의 조합으로 얻어졌다.) $E - 0.1$ MeV에서 $E + 0.1$ MeV까지의 에너지 범위를 갖는 양성자의 수가 E의 함수로 그려졌다. 에너지 폭은 목표물의 유한한 두께, 빔의 정의에 사용된 슬릿의 유한한 너비, 에너지 정의에 사용된 자기장의 불균일성 등등에 기인한다. 이 그림의 실험 곡선은 D. M. Van Patter and W. W. Buechner, Physical Review **87**, 51(1952)의 논문에서 볼 수 있다.

여기서 각 첨자는 동위 원소의 질량수를 가리키며 기호 위의 가로줄은 '반응 후'를 의미한다.

식 (94)~(97)에서 각각의 식은 삼중양성자에 대한 정보를 주는 것으로 간주될 수 있다. 정보 조각은 에너지 또는 운동량 성분에 대한 것이다. 그러나 이 정보들은 관심의 대상이 아니다. 삼중양성자에 대해 알고 싶은 것은 네 물리량의 어느 것도 아닌 정지 질량이다. 다행스럽게도 정지 질량은 에너지–운동량 4차원 벡터의 길이에 의해 다음과 같이 주어진다.

$$m_3^2 = \overline{E}_3^2 - (\overline{p}_3^x)^2 - (\overline{p}_3^y)^2 - (\overline{p}_3^z)^2 \tag{98}$$

이 표현식에 식 (94)~(97)로부터 구한 값들을 대입하면 다음을 얻는다.

$$
\begin{aligned}
m_3^2 &= (E_2 + m_2 - \overline{E}_1)^2 - (p_2^x + 0 - 0)^2 - (0 + 0 - \overline{p}_1^y)^2 - (0 + 0 - 0)^2 \\
&= \underbrace{\overline{E}_1^2 - 0 - (\overline{p}_1^y)^2 - 0}_{m_1^2} + \underbrace{E_2^2 - (p_2^x)^2 - 0 - 0}_{m_2^2} + m_2^2 - 2m_2\overline{E}_1 + 2m_2 E_2 - 2E_2\overline{E}_1 \\
&= \qquad\quad m_1^2 \qquad\quad + \qquad m_2^2 \qquad\quad + m_2^2 - 2m_2\overline{E}_1 + 2m_2 E_2 - 2E_2\overline{E}_1 \\
&= m_1^2 + 2(m_2 + E_2)(m_2 - \overline{E}_1)
\end{aligned}
$$

$$m_3^2 = m_1^2 + 2(m_2 + m_2 + T_2)(m_2 - m_1 - \overline{T}_1) \tag{99}$$

여기서 운동 에너지를 총 에너지와 연결시키는 식 $E = m + T$를 사용하였다.

식 (99)의 우변의 모든 항들의 값은 알려져 있다. 따라서 이 식으로부터 삼중양성자의 질량 m_3에 대해 예측할 수 있다. 식 (99)의 우변의 질량 값들은 질량 분석기 실험으로부터 얻는데, 그 값들은 기준 질량인 동위원소 $C^{12} = 12.0000 \cdots u$를 척도로 하는 '통합 원자 질량 단위' u로 표현된다.[*]

$$m_2 = 2.0141019 \pm 0.0000003\,u \tag{100}$$

$$m_1 = 1.0078252 \pm 0.0000003\,u \tag{101}$$

운동 에너지는 핵반응 실험(그림 92)에서 측정되었다.

$$(\text{입사 중양성자의 운동 에너지}) = T_2 \tag{102}$$

$$= (1.808 \pm 0.002\,\text{MeV})(1.073562 \times 10^{-3}\,u/\text{MeV}) = 0.001941 \pm 0.000002\,u$$

MeV에서 u로의 변환 인자를 유도하기 위해서는 160쪽을 참고하라.

$$(\text{생성 양성자의 운동 에너지}) = \overline{T}_1 \tag{103}$$

$$= (3.467 \pm 0.0035\,\text{MeV})(1.073562\,u/\text{MeV}) = 0.003722 \pm 0.000004\,u$$

운동 에너지 측정의 정확도에 해당하는 6자리 소수만 유지하면서 이 값들을 식 (99)에 대입하면, 이 식의 우변의 두 항은 다음과 같다.

$$m_1^2 = 1.015712\,u^2$$

$$2(2m_2 + T_2)(m_2 - m_1 - \overline{T}_1) = \underline{8.080881 \pm 0.00003\,u^2}$$

$$\text{두 항의 합계} = m_3^2 = 9.096593 \pm 0.00003\,u^2$$

---

[*] 여기서 인용된 질량 분석기의 질량 값은 F. Everling, L. A. König, J. H. E. Mattauch, and A. H. Wapstra, Nuclear Physics **25**, 177(1961)에서 유도되었다. 질량 값은 핵종 질량에 대한 표준 표로부터 가져올 수도 있었다. 그런데 표준 표의 질량 값은 질량 분석기 결과뿐 아니라 여기에서 논의 중인 것과 같은 핵반응 실험의 결과를 포함하여 다양한 종류의 데이터 사이의 '최상의 절충안'으로 구성되었다. 표준 표를 구성할 때, 핵반응 실험의 데이터는 상대론의 보존 법칙을 사용하여 해석된다. 따라서 표준 표의 질량 값은 여기서 하고자 하는 것과 같은 보존 법칙에 대한 독립적인 점검에 사용될 수 없다. 이런 이유로 질량 분석기 질량 값에 주의를 제한한다. 보존 법칙에 대한 이 검증 및 다른 유사한 검증을 거친 후에야 모든 종류의 사용 가능한 데이터로부터 가능한 최상의 질량 값을 유도하기 위해 이 법칙들을 사용하는 표준 표에 의존할 수 있다. 그러한 표준 표는 L. A. König, J. H. E. Mattauch, and A. H. Wapstra, Nuclear Physics **31**, 18 (1962)에서 찾을 수 있다.

마지막 숫자의 제곱근이 이 핵반응에서 예측된 삼중양성자의 질량에 해당된다.

$$m_3 = 3.016056 \pm 0.000015\,u \tag{104}$$

이 질량을 질량 분석기로 측정한 삼중양성자의 질량

$$m_3 = 3.0160494 \pm 0.0000007\,u \tag{105}$$

과 비교해보자. 두 값의 차는 대략 $2/10^6$이며, 이 차이는 핵반응 실험의 결과의 불확정성보다 작은 값이다. 상대론적인 보존 법칙에 근거한 삼중양성자의 질량에 대한 이와 같이 정확한 예측은 보존 법칙의 타당성에 대한 강력한 증거이다.

전자볼트에서 원자
질량 단위로의
변환 인자

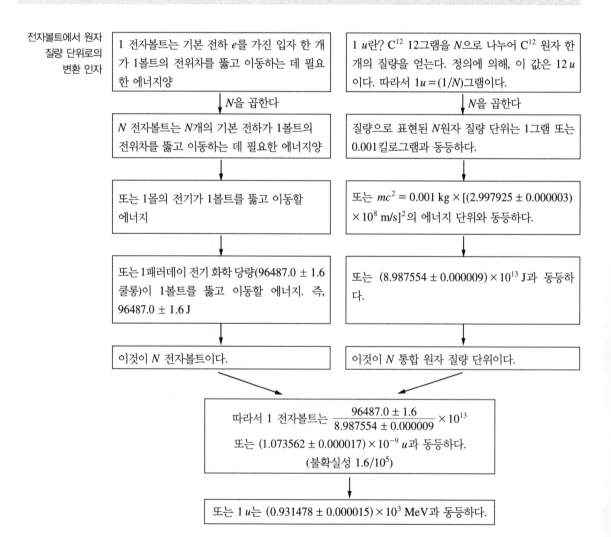

1 전자볼트는 기본 전하 e를 가진 입자 한 개가 1볼트의 전위차를 뚫고 이동하는 데 필요한 에너지양

↓ N을 곱한다

N 전자볼트는 N개의 기본 전하가 1볼트의 전위차를 뚫고 이동하는 데 필요한 에너지양

또는 1몰의 전기가 1볼트를 뚫고 이동할 에너지

또는 1패러데이 전기 화학 당량(96487.0 ± 1.6 쿨롱)이 1볼트를 뚫고 이동할 에너지. 즉, 96487.0 ± 1.6 J

이것이 N 전자볼트이다.

1 u란? C^{12} 12그램을 N으로 나누어 C^{12} 원자 한 개의 질량을 얻는다. 정의에 의해, 이 값은 12 u이다. 따라서 $1u = (1/N)$그램이다.

↓ N을 곱한다

질량으로 표현된 N원자 질량 단위는 1그램 또는 0.001킬로그램과 동등하다.

또는 $mc^2 = 0.001$ kg $\times [(2.997925 \pm 0.000003) \times 10^8$ m/s$]^2$의 에너지 단위와 동등하다.

또는 $(8.987554 \pm 0.000009) \times 10^{13}$ J과 동등하다.

이것이 N 통합 원자 질량 단위이다.

따라서 1 전자볼트는 $\dfrac{96487.0 \pm 1.6}{8.987554 \pm 0.000009} \times 10^{13}$
또는 $(1.073562 \pm 0.000017) \times 10^{-9}$ u과 동등하다.
(불확실성 $1.6/10^5$)

또는 1 u는 $(0.931478 \pm 0.000015) \times 10^3$ MeV과 동등하다.

보존 법칙의 최종 점검에 필요하기 때문에 중양성자와 삼중양성자의 관측된 운동 에너지를 eV에서 u로 변환하는 계산에서 이 변환 인자가 사용된다.

이 계산에서 보존 법칙으로 얻은 삼중양성자의 질량 값을 질량 분석기 결정법으로 얻은 값과 비교하고 확인했다. 시공간 물리학의 표본 검증은 인상적이다. 정지 질량 에너지가 운동 에너지로 변환되는 것은 의심할 여지가 없다. 그러나 여전히 이 단순한 원리가 확인 과정에 사용된 복잡한 방정식인 식 (99)로 어떻게 변환되는지에 대해서는 여전히 의문의 여지가 있다. 왜 반응물과 생성물에 대해서 질량 분석기 질량을 사용해서 이들을 변환 과정에서의 운동 에너지 보존과 비교하지 않았을까? 어떤 것이 더 쉬울까?

모든 운동 에너지가 측정되는 것은 아니다: 간단한 에너지 비교가 가능하지 않다.

반응물:	H^2	2.0141019 u	
	H^2	2.0141019 u	
	합계:		4.0282038 u
생성물:	H^1	1.0078252 u	
	H^3	3.0160494 u	
	합계:		4.0238764 u
	차이 :		0.0043292 u
	등가 :		4.0322546 MeV

어려움은 관찰로부터 운동 에너지의 알짜 방출을 구하는 단계에서 발생한다. 반응 전에 중양성자의 운동 에너지는 1.808 MeV이고, 반응 후에 양성자의 운동 에너지는 3.467 MeV인 것으로 알려져 있다. 그런데, 생성된 삼중양성자의 운동 에너지를 동시에 측정하는 것이 편리하지 않았기 때문에 이 에너지를 측정하지 않았다. 이 운동 에너지가 알려지지 않으면 반응에서 운동 에너지의 알짜 방출이 직접 측정될 수 없었다. 그렇다면 에너지 방출과 정지 질량 변화를 검증하는 것이 어떻게 가능했을까? 아니면 우리의 비교가 실제로 두 에너지의 직접적인 대립에 해당했을까? 아니다!

오로지 에너지에만 관심이 있다고 생각하면 일어나고 있는 일에 대해 잘못된 인상을 받을 수 있다. 이는 측량에 대해 똑같이 오도되는 방법으로 쉽게 설명될 수 있다. 지면의 그림은 평평하지 않은 표면 위에 놓인 이상한 모양의 다면체이다. 경계의 직선 길이 AB를 구하려고 하는 측량사가 A와 B의 남북 좌표의 차이

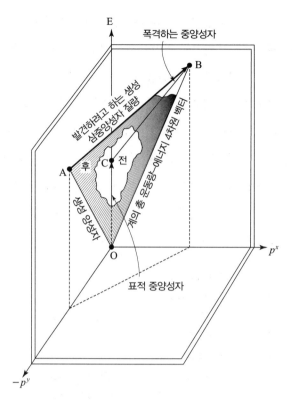

E

폭격하는 중양성자

B

발견하려고 하는 생성 삼중양성자 질량

후 C 전

A

생성 양성자

계의 총 운동량-에너지 4차원 벡터

O

p^x

$-p^y$

표적 중양성자

그림 93. 보존 법칙을 이용해서 삼중양성자의 질량을 찾는 것은 기하학의 문제로 취급된다. 참고 : 점 O, B, C는 종이 면에 놓여 있고, 점 A는 종이 면 위 (운동량의 y성분)에 놓여 있다.

삼중양성자의 질량을 찾는 것은 다각형의 경사면 길이를 찾는 것과 유사하다.

만 측정했다. 이것이 그가 가진 정보의 한계라면 그는 분명히 어려움에 처할 것이다. 이와 마찬가지로 에너지만 고려해서는 위의 중양성자−중양성자 반응에서 삼중양성자의 질량을 발견할 희망이 없다. 운동량 보존도 반드시 고려되어야 한다.

그림 93에서와 같이, 측량사가 유클리드 기하학을 이용해서 다각형의 변들을 측정한 값들로부터 원하는 변의 길이를 구하는 것과 마찬가지로 삼중양성자의 질량도 보존 법칙을 이용하여 결정할 수 있다 . 한 가지 중요한 차이는, 물리학에서 기하학은 로런츠 기하학으로 이해되어야 한다는 것이다. 따라서 다음 식이 성립한다.

$$(m_3)^2 = (\text{AB의 } E\text{성분})^2 - (\text{AB의 } p\text{성분})^2$$

이 공식에서 AB의 에너지와 운동량 성분은 다각형의 다른 세 변 (즉, 다른 세 개의 입자들)의 에너지와 운동량 성분으로부터 구할 수 있다. 이 입자들로부터 어떻게 한 입자, 예를 들어 폭격 중양성자의 E와 p값을 얻을 수 있을까? 이에 대한 답

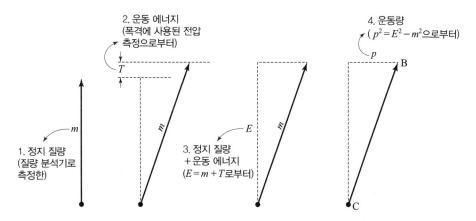

그림 94. $H^2 + H^2 \rightarrow H^1 + H^3$ 실험에서 폭격하는 중양성자의 운동량–에너지 4차원 벡터의 에너지 성분과 운동량 성분을 실험으로부터 구하는 방법. (벡터 양 끝의 라벨 B와 C는 그림 93의 라벨 방식을 따라 나타냈다.)

은, 측량사가 대지를 조사할 때 사용하는 일반적인 방법과는 다소 다른 절차에 의해 구할 수 있다! 이 절차가 그림 94에 잘 나타나 있다. 측량사가 $H^2 + H^2 \rightarrow H^1 + H^3$ 실험에서 사용된 측정 방법과 유사한 방법을 사용할 필요가 있다고 가정하자. 경계선 CB의 남북 성분과 동서 성분을 결정하기 위해 다음과 같은 유별난 과정을 채택한 경우에만 측량사는 그렇게 할 수 있다. (입자물리학의 언어를 측량 언어로 변환한 그림 94를 참조하라!) (1) 선 CB의 길이를 측정한다. (2, 3) 남북 방향의 성분을 측정한다. (4) 피타고라스 정리를 적용하여 선 CB의 동서 방향 성분의 값을 구한다.

이제 표적 중양성자(그림 93의 OC), 폭격 중양성자(CB), 생성 양성자(OA)의 운동량–에너지 벡터의 성분이 어떻게 구해지는 지에 대한 윤곽을 그렸다. 다각형의 4번째이자 미지의 변인 AB(삼중양성자)의 성분은 '운동량과 에너지 보존 법칙의 적용'이라는 문구에 의한 영광된 계산인 다른 세 개의 알려진 4차원 벡터의 간단한 조합에 의해 다음과 같이 구해진다.

$$\overline{p}_3^{\,k} = p_2^{\,k} + p_0^{\,k} - \overline{p}_1^{\,k} \qquad (k = x, y, z, t)$$

여기서 첨자 0은 정지 상태에 있는 중양성자임을 의미한다. 이 마지막 변의 크기로부터 즉각적으로 원하는 질량을 구할 수 있다. 즉,

$$(m_3)^2 = (\overline{p_3^t})^2 - (\overline{p_3^x})^2 - (\overline{p_3^y})^2 - (\overline{p_3^z})^2$$

모든 보존 법칙의 적용은
4차원 벡터로 만들어진
다각형을 참조한다.

$H^2 + H^2 \rightarrow H^1 + H^3$ 반응으로부터의 질량 결정은 매우 기하학적인 특성을 보였다. 이 예제는 일반 원리를 보여준다. **모든 운동량과 에너지 보존 법칙의 적용은 시공간에서 4차원 벡터로 구성된 다각형에 대한 진술과 같다.** 로런츠 기하학과 유클리드 기하학의 차이를 제외하고, 산술 연산은 측량, 삼각법, 그리고 모든 다른 삼각형과 다각형에 대한 분석에서 사용되는 것과 다르지 않다. 입자물리학과 측량의 이러한 비교는 실험 분석에서 마주치게 되는 다양한 상황에 대해 다른 어떤 방법으로 지적할 수 있는 것보다 더 낫다는 것을 제안한다. 초등 기하학에서 유사체를 가지지 않는 충돌, 반응, 변환 과정과 연계된 문제는 없다. 그러한 문제와 그들의 유사체에 대한 몇 가지 예가 선택되어 표 12에 나열되어 있다.

유클리드 기하학의 핵심 아이디어에 대한 간단한 텍스트에서 발생할 수 있는 수많은 문제를 나열하고 해결하는 것이 적절하지 않듯이, 물리학에서 발생할 수 있는 모든 유형의 충돌과 변환을 분석하기 위한 처방을 여기서 제공하는 것은 부적절하다. 전형적인 문제의 특성은 표 12의 유추로부터 '다면체의 그렇고 그런 면들과 그렇고 그런 남북, 동서, 위아래 사영과 그렇고 그런 각이 **주어질 때**, 이런 저런 길이(정지 질량), 사영(에너지 또는 운동량), 또는 각(다른 입자 또는 실험실에 대한 속도)을 **예측하라**.'와 같이 일반화시킴으로써 설명될 수 있다. 수많은 그러한 문제들에 대한 다양한 계산에 맞닥뜨리는 것만으로는 기본 원리들을 밝히지 못할 것이다. 입자물리학의 경우, 이러한 '원리들'은 결국 시공간 기하학의 다음과 같은 두 가지 매우 간단한 특징으로 되돌아온다. (1) 반응의 **생성물들**의 4차원 벡터가 반전 부호를 갖는 것으로 취급될 경우, 반응에 관여하는 모든 입자들의 운동량−에너지 4차원 벡터의 합은 0이다. (2) 불변량인 각 4차원 벡터의 크기는 고려하는 입자의 정지 질량과 같다.

충돌과 변환 분석에 적용
되는 보존 법칙들: 미지의
양과 알려진 양

이러한 아이디어들을 적용할 때 대수학의 표준 원리 (1)~(3)이 안내한다. (1) n개의 미지의 양을 구하기 위해서는 다른 모든 양들이 알려진 n개의 독립 방정식을 가져야 한다. (2) $(n - r)$개의 독립 방정식만 사용 가능한 경우, r개의 미지의 양은 결정되지 않는다. (이에 대한 예로는 특정 에너지를 갖는 중양성자가 정지해 있

표 12. 보존 법칙을 사용해서 질량이나 에너지 또는 다른 물리량을 찾는 것은 유클리드 기하학을 이용해서 다각형의 한 변의 길이나 각 또는 다른 기하학적 양을 찾는 것과 유사하다.

입자물리학		유클리드 기하학에서의 유사체
과정	질문	
A(빠른) + B(표적) → C(관찰) + D(미검측)	알려진 것: m_A, m_B, m_C. 측정: E_A, E_C, p_A에 대한 p_C의 방향 계산: 미지의 질량 m_D	주어진 것(한 평면에 놓이지 않은 불규칙한 네 변의 다각형에 대해): 세 변의 길이, 세 변의 남북 방향 성분, 한 변을 끼고 관찰할 때 보이는 나머지 두 변의 사이의 각 구하는 것: 네 번째 변의 길이
광자(운동량 p) + 전자(정지) → 전자(운동 시작) + 광자(운동량 $\bar{p}$)	주어진 것: 전자의 정지 질량 m, 광자의 초기 운동량(또는 에너지 $E=p$), 최종 광자의 방출 방향 예측: 그 광자의 운동량 $\bar{p}$ (또는 에너지, $\bar{E}=\bar{p}$) ('콤프턴 효과,' 연습 문제 70번 참조할 것)	주어진 것(한 평면에 놓이지 않은 불규칙한 네 변의 다각형에 대해): 네 변 모두의 길이, 두 변의 남북 성분('광자 및 충돌 전 전자의 에너지'와 유사), 세 번째 변('표적 전자')을 끼고 관찰할 때 보이는 두 변의 사이의 각('충돌 전 후의 광자') 구하는 것: 알려지지 않은 한 변의 동서 방향 성분
$_{94}Pu^{239}$(정지) → $_{56}Ba^{144}$ + $_{38}Sr^{95}$ (정확히 두 조각으로 자발적인 분열)	측정: 비행시간 실험에 의한 무거운 조각과 가벼운 조각의 속도, 질량 분석기를 이용한 Pu^{239} 질량 구하는 것: 두 조각의 정지 질량	주어진 것: 삼각형의 긴 변("플루토늄의 정지 질량"), 두 개의 인접 각('속도 매개 변수 θ와 속도 $\beta = \tanh\theta$') 구하는 것: 다른 두 변
앞선 예제와 같은 과정	주어진 것: 앞선 예제에서 측정한 데이터 구하는 것: 분열 과정에서 해방되는 운동 에너지	주어진 것: 앞선 예제에서 자료. 구하는 것: 긴 변과 나머지 두 변의 합 사이의 차이
μ(정지한 뮤온) → e(빠른 전자) + ν(중성미자; 광속) (뮤온의 자발적 붕괴 ~10^{-6}초 이내)	알려진 것: 전자의 정지 질량 측정: 변환 과정에서 방출되는 전자의 운동 에너지. 계산: 뮤온의 정지 질량	알려진 것: 삼각형의 짧은 두 변 (전자의 '정지 질량 m과 중성미자의 정지 질량 0'), 하나의 각('전자의 속도 매개 변수 θ와 그 에너지 $E = m\cosh\theta$') 구하는 것: 삼각형의 긴 변

던 중양성자와 충돌해서 삼중양성자와 양성자를 생성하는 반응을 들 수 있다. 네 입자 모두의 정지 질량이 주어진다고 해도 반응의 결과를 예측하는 것은 불가능하다. 그 이유는 간단하다. 양성자는 자신이 원하는 대로 무한한 방향 중의 한 방향으로 나올 수 있다. 따라서 이 문제에서는 **방출 각은 결정할 수 없다.** 앞선 예제에서 $\theta = 90°$가 주어진 것처럼 각에 대한 정보가 별도로 제공되는 경우에는 에너지를 예측할 수 있다. 역으로, 에너지가 주어지면 각을 예측할 수 있다.) (3) n개의 미지수를 예측하는 데 $(n+s)$개의 독립 방정식이 사용 가능하면, 미지수를 결정하는 데 처음 n개의 방정식이면 충분하다. 남은 s개의 방정식은 측정의 정확도나 물리학의 정당성 또는 둘 다를 확인하는 역할을 한다. 이러한 원리들을 적용할 때, 기록의 편리함의 문제뿐 아니라 미지의 양과 알려진 양들의 개수를 세는 체계적인 방편으로, 여러 입자의 성분 값들이 E와 p^x와 p^y와 p^z가 되도록 주요한 물리량들을 택하곤 한다.

미지의 양과 알려진 양을 계산하는 방법에 대한 예는 삼중양성자의 질량을 결정하는 수단으로 간주되는 (중양성자) + (중양성자) → (양성자) + (삼중양성자) 반응을 들 수 있다. 표 13에서 이 예를 검토해보자.

"정지 질량은 에너지로 변환될 수 있고 에너지는 정지 질량으로 변환될 수 있다." 이 표현은 다음과 같이 기본적이고 실제로 정확한 두 원리의 결과를 요약하는 느슨한 방법이다. (1) 계의 총 운동량–에너지 4차원 벡터는 반응에서 변하지 않는다. (2) 임의의 주어진 입자의 불변량인 운동량–에너지 4차원 벡터의 크기는 입자의 정지 질량과 같다. 이 기본 원리들로부터 물리학에 관한 얼마나 확실한 정보를 추출할 수 있을까? '질량 에너지 등가 원리'에 대해 너무 느슨한 형태로 받아들이면 때때로 어떤 문제가 발생할 수 있을까? 이 두 질문에 대한 약간의 답이 표 14에 주어져 있다.

표 13. $H^2 + H^2 \rightarrow H^1 + H^3$ 반응에서 알려진 양과 미지의 양 계산

주석: 본문에서와 같이, 반응에서의 운동량과 에너지 보존으로부터 H^3의 질량을 결정할 때까지 H^3의 질량 분석기 값을 사용할 수 없다고 가정하자. 측정된 양과 측정되지 않은 양은 표에서 각각 '예'와 '아니요'라고 표시한다. 네 개의 입자들 각각에 대해 5개의 기호(4개의 성분과 질량)가 있어서 기호의 총 개수는 20개이다. 이 중 10개는 알려진 양(표에서 '예'로 표시)이고, 나머지 10개는 미지의 양이다. 10개의 미지수를 찾는데 사용되는 방정식이 정확히 10개이므로, 이에 따라 이들 10개의 방정식에서 정보를 조합해서 원하는 삼중양성자의 질량 m_3에 대한 유일한 방정식인 식 (99)를 구하는 것은 전혀 놀랄 일이 아니다.

		$E = p^t$	p^x	p^y	p^z	불변량인 4차원 벡터의 크기
반응물질(표에서 양의 부호를 가지 운동량과 에너지 4차원 벡터의 모든 성분 목록)	H^2(표적)	아니요(직접 측정된 m_2; E_2가 아님)	예 (0!)	예 (0)	예 (0)	m_2 예 (식 100) (질량 분석기)
	H^2(빠른)	아니요(측정된 KE: 아래 참조)	아니요	예 (0)	예 (0)	$m_2^* = m_2$ 예 (질량 분석기)
반응 생성 물질(음의 부호를 가진 모든 성분 목록)	H^1(측정된)	아니요(측정된 KE: 아래 참조)	예 (0)	아니요	예 (0)	m_1 예 (식 101) (질량 분석기)
	H^3 (측정 안 된)	아니요	아니요	아니요	아니요	H_3 "아니요"(식105) (발견될 예정)
계의 총 에너지–운동량 4차원 벡터의 변화를 나타내는 합은 4차원 벡터가 닫힌 다각형을 형성('보존 법칙')하도록 하기 위해 0이 되어야 한다.		0 (식 94)	0 (식 95)	0 (식 96)	0 (식 97)	

추가 정보. 6개의 방정식을 생성한다.

$E_2^* - m_2^* = 1.808\,\mathrm{MeV}$(폭격 중양성자의 운동 에너지) (식 102)

$E_2 - m_2 = 0$(표적 중양성자의 운동 에너지 정지해 있는 것으로 가정)

$\overline{E}_1 - m_1 = 3.467\,\mathrm{MeV}$(생성 양성자의 운동 에너지) (식 103)

$\overline{E}_3^2 - \overline{p}_3^2 = m_3^2$(생성 삼중양성자의 운동량–에너지 4차원 벡터) (식 98)

$\overline{E}_1^2 - \overline{p}_1^2 = m_1^2$(생성 양성자의 운동량–에너지 4차원 벡터)

$(E_2^*)^2 - (p_2^*)^2 = (m_2^*)^2 = m_2^2$(입사 중양성자의 운동량–에너지 4차원 벡터)

표 14. 질량 개념의 이용과 남용

정지 질량은 모든 관성 기준틀에서 동일한 값을 갖는가?	그렇다. 에너지 E와 운동량 p를 이용하면, 한 기준틀에서는 $m^2 = E^2 - p^2$으로, 다른 기준틀에서는 $m^2 = (E')^2 - (p')^2$으로 주어진다. 따라서 정지 질량은 **불변량**이다.
에너지는 모든 관성 기준틀에서 동일한 값을 갖는가?	아니다. 에너지는 $E = \sqrt{m^2 + p^2}$ 또는 $E = m \cosh\theta = m/\sqrt{1-\beta^2}$ 또는 $E = $ (정지 질량) + (운동 에너지) $= m + T$로 주어지며, 그 값은 입자 또는 입자계가 관찰되는 기준틀에 따라 달라진다. 입자의 운동량이 0일 때(입자계의 경우 총 운동량이 0일 때) 에너지 값은 최소가 된다. 이 기준틀에서만 에너지가 정지 질량과 같아진다.
정지 질량이 0인 물체(광자, 광양자, X선, 감마선)의 에너지는 0인가?	아니다. 에너지 값은 $E = \sqrt{0^2 + p^2} = p$(관습 단위를 사용하면 $E_{\text{관습}} = cp_{\text{관습}}$)이다. 달리 말하면 전체 에너지는 운동 에너지의 형태로만 존재하고, 정지 에너지의 형태로는 존재하지 않는다. (정지 질량이 0인 특별한 경우에는 $T = p$이다.). 따라서 정지 에너지가 0인 경우에는 $E = $ (정지 에너지) + (운동 에너지) $= 0 + T = T = p$이다.
정지 질량의 불변성은 충돌에서 정지 질량이 변할 수 없다는 것을 의미하는 것인가?	아니다. 비탄성 충돌에서는 정지 질량이 종종 변한다. 예 1: 두 퍼티 공의 충돌─더 워지므로 충돌 전보다 충돌 후에 조금 더 무겁다. 예 2: 보통의 전자 1개와 양전자(e^+) 1개로 구성된 새로운 쌍을 만들 정도로 충분히 격렬한 두 전자(e^-)의 충돌: e^-(빠른) $+ e^-$(정지) $\rightarrow e^+ + 3e^-$.
어떻게 한 물리량이 충돌의 결과로 **변하면서도 불변**일 수 있는가?	불변량은 '충격이나 외부 힘에 의해 변하지 않는' 것이 아니라 '서로 다른 관성 기준틀에서 결정할 때 같은 값을 갖는' 것을 의미한다.
모든 비탄성 충돌에서 정지 질량은 변하는가?	아니다. 예: e^-(빠른) $+ e^-$(정지) $\rightarrow 2e^-$(중간 속력) + (충돌 과정에서 방출되는 전자기 에너지 또는 광자)에서, 각각의 전자는 충돌 전과 후에 같은 정지 질량을 갖는다.
탄성 충돌에서 정지 질량이 변할 수 있나?	탄성 충돌의 정의에 의해 변할 수 없다! 예: e^-(빠른) $+ e^-$(정지) $\rightarrow 2e^-$(중간 속력) + (방출 복사 없음)
n개의 자유 입자로 구성된 **계**의 정지 질량은 각 입자의 정지 질량의 **합**과 같은가? 예: 고온의 기체 상자	아니다. 우연히 모든 입자가 동일한 속력으로 동일한 방향으로 움직이지 않는 한, 계의 정지 질량 M은 입자의 정지 질량의 합보다 크다. 더해지는 것은 정지 질량이 아니라 다음과 같은 에너지와 운동량이다. $$E_{\text{계}} = \sum_{i=1}^{n} E_i \qquad p_{\text{계}}^x = \sum_{i=1}^{n} p_i^x$$ 이들의 합으로부터 계산되는 계의 정지 질량은 다음과 같이 주어진다. $$M^2 = (E_{\text{계}})^2 - (p_{\text{계}}^x)^2 - (p_{\text{계}}^y)^2 - (p_{\text{계}}^z)^2$$
계의 총 운동량이 0이면 이 관계식이 간단해지나? 예 1: 실험실에서 정지해 있는 고온의 기체 상자 예 2: 총 운동량이 0이 **되도록** 선택된 관성 기준틀에서 볼 때 자유 운동 상태에 있는 입자들로 이루어진 **임의의** 계	그렇다. 이 경우 계의 정지 질량은 각 입자의 에너지 합으로 다음과 같이 주어진다. $$M = E_{\text{계}} = \sum_{i=1}^{n} E_i$$ 뿐만 아니라, 각 입자의 에너지는 항상 정지 질량과 운동 에너지의 합 $$E_i = m_i + T_i \quad (i = 1, 2, \cdots, n)$$ 으로 표현될 수 있다. 따라서 총 운동량이 0인 기준틀에서 볼 때, 계의 정지 질량은 각 입자의 정지 질량의 합보다 모든 입자의 총 운동 에너지만큼 더 크다. 즉, $$M = \sum_{i=1}^{n} m_i + \sum_{i=1}^{n} T_i$$

'**계**의 정지 질량'은 실험적 의미가 있나?	계의 정지 질량은 계 전체에 작용하는 힘에 의해 생기는 가속도에 대한 저항인 관성을 결정한다. (예: 원칙적으로 고온의 기체 상자는 동일한 저온 기체 상자보다 저항이 더 크다.) 계의 정지 질량은 시험 입자에 작용하는 중력도 지배한다. (예1: 원칙적으로 뜨거운 별이 냉각된 별보다 먼 행성에 더 큰 인력을 작용한다. 예2: 광자들로 이루어진 전자기 복사 구름. 개개의 광자는 정지 질량이 0이지만 양의 '운동 에너지'를 가지므로 복사 구름의 정지 질량은 양의 값을 갖는다. 이 구름은 태양과 같이 멀리 떨어진 물체와 중력 끌림을 주고받는다.)

20메가톤의 수소 폭탄이 폭발하면 0.93 kg의 질량이 에너지로 전환되는 것인가?

$$\Delta m = \frac{\Delta E}{c^2}$$
$$= (20 \times 10^6 \text{ 톤}) \times (10^6 \text{ g/톤})$$
$$\times (10^3 \text{ cal/g 'TNT 당량'})$$
$$\times (4.18 \text{ J/cal})/c^2$$
$$= (8.36 \times 10^{16} \text{ J})/(9 \times 10^{16} \text{ m}^2/\text{s}^2)$$
$$= 0.93 \text{ kg}]$$

그렇기도 하고 아니기도 하다. 질문을 좀 더 신중하게 해야 할 필요가 있다. 기체, 파편, 복사를 방출하는 계의 정지 질량은 폭발 전과 후에 같은 값을 가진다. 즉, 계의 정지 질량 M은 변하지 않는다. 그러나 수소가 헬륨으로 변환되고 다른 핵변환이 일어났다. 결과적으로 계의 정지 질량

$$M = \sum m_i + \sum T_i$$

의 조성이 변했다. 개개 구성 요소의 정지 질량의 합인 우변의 첫 번째 항은 0.93 kg만큼 감소했다. 즉,

$$(\sum m_i)_후 = (\sum m_i)_전 - 0.93 \text{ kg}$$

생성된 광자와 중성미자의 '운동 에너지'를 포함하는 운동 에너지의 합인 두 번째 항은 같은 양만큼 증가했다. 즉,

$$(\sum T_i)_후 = (\sum T_i)_전 + 0.93 \text{ kg}$$

여기서 $\sum T_i$는 폭탄의 원래 열량으로, 0.93 kg과 비교할 때 거의 0의 값을 갖는다. 따라서 구성 요소들의 정지 질량의 일부가 에너지로 전환되었다. 그러나 계의 정지 질량은 변하지 않았다.

지하 빈 곳에 갇힌 채 냉각되고, 수집되며, 무게 측정이 허용되는 핵폭발의 생성물은 원래 핵 장치보다 질량이 작은가?

그렇다. 요점은 변환된 물질이 원래 폭탄과 같은 열량을 가질 때까지 열과 복사가 흘러나가는 것을 허용하는 대기 기간에 있다. 계의 정지 질량에 대한 표현

$$M = \sum m_i + \sum T_i$$

에서, 폭발 당시 급격히 올라갔다가 냉각기간 동안 떨어진 두 번째 항은 폭발에 뒤이은 냉각으로 아무런 알짜 변화를 겪지 않았다. 반면, 정지 질량의 합인 첫 번째 항은 영구적인 감소를 겪었다. 이로 인해, 그림 95에서 보듯이, 냉각기간 이후에 잰 질량 M은 줄어들었다.

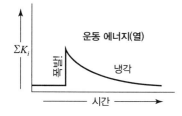
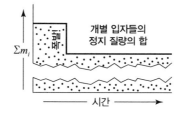
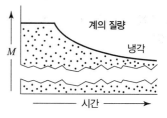

그림 95. 핵 장치가 폭발하고 생성물이 냉각될 때, 시간의 함수로 나타낸 총 운동 에너지, 개별 입자들의 정지 질량의 합, 계의 정지 질량.

질량과 에너지가 동등하다는 아인슈타인의 진술은 에너지가 질량과 **같다**는 것을 의미하는 것인가?	아니다. 에너지 값은 입자(또는 입자 계)를 고려하는 관성 기준틀에 따라 달라진다. 정지 질량은 관성 기준틀과 무관하다. 질량은 4차원 벡터의 전체 크기의 척도인 반면 에너지는 4차원 벡터의 시간 성분에 불과하다. (연습 문제 67번을 참조하라.) 4차원 벡터가 공간 성분이 없는 특별한 경우, 즉 입자의 운동량 (또는 입자 계의 총 운동량)이 0인 경우에만 시간 성분이 4차원 벡터의 크기를 나타낸다. 이 특별한 경우에만 에너지는 질량과 같은 값을 갖는다.
형식적인 표현의 모든 세세한 점을 파헤치지 않아도, 방정식 $E_{관습} = mc^2$이 질량과 에너지의 등가성에 대해 **실제**로 중요한 식인가?	역사적으로는 그렇지만 현재는 아니다! 초창기에는 줄(J)과 킬로그램(kg)이 하나의 동일한 물리량인 질량−에너지에 대한 두 종류의 단위라는 것을 인식하지 못했다. (두 단위가 다른 것은 단지 역사적 사건에 기인한다.) 마찬가지로 에르그(erg)와 그램(g)도 하나의 물리량인 질량−에너지의 다른 단위이다. 변환 인자 c^2은, 초(s) 단위에서 미터(m) 단위 또는 마일 단위에서 피트 단위로의 변환 인자와 마찬가지로, 오늘날에는 원할 경우 새로운 심층적 원칙보다는 규약의 세부 사항으로 간주될 수 있다.
변환 인자 c^2이 질량과 에너지 사이의 중심적 특징이 아니라면, 무엇이 중심적 특징인가?	질량과 에너지의 구별은 다음과 같다. 질량은 4차원 벡터의 크기를 측정하고 에너지는 동일한 4차원 벡터의 시간 성분을 측정한다. 이러한 대조를 강조하는 모든 토론의 특징은 이해에 도움이 된다. 이러한 구별을 불분명하게 하는 용어의 모호성은 오류나 혼란의 잠재적인 원천이다.
자유 운동 입자들로 이루어진 계의 정지 질량 M은 구성 입자 각각의 **정지 질량** m_i의 합계가 아니라 에너지 E_i의 합계로 주어진다. (계의 총 운동량이 0인 기준틀에 대해서만 성립) 그런데 왜 E_i에 개별 입자의 '상대론적 질량'이라는 새로운 이름을 부여해서 부르지 않을까? 아래의 표기법 $$m_{i, 상대론} = E_i = \begin{cases} m_i + T_i \\ \sqrt{m_i^2 + p_i^2} \\ \dfrac{m_i}{\sqrt{1 - \beta_i^2}} \end{cases}$$ 를 이용하면 M을 다음과 같이 쓸 수 있다. $$M = \sum_{i=1}^{n} m_{i, 상대론}$$	'상대론적 질량'의 개념은 오해의 대상이어서 여기서는 사용하지 않는다. (1) 이 표현은 4차원 벡터의 크기에 속하는 '질량'이라는 이름을 4차원 벡터의 시간 성분인 아주 다른 개념에 적용하고 있다. (2) 이 표현은 속도 또는 운동량을 가진 입자의 에너지 증가를 입자 내부 구조의 변화와 관련이 있는 것처럼 보이게 만든다. 실제로 속도에 따른 에너지 증가는 시공간의 기하학적 특성에 기인한다. (로런츠 변환!)

간단한 도표로 질량과 에너지 사이의 이러한 대조를 적절하게 설명할 수 있나?	있다! 그림 96은 서로 다른 기준틀에서 본 동일한 입자의 운동량–에너지 4차원 벡터를 나타낸다. 에너지는 기준틀에 따라 달라진다. 4차원 벡터의 크기인 정지 질량은 모든 기준틀에서 동일한 값 m을 갖는다. (유클리드 평면 위에서 로런츠 기하학을 표현하려 했기 때문에 세 기준틀에서 m값의 겉보기 차이가 발생한다. 로런츠 기하학에서는 빗변의 제곱은 E'의 제곱과 p'의 제곱의 차 또는 E''의 제곱과 p''의 제곱의 차와 같다.)

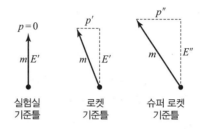

그림 96. 서로 다른 세 기준틀에서 본 동일한 입자의 운동량–에너지 4차원 벡터. |
| 핵분열 과정에서 플루토늄의 정지 질량 일부가 에너지로 변환되는 것을 설명할 수 있는 간단한 도표가 있나? | 있다! 그림 97이다. 두 개의 시간꼴 4차원 벡터 합의 크기인 M(분열 전 Pu^{239}의 정지 질량)은 두 개별 4차원 벡터(분열 생성물의 정지 질량)의 크기 m_1과 m_2를 합한 것보다 크다. 삼각형의 세 번째 변은 다른 두 변의 합보다 항상 작다는 유클리드 기하학과 대조된다.

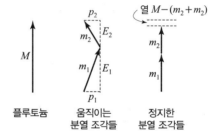

그림 97. 플루토늄 핵분열 파편들의 정지 질량의 합은 원래의 플루토늄 핵의 정지 질량보다 작다. |

상대론적 속도로 움직이는 입자의 운동량과 에너지를 포함하는 문제를 푸는 데 입자의 속도 β와 속도 매개 변수 θ는 거의 사용되지 않는다. 우선, 운동량과 에너지에 대한 표현식에서 β는 $\sqrt{1-\beta^2}$의 형태로 들어가기 때문에 다루기가 불편하다. 더 중요한 것은, 속도 β의 매우 작은 변화조차도 거의 광속으로 움직이는 입자의 운동량과 에너지의 엄청난 변화에 해당될 수 있다는 것이다. 예를 들어, 주어진 입자가 초기 속도 $\beta = 0.99$로 움직이는 경우, 이 속도에서 0.01의 증가는 이 입자의 운동량과 에너지 모두에서 무한한 변화에 해당된다. 고속의 입자를 다루는 문제는 일반적으로 입자의 운동 에너지 또는 총 에너지를 이용해서 설명된다. 이때 식 (85)와 (86)인 $E^2 - p^2 = m^2$과 $T = E - m$을 이용해서 각 입자의 운동량을 구할 수 있다. 이 경우 속도에 대해 언급하지 않는 것과 속도나 속도 매개 변수를 포함하는 식을 사용하지 않는 것이 가장 편리하다.

입자의 속도 β가 꼭 필요할 때에는 아래의 식으로부터 이를 구할 수 있다.

$$\beta = \tanh\theta = \frac{\sinh\theta}{\cosh\theta} = \frac{m\sinh\theta}{m\cosh\theta} = \frac{p}{E} \quad (106)$$

연습 문제 55번에서와 같이 때때로 광속과 입자의 속도 사이의 차인 $1-\beta$를 찾는 것이 충분할 때가 있다. 그러한 경우, $p = \beta E$를 식 $E^2 - p^2 = m^2$에 대입하면 다음과 같다.

$$\frac{m^2}{E^2} = 1 - \beta^2 = (1-\beta)(1+\beta)$$

β가 1에 접근하는 경우, $1 + \beta = 2$이므로 $1-\beta$는 다음과 같이 주어진다.

$$1 - \beta = \frac{m^2}{2E^2} \quad (\beta \approx 1) \quad\quad (107)$$

충돌 문제(90번과 뒤이은 문제들)에서, "충돌 후의" 물리량 값을 나타낼 때에는 해당 기호 위에 막대 부호를 넣는 것이 편리하다. (예: $\bar{p}, \bar{E}$)

연습문제의 별표의 개수는 난이도의 증가를 나타낸다. 문제 제목 뒤의 괄호 안의 숫자는 선행 문제를 나타낸다.

A. 일반 문제

55.   고속 전자

56.* 우주선

57.   뉴턴 역학의 한계

58.* 상대론적 로켓

59.* 질량 중심 역설

60.* 운동량의 상대론적 표현에 대한 두 번째 유도

61.* 에너지의 상대론적 표현에 대한 두 번째 유도

B. 에너지와 정지 질량의 동등성

62.   환산의 예

63.   상대론적 화학

64.** 상대론적 진동자

65.** 질량이 없는 운동량?

C. 광자

66.   정지 질량이 0인 입자

A. 일반문제

55. 고속의 전자

스탠포드 선형 가속기는 기본 입자 실험에 사용하기 위해 전자의 최종 운동 에너지가 40 GeV(4백억 전자볼트; 1전자볼트는 1.6×10^{-19} J에 해당)까지 가속시키기 위해 고안되었다. '클라이스트론(klystron)관'이라 불리는 커다란 진공관에서 생성된 전자기파는 길이가 10,000 ft(약 3,000 m)인 직선 파이프를 따라 전자를 가속시킨다.

(a) 실험실 기준틀에서 관찰할 때, 전자는 가속기 파이프를 따라 매 1미터 이동할 때마다 거의 같은 양의 운동 에너지가 증가한다. 단위 미터 당 얻는 에너지는 몇 MeV인가? 운동 에너지에 대한 뉴턴 역학적 표현이 옳다고 가정할 때, 전자가 광속과 같아질 때까지 가속기를 따라 이동한 거리는 얼마인가? (이 질문에 대한 답은 본문의 22쪽에서 미리 볼 수 있다.)

(b) 실제로 가속기 끝에서 방출되는 40 GeV의 전자 속도 β는 광속보다 작은 값을 갖는다. 광속과 이 속력 사이의 차인 $1 - \beta$는 얼마인가? 40 GeV의 전자와 섬광을 길이가 1,000 km인 진공관을 따라 경주를 시키자. 빛은 전자보다 몇 밀리미터(mm) 앞서 결승선을 통과할까?

(c) 가속기에서 방출되는 40 GeV의 전자를 따라 움직이는 로켓 기준틀에서 관찰한 '3,000 m' 가속기 파이프의 길이는 얼마인가?

56.* 우주선

(a) 16 J 또는 1.0×10^{20} eV의 에너지를 가진 것으로 추정되는 우주선 입자가 간접적으로 관찰되었다.* 이 입자가 양성자($mc^2 \approx 1$ GeV)인 경우, 양성자와 함께 운반되는 시계로 측정할 때 지름이 10^5광년인 우리 은하를 횡단하는 데 걸리는 시간은 몇 초인가? (1년 $\approx 32 \times 10^6$초이며, '지름 10^5광년'이란 지구 기준틀에서 볼 때 거의 광속으로 이동하는 양성자가 은하를 횡단하는 데 걸리는 시간을 의미한다.)

(b) 우리 은하의 지름이 양성자의 지름(약 1페르미)으로 로런츠 수축되도록 하기 위해서 양성자가 가져야 하는 에너지는 자신의 정지 에너지의 몇 배인가? (1 페르미는 10^{-15}미터에 해당한다.) 요구되는 속력을 갖기 위해서 양성자의 질량이 얼마나 에너지로 변환되어야 하는가?

57. 뉴턴 역학의 한계

(a) 1 전자볼트(eV)는 하나의 하전 입자가 1볼트(V)의 전위차를 통해 가속할 때 경험하는 운동 에너지 증가량과 같으며, 1.6×10^{-19} J에 해당한다. 전자와 양성자의 정지 에너지는 몇 MeV인가? (기본 입자의 질량은 앞표지의 안쪽에 나열되어 있다.)

(b) 주어진 속도가 β인 입자의 운동 에너지는 $m\beta^2/2$만으로 올바르지 않다. 뉴턴 역학적 운동 에너지가 정지 질량의 특정 비율만큼 증가했을 때

$$\frac{\left(\begin{array}{c}\text{운동 에너지에 대한}\\\text{상대론적 표현}\end{array}\right) - \left(\begin{array}{c}\text{운동 에너지에 대한}\\\text{뉴턴 표현식}\end{array}\right)}{\left(\begin{array}{c}\text{운동 에너지에 대한}\\\text{뉴턴 표현식}\end{array}\right)}$$

이 1%이라면, 이 특정 비율은 얼마인가? (β의 함수로 주어지는 에너지의 올바른 식을 이항 또는 멱급수 전개해서 앞의 몇 항을 검토하거나 또는 다른 명백한 추론에 의해 얻는 대략적인 답으로도 충분하다.) 오차가 1%인 점을 임의로 '뉴턴 역학의 한계'라고 하자. 운동 에너지가 몇 MeV일 때 양성자가 이 한계에 도달하는

---

* John Linsley, Physical Review Letters **10**, 146(1963)을 참조하라.

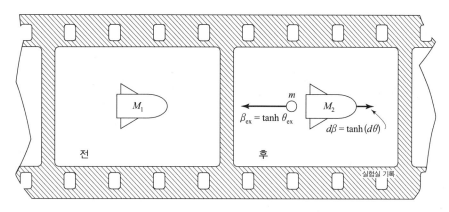

그림 98. 상대론적 로켓의 운동에 대한 분석

가? 전자의 경우는?

58.* 상대론적 로켓

로켓의 성능과 속력에는 상대론에 의해 어떤 제약을 있을까? 개개의 정지 질량이 m인 일련의 동일한 작은 알갱이를 차례대로 분출하는 것으로 로켓이 작동된다고 하자. 각 알갱이의 분출은 '역 비탄성 충돌'로 분석할 수 있다. 로켓을 타고 있는 사수가 동일한 방식으로 알갱이를 발사하는 경우, 로켓이 정지해 있는 관성 기준틀에서 관찰하는 알갱이의 **후진 속도**는 모두 동일하다고 가정하자. 알갱이의 후진 속도를 **배출 속도**(exhaust velocity) β_{ex}라고도 부른다.

(a) 그림 98의 기호를 사용해서 운동량 보존과 에너지 보존에 대한 방정식을 유도하라. 초기 정지 에너지는 M_1이다. 역 비탄성 충돌이기 때문에 정지 질량이 보존된다는 가정은 하지 마라. 이 방정식들로부터 m을 제거하여 증분 $d\theta$에 대한 다음 식을 유도하라.

$$d\theta = \beta_{ex}\left(\frac{M_1 - M_2}{M^2}\right)$$

여기서 β_{ex}는 초기 로켓 기준틀에 대한 배출 속도이다. $M_2 - M_1 = dM$은 로켓 질량의 변화량이므로 위 식을 다음과 같이 쓸 수 있다.

$$d\theta = -\beta_{ex}\frac{dM}{M}$$

여기서 M은 임의의 시간에 로켓의 질량이다. 이제 로켓이 정지해 있는 새로운 기준틀('로켓 기준틀')을 고려하면, 이 기준틀에서 속도 β_{ex}로 방출되는 추가 질량은 속도 매개 변수에 더 많은 변화 $d\theta$를 일으킬 것이다. 그러나 식 (25)로부터 원래 기준틀에서 로켓의 새로운 속도 매개 변수는 단순히 속도 매개 변수의 모든 변화의 합임을 알 수 있다. (속도는 덧셈 성질이 없지만 속도 **매개 변수**는 덧셈 성질이 있는 것에 유의하라.) 또한 정지 질량과 정지 질량의 변화량은 불변량으로, 모든 기준틀에서 동일하다. 따라서 원래 기준틀에서 최종 속도 매개 변수는 다음과 같이 속도 매개 변수의 증분을 합산 또는 적분해서 구할 수 있다.

$$\int_0^\theta d\theta = -\beta_{ex}\int_{M_1}^{M_2}\frac{dM}{M}$$

이 적분의 해는 다음과 같이 자연 로그로 주어진다.

$$\theta = \beta_{ex}\ln\frac{M_1}{M} \quad \text{(상대론적 로켓)} \quad (108)$$

또는

$$\begin{pmatrix} \text{주어진 양의 연료가} \\ \text{소모된 후 도달한} \\ \text{속도 매개 변수} \end{pmatrix}$$

$$= \begin{pmatrix} \text{연소 생성물의} \\ \text{배출 속도} \end{pmatrix} \ln \dfrac{\begin{pmatrix} \text{로켓의 초기} \\ \text{정지 질량} \end{pmatrix}}{\begin{pmatrix} \text{로켓의 현재} \\ \text{정지 질량} \end{pmatrix}}$$

이 식이 상대론적 로켓의 운동 방정식이다.

(b) 비상대론적 로켓은 광속보다 매우 낮은 속력으로 움직이는 로켓이다. 상대론적 로켓의 운동 방정식은 비상대론적 로켓에 대해서는 다음과 같이 주어지는 보통 형태로 환원됨을 보여라.

$$v = v_{\text{ex}} \ln \frac{M_1}{M} \quad \text{(비상대론적 로켓)} \quad (109)$$

(c) 원래의 보존 법칙들을 사용해서 상대론적 로켓은 정지 질량이 보존되지 않음을 명시적으로 보여라. 변한 질량은 어디로 갔나? 비상대론적 로켓이라는 특수한 경우에만 정지 질량이 대략적으로나마 보존됨을 보여라.

(d) 상대론적 로켓의 속력은 광속에 접근할 수는 있어도 넘어설 수는 없음을 보여라.

(e) 배출 속도가 매우 큰 경우를 고려하자. 광속에 접근하는 β_{ex}, 즉 매우 큰 θ_{ex}에 대하여, 주어진 속도 매개 변수를 얻기 위해 방출되어야 하는 정지 질량 m은 거의 0임을 보여라. 이 사실로부터, 만약 빛을 이용하여 로켓을 추진한다면, 연료의 질량은 완전히 복사 에너지로 변환되고 방정식은 다음과 같이 된다는 것을 추론하라.

$$\theta = \ln \frac{M_1}{M} \quad \text{(빛으로 추진되는 로켓)} \quad (110)$$

(f) "빛에 의해 추진되는 로켓이 가장 효율적이다."라는 진술이 어떻게 옳고 그른지를 보여라. 토론: 손전등을 추진체로 사용할 때의 '효율'을 구하여라. '재'

(방전된 전지)를 페이로드(탑재물)와 함께 가속시킬 때의 효율은 얼마인가? '재'를 남기지 않고 감마선과 같은 빛만 생성하는 기본 입자 상호작용이 존재하는가? 153쪽과 연습 문제 97번을 참조하라.

(g) 질량을 전부 빛으로 변환시키는 '완벽한 로켓'의 경우, 로켓을 정지 상태에서 시간 팽창 인자가 10인 속도까지 가속시키는 최소 질량 비율(초기 질량을 소진 질량으로 나눈 값)은 얼마인가? 화학적 로켓으로 달성할 수 있는 최대 배출 속도(약 4,000 m/s)에 대한 최소 질량 비율은 얼마인가? 참고: 공학 문헌에서 종종 로켓 연료의 '비추력(specific impulse)' I에 대한 언급이 있다. 예를 들면, 등유와 액체 산소의 경우 260초, 액체 수소와 액체 산소의 경우 350초 등이다. 9.8 m/s^{2}을 곱해서 물리 단위 (배출 속도의 단위 [m/s] 또는 분출된 연료의 1 kg 당 로켓에 전달되는 운동량의 단위 [kg m/s])로 변환하라. 시간 수치와는 달리 운동량 수치는 $g = 9.8$ m/s^{2}인 지구에서와 마찬가지로 $g \approx (1/6) \times 9.8$ m/s^{2}인 달에서도 적절하다.

59.* 질량 중심 역설

로켓 기준틀의 x축을 따라 긴 관이 고정되어 있다. 로켓 기준틀에서 두 개의 동일한 포탄이 관의 양쪽 끝에서 서로의 반대편 끝을 향해 같은 속력으로 동시에 발사되었다. 두 포탄은 관의 중심에서 탄성 충돌을 한 후 양 끝으로 되튀어 나간다. 포탄이 돌아오기 전에 관의 양 끝을 마개를 막아 포탄이 마찰 없이 앞뒤로 되튀도록 한다.

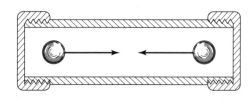

그림 99. 왕복 운동을 하는 포탄들.

(a) 로켓 기준틀에서 두 포탄의 질량 중심의 운동을 기술하라.

(b) 실험실 기준틀에서 볼 때에도 두 포탄이 관 속에서 동시에 발사되는가? 실험실 기준틀에서 두 포탄의 질량 중심의 운동을 기술하라. 시공간 도표가 유용할 수 있다. 상대론에서 질량 중심의 위치는 **불변량**인가?

(c) 이제 관이 로켓 기준틀에 고정되는 대신 마찰이 없는 면 위에 놓인다고 가정하자. 두 기준틀에서 관의 질량 중심의 운동을 기술하라. 각 기준틀에서 볼 때, 관과 포탄으로 이루어진 계의 질량 중심은 어떻게 운동할까?

60.* 운동량의 상대론적 표현에 대한 두 번째 유도

(a) 그림 85에서, 두 공이 충돌한 순간부터 공 A가 위쪽 벽과 부딪힐 때까지 경과한 로켓 기준틀 시간은 $\Delta t'$이고, 실험실 기준틀 시간은 Δt이다. 로런츠 변환 방정식을 이용하여 $\Delta t'$과 Δt의 관계를 구하라. 두 기준틀에서 공 A의 y성분 속력을 구하라. (연습 문제 20번을 참조하라.) 로켓 기준틀에서 공 A의 속력을 β라고 할 때, 실험실 기준틀에서 공 A의 y성분 속력 $\beta^y_{A,\ 실험실}$는 다음과 같이 표현됨을 보여라.

$$\beta^y_{A,\ 실험실} = \frac{\beta}{\cosh \theta_r}$$

(b) 이제 실험실 기준틀에서 충돌을 분석해보자. 실험실 기준틀과 로켓 기준틀에서 충돌의 대칭성으로부터, 그림 100에 주어진 속도 성분을 증명하여라. 11

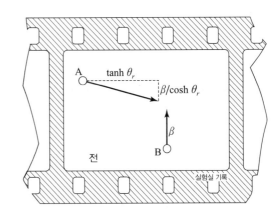

그림 100. 실험실 기준틀에서 공 A와 B의 충돌 전 속도 성분들.

절에서 언급했듯이, 입자의 운동량은 입자의 운동 방향을 따라 놓여야만 하므로, 그림 101에서와 같이 충돌 전과 후의 공 A의 속도 벡터로 이루어진 삼각형은 충돌 전과 후의 공 A의 **운동량** 벡터로 이루어진 삼각형과 닮은꼴이다. 실험실 기준틀에서 공 B의 속도가 매우 작아서 이 공의 운동량이 뉴턴 역학적 표현식인 $m\beta$로 주어진다고 가정하자. 충돌에서 공 A의 운동량 변화량은 공 B의 운동량 변화량과 크기는 같고 방향이 반대라는 사실을 상기하라. 닮은꼴 삼각형의 성질로부터 다음이 성립한다.

$$\frac{\left(\begin{array}{c}\text{운동량 도표에서}\\\text{수평 점선}\end{array}\right)}{\left(\begin{array}{c}\text{운동량 도표에서}\\\text{수직 점선}\end{array}\right)} = \frac{\left(\begin{array}{c}\text{속도 도표에서}\\\text{수평 점선}\end{array}\right)}{\left(\begin{array}{c}\text{속도 도표에서}\\\text{수직 점선}\end{array}\right)}$$

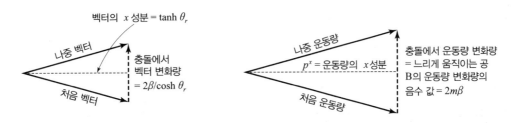

그림 101. 실험실 기준틀에서 보는 공 A의 속도와 운동량 도표.

이로부터 고속으로 움직이는 공 A의 x성분 운동량이 다음과 같이 주어짐을 보여라.

$$p^x = m \sinh \theta_r$$

(c) y 방향의 속도가 매우 작은 극한에서 p^x는 입자 A의 총 운동량 p와 같아지고, 입자 A의 상대 속도 매개 변수 θ_r는 속도 매개 변수 θ와 같아지게 된다. 이로부터 입자의 상대론적 운동량에 대한 다음 표현식이 유도된다.

$$p = m \sinh \theta$$

61.* 에너지의 상대론적 표현에 대한 두 번째 유도

(a) 뉴턴 역학적 운동량 보존. 정지 질량이 m_1과 m_2로 서로 다른 두 입자 사이의 정면 탄성 충돌을 생각해보자. 입자 1은 입자 2에 운동량을 전달하고 줄어든 속력으로 입자 2로부터 되튀어 나간다. 우선 뉴턴 역학

적 관점에서 충돌을 분석해보자. 실험실 기준틀에서 운동량 보존에 대한 뉴턴 법칙은 다음과 같이 주어짐을 그림으로부터 보여라.

$$m_1 \beta_1 + m_2 \beta_2 = m_1 \bar{\beta}_1 + m_2 \bar{\beta}_2$$

그림 102에 주어진 운동 방향에 대해, $\bar{\beta}_1$는 음의 값을 갖는다. 기호 위의 '바'는 '충돌 후'를 의미한다. 이제 로켓 기준틀에서 충돌을 바라보자. 작은 상대 속도 β_r에 대해, 로켓 기준틀에서 각 입자의 속도는 입자의 실험실 속도에서 β_r를 뺌으로써 쉽게 얻는다. 로켓 기준틀에서 관찰한 충돌에 대해 운동량 보존에 대한 뉴턴 법칙을 적용하자. 실험실 기준틀에서 뉴턴 역학적 운동량이 보존되면, 실험실 기준틀에 대해 저속으로 움직이는 로켓 기준틀에서도 운동량이 자동적으로 보존됨을 보여라.

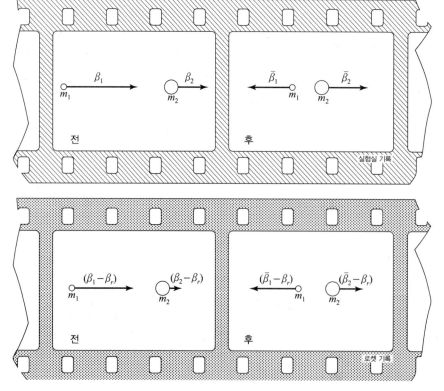

그림 102. 질량이 다른 두 입자의 정면 탄성 충돌에 대한 뉴턴 역학적 분석. 속도 덧셈 성질에 대한 뉴턴 법칙을 이용하여 실험실 기준틀과 로켓 기준틀에서 관찰된 충돌 전 후의 속도.

(b) 상대론적 운동량 보존은 상대론적 에너지 보존을 의미한다. 이제 동일한 충돌을 상대론적 관점에서 분석해보자. 실험실 기준틀에서 상대론적 운동량 보존 법칙이 다음 식으로 주어짐을 보여라.

$$m_1 \sinh \theta_1 + m_2 \sinh \theta_2 \\ = m_1 \sinh \bar{\theta}_1 + m_2 \sinh \bar{\theta}_2 \qquad (111)$$

탄성 충돌이기 때문에 두 입자의 질량은 충돌에서 변하지 않는다. 그림에 표시된 운동 방향에 대해, $\bar{\theta}_1$는 음의 값을 갖는다. 상대론적 역학에서, 로켓 기준틀 안의 입자의 속도는 입자들의 실험실 기준틀에서의 속도 매개 변수로부터 상대 속도 매개 변수 θ_r를 뺌으로써 구할 수 있다. (65쪽을 참조하라.) 로케 기준틀에서 관찰된 충돌에 운동량 보존 법칙을 적용하자. 표 8을 이용해서 두 속도 매개 변수의 차이에 대한 사인 하이퍼볼릭 함수를 전개하고, 결과 방정식의 항들을 공통 인자 $\cosh \theta_r$와 $\sinh \theta_r$에 의해 재배열하면 다음과 같이 쓸 수 있다.

$$(\mathrm{I}) \cosh \theta_r - (\mathrm{II}) \sinh \theta_r = 0 \qquad (112)$$

여기서 어떤 괄호에도 상대 속도 매개 변수 θ_r의 함수를 포함하지 않는다. 운동량이 **모든** 로켓 기준틀에서 보존된다면, 이 식은 **모든** 상대 속도 매개 변수 θ_r에 대해 성립해야 한다. 속도 매개 변수가 0과 무한대 사이의 값을 갖는 로켓 기준틀을 선택할 수 있다. $\theta_r = 0$인 경우 $\cosh \theta_r = 1$, $\sinh \theta_r = 0$이고, $\theta_r = \infty$인 경우 $\cosh \theta_r = \sinh \theta_r$이다. 식 (112)가 양 극단의 모든 θ_r에 대해 성립하는 유일한 방법은 각 괄호 안의 값이 **개별적으로** 0이 되는 것이다. 실험실 기준틀에서 운동량이 보존되면 식 (112)의 (I)이 0이 됨을 보여라. 아

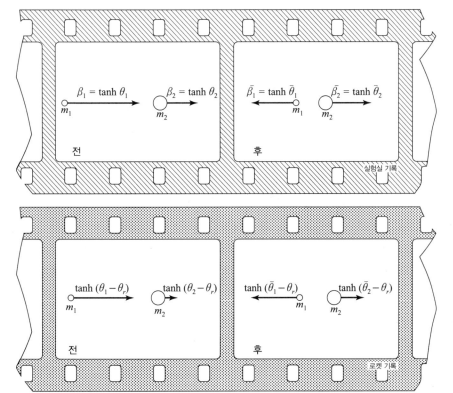

그림 103. 질량이 다른 두 입자의 정면 탄성 충돌에 대한 상대론적 분석. 속도 매개 변수의 덧셈 성질에 대한 상대론적 법칙을 이용해서 실험실 기준틀과 로켓 기준틀에서 관찰된 충돌 전 후의 속도.

래의 식이 성립하면 (Ⅱ)이 0이 됨을 보여라.

$$m_1 \cosh \theta_1 + m_2 \cosh \theta_2 \qquad (113)$$
$$= m_1 \cosh \overline{\theta}_1 + m_2 \cosh \overline{\theta}_2$$

식 (112)는 로켓 기준틀에서의 운동량 보존 법칙을 나타낸다. 실험실 기준틀에서 식 (111)과 (113)이 모두 성립할 때, 운동량은 모든 로켓 기준틀에서 성립한다. 식 (111)은 실험실 기준틀에서의 운동량 보존 법칙을 나타낸다. 식 (113)은 어떤 물리량의 보존 법칙을 나타내는 것인가? 물리량 $m \cosh \theta$을 식별하고 새로운 보존 법칙의 이름을 정하라.

(c) 충돌 후 두 입자의 정지 질량을 $\overline{m}_1$와 $\overline{m}_2$로 쓰고 충돌 후의 정지 질량이 충돌 전과 달라질 가능성이 있는 경우에도 위에서 유도한 식과 상대론적 에너지 보존 법칙은 여전히 유효한가? 이러한 충돌에서 운동 에너지에 대한 상대론적 표현은 보존되는가?

B. 에너지와 정지 질량의 동등성

62. 환산의 예

(a) 100 W짜리 전구가 1년 동안 빛과 열로 소모하는 질량은 몇 kg인가?

(b) 1960년대 초반에 미국에서 연간 생산된 총 전기 에너지는 10^{12} kWh이었다. 이 에너지는 얼마의 정지 질량에 해당하는가? 실제 이만큼의 전기 에너지를 생산할 때, 에너지로 변환되는 질량은 계산된 질량보다 많은지, 같은지, 적은지 답하고, 이에 대해 설명하여라.

(c) 전속력으로 자전거 페달을 밟는 학생이 0.5 마력의 가용 전력을 생산한다. (1마력은 746와트이다.) 인체의 효율은 약 25%이다. 즉, 분해된 음식의 75%는 열로 변환되고 단지 25%만이 실제 일에 사용된다. 이 학생이 1파운드의 질량을 에너지로 변환하기 위해 자전거를 타야 하는 시간은 얼마인가? 다이어트 체육관은 어떻게 사업을 유지할 수 있을까?

(d) 약 1.4 kW의 태양빛이 지구 대기권 밖에서 태양 빛에 수직인 $1\,m^2$의 면적에 쏟아진다. ($1.4\,kW/m^2$을 태양 상수라고 부른다.) 태양이 1초에 빛으로 복사하는 질량은 얼마인가? 태양 질량의 얼마만큼이 해마다 빛의 형태로 지구에 도달하는가?

(e) 질량이 10^6 kg인 화물 열차 두 개가 45 m/s(시속 약 100마일)의 동일한 속력으로 동일 선로에서 서로를 향해 진행하다가, 충돌하여 멈추어 섰다. 충돌 직후 기차와 선로와 노면의 정지 질량은 몇 μg이나 증가했나? 소리와 빛의 형태로 잃어버리는 에너지는 무시한다.

63. 상대론적 화학

1 kg의 수소와 8 kg의 산소가 결합할 때 약 10^8 J의 에너지가 방출된다. 매우 좋은 화학 저울은 질량의 10^7분의 1의 변화를 감지할 수 있다. 이 반응에서 정지 질량의 변화를 감지하기에 저울의 감도가 충분한지 혹은 불충분한지 판단하라.

64.** 상대론적 진동자

한 공학자가 상대론을 검증하기 위해서 빠르게 앞뒤로 진동하는 가벼운 추를 가진 진자를 만들기로 결심하였다. 정지 질량이 0보다 크면서 가장 가벼운 추는 바로 전자이다. 이 공학자는 그림 104와 같이 한 변의 길이가 1미터인 입방 금속 상자를 이용하는데, 살짝 데워진 상자의 표면에서 몇 개의 전자가 '증발'한다. 상자와 전기적으로 절연된 채 전원 공급 장치에 의해 매우 높은 양(+) 전압으로 대전된 금속 스크

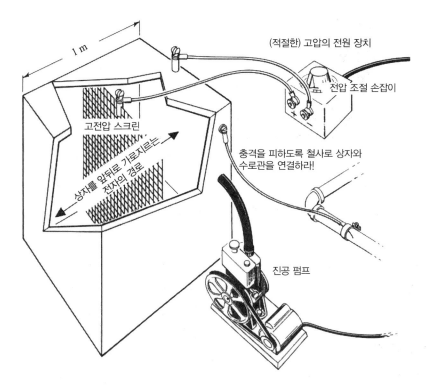

그림 104. 전자를 진동 추로 사용한 상대론적 진자.

린이 상자의 중앙을 가로지르며 놓여 있다. 전원 공급 장치의 전압 조절 손잡이를 돌려 상자와 스크린 사이의 직류 전압 V_0를 조절할 수 있다.

전자가 공기 분자와 충돌 없이 자유로이 움직이도록 진공 펌프로 상자 안의 공기를 제거한다. 상자 안쪽 벽에서 떨어져 나온 전자의 초기 속도를 0이라 가정하자. 스크린을 향하는 전자는 스크린의 구멍을 통과한 후 속력이 느려지다가 상자의 반대편 벽 바로 앞에서 정지한 후 다시 스크린 쪽으로 당겨진다. 이런 방식으로 전자가 상자의 벽 사이를 앞뒤로 진동한다.

(a) 전자가 벽 사이를 한번 왕복하는데 걸리는 시간 T는 얼마인가? 이 장치를 고안한 공학자는 전압 조절 손잡이를 충분히 높게 돌림으로써 원하는 만큼의 높은 진동수 $\nu = 1/T$을 얻을 수 있다고 주장한다. 그의 주장은 옳은가?

(b) 전압이 충분히 낮은 경우 대해 전자는 비상대론적으로 취급되므로 전자의 운동 분석에 뉴턴 역학을 사용할 수 있다. 이 경우에 스크린의 전압이 두 배가 되면 전자의 진동수는 몇 배 증가하나? (논의: 전압을 두 배로 올리기 전과 후에 전자의 운동 에너지를 비교하면? 속도를 비교하면?)

(c) 비상대론적인 경우에 전자의 진동수 ν를 전압의 함수로 나타내라.

(d) 극한의 상대론적 영역에서, 전자의 진동수는 어떻게 되나?

(e) 하나의 그래프에 스크린 전압 V_0의 함수로 (c)와 (d)에서 구한 진동수 ν에 대한 두 곡선을 그려라. (신뢰성 있는 영역은 굵은 선으로, 나머지 영역은 점선으로 그려라.) 이 그래프로부터 비상대론적 영역에서 상대론적 영역으로의 전이가 일어나는 전압을 정량적

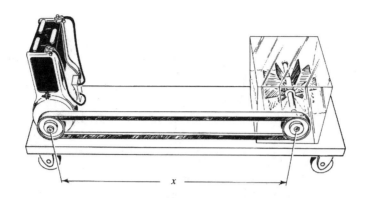

그림 105. 입자나 복사의 알짜 전달이 없는 질량 전달.

으로 추론하라. 가능하다면 추론 결과가 크기의 자릿수와 관련해서 의미가 있는지 여부를 설명하는 간단한 논의를 해라.

65.** 질량이 없는 운동량?

그림 105에서와 같이 판자 위에 놓인 작은 모터가 그 위에 놓인 전지에 의해 동력을 얻는다. 벨트를 써서 모터가 물웅덩이를 휘젓는 패들 휠을 가동시킨다. 패들 휠 장치는 모터와 같이 판자 위에 놓여 있다. 모터의 일률은 dE/dt이다.

(a) 모터에서 패들 휠로 초당 전달되는 질량은 얼마인가?

(b) (a)에서 구한 비율로 질량이 거리 x(전지에서 휠까지의 거리)만큼 전달되고 있다. 이때 전달되는 운동량은 얼마인가? 운동량이 작기 때문에 뉴턴 역학적

운동량 개념이면 충분하다.

(c) 수평 책상 위의 마찰 없는 휠 위에 놓여 정지해 있던 판자는 어느 방향으로 움직이나? 전지의 수명이 다되면 이 운동은 어떻게 될까? 이 시간 동안 판자는 얼마나 이동하나?

(d) 판자 위의 관찰자는 에너지가 벨트에 의해 전달된다고 보고, 책상 위의 관찰자는 에너지가 벨트와 판자에 의해 전달된다고 보는 반면, 한 방향으로 움직이는 벨트 위의 관찰자는 에너지가 반대 방향으로 움직이는 벨트와 판자에 의해 전달된다고 판단함을 보여라. 에너지가 한 장소에서 다른 장소로 어떤 경로를 따라 이동하는지 또는 어떤 속력으로 이동하는지에 대해서 모든 관찰자를 만족시킬 진술을 하는 것이 항상 가능한 것이 아님은 분명하다!

C. 광자

66. 정지 질량이 0인 입자

중요한 관계식인 $E^2 - p^2 = m^2$을 유도할 때 어떤 논거에 의하였는가? 이 공식으로부터 광자, 중력자, 중성미자와 같이 정지 질량이 0인 경우 성립하는 운동량과 에너지 사이의 관계식을 유도하라. 유도된 관계식으로부터 그러한 입자의 세계선의 기울기와 속력에 대해 어떤 말을 할 수 있을까? 유도한 결과가 매우 큰 θ에 대해 $\sinh \theta$와 $\cosh \theta$가 같다는 것에 어떻게 의

존하는가? 정지 질량이 0인 입자에 대해 '정지 기준틀'이 존재할 수 있나?

67. 에너지와 정지 질량의 동등성에 대한 아인슈타인의 유도 – 해결된 예제

빛이 압력을 작용하고 에너지를 전달한다는 사실로부터 에너지가 질량과 동등함을 보이고, 이를 확장하여 모든 에너지가 질량과 동등함을 보여라. 주석: 에너지와 질량의 동등성은 이 원리에 대한 상대론적 유도를 마친 아인슈타인이 동일한 결론을 이끄는 또 다른 기본적인 물리적 추론[*]을 탐색하고 곧바로 찾아낸 중요한 결과이다. 그는 그림 106과 같이 초기에 정지해 있는 질량이 M인 밀폐된 상자를 상상하였다. 일련의 전자기 에너지가 왼쪽 벽으로부터 방출되어 길이가 L인 상자를 이동하여 반대편 끝의 벽에 흡수된다. 복사는 에너지 E를 나르는 동시에 운동량도 나른다. 이는 다음과 같은 추론으로 이해할 수 있다. 방출되는 동안 복사가 왼쪽 벽에 압력을 가한다. 이 압력의 결과 상자는 왼쪽으로 밀리는 힘을 받으며, 이에 따라 $-p$의 운동량을 받는다. 그런데 계 전체의 운동량은 초기에 0이었다. 따라서 복사는 상자의 운동량과 반대인 운동량 p를 나른다. 복사에 의한 에너지와 운동량 전달에 대한 아인슈타인의 지식을 이용하여 어떻게 복사의 **질량 등가**를 추론할 수 있을까? 아인슈타인은, 계의 질량 중심이 수송 과정 전에 움직이지 않으므로 수송 과정 동안에도 움직이지 않아야 한다는 논의로부터 자신의 답을 얻었다. 그런데 상자는 분명히 왼쪽으로 질량을 나른다. 따라서 복사는 오른쪽으로 질량을 날라야만 한다. 아인슈타인의 개략적인 추론에 대해서는 이 정도로 해두고, 이제 자세히 살펴보자.

상대론으로부터 아인슈타인은 직진하는 복사선의 운동량 p는 그 빔의 에너지 E와 동등함을 알아냈다. (p와 E 모두 질량 단위로 측정함. 10절을 참조할 것.) 그러나 상대성 원리의 직접적인 언급으로부터 자유로운 유도를 하기 위해 그는 역발상을 했다. 즉, 결론인 $p = E$를 근거 삼아 다음과 같은 기본적 논의를 진행한 것이다. 복사선에 의해 이상적인 방사체 또는 흡수체에 작용하는 압력은 복사선의 에너지 밀도와 같다. 이는 전자기 복사에 대한 맥스웰 이론과 진공 중에서 매달린 거울에 작용하는 광압에 대한 직접적인 관측으로부터 알려져 있다. 최초의 측정은 1901년과 1903년에 노콜스(E. F. Nochols)와 헐(G. F. Hull)에 의해 성공적으로 수행되었다. 오늘날 이 실험은 매우 단순해졌고 감도 또한 증가해서 기초 실험실에서도 수행될 수 있다.[**] 위의 내용은 다음과 같이 표현된다.

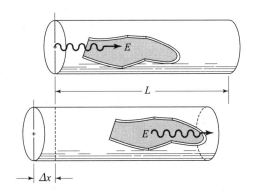

그림 106. 복사에 의한 질량 수송.

* A. Einstein, Annalen der Physik, **20**, 627(1906)을 참조하라.

$$\begin{pmatrix} \text{단위 부피당} \\ \text{에너지 단위로} \\ \text{측정한 복사} \\ \text{에너지 밀도} \end{pmatrix} = \begin{pmatrix} \text{힘의 단위로 측정한} \\ \text{완벽한 방사체 또는} \\ \text{흡수체에 복사선이} \\ \text{작용하는 압력} \end{pmatrix}$$

** Robert Pollock, American Journal of Physics, **31**, 901 (1963)을 참조하라. 광압을 결정하는 Pollock 방법은 공명 현상을 이용해서 작은 영향을 쉽게 측정할 수 있는 크기로 증폭시키는 것이다. 폴록(Pollock) 박사는 이 책에 들어 있는 상대론에 대한 설명을 함께 해결할 특권을 가진 신입생 그룹과 공동으로 이 실험을 개발하였다. 저자는 특히 이 그룹의 일원으로 후속 초안에 대해 많은 의견을 개진한 Mark Wasserman에게 감사의 마음을 전한다.

위 식의 양변에 방출 벽의 단면적 A와 복사 펄스의 길이 l(상자의 길이 L보다 매우 작다고 상상하자)을 곱하자. l은 복사 압력의 작용 시간에 광속을 곱한 값임에 유의하자. 따라서 곱셈 인자는 다음과 같다.

$$\begin{pmatrix} \text{복사 에너지 펄스가} \\ \text{점유한 부피} \end{pmatrix}$$

$$= \begin{pmatrix} \text{방출 표면의} \\ \text{넓이} \end{pmatrix} \begin{pmatrix} \text{표면에 압력이} \\ \text{작용하는 시간} \end{pmatrix} \begin{pmatrix} \text{빛의} \\ \text{속력} \end{pmatrix}$$

위의 두 식을 같은 변끼리 곱하면 다음의 결과를 얻는다.

$$\begin{pmatrix} \text{복사가 운반하는} \\ \text{에너지} \end{pmatrix}$$

$$= \begin{pmatrix} \text{벽에 작용하는} \\ \text{복사의 힘} \end{pmatrix} \begin{pmatrix} \text{힘의 작용} \\ \text{시간} \end{pmatrix} \begin{pmatrix} \text{빛의} \\ \text{속력} \end{pmatrix}$$

$$= \begin{pmatrix} \text{복사에서 벽으로 전달되는 운동량,} \\ \text{즉, 복사가 운반하는 운동량 크기} \end{pmatrix} \begin{pmatrix} \text{빛의} \\ \text{속력} \end{pmatrix}$$

위 식을 질량 단위로 표현하면 다음과 같다.

$$E = \begin{pmatrix} \text{직진 복사선의} \\ \text{에너지} \end{pmatrix} = \begin{pmatrix} \text{직진 복사선의} \\ \text{운동량} \end{pmatrix} \quad (114)$$
$$= p$$

따라서 상자가 운동량과 **질량**을 왼쪽으로 운반하는 동안 복사는 운동량과 에너지를 오른쪽으로 운반한다. 그런데 상자와 복사로 구성된 계의 질량 중심은 움직일 수 없으므로 복사는 에너지뿐 아니라 질량도 운반해야만 한다. 질량을 얼마나 운반할까? 이에 대한 답을 찾는 것이 다음 질문들의 목적이다.

(a) 복사가 이동하는 동안 상자의 속도는 얼마인가?

(b) 복사가 상자 반대편 끝에 흡수된 후 계는 다시 한 번 정지한다. 복사가 이동하는 동안 상자가 움직인 거리는 얼마인가?

(c) 계의 질량 중심은 복사의 이동 전후에 동일한 위치에 있어야 한다. 상자의 한쪽 끝에서 반대쪽 끝으로 수송된 에너지의 질량 등가는 얼마인가?

풀이: (a) 복사가 이동하는 동안 상자의 운동량은 복사의 운동량 p와 크기는 같고 방향은 반대 방향이어야 한다. 상자는 매우 낮은 속도 β로 움직인다. 따라서 상자의 운동량 계산에 뉴턴 역학적 공식인 $M\beta$이면 충분하다.

$$M\beta = -p = -E$$

이 관계식으로부터 상자의 속도는 다음과 같다.

$$\beta = -\frac{E}{M}$$

(b) 광자의 이동 시간은 거의 $t = L$ 빛이동 시간미터이다. 이 시간 동안 상자가 이동한 거리는 다음과 같다.

$$\Delta x = \beta t = -\frac{EL}{M}$$

(c) 만일 복사가 질량을 운반하지 않고 상자가 질량을 갖는 유일한 물체라면, 변위 Δx는 계의 질량 중심은 왼쪽으로 알짜 운동을 할 것이다. 그러나 아인슈타인은 정지해 있던 고립된 계는 질량 중심이 저절로 이동할 수 없다고 추론했다. 그러므로 그는 계의 질량 일부의 상쇄 변위가 있어야만 한다고 생각했다. 이러한 오른쪽으로의 질량 수송은 복사의 새로운 특징에 의해서만 이해될 수 있다. 결과적으로, 상자가 왼쪽으로 움직이는 동안, 복사는 계의 질량 중심이 변하지 않을 크기의 질량 m을 오른쪽으로 수송해야만 한다. 수송 거리는 상자의 길이 L에서 상자가 왼쪽으로 움직인 거리 Δx만큼 줄어든다. 그런데 Δx은 L보다 E/M배만큼 작다. 이 비율은 주어진 복사 에너지 E에 대해서 상자의 질량 M을 충분히 크게 함으로써 원하는 만큼 작게 만들 수 있으므로 복사 이동 거리를 L로 잡아도 무방하다. 따라서 임의의 높은 정확도로 질량 중심이 움직이지 않는다는 조건을 다

음과 같이 쓸 수 있다.

$$M\Delta x + mL = 0$$

(b)에서 구한 Δx를 이용해서 이 식을 m에 대해 정리하면 다음과 같다.

$$m = -\Delta x \frac{M}{L} = -\left(-\frac{EL}{M}\right)\left(\frac{M}{L}\right)$$

이로부터 결국 다음의 결과를 얻는다.

$$m = E$$

따라서 복사 에너지 E의 방출, 수송, 재흡수는 상자의 한쪽 끝에서 반대편 끝으로 질량 $m = E$를 수송하는 것과 동등하다는 결론에 도달한다. 유도 과정의 단순성과 결과의 중요성으로 인해 이 분석은 모든 물리학에서 가장 흥미로운 것 중의 하나가 되고 있다.

논의: 복사 에너지의 질량 등가는 열에너지의 질량 등가는 물론 다음과 같은 추론을 통해 확장하면 다른 형태의 에너지의 질량 등가를 의미하는 것으로 이해할 수 있다. 상자의 왼쪽 벽에서 발생하는 에너지는 원래 열에너지로 거기에 있었을 것이다. 열에너지가 벽 표면에 있는 원자를 바닥상태로부터 더 높은 에너지 상태로 들뜨게 만든다. 원자는 높은 상태에서 낮은 상태로 되돌아오는데 이 과정에서 여분의 에너지를 복사의 형태로 내놓는다. 방출된 복사 에너지는 상자를 가로질러 반대편 벽에 흡수되어 결국 열에너지로 다시 변환된다. 빛이 방출되고 흡수되는 세부 과정이 어떻든 결국 알짜 효과는 열에너지가 한쪽 벽에서 다른 벽으로 전달되는 것이다. 따라서 복사가 한쪽 벽에서 반대편 벽으로 이동할 때 질량이 상자의 길이만큼 이동해야 한다고 말하는 것은 **열에너지**가 위치를 바꿀 때 질량이 이동한다는 것을 의미한다. 그런데 열에너지는 화학 에너지나 핵변환 에너지 또는 전기 에너지로부터 유도된다. 뿐만 아니라 관 끝에

저장된 에너지는 다시 이런 형태의 에너지로 전환될 수 있다. 그러므로 이 형태의 에너지는 물론 다른 모든 형태의 에너지는 질량

$$m = E$$

를 수송함에 있어서 동등함을 알 수 있다.

복사 펄스가 질량을 수송한다는 개념을 과연 어떻게 지지할 수 있을까? 우리는 아래의 식 덕택에 이미 광자의 정지 질량이 0이라는 사실을 알고 있다.

$$(\text{정지 질량})^2 = (\text{에너지})^2 - (\text{운동량})^2 = 0$$

뿐만 아니라 개별 광자에 대해 참인 것은 많은 광자로 이루어진 복사 펄스에 대해서도 참이다. 즉, 에너지와 운동량은 크기가 같고, 이에 따라 복사의 정지 질량은 필연적으로 0이 된다. 펄스의 정지 질량이 0이라고 말하는 동시에 에너지가 E인 복사가 한 장소에서 다른 장소로 질량 $m = E$를 수송한다고 말하는 것에 근본적인 모순이 없을까?

어려움의 원인은 두 개의 완전히 다른 개념, 즉 (1) 운동량–에너지 4차원 벡터의 시간 성분인 에너지와 (2) 이 4차원 벡터의 크기인 정지 질량을 혼동하는 데 있다. 계를 두 부분, 즉 오른쪽으로 향하는 복사와 왼쪽으로 되튀는 상자로 나눈다고 생각하자. 그러면 그림 107에서 볼 수 있듯이, 복사의 4차원 벡터와 되튀는 상자의 4차원 벡터 **성분들**을 더한 것은 복사를 방출하기 전인 계의 4차원 벡터 **성분들**과 일치한다. 그런데 정지 질량을 나타내는 4차원 벡터의 크기는 덧셈 성질이 없다. 유클리드 기하학에서 삼각형의 한 변의 길이가 다른 두 변의 합과 같은 것을 기대할 수 없다. 이는 로런츠 기하학에서도 마찬가지다. 계의 정지 질량 (M)은 복사의 정지 질량 (0)과 되튀는 상자의 정지 질량 (M보다 작음)의 합과 같다고 간주되지 않는다. 그러나 4차원 벡터의 **성분**은 덧셈 성질이 있

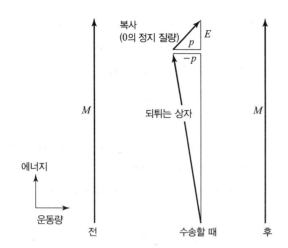

그림 107. 복사선의 정지 질량이 0이더라도 복사는 정지 질량을 한 장소에서 다른 장소로 전달한다!

다. 예를 들면 다음과 같다.

$$(\text{계의 에너지}) = (\text{복사 에너지}) + \begin{pmatrix} \text{반동 상자의} \\ \text{에너지} \end{pmatrix}$$

그러므로 되튀는 상자의 에너지는 $M - E$이다. 벽의 복사 방출에 의해 상자의 에너지뿐 아니라 정지 질량까지 감소한다. (도표에서 4차원 벡터의 짧아진 길이를 보라). 따라서 비록 복사는 자체가 정지 질량을 갖지 않더라도 상자 벽으로부터 정지 질량을 빼앗아가며, 이에 따라 식

$$\begin{pmatrix} \text{계의} \\ \text{정지 질량} \end{pmatrix} \neq \begin{pmatrix} \text{복사의} \\ \text{정지 질량 [0]} \end{pmatrix} + \begin{pmatrix} \text{반동 상자의} \\ \text{에너지} \end{pmatrix}$$

는 유클리드 기하학에서 $5 \neq 3 + 4$이 당연하듯이 시공간 기하학에서 자연스러운 것이다.

시험 입자에 작용하는 계의 중력 끌림은 어떨까? 물론 복사가 왼쪽에서 오른쪽으로 이동하는 데 따른 질량의 재배치가 중력 끌림에 약간의 차이를 만들기는 한다. 그러나 시험 입자가 매우 먼 거리 r만큼 떨어져 있어서 이러한 재배치가 중력 끌림에 거의 영향을 미치지 않는다고 하자. 다시 말해, 단위 시험 입자에 작용하는 잡아당김에 포함되는 모든 것이 뉴턴 중력 법칙인

$$(\text{단위 질량당 힘}) = \frac{GM}{r^2}$$

에서 나타나는 계의 총 질량 M이라고 하자.

그렇다 할지라도 복사가 상자 안에서 이동하는 동안, 순간적으로나마 정상보다 작은 잡아당김을 경험하지 않을까? 복사의 정지 질량은 0이 아닌가? 아니면 되튀는 상자의 정지 질량이 계의 원래 질량 M보다 줄어들지 않는 것이 아닌가? 그래서 수송 과정 동안 총 질량이 정상보다 작지는 않은가? 아니다! 다시 말하지만, 계의 정지 질량은 구성 요소들의 정지 질량의 합이 아니라 계의 총 운동량–에너지 4차원 벡터의 크기와 같다. 그리고 고립계인 계의 총 운동량 (우리의 경우에는 0!) 또는 계의 총 에너지는 한 순간도 변하지 않는다. 따라서 그림 107에서 보듯이, 총 운동량–에너지 4차원 벡터의 크기 M은 아무 변화가 없다. 따라서 결국 중력 끌림에는 결코 어떤 변화도 없다.

이 문제가 제기된 방식에는 약간의 사소한 트릭이 있다. 실제로 상자는 강체로 이동할 수 없다. 만약에 상자가 강체라면, 복사가 **한쪽** 벽에서 방출된다는 정보는 이 복사가 도달하기 훨씬 전에 반**대쪽** 벽의 운동을 통해서 얻을 수 있게 되는데, 이는 정보가 빛보다 빠른 속력으로 전달된다는 의미가 된다! 실제로는 복사 방출에 대한 반동은 상자의 벽을 따라 **진동파**의 형태로 전달되며, 이 파동은 소리의 속력으로 전달되므로 복사가 도착한 뒤 한참 후에 반대편 벽에 도달한다. 그 사이에 반대편 벽에 흡수되는 복사는 두 번째 진동파를 만들고 이 파동은 상자 벽을 따라 되돌아오게 된다. 이 문제에 상자의 진동을 첨가하면 보다 복잡한 분석이 필요하기는 하지만 위에서 알아낸 결과를 근본적으로 변화시키지는 않는다.

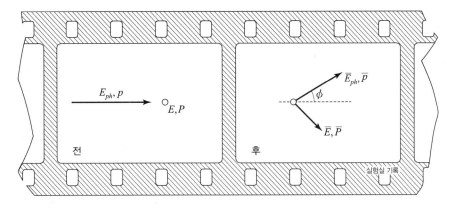

그림 108. 전자에 의한 광자의 콤프턴 산란.

68.* 광자 보전

고립된 광자는 원래 방향과 다른 방향을 향하는 두 광자로 쪼개질 수 없음을 보여라. (힌트: 운동량과 에너지 보존 법칙과 삼각형의 한 변의 길이는 나머지 두 변의 길이의 합보다 작다는 사실을 이용하라. 이 삼각형은 어떤 삼각형인가?)

69.* 광압

(a) 1와트짜리 전구에서 나오는 광선이 작용하는 총 힘을 계산하라.

(b) 연습 문제 62번의 (d)에 언급된 태양 상수 $1.4\,\text{kW/m}^2$를 이용해서 태양 빛이 지구의 위성에 가하는 압력을 계산하라. 위성 표면이 완전 반사, 완전 흡수, 그리고 부분 흡수하는 경우를 모두 고려하라. 빛의 색깔은 왜 아무런 차이를 주지 못할까?

(c) '특정' 크기보다 작은 입자들은 태양의 압력에 의해 태양계에서 휩쓸려 나갈 수 있는데, '특정' 크기는 밖으로 향하는 태양빛의 힘과 안쪽으로 향하는 태양의 중력 끌림의 평형 조건에 의해 결정된다. 추정에 필요한 어떤 가정을 만들어서라도 이 크기를 추정해 보라. 추정에 사용한 가정을 나열하라. 추정한 크기는 태양으로부터의 거리에 따라 달라지는가?

70.* 콤프턴 산란

1923년 콤프턴(Arthur Compton)은 자유 전자에 의해 산란된 X선(광자)의 산란 후 에너지는 산란 전 에너지보다 작다는 것을 증명하였다.[*] 그의 실험은 1920년대 물리학계에서 수행된 실험들 중 가장 중요한 것 중 하나로 평가된다. 에너지가 E_{ph}인 광자와 정지해 있던 전자 사이의 충돌 분석을 통해 입사 방향에 대해 각 ϕ인 방향으로 산란되는 광자의 에너지를 결정하라. ϕ는 산란각이라 부른다. 다음 기호를 사용하라.

	충돌 전	충돌 후
전자	E, P	$\overline{E}, \overline{P}$
광자	E_{ph}, p	$\overline{E}_{ph}, \overline{p}$

분석 과정에서 $h, \nu, \lambda, \beta, \theta$를 사용하지 말고 오직 운동량과 에너지 보존 법칙과 다음 식만을 사용하라.

$$\text{전자에 대해서, } E^2 - P^2 = m^2$$
$$\text{광자에 대해서, } E_{ph}^2 - p^2 = 0$$

입사 광자의 에너지가 전자의 정지 질량의 두 배인 경우($2 \times 0.511\,\text{MeV}$)에 대해, 전자의 정지 질량 단위를

---

* A. H. Compton, Physical Review **22**, 411(1923).

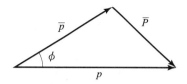

그림 109. 콤프턴 산란의 운동량 보존 도표. 코사인 법칙.

$$\overline{P}^2 = p^2 + \overline{p}^2 - 2p\overline{p}\cos\phi$$

을 상기하라.

사용하여 산란 광자의 에너지를 ϕ의 함수로 그려라.

그림 110에서 보는 바와 같이, 원래의 콤프턴 실험은 일부 광자가 측정할만한 에너지 변화 없이 산란되었다는 것을 증명한 것이다. 이 광자들은 원자에 단단히 결합된 전자들에 의해 산란되어서 전체 원자는 한 덩어리로 되튄다. 평균 질량이 (10 × 2000 × 전자 질량)인 원자에 단단히 구속된 전자들에 의해 산란된 광자의 에너지 변화는 거의 무시할 만함을 보여라.

71.** 광자 에너지 측정

주어진 방사성 물질이 문제의 특정 방사성 핵의 특성 에너지를 갖는 광자(X선 또는 감마선)를 방출한다. 따라서 정밀한 에너지 측정은 종종 얇은 표본의 성분을 결정하는 데에도 이용될 수 있다. 그림 111에 도식화된 장치에서, 검출기 A(전자가 부딪힘)의 계수가 검출기 B(산란된 광자)의 계수를 동반하는 사건들만 검출되고 있다. 이런 방식으로 검출되는 입사 광자의 에너지는 얼마인가? 전자의 정지 질량 단위를 사용하여 답하라.

72.** 광자의 에너지와 진동수

1900년 플랑크(Max Planck)는 진동수가 ν인 빛은 양자(quanta; 플랑크의 표현) 또는 광자(아인슈타인의 표현)로 구성되어 있으며, 이 양자 또는 광자는 $E = h\nu/c^2$인 에너지가 부여되어 있다는 사실을 자각

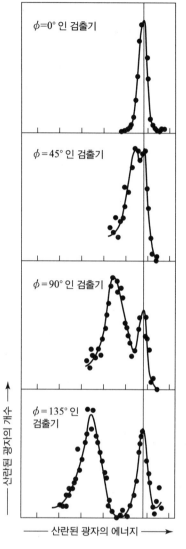

그림 110. 흑연 표적 안의 전자에 의해 산란된 광자에 대한 콤프턴 산란 실험의 결과. $\phi = 0$을 제외한 검출기의 임의의 각에서 일부의 광자는 에너지가 손실된 채 산란되고 (전자가 단독으로 되튀는 경우), 다른 광자들은 에너지 손실이 아예 없거나 거의 없이 산란된다(전자와 원자가 함께 되튀는 경우).

하게 되었다. 여기서 h는 플랑크 상수라고 부르는 보편 비례 상수이다. 빛을 관찰하는 기준틀에 따라 E뿐만 아니라 ν도 달라지는데, 어떻게 플랑크 공식이 의

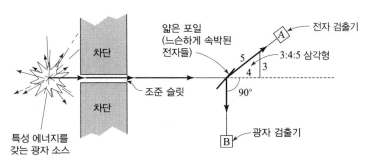

그림 111. 광자 에너지 측정.

미를 가질 수 있을까?

(a) 로런츠 변환에 의해 변한 광자의 에너지는 얼마인가? 실험실 기준틀에서 $+x$ 방향으로 움직이며 에너지가 E인 (운동량 $p = E$인) 광자를 생각하자. 에너지-운동량 4차원 벡터에 대한 변환 방정식을 이용하여 로켓 기준틀에서 이 광자의 에너지 E'에 대한 표현식을 E와 θ_r만 사용해서 구하라.

(b) 로런츠 변환에 의해 빛의 진동수는 얼마나 변하는지 구하라. 좀 더 구체적으로는, 1빛이동 시간미터 동안 ν/c개의 펄스가 실험실 기준틀의 원점을 통과하는 일련의 빛 파동이 $+x$ 방향으로 움직이고 있다고 하자. 시간이 0일 때, 0번째 펄스(또는 '기준' 마루)가 원점을 지나는 동시에 로켓 기준틀의 원점이 실험실 기준틀의 원점을 통과한다. n번째 펄스의 x좌표와 (미터 단위를 사용한) 관찰 시간의 관계가 다음 식으로 주어짐을 보여라.

$$n = \left(\frac{\nu}{c}\right)(t - x)$$

로켓 기준틀에 적용한 동일한 논의로부터 다음 식이 유도된다.

$$n = \left(\frac{\nu'}{c}\right)(t' - x')$$

로런츠 변환 (θ_r는 상대 속도 매개 변수)을 사용해서 이 로켓 기준틀에서의 공식을 실험실 좌표로 표현하

라. 표 8의 공식 $\cosh\theta \pm \sinh\theta = e^{\pm\theta}$를 이용해서 식을 단순화하라. 여기서 e는 자연 로그의 밑으로 그 값은 $e = 2.718281\cdots$이다. x와 t의 함수로 나타낸 n에 대한 공식을 x와 t로 나타낸 n에 대한 실험실 공식과 비교함으로써, ν와 θ의 함수로 ν'에 대한 공식을 유도하라.

(c) (a)와 (b)의 답을 비교하라. 두 기준틀의 상대 운동 방향으로 움직이는 빛에 대해, 기준틀 사이에서 광자 에너지 E의 변환은 빛 파동의 진동수 ν의 변환과 동일하다. 이 결과는 모든 방향에 대한 빛의 운동에 대해 성립한다. (연습 문제 75번을 참조하라.) 따라서 한 좌표계에서 광자를 빛 파동과 연관시키면, 이 연관성은 모든 좌표계에서 유지된다. 에너지(질량 단위)와 진동수를 연결하는 공식 $E = (h/c^2)\nu$에서 상대성이론은 플랑크 상수 h의 값에 대해 말해주지 않는다. 실험에 의하면 h는 6.63×10^{-34} J·s의 값을 갖는다. 관습 단위로 에너지를 측정할 때 에너지와 진동수의 관계는 다음과 같이 주어짐을 보여라.

$$E_{관습} = h\nu \quad \text{(관습 단위로 측정한 에너지)} \tag{115}$$

(d) 연습 문제 70번의 콤프턴 산란 공식이 다음과 같이 주어짐을 보여라.

$$\bar{\nu} = \frac{\nu}{1 + \dfrac{h\nu}{mc^2}(1 - \cos\phi)} \tag{116}$$

1920년대는 어떤 진동수를 갖는 광자에 의한 전기장이 전자를 흔들면, 전자는 이 복사를 더 낮은 진동수로 산란(재방출)시켜야 한다는 아이디어에 대해 큰 저항을 갖는 시기였다.

73.* 중력 적색 편이

다음 두 문제는 중력에 대한 기초적 사실들에 대한 적당한 지식을 가정한다.

(i) 질량이 m_1인 매우 작은 물체 또는 임의의 반지름을 갖는 구형 대칭인 물체는 질량이 m_2인 매우 작거나 구형 대칭인 물체에 $F = Gm_1m_2/r^2$의 인력을 작용한다. 여기서 r는 두 물체의 중심 사이의 거리이고, G는 뉴턴 중력 상수로 그 값은 $G = 6.67 \times 10^{-11} \text{ m}^3/\text{kg} \cdot \text{s}^2$이다.

(ii) 단위 질량의 시험 입자가 고정된 질량 m의 중력 당김에 대항하여 r로부터 $r + dr$까지 이동하기 위해 필요한 일은 다음과 같다.

$$Gm\left(\frac{dr}{r^2}\right)$$

에너지 단위를 관습 단위로부터 질량 단위로 변환하면, 질량 단위의 시험 입자가 하는 일 dW는 다음과 같이 표현할 수 있다.

$$dW = \frac{Gm}{c^2}\frac{dr}{r^2} = m^*\frac{dr}{r^2} \qquad (117)$$

(iii) 이 공식에서 첫 번째 인자인 $m^* = Gm/c^2$은 간단한 의미를 가지고 있다. 이것은 킬로그램 단위에서 미터 단위로 변환된 당김 중심의 질량을 나타낸다. 예를 들어, 길이 단위로 나타낸 지구의 질량 ($m = 5.983 \times 10^{24}$ kg)은 $m^*_{\text{지구}} = 4.44 \times 10^{-3}$ m이고, 태양의 질량 ($m = 1.987 \times 10^{30}$ kg)은 $m^*_{\text{태양}} = 1.47 \times 10^3$ m이다.

(iv) 시험 입자를 인력 중심으로부터 r인 거리에서 출발해서 무한대의 거리까지 입자를 이동시킬 때 필요한 시험 입자의 단위 질량당 일은 다음과 같다.

$$W = \frac{m^*}{r} \qquad (118)$$

(a) 어떤 사람이 워싱턴 기념탑(170미터 높이)에 올랐을 때 이 사람의 정지 질량 중 퍼텐셜 에너지로 전환되는 비율은 얼마인가? $g^* = (Gm_e/c^2)(1/r_e^2) = m_e^*/r_e^2$를 반지름이 r_e인 지구 표면에서의 중력 가속도(단위: 제곱미터 당 미터)라고 하자.

(b) 어떤 사람이 지구 중력의 영향이 미치지 않는 곳까지 뻗은 높은 사다리 위로 올랐을 때, 이 사람의 정지 질량 중 퍼텐셜 에너지로 전환되는 비율은 얼마인가? 지구는 자전하지 않고 우주 공간 상에 홀로 존재한다고 가정한다. (a) 또는 (b)에서 전환된 에너지 비율은 사람의 원래 질량이 얼마냐에 따라 달라질까?

(c) 균일한 중력장 g^* 하에서 높이 z만큼 수직으로 올라간 광자의 에너지 변화 비율을 (a)의 결과를 적용하여 추정하라. 광자는 정지 질량이 없고 오직 운동 에너지만 갖는다. 즉, $E = T$이다. 따라서 광자는 중력장 하에서 상승할 때 운동 에너지가 퍼텐셜 에너지로 전환된다. 진동수가 ν인 빛은 에너지가 $E = h\nu/c^2$인 광자들로 구성되어 있다. 중력장 하에서 상승하는 광자의 에너지 손실 비율은 아래에 주어지는 진동수 변화 비율과 일치함을 보여라.

$$\frac{\Delta\nu}{\nu} = -g^*z \qquad \text{(균일한 중력장)}$$

(d) 무한대로 탈출하는 광자의 에너지 손실 비율을 (b)의 결과를 적용하여 추정하여라. (에너지 손실 비율이 2%보다 작은 경우 (b)를 적용하는 것은 오차가 1% 정도로 좋은 근사가 된다.) 구체적으로, 광자가 반지름이 r이고 질량이 M(kg) 또는 $M(\text{meter}) = GM/c^2$인 천체의 표면의 한 지점으로부터 출발했다고 할 때, 에너지 손실 비율을 이용하여 진동수 변화율이 다음과 같이 주어짐을 보여라.

$$\frac{\Delta\nu}{\nu} = -\frac{M^*}{r} \qquad (119)$$

이 진동수 감소를 **중력 적색 편이**라고 부르는데, 그 이유는 편이의 방향이 가시광선 스펙트럼의 낮은 진동수 쪽(적색)을 향하기 때문이다. 지표면에서 탈출하는 빛과 태양 표면에서 탈출하는 빛의 중력 적색 편이를 각각 계산하여라.

74.* 시리우스 동반성의 밀도

시리우스(개 별)는 하늘에서 가장 밝은 별이다. 시리우스와 시리우스의 작은 동반성이 서로에 대해 공전하고 있다. 뉴턴 역학을 적용해서 이 공전을 분석함으로써 천문학자들은 시리우스 동반성의 질량이 태양의 질량과 대략적으로 같음을, 즉 $m \approx 2 \times 10^{30}$ kg 또는 $m^* \approx 1.5 \times 10^3$ m임을 밝혀냈다.

분광계를 이용해서 동반성에서 오는 빛을 분석하였더니, 분광선 패턴으로 확인된 특정 원소의 스펙트럼선의 진동수는 실험실에서 동일한 원소의 스펙트럼선의 진동수에 대해서 7×10^{-4}의 비율만큼 이동하였다. (이 숫자들은 첫 번째 유효 숫자까지만 실험적으로 정확하다.)[*] 이 비율이 바로 중력 적색 편이 (연습문제 73번 끝부분의 공식)라고 가정할 때, 시리우스 동반성의 평균 밀도는 몇 g/cm^{3}인지 추정하라. 이런 부류의 별을 **백색 왜성**이라고 한다.

---

[*] J. H. Moore, Proceedings of the Astronomical Society of the Pacific, **40**, 229(1928).

D. 도플러 편이

75. 도플러 방정식

실험실의 xy평면상에서 광자가 x축과 각 ϕ를 이루는 방향으로 이동하고 있다. 이에 따라 광자의 운동량은 $p^x = p \cos\phi$, $p^y = p \sin\phi$, $p^z = 0$이다.

(a) 운동량-에너지 4차원 벡터에 대한 로런츠 변환 방정식과 광자에 대한 관계식 $E^2 - p^2 = 0$을 이용하여 로켓 기준틀에서 광자 에너지 E'이 다음과 같이 주어짐을 보여라.

$$E' = E \cosh\theta_r(1 - \beta_r \cos\phi) \qquad (120)$$

또한 로켓 기준틀에서 광자의 운동 방향은 x'축에 대해 각 ϕ'을 이루는 방향인데, 여기서 ϕ'은 다음 식으로 주어짐을 보여라.

$$\cos\phi' = \frac{\cos\phi - \beta_r}{1 - \beta_r \cos\phi} \qquad (121)$$

(b) E와 $\cos\phi$에 대한 역 방정식을 E', $\cos\phi'$, β_r의 함수로 유도하라. 이 역 방정식을 '전조등 효과'에 대한 연습 문제 22번의 결과와 비교하라.

(c) 실험실 기준틀에서 빛의 진동수가 ν일 때, 로켓 실험실에서 이 빛의 진동수 ν'은 얼마인가? 상대 운동에 의한 진동수 차이를 **상대론적 도플러 편이** (연습 문제 6번)라고 부른다. 이 식으로부터 어느 기준틀 안에서 광원이 정지해 있는지에 대해 말할 수 있을까?

76. π^0 중간자의 붕괴—해결된 예제

실험실 기준틀에서 자신의 정지 질량과 같은 운동 에너지를 갖고 x 방향으로 움직이는 π^0 중간자(중성 파이온)가 두 개의 광자로 붕괴한다. 중간자가 정지해 있는 로켓 기준틀에서는 이 광자들이 각각 양과 음의 y' 방향으로 방출된다. 로켓 기준틀에서 두 광자의 에너지를 중간자의 정지 질량 단위로 구하고, 실험실 기준틀에서 두 광자의 에너지와 진행 방향을 구하라.

풀이: 로켓 기준틀에서 π^0 중간자는 붕괴하기 전에 정지해 있다. 즉 운동량이 없다. 중간자가 단 하나의 광자로 붕괴하여 운동량이 보존되는 방법은 없다. (a) 붕괴하기 전의 중간자가 정지해 있는 기준틀에서 두 개의 광자가 서로 반대 방향으로 방출되고, (b) 그 기준틀에서 두 광자의 운동량 크기가 같은(광자의 경우 $E' = p'$이므로 에너지도 같아야 함) 경우, 두 광자로의 붕괴는 운동량이 보존된다. 이제 로켓 기준틀에서 이 문제를 풀 수 있다. 로켓 기준틀에서 볼 때, 각각의 광자는 중간자의 정지 질량의 절반씩 운송한다. 즉, $E' = m/2$이다. 또한, 두 광자가 $\pm y'$ 방향으로 이동한다는 진술로부터 $\phi' = \pm 90°$이고, 이에 따라 $\cos\phi' = 0$이다.

실험실 기준틀에서 각 광자의 에너지와 운동 방향은 연습 문제 75번의 결과인 식

$$E = E' \cosh\theta_r (1 + \beta_r \cos\phi')$$

$$\cos\phi = \frac{\cos\phi' + \beta_r}{1 + \beta_r \cos\phi'}$$

를 이용하여 구할 수 있다. 이를 위해서는 우선 θ_r와 β_r의 값을 알아야 한다. 실험실 기준틀에서 중간자의 붕괴 전 운동 에너지는 자신의 정지 질량

과 같다는 문제의 진술로부터

$$E_\pi \equiv m\cosh\theta_r \equiv T + m = 2m$$

이며, 이로부터

$$\cosh\theta_r = \frac{1}{\sqrt{1 - \beta_r^2}} = 2$$

임을 알 수 있다. 따라서 β_r의 값은 다음과 같다.

$$\beta_r = \frac{\sqrt{3}}{2}$$

변환 방정식에 이 결과와 $E' = m/2$을 적용하면, 각각의 광자에 대해

$$E = m$$
$$\cos\phi = \beta_r = \frac{\sqrt{3}}{2}$$

임을 알 수 있다. 이에 따라 $\phi = 30°$이다. 에너지 값에 대한 결과는 붕괴의 대칭성과 붕괴 전 중간자의 총 에너지가 $2m$이라는 사실로부터 쉽게 알 수 있다. 그림 112에 결과가 요약되어 있다. 실험실 기준틀에서 에너지뿐만 아니라 운동량도 보존된다는 것을 확인해 보라.

77. 고속으로 움직이는 전구

자신이 정지한 기준틀에서 모든 방향으로 균일하게

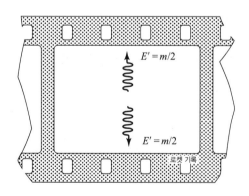
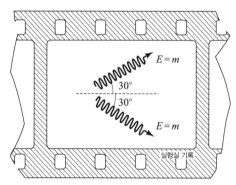

그림 112. π^0 중간자 붕괴 문제의 풀이.

빨간 빛을 방출하는 네온전구가 엄청나게 먼 거리로부터 광속에 가까운 속력으로 직선 경로를 따라 관찰자에게 다가오고 있다. 관찰자는 직선 경로로부터 거리 b 만큼 떨어져 있다. 전구 빛으로부터 매초 관찰자에게 도달하는 광자의 색과 개수는 시간에 따라 변한다. 운동 단계에 따라 정성적으로 이 변화를 기술하라. 연습 문제 75번의 도플러 편이와 연습 문제 22번의 전조등 효과를 모두 고려하라.

78. 물리학자와 신호등

한 물리학자가 적색 신호에 통과했다는 이유로 체포된다. 법정에서 그는, 자신은 적색 신호가 녹색 신호로 보이는 속력으로 교차로에 접근했노라고 변호한다. 물리학과 졸업생인 판사는 신호위반에서 속도위반으로 죄목을 변경하여 피고인에게 그 지역 최고 속도인 시속 20마일에서 1마일 초과할 때마다 1달러씩의 벌금을 부과한다. 벌금은 얼마인가? 적색과 녹색 빛의 파장은 각각 6500 Å과 5300 Å이다. [1옹스트롬 (Å)은 10^{-10} m와 같다.] 빛은 $-x$방향으로 진행함에, 즉 $\phi = \phi' = \pi$임에 유의하라.

79. 태양 가장자리의 도플러 편이

반지름이 대략 7.0×10^8인 태양은 약 24.7일에 한 번씩 자전한다. 적도 근처의 태양 판의 가장자리에서 나오는 파장이 5000 Å인 빛을 지구에서 관찰한다. 이 빛의 도플러 편이를 계산하라. 편이는 가시광선 스펙트럼의 빨강 쪽을 향하는가 아니면 파랑 쪽을 향하는가? 이 도플러 편이의 크기를 연습 문제 73번에서 다룬 태양 빛의 중력 적색 편이와 비교하라.

80. 팽창하는 우주
(연습 문제 6번을 상기하라.)

(a) 먼 은하에서 오는 빛을 분광계로 분석하였다. 다른 스펙트럼선들의 패턴으로부터 파장이 7300 Å인 스펙트럼선이 수소의 선 스펙트럼 중 하나로 판명되었다. 즉, 이 스펙트럼선은 실험실에 있는 수소의 선 스펙트럼 중 파장이 4870 Å인 선에 해당한다. 파장의 편이를 도플러 편이라고 할 때, 관찰된 은하는 지구에 대해 얼마나 빨리 움직일까? 빛은 은하의 운동 방향과 반대 방향($\phi = \phi' = \pi$)으로 진행함에 유의하라.

(b) 다른 증거에 의하면 관찰된 은하는 50억 광년 떨어진 거리에 있다. 이 은하가 우리 은하(은하수)로부터 분리된 시간을 추정하여라. 추정의 단순화를 위해서 후퇴 속력이 일정하다고(즉, 은하 사이의 중력 끌림에 의해 느려지지 않는다고) 가정하라. 1929년 천문학자인 허블(Edwin Hubble)은 이 시간이 거리와 속력이 측정될 수 있는 모든 은하들에 대해 거의 동일한 값을 갖는다는 사실을 발견하였다.[*] (이 시간의 역수를 허블 상수라고 부르며, 따라서 이 시간을 허블 시간이라 부른다.) 이로부터 팽창하는 우주라는 개념[**]이 도입되었다. 팽창을 느리게 하는 중력 효과를 고려하면 팽창 시작 시간의 예측 값은 줄어들까 아니면 늘어날까?

81.[*] 도플러 편이를 이용한 시계 역설[***]

시계 역설 (연습 문제 27번과 49번)은 도플러 편이를 이용하면 다음과 같이 정연하게 해결될 수 있다. 폴이 지구에 남아 있다. 피터는 β_r의 큰 속력으로 멀리 떨어진 별을 향해 여행한 다음 같은 속력으로 지구로 귀환한다. 피터와 폴 모두 지구 기준틀에서 진동수 ν로 빛이 어두워졌다가 밝아졌다 하는 멀리 떨어진 변광성을 관찰한다. (로켓 기준틀에서의 진동수는

---

[*] Proceedings of the U.S. National Academy of Sciences, **15**, 168 (1929)을 참조하라.

[**] 더 자세한 내용은, 예를 들어, Herman Bondi *Cosmology* (Cambridge University Press, Cambridge, England, Second Edition, 1960)을 참조하라.

[***] E. Feenberg, American Journal of Physics, **27**, 190(1959).

ν'이다.) 이 변광성은 피터의 경로 길이보다 훨씬 큰 거리만큼 떨어져 있고, 지구 기준틀에서 볼 때 경로에 수직인 방향에 위치해 있다. 피터의 왕복 여행 동안 두 사람이 센 변광성의 총 맥동 횟수는 동일하다. 이 사실과 실험실 관찰 각 $\phi = 90°$(연습 문제 75번)에서의 도플러 편이

$$\nu' = \nu \cosh\theta_r (1 - \beta_r \cos\phi) \qquad (122)$$

를 이용해서 연습 문제 27번에서 기술한 내용, 즉 여행의 마지막 순간에 폴은 50년 나이를 먹은 반면 피터는 14년만 늙었다는 것을 증명하여라.

82.* 속도 계측

고속도로를 따라 겨누어진 정지한 레이더 송신기가 다가오는 차량으로부터 반사된 신호의 진동수 편이를 이용해서 자동차의 속력을 측정하는데 사용되고 있다. 뉴저지 경찰이 사용하는 이 장비는 2455 MHz의 진동수로 작동한다. 자동차가 시속 80마일로 다가올 때 반사 빔의 진동수 편이는 얼마인가? 시속 1마일은 초속 0.447미터에 해당한다. (자동차를 자신 기준틀에서 볼 때 자신에게 날아온 빛의 진동수와 같은 진동수의 빛을 발생하는 광원으로 가정하라. 풀이에는 두 개의 변환이 포함된다. 하나는 도로 기준틀에서 자동차 기준틀로, 또 다른 하나는 자동차 기준틀에서 다시 도로 기준틀로의 변환이다.) 이 장치가 시속 10마일 이하의 속도를 구별할 수 있다고 가정할 때, 이 장치가 감지할 수 있는 진동수 변화 비율의 최솟값은 얼마인가?

83.* 도플러 선폭 증가

절대 온도가 T인 기체 속의 원자의 평균 운동 에너지는 $(3/2)kT$이다. (상수 k는 볼츠만 상수로 불리며 그 값은 1.38×10^{-23} J/K이다.) 온도가 T인 기체 속 원자로부터 방출되는 빛에서 관찰되는 도플러 편이에 의한 진동수 변화율을 추정하라. 뉴턴 역학적 저속 근사를 이용하라. 이 편이는 방출된 빛의 관찰된 진동수를 증가시킬까 아니면 감소시킬까? 이와 같은 편이는 전기 방전에서 들뜬 기체로부터 나오는 주어진 스펙트럼선이 중앙 진동수 주위로 얇은 진동수 대역을 형성하는 원인의 하나가 된다. 이 효과를 스펙트럼선의 도플러 선폭 증가라고 한다.

84.* 이미터의 되튐으로 인한 광자 에너지 편이

(a) 초기 정지 질량이 m이고 초기에 정지해 있던 자유 입자가 에너지가 E인 광자를 방출한다. 광자 방출 후 정지 질량이 $\bar{m}$가 된 입자는 그림 113에서 보듯 속도 매개 변수 θ로 되튄다.

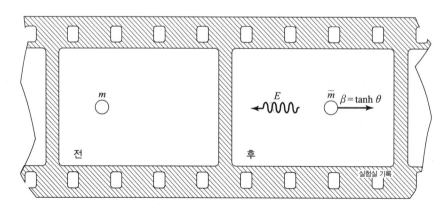

그림 113. 광자를 방출하는 입자의 되튐.

속도 또는 속도 매개 변수에 무관한 형태의 보존 법칙을 마련하라. 방출 과정에서 정지 질량의 변화율이 1보다 매우 작은 경우, 광자의 에너지가 $E_0 = m - \overline{m}$ 임을 보여라. 일반적인 경우에는 다음 식이 성립함을 보여라.

$$E = E_0\left(1 - \frac{E_0}{2m}\right)$$

또는

$$\frac{E - E_0}{E_0} = \frac{\Delta E}{E_0} = -\frac{E_0}{2m} \qquad (123)$$

(b) 기체 속 원자($mc^2 \sim 10 \times 10^9$ eV)로부터 방출되는 가시광선($E_{0,\text{관습}} \sim 3$ eV)에 대해서 이 에너지가 실온($kT \sim (1/40)$ eV) 정도로 낮은 온도에서의 열운동 (연습 문제 83번)에 의한 도플러 편이보다 훨씬 작음을 보여라.

85.* 뫼스바우어 효과

(a) 코발트 Co^{57}의 방사성 붕괴에 의해 소위 '들뜬 상태'를 형성하는 철 Fe^{57}의 자유 원자가 원자핵에서 에너지가 14.4 keV인 감마선(에너지가 매우 큰 광자)을 방출하고 '정상적인' Fe^{57} 원자로 변환된다. 원자 되튐으로 인한 방출 감마선의 에너지 편이 비율은 얼마인가? Fe^{57} 원자의 질량은 57개의 양성자 질량과 거의 같다.

(b) 방출 감마선이 모두 이런 진동수 편이를 경험하는 것은 아니라는 사실은 1958년 29세의 뫼스바우어(Mössbauer)가 찾아낸 중요한 발견이다.* 그는 양자역학을 기초로 하여 고체 안에 묻혀 있는 들뜬 상태의 철 원자의 상당히 높은 비율이 방출 순간에 자유

---

* 1961년에 독일인 과학자에게 노벨상을 안겨준 이 발견에 대해 보다 자세한 설명을 원하면 S. DeBenedetti, "The Mössbauer Effect," Scientific American, **202**, 72(1960), available as Offprint 271 from W. H. Freeman and Company, San Francisco을 참조하라.

원자처럼 되튀지 **못하고** 고체의 나머지 부분에 단단히 잠긴 것처럼 행동한다는 사실을 이론적으로 증명하고 실험적으로도 증명하였다. 이 경우 되튐은 고체 전체에 전해진다. 고체는 원자 하나보다 10의 수십 승 배나 무거우므로 이 사건을 **되튐 없는** 과정(recoilless processes)이라 부른다. (고체 안에 구속된 핵에서 광자의 되튐 없는 **방출**은 원자 안에 단단히 구속된 전자에 의해 **산란되는** 일부 광자는 전체 원자가 한 단위로 되튀기 때문에 에너지 편이가 거의 없다는 콤프턴의 발견 중 하나를 상기시킨다. 이에 대해서는 연습 문제 70번을 참조하라.) 되튐 없는 과정에서 방출된 감마선에 대해, 연습 문제 84번의 m은 철 원자가 묻힌 전체 덩어리의 질량이다. 이 덩어리의 질량이 1그램일 때, '되튐 없는' 과정에서 방출된 감마선의 진동수 편이 비율은 얼마인가?

(c) 들뜬 Fe^{57} 원자로부터 방출되는 감마선은 모두 정확히 동일한 에너지를 갖는 것이 아니라 좁은 에너지(또는 진동수) 범위 분포를 갖는데, 이를 **자연 선폭**(natural line width)이라 부른다. 실제로 1천개 혹은 그보다 많은 광자를 여러 부류(class)로 분류할 수 있다. 주어진 광자는 그 진동수가 동일한 폭의 좁은 진동수 간격의 어디에 놓였는가에 따라 한 부류 또는 다른 분류에 속하게 된다. 각 부류의 광자 숫자를 진동수의 함수로 그리면 그림 114와 같은 종 모양의 곡선이 나타난다. 최댓값의 절반인 지점에서 이

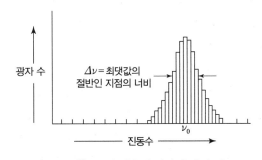

그림 114. Fe^{57}로부터 방출된 광자의 자연 선폭.

곡선의 넓이를 $\Delta \nu$로 표시한다. Fe^{57}로부터 방출된 14.4 keV의 감마선에 대한 비율 $\Delta \nu / \nu_0$는 매우 작은 값인 3×10^{-13}을 갖는다. Fe^{57}의 자연 선폭 $\Delta \nu$는 몇 헤르츠(Hz)인가? 자연 선폭의 비율을 자유 철 원자의 되튐에 의한 편이 비율 및 되튐 없는 과정에서 감마선 편이 비율과 각각 비교하라.

뫼스바우어가 되튐 없는 과정을 발견한 것으로 인해 우리는 10^{13}분의 3이라는 환상적으로 정밀한 감도를 갖는 진동수의 복사체를 손에 쥐게 되었다. 연습 문제 86번은 이 복사의 검출에 대해 다루고 있다. 연습 문제 87번에서는 복사체 또는 검출기 또는 둘 모두의 실효 진동수에서 10^{13}분의 몇 정도의 제어된 변화를 만들기 위한 수단으로 운동(도플러 효과)을 이용한다. 정확하게 정의된 진동수의 복사는 어디에 사용할 수 있을까? 용도는 다양하다. 예를 들어 뫼스바우어 효과는 고체 물리학, 분자 물리학 및 생물 물리학에서 중요한 신기술의 기초가 된다. 이웃한 원자 또는 외부 자기장에 의해 야기된 Fe^{57} 원자로부터 방출된 복사의 자연 진동수 변화를 감지할 수 있으며, 이런 방식으로 철 원자와 주변 결정 사이의 상호작용 (예: 고체 철과 철 카바이드 결정격자의 Fe^{57} 원자 사이의 진동수 차이) 또는 철 원자와 이웃 분자 사이의 상호작용 (예: 헤모글로빈 분자에 결합된 Fe^{57} 원자의 진동수 이동) 등을 분석할 수 있다.

86.** 공명산란

정상적인 Fe^{57} 원자핵은 주변의 어떤 감마선보다 공명 에너지에 해당하는 14.4 keV의 감마선을 훨씬 강하게 흡수한다. 이렇게 흡수된 에너지는 핵의 내부 에너지로 전환되어 Fe^{57}을 '들뜬 상태'로 변환시킨다. 시간이 지나면 들뜬 핵은 흡수되었던 감마선을 모든 방향으로 다시 방출하고 '정상 상태'로 되돌아간다. 이에 따라 한 방향으로 입사한 광선으로부터 흡수된 감마선은 모든 방향으로 다시 방출된다. 그러므로 Fe^{57}이 들어 있는 얇은 판을 통해 투과되는 14.4 keV

의 공명 에너지의 감마선 개수는 인접한 에너지를 갖는 감마선의 개수보다 더 작게 된다. 이를 **공명산란 (resonant scattering)**이라 한다. 공명 에너지 E_0의 감마선이 초기에 정지해 있는 **자유로운** 철 원자에 입사할 때, 운동량 보존 법칙과 에너지 보존 법칙을 만족할 수 없기 때문에 자유 원자의 핵은 자신의 공명 에너지 값을 갖는 감마선을 흡수할 수 없음을 보여라. 1그램의 결정에 포함된 철 원자가 되튐 없는 과정에 의해 공명 에너지의 감마선을 흡수할 때에는 두 보존 법칙이 모두 성립함을 보여라. 이 과정에서는 전체 결정이 입사 감마선의 운동량을 흡수한다. (정확히 말해서, 운동량에 대해서는 보존 법칙이 성립하지만 에너지에 대해서는 보존 법칙이 성립하지 않는다. 그러나 에너지의 불일치 정도 또는 이와 동등한 진동수의 불일치 정도는 10^{13}분의 3보다 작기 때문에 철 원자의 핵은 이 불일치를 '인지할 수 없으며', 이에 따라 감마선을 흡수한다.)

87.** 공명산란에 의한 도플러 편이 측정

그림 115와 같은 실험 배열에서 들뜬 Fe^{57} 핵을 포함하는 광원에서 다른 복사선과 함께 되튐 없는 과정에 의해 에너지가 E_0인 감마선이 방출되고 있다. 정상 상태의 Fe^{57} 핵을 포함하는 흡수재가 또 다른 되튐 없는 과정에 의해 이 감마선의 일부를 흡수한 후 모든 방향으로 다시 방출한다. 따라서 그림에 보이는 위치의 감마선 계수기의 측정 계수는 정상 상태의 Fe^{57}을 포함한 흡수체가 정상 상태의 Fe^{57}이 포함되지 않

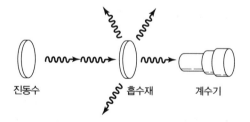

그림 115. 광자의 공명산란.

는 흡수재보다 작다. 이제 광원이 흡수재를 향해 β의 속력으로 다가간다. 공명 선폭에 해당하는 10^{13}분의 3만큼 진동수가 이동한 감마선이 흡수재에 도착한다면 흡수재의 속도는 몇 cm/s인가? 이런 상황에서 계수기의 측정 계수는 증가할까 아니면 감소할까? 광원이 동일한 속력으로 흡수재로부터 멀어지는 방향으로 이동하면 측정 계수는 어떻게 될까? 광원 속도의 함수로 계수기의 측정 계수를 대략적으로 그려라. 이 방법을 사용하면, 상대성 원리에 위반하는, 광원의 절대 속도를 측정할 수 있을까?

88.** 중력 적색 편이에 대한 뫼스바우어 검증

Fe^{57}로부터 되튐 없이 방출된 14.4 keV의 감마선이 균일한 중력장 하에서 연직 위 방향으로 이동한다. 높이 z까지 상승했을 때 이 광자의 에너지 감소율은 얼마인가? (연습 문제 73번 참조할 것.) 이 높이에 놓인 Fe^{57} 흡수재가 되튐 없는 과정에 의해 이 감마선을 산란시키기 위해서는 어느 방향으로 얼마의 속력으로 움직여야 하는가? 높이가 22.5미터일 때 이 속도를 계산하라. (a) 중력 적색 편이가 있을 경우와 (b) 중력 적색 편이가 일어나지 않을 경우 각각에 대해 측정 계수를 흡수재의 속도의 함수로 그려라. 파운드(R. V. Pound)와 레브카(G. A. Rebka, Jr.)가 수행한 실험[*]에서는 매우 많은 수의 광자 계수로부터 통계적으로 $\Delta\nu/\nu_0 = (2.56 \pm 0.26) \times 10^{-15}$의 진동수 편이가 유도되었다.

89.** 시계 역설에 대한 뫼스바우어 검증

쌍둥이 피터가 자신의 형제인 폴을 실험실에 남겨두고 고속으로 여행을 한 다음 되돌아와서는 집에 머문 폴보다 자신이 더 젊다는 것을 발견하는 것은 일상 경험과 너무 어긋나기 때문에 이에 대한 실험이 이미 완료되었을 뿐 아니라 예측을 지지하는 결과를 얻었다는 것을 발견하는 것은 놀라운 일이다! 찰머스 셔윈(Chalmers Sherwin)은 다른 생명체뿐 아니라 쌍둥이도 철 원자와 동일하게 취급할 수 있음을 지적하였다.[**] 하나의 철 원자는 정지 상태를 유지하도록 하고, 다른 하나의 철 원자는 앞뒤로 한 번 또는 여러 번 왕복하도록 하자. 1백만 번 왕복한 후의 두 원자의 노화의 백분율 차이는 1번 왕복한 후의 백분율 차이와 동일하지만, 측정하기는 더 쉽다. 어떻게 하면 두 번째 원자를 많이 왕복 여행하도록 만들 수 있을까? 원자가 평형 위치를 중심으로 앞뒤로 열적 진동을 하도록 원자를 뜨거운 철 조각에 삽입하면 된다! 노화의 차이를 어떻게 측정할 수 있을까? 피터와 폴의 경우에는 분리되어 있는 동안 각자가 쏘아올린 생일 폭죽의 개수를 세어서 측정한다. 철 원자를 이용한 실험의 경우, 만날 때까지의 폭죽의 섬광 개수가 아니라 되튐 없는 과정에 의해 방출되는 광자의 진동수를 비교함으로써 사실상 실험실 시간으로 1초 동안에 두 핵 시계로부터 나는 '똑딱' 소리의 개수를 비교해서 측정할 수 있다. 다시 말해, (a) 정지해 있는 철 원자핵과 (b) 뜨거운 시료 안의 철 원자핵에 대해 내부 핵 진동(철 원자 전체의 앞뒤로의 진동과 혼동하지 말 것!)의 유효 진동수를 비교함으로써 측정할 수 있다.

철 원자핵을 정지 상태로 있게 하기는 어렵다. 따라서 실제 실험에서는 (a)와 (b)에 대해서가 아니라 (b)와 (b′) [온도 차가 ΔT인 두 철 결정]에 대해서 유효 내부 핵 진동수를 비교했다. 파운드와 레브카[***]는 $\Delta T = 1$ K만큼 데워진 시료의 유효 진동수 변화가 $\Delta\nu/\nu_0 = (-2.09 \pm 0.24) \times 10^{-15}$인 것을 측정했다. (진동을 덜 했고, 똑딱 소리가 덜 났고, 생일이 덜 지났고, 더 젊다!)

---

[*] Physical Review Letters, **4**, 337(1960)을 참조하라.

[**] Physical Review, **120**, 17(1960)을 참조하라.

[***] Physical Review Letters, **4**, 274(1960)을 참조하라.

실험에 대한 생각을 단순화하기 위해, 철 원자 하나는 정지 상태에 있고 다른 하나는 온도 T에서 열적 진동 상태에 있다는 아이디어로 되돌아가보자. 실험실 시간으로 매초 당 뜨거운 시료의 내부 진동 횟수가 줄어드는 비율을 예측하고, 이를 실험과 비교하라.

논의: 그림 116은 실험실 시간 dt 동안 '내부 핵 시계'의 유효 똑딱 소리의 개수를 비교한 것이다. 열적 진동의 속력은 광속의 10^{-5}배라는 것에 유의하라. 불일치 인자(discrepancy factor) $1 - (1 - \beta^2)^{1/2}$의 대수적 근사로부터 무엇을 알 수 있나? 실험실 시간으로 dt가 경과하는 동안 정지한 원자에 비해 뜨거운 원자의 똑딱 소리는 얼마나 부족한가? 1초 동안 뜨거운 원자로부터의 똑딱 소리의 누적 결손이 다음과 같이 주어짐을 보여라.

$$\nu_0 \left(\frac{\beta^2}{2} \right)_{\text{av}}$$

여기서 $(\beta^2)_{\text{av}}$는 광속에 대한 '원자 속력의 제곱의 시간 평균값'을 의미한다. 질량이 $m_{\text{Fe}} \approx 57 \, m_{\text{양성자}}$인 뜨거운 철 원자의 열 진동의 평균 운동 에너지는 기체에 대한 고전 운동론에 의해 다음과 같이 주어진다.

$$\frac{1}{2} m_{\text{Fe}} (\beta^2)_{\text{av}} c^2 = \frac{3}{2} kT$$

여기서 k는 두 에너지 단위인 켈빈(K)과 줄(J) 사이 또는 켈빈(K)과 에르그(erg) 사이에 대한 볼츠만 변환계수로, $k = 1.38 \times 10^{-23}$ J/K ($k = 1.38 \times 10^{-16}$ erg/K)로 주어진다. 파운드 레브카의 실험 결과와 이 계산 결과를 비교하라.

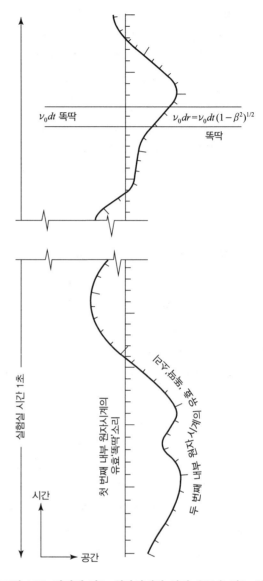

그림 116. 정지해 있는 원자시계와 열적 운동을 하는 원자시계의 비교.

E. 충돌

90. 대칭적 탄성 충돌

질량이 m이고 운동 에너지가 T인 입자가 동일한 질량의 정지한 입자와 탄성 충돌을 한 후, 두 입자는 원래 방향에 대해 서로 다른 각을 이룬 채 서로 다른 에너지를 갖고 튀어나와 운동한다. 이런 상황에서 두 최종 속도 벡터 사이의 각 α는 뉴턴 역학에 의하면 항상 90°가 될 것으로 예측된다. 그러나 상대성이론에서는 그렇지 않다! 상대성이론은 α가 90°보다 작을 것으로 예측한다. (연습 문제 40번 참조할 것.) 질문: 그림 117과 같이 가장 간단한 대칭적 탄성 충돌인 경우, 즉 두 입자가 동일한 에너지와 동일한 각으로 분리되는 경우, α는 90°보다 얼마나 작은가? 운동량과 에너지 보존 법칙의 상대론적 형태만을 사용하여 이 각을 결정하라.

논의: 충돌 전 계의 총 에너지는 얼마인가? 이에 따라 충돌 후 두 입자 중 하나의 총 에너지는 얼마인가? 결과적으로 이 입자의 운동량은 얼마인가? (운동량과 에너지만 관련된 문제에서 속도에 대한 언급이나 사용을 피하기 위한 관계식에 대해서는 172쪽의 연습 문제의 서론을 참조하라.) 계의 원래 운동량은 얼마이

었나? 각 α가 다음 식으로 주어짐을 보여라.

$$\cos^2\left(\frac{\alpha}{2}\right) = \frac{T+2m}{T+4m}$$

위의 식은 삼각 항등식으로부터 다음과 같이 쓸 수도 있다.

$$\cos\alpha = \frac{T}{T+4m} \qquad (124)$$

(1) 저속의 뉴턴 역학적 탄성 충돌과 (2) 매우 큰 T를 갖는 극한의 상대론적 충돌에 대해서 α는 각각 얼마인가?

91. 다윗과 골리앗 – 해결된 예제

정면 탄성 충돌을 통해 정지해 있던 양성자에게 자신의 운동 에너지 절반을 나누어주기 위해서 전자가 가져야 할 최소 운동 에너지는 얼마인가? T_e를 입사 전자의 운동 에너지, m_p를 양성자의 정지 질량이라 할 때, 차원 없는 단일 미지의 양 T_e/m_p를 결정하기 위해 풀어야 할 하나의 방정식으로 마무리할 수 있도록 계산을 정리하라. 근삿값 $m_p c^2 \approx 1000 \text{ MeV}$를 이용해서 $T_{e\,관습}$의 값을 구하여라. (근사를 통해 방정식의 해를 구할 경우, 답의 오차를 추정하라.)

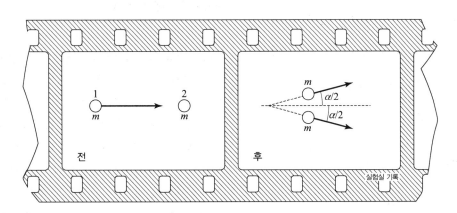

그림 117. 동일 입자 사이의 대칭적 탄성 충돌.

풀이: 이 문제는 불필요한 대수 조작을 피하는 방법에 대한 연습이다! 탄성 충돌이기 때문에 전자와 양성자는 충돌에 의해 소멸되지 않고, 이에 따라 복사도 방출되지 않는다. 이 경우 에너지 보존은 운동 에너지 보존을 의미한다. 충돌 후 양성자의 운동 에너지는 입사 전자의 운동 에너지의 절반을 가지므로 $\overline{T}_p = T_e/2$이다. 따라서 전자는 자신의 원래 운동 에너지의 절반을 운반해야 한다. 즉, $\overline{T}_e = T_e/2$이다.

정면충돌이기 때문에 모든 운동은 x축 상에서 일어나며, 운동량은 부호를 적절히 고려해서 스칼라처럼 더한다. 전자가 양성자로부터 되튈 것이므로 충돌 후 전자의 운동량은 음의 부호를 갖는다. 따라서 운동량 보존 법칙은 다음과 같다.

$$p_e = \overline{p}_p - \overline{p}_e$$

운동량과 에너지를 연계하기 위해 일반 식

$$E^2 - p^2 = m^2$$

을 이용하면, 이로부터

$$p^2 = E^2 - m^2 = (T+m)^2 - m^2 = T^2 + 2mT$$

를 얻을 수 있고, 이 식을 운동량에 대해 정리하면

$$p = \sqrt{T^2 + 2mT}$$

를 얻는다. 따라서 운동량 보존 법칙은

$$\sqrt{T_e^2 + 2m_e T_e} = \sqrt{\overline{T}_e^2 + 2m_p \overline{T}_p} - \sqrt{\overline{T}_e^2 + 2m_e \overline{T}_e}$$

으로 쓸 수 있다. 에너지 보존 법칙을 적용한 결과

$$\overline{T}_p = \overline{T}_e = \frac{T_e}{2}$$

를 위 식에 대입하면

$$\sqrt{T_e^2 + 2m_e T_e} = \sqrt{\frac{T_e^2}{4} + m_p T_e} - \sqrt{\frac{T_e^2}{4} + m_e T_e}$$

이 식의 양 변을 $\sqrt{T_e m_p}$로 나누면

$$\sqrt{\frac{T_e}{m_p} + \frac{2m_e}{m_p}} = \sqrt{\frac{T_e}{4}m_p + 1} - \sqrt{\frac{T_e}{4}m_p + \frac{m_e}{m_p}}$$

이 식은 문제에서 요구한 미지의 양 T_e/m_p만을 포함하는 식이다. 양성자의 정지 질량은 전자의 정지 질량보다 대략 2,000배 더 무겁기 때문에 $m_e/m_p \ll 1$을 이용하여 근사적으로 위 식을 풀자. 즉, 위 식에서 m_e/m_p를 무시하면 다음과 같이 쓸 수 있다.

$$\sqrt{\frac{T_e}{m_p}} \approx \sqrt{\frac{T_e}{4m_p} + 1} - \frac{1}{2}\sqrt{\frac{T_e}{m_p}}$$

또는

$$\frac{3}{2}\sqrt{\frac{T_e}{m_p}} \approx \sqrt{\frac{T_e}{4m_p} + 1}$$

이 식을 제곱한 후 정리하면 T_e/m_p에 대한 다음의 근삿값은 다음과 같이 주어진다.

$$\frac{T_e}{m_p} \approx \frac{1}{2}$$

정확한 해는 이 값과 아주 약간 또는 $\dfrac{m_e}{m_p} = \dfrac{1}{2000}$의 배수 정도의 차이가 난다. 위 식의 양 변에 $m_p c^2$을 곱하면 $T_{e\,관습}$은 다음과 같이 주어진다.

$$T_{e\,관습} = T_e c^2 = \frac{m_p c^2}{2} = \frac{1000\ \text{Mev}}{2} = 500\ \text{MeV}$$

92. 완전 비탄성 충돌

정지해 있던 질량 m_1의 자유 입자를 운동 에너지가 T이고 자유 입자의 질량과 다른 정지 질량 m_2인 두 번째 입자가 달려와 부딪쳐 달라붙는다. 충돌 후 **결합된 입자의 정지 질량** $\overline{m}$는 얼마인가? 결합된 입자의 정지 질량이 뉴턴 역학적 결과인 $\overline{m} = m_1 + m_2$로 환원되기 위한 조건은 무엇인가? 뉴턴 역학적 분석이 대략적으로 맞으려면 이 조건은 입사 입자의 운동 에너지 T의 최댓값에 대해 무엇을 말해주는가? 논의: 충돌 전과 후의 계의 운동량은 각각 얼마인가? 일단 이

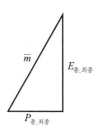

그림 118. 완전 비탄성 충돌 후 결합된 입자의 에너지–운동량 4차원 벡터.

값이 정해지면, 그림 118의 어떤 양이 알려진 것이고 구해야 하는 양은 무엇인가? 이 '삼각형'의 '빗변'에 피타고라스 정리가 적용되는가?

93.* 양성자에 의한 입자 생성

고에너지 입자 가속기를 만드는 목적은 일반적으로 우주선에 의한 생성물로서만 드물게 실험실을 통과해 들어오는 수명이 짧은 입자들 중 일부를 연구용으로 생성하는 데 있다. 생성 과정에서 가속기로부터 나오는 고에너지 입자의 운동 에너지 중 일부는 새로운 입자의 정지 질량으로 변환된다. 1955년 버클리 소재 캘리포니아 대학의 세그레(Emilio Segrè)와 공동연구자들은 수소(양성자)를 포함하며 정지해 있는 표적을 양성자 빔으로 폭격하는 방식을 통해 양성자와 질량은

같지만 전하가 반대 부호인 반양성자(antiproton)를 생성하였다.* 입자 물리학의 다양한 보존 법칙들(전하보존, 중입자 보존 등)에 의하면, 반양성자가 생성될 경우 양성자도 함께 생성되어야만 한다. 그래서 충돌 후에는 입사 양성자, 표적 양성자와 함께 새로운 양성자–반양성자 쌍이 남아있게 된다. 쌍 생성을 일으킬 수 있는 입사 양성자의 최소 운동 에너지는 얼마인가? 이 최소 운동 에너지를 임계(threshold) 에너지라고 한다.

(a) 첫 번째이자 잘못된 접근. 입사 양성자의 운동 에너지 전부가 정지 질량으로 변환되어 4개의 최종 입자가 모두 정지해 있는 그림 119의 충돌을 분석하라. 이 반응은 에너지 보존 법칙과 운동량 보존 법칙을 모두 만족시키는가?

(b) 두 번째 접근. 4개의 최종 입자가 모두 정지해 있을 수 있고 충돌이 운동량 보존 법칙을 만족하는 기준틀을 찾아라. 논의: 총 운동량이 0인 기준틀을 **운동량 중심(center-of-momentum)** 기준틀이라고 한다. 운동량 중심 기준틀에서 충돌은 그림 120의 모습을 띤다. 입사 양성자의 총 에너지는 4개의 최종 입자들이 모여 있는 경우가 4개의 최종 입자들이 서로 멀어지는

---

* Chamberlain, E. Segrè, C. Wiegand, and T. Ypsilantis, *Physical Review*, **100**, 947 (1955)를 참조하라.

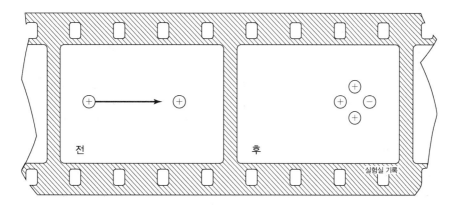

그림 119. 임계점에서 양성자–반양성자 생성에 대한 부정확한 실험실 도표.

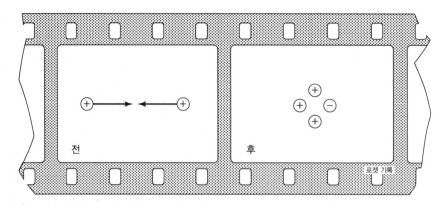

그림 120. 임계점에서 양성자–반양성자 생성에 대한 올바른 로켓 도표.

경우보다 더 적게 필요하다. 왜 그럴까? (운동량 중심 기준틀에서 충돌을 고려하라. 관심의 대상인 고에너지 영역에서는 입자 사이의 전기력의 그 영향이 무시할만하므로 고려하지 마라.)

(c) 세 **번째 접근**. 두 번째 접근으로부터, 생성된 입자들이 함께 모여 있을 때, 운동량 보존을 만족하면서 운동 에너지에서 정지 질량으로의 변환이 가장 크게 일어날 수 있음을 알았다. 실험실 기준틀에서 이 입자들은 그림 121에서와 같이 모두 동일한 속도로 움직인다. 이 그림으로 새롭게 시작하여 **실험실 기준틀에서 표현된 운동량과 에너지 보존 법칙만을 사용하여**

양성자–반양성자 쌍의 생성에 대한 임계 운동 에너지 $T_{임계}$를 구하라. 답을 양성자의 정지 질량의 곱으로도 표현하고, GeV 단위로도 표현하라.

(d) 충돌 후 각 입자의 에너지는 얼마인가?

(e) (c)에서 계산한 임계 에너지는 연습 문제 92번의 답으로부터 유도될 수 있음을 보여라. 연습 문제 92번에서 초기 입자들 각각은 양성자의 질량을 가지며 최종 질량 $\overline{m}$는 양성자의 4배와 같다고 가정한다.

(f) 수소 대신 무거운 핵을 표적으로 사용하면 왜 입사 양성자의 임계 에너지가 더 낮은 경우에도 양성자–반양성자 쌍이 생성될 수 있나?

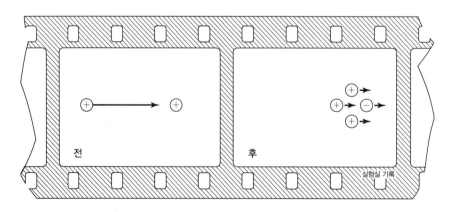

그림 121. 임계점에서 양성자–반양성자 생성에 관한 교정된 실험실 도표.

94.* 전자에 의한 입자 생성

다음 과정에서 입사 전자의 임계 운동 에너지 $T_{임계}$는 얼마인가?

전자 (빠른) + 양성자 (정지)

$\rightarrow$ 전자 + 반양성자 + 2개의 양성자

95.* 단일 광자에 의한 한 쌍의 광생성

(a) 감마선(정지 질량이 0인 고에너지 광자)은 전자-양전자 쌍의 정지 에너지보다 큰 에너지를 수송할 수 있다. (양전자는 전자와 질량은 같지만 전하량이 반대인 입자임을 기억하라.) 그럼에도 불구하고 다음 과정

(강력한 감마선) $\rightarrow$ (전자) + (양성자)

는 다른 물질이나 복사가 없는 상태에서는 일어날 수 없다. 이 과정은 실험실 기준틀에서의 운동량 및 에너지 보존 법칙과 양립할 수 없음을 **증명**하여라. 추정된 양전자와 전자가 입사 감마선의 경로에 대해 다른 각을 이루는 가장 일반적인 경우를 다루자. 추정된 전자-양전자 쌍의 운동량 중심 기준틀(두 생성 입자의 총 운동량이 0인 기준틀)에서 증명을 반복하여라. 이 증명이 훨씬 인상적이다.

(b) 다른 물질이 존재하는 경우, 감마선은 전자-양전자 쌍을 **생성**할 수 있다. 감마선이 다음과 같은 자주 관찰되는 과정을 일으킬 수 있는 임계 에너지 $T_{임계}$는 얼마인가?

(감마선) + (정지한 전자) $\rightarrow$ (양전자) + 2(전자)

전자와 양전자의 정지 에너지는 모두 약 $0.5\,\mathrm{MeV}$이다.

96.** 두 광자에 의한 한 쌍의 광생성

서로 다른 에너지의 두 감마선이 진공 중에서 충돌하여 전자-양전자 쌍을 생성하며 소멸한다. 이 반응이 일어날 수 있는 두 감마선의 에너지 범위와 초기 진행 방향 사이의 각의 범위를 구하여라.

97.** 양전자-전자 소멸

운동 에너지가 T인 양전자 e^+가 실험실 기준틀에서 실질적으로 정지해 있는 전자 e^-를 포함하는 표적에서 소멸한다.

e^+ (고속) + e^- (정지) $\rightarrow$ 복사

(a) 초기 입자들의 총 운동량이 0인 운동량 중심 기준틀에서 충돌을 고려하여, 소멸의 결과로 감마선이 하나가 아니라 최소한 두 개가 나옴을 보여라.

(b) 실험실 기준틀에서 감마선 방출 방향과 소멸 전 양전자의 이동 방향 사이의 각의 함수로 두 감마선 중 하나의 에너지에 대한 표현식을 유도하여라. 속도 또는 속도 매개 변수는 이 문제와 무관하므로 두 변수로부터 자유로운 유도가 되도록 하라

(c) 실험실 기준틀에서 가능한 감마선 에너지의 최댓값과 최솟값은 얼마인가?

(d) 간단한 근사를 이용해서, (1) T가 매우 작은 경우와 (2) T가 매우 큰 경우에 대해 (c)의 답을 추정하라.

98.* 상대성 원리 검증

(a) 그림 122의 장치에서 검출되는 유일한 사건은 표적으로부터 같은 거리만큼 떨어진 감마선 계수기 A와 B가 감마선을 **동시에** 기록하는 것이다. 이렇게 검출되는 입사 양전자의 에너지와 속력은 얼마인가?

(b) 3절의 상대성 원리에 의하면, 광속은 광원의 운동에 관계없이 모든 관성 기준틀에서 동일하다. 반면, 오래 전에 리츠(W. Ritz)는 움직이는 광원에 의해 정방향으로 방출되는 빛은 역 방향으로 방출되는 빛보다 **빠르게** 움직인다고 주장했다. 위의 장치에서 계수기 사이의 동시성이 더 이상 요구되지 않는다면, 감마선이 계수기 A에 도착할 때의 시간과 B에 도착할 때

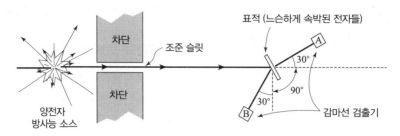

그림 122. 상대성 원리의 검증을 위한 실험 개략도.

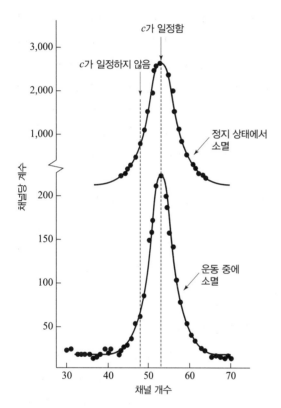

그림 123. 사데(D. Sadeh)가 수행한 광속 불변성에 대한 실험 결과. (그의 허락 하에 재현함.) 계수기 A와 B에 의한 계수 사이의 시간 경과가 많은 사건 쌍에 대해 기록되었다. 다른 시간 경과 값은 자동적으로 다중-채널 계수기의 다른 '채널'로 정렬되었다. 따라서 '채널 개수'라고 표시된 그래프의 수평축은 감마선이 계수기 A에 도찰할 때와 B에 도착할 때 사이의 경과 시간에 대한 상댓값을 측정한다. 수직축은 둘 사이의 시간 경과가 주어진 감마선 쌍이 기록된 횟수를 나타낸다. 아래 쪽 곡선은 주어진 에너지의 양전자가 비행 중에 소멸되는 그림 122의 실험 배열과 유사한 배열에 대한 결과이다. 위 쪽 곡선은 계수기 A를 계수기 B로부터 180° 옮긴 위치에서 얻은 결과이다. 이 경우 양전자가 소멸되기 전에 정지 상태가 되는 감마선 쌍만 기록된다. (그러면 실험실 기준틀은 감마선이 반대 방향으로 방출되는 운동량 중심 기준틀이다!) 두 곡선은 동일한 시간 경과에서 최댓값을 갖는데, 이는 방출 양전자가 운동하든 정지하든 상관없이 빛(감마선)이 동일한 속도로 표적으로부터 계수기 A로 이동한다는 것을 나타낸다. 감마선의 속도가 비행 중인 양전자의 속도에 더해진다면 아래쪽 곡선의 최댓값은 왼쪽의 파선과 일치했을 것이다.

의 시간 사이의 경과를 측정한 것을 이용해서 어떻게 광속에 대한 두 가설 중 하나를 택할 수 있을까? 그러한 실험 결과는 그림 123을 참조하여라.[*]

99.* 거품 상자 궤적을 통한 입자 확인

움직이는 하전 입자는 구름 상자, 거품 상자, 방전

---

[*] D. Sadeh, Physical Review Letters, **10**, 271(1963)을 참조하라.

함에서 가시적인 궤적을 남길 수 있는데, 이는 입자의 전하가 원자 내 전자와 원거리 상호작용을 하여 이온을 생성하기 때문이다. 생성된 이온은 세 종류의 상자에서 상이한 방식으로 검출된다. 거품 상자는 끓기 직전의 과열된 액체 수소로 채워져 있다. 고에너지 하전 입자가 통과할 때 생성되는 이온은 기포의 시작점('핵 생성 중심')으로 작용한다. 그림 124는 거품 상자의 그림을 나타낸 것이다. 상자 안으로 들어오는 π^+

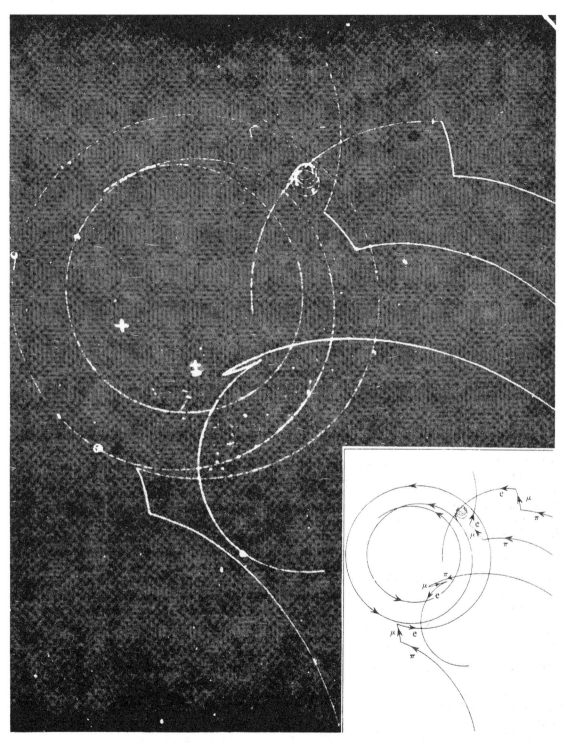

그림 124. 4개의 독립된 π^+ 중간자의 붕괴를 보여주는 거품 상자 사진. 출처—R. D. Hill, *Tracking Down Particles* (W. A. Benjamin, New York, 1963).

중간자 4개가 보인다. 네 입자 모두 액체 수소 안에서 **멈춘다**. 첫 번째 반응에서 각각의 π^+ 중간자는 정지하게 되고 하나의 양전자(e^+)와 한 쌍의 중성 입자로 붕괴한다. 외부에서 걸어준 자기장 속에서 양전자의 나선형 궤적이 그림의 중심을 지배한다.

다음과 같이 주어지는 첫 번째 반응에 주의를 집중해보자.

$$\pi^+(\text{정지}) \rightarrow \mu^+ + x$$

여기서 x는 미지의 중성 입자이다. 자기장 속 μ^+ 중간자 궤적의 곡률 반지름으로부터 전자의 정지 질량 단위로 나타낸 중간자의 운동량은 $p_\mu = 58.2\,m_e$임을 알려져 있다.

(a) 보존 법칙을 이용해서 중성 입자 x의 정지 질량을 구하라. ($m_{\pi^+} = 273.2\,m_e$, $m_\mu = 206.8\,m_e$이다.)

(b) 이 중성 입자는 무엇인가? 논의: 정지 질량이 0이 아닌 입자 중 가장 가벼운 입자는 전자이다. (a)의 대략적 계산에 의하면 x의 정지 질량은 0일 가능성이 있다. x는 광자일까? 이 가능성은 또 다른 보존 법칙인 각운동량 보존 법칙에 의해 배제된다. π^+ 중간자의 초기 각운동량은 0이다. 각운동량이 보존되기 위해서는 생성된 입자들의 각운동량의 합이 0이어야 한다. 생성된 μ^+ 중간자는 $\hbar/2 = (1/2)(h/2\pi)$의 스핀 각운동량을 갖는데, 여기서 h는 플랑크 상수이다. 이와 더불어 광자의 스핀 각운동량은 $\hbar$로 알려져 있다. 각운동량 $\hbar/2$와 $\hbar$의 총 각운동량이 0이 되도록 배열하는 방법은 없다. 따라서 x는 광자가 될 수 없다. x의 스핀 각운동량은 얼마인가? 입자 x는 중성미자(neutrino)라고 한다. 눈에 보이는 궤적이 전혀 없음에도 중성미자의 근본 속성 중 두 가지를 도출했다!

100.* 저장 고리와 충돌하는 빔

반대 방향으로부터 서로를 향해 운동하는 두 전자의 충돌은 운동하는 전자와 정지해 있는 전자의 충돌보다 얼마나 많이 격렬한가? 논의 : 운동하는 입자가 정지해 있는 입자에 부딪칠 때 새로운 입자의 생성이나 열 또는 다른 상호작용에 사용 가능한 에너지(간단히 줄여서 **사용 가능한 상호작용 에너지**)는 초기 에너지(충돌 전 두 입자의 정지 에너지와 운동 에너지의 합)보다 작다. 연습 문제 93번을 보라. 이유: 운동량 보존 법칙 때문에 반응 후에 남겨진 입자들의 알짜 운동 방향은 정 방향이며, 이 입자들의 운동 에너지는 서로에 대한 속도를 주거나 더 많은 입자를 생성하는 데 사용할 수 없다. 이런 이유 때문에 입자 가속기에서 생성된 에너지는 대부분이 충돌 생성물의 운동 에너지로 전환되기 때문에 상호작용 연구에 이용될 수가 없다. 그러나 상호작용 하는 입자들의 총 운동량이 0인 기준틀로 정의된 **운동량 중심 기준틀**에서는 충돌 전후에 총 운동량이 0이다. 따라서 운동량 중심 기준틀에서는 입사 입자의 총 에너지가 모두 상호작용에 이용되는 에너지가 된다. 실험실 기준틀을 운동량 중심 기준틀로 만들 방법이 있을까? 한 가지 방법은 두 개의 입자 가속기를 만들고, 각각에서 나오는 두 빔을 정면충돌 시키는 것이다. 각 빔 속 입자들의 에너지와 정지 질량이 각각 서로 같으면, 실험실 기준틀은 운동량 중심 기준틀이 되며, 이에 따라 각 충돌의 모든 에너지는 상호작용 에너지로 사용할 수 있다. 그림 125에서와 같이, 가속기 한 대와, 입자들이 최대 에너지를 가진 이후에 저장되는 두 개의 저장 고리를 이용하여 동일한 효율을 얻는 것이 더 쉽고 더 저렴하다. 자기장은 입자들(이 문제에서는 전자)이 자신들의 원형 경로를 유지하게끔 해준다. 가속기 빔은 두 고리에서 순환 방향이 반대가 되도록 주입된다. 두 빔 속 입자들 사이의 충돌은 두 빔이 교차하는 지점 A에서 발생한다. (따라서 **충돌 빔**이라는 이름이 붙는다.) 저장 고리의 장점 중 하나는 한 교차점에서 상호작용 하지 않은 전자들이 낭비되지 않고 고리를 따르는 후속 지점에서 상호작용을 할 수 있다는 것이다.

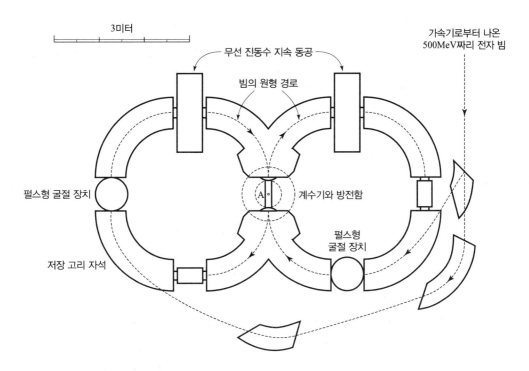

그림 125. 전자 빔 충돌에 관한 프린스턴–스탠포드 실험. 첫 번째 고리에 약 10분 동안 전자를 주입한 다음 두 번째 고리를 동일한 방식으로 채운 후, 선형 가속기를 끄고 30분 동안 자료를 수집한다. 무선 진동수 '지속' 동공(radio frequency 'sustainer' cavity)은 원형 경로를 따라 가속하는 전자가 방출하는 에너지를 대체한다.

운동 에너지가 500 MeV인 전자가 각 고리에 저장되어 있다. 실험실 기준틀에서 사용 가능한 총 상호작용 에너지는 얼마인가? 동일한 사용 가능한 상호작용 에너지를 만들기 위해서는 정지해 있는 전자에 입사하는 전자의 운동 에너지는 얼마이어야 하나? (현재 가속기 하나로부터 얻을 수 있는 사용 가능한 최대 전자 에너지는 6 GeV이다.) 정지해 있는 양성자에 충돌하는 1000 GeV의 양성자에 해당하는 사용 가능한 반응 에너지를 얻기 위해서는 저장 고리에 저장된 양성자의 운동 에너지는 얼마이어야 하는가? (현재 가속기 하나로부터 얻을 수 있는 사용 가능한 최대 양성자 에너지는 35 GeV이다.)

F. 원자 물리학

101.* 드브로이와 보어

질량 단위로 나타낸 광자의 운동량에 대한 관계식 $p = h/(\lambda c)$는 연습 문제 72번의 결과로부터 유도될 수 있음을 보여라. 다음의 직관적인 논의를 고려하자. (이 논의는 불완전하지만 신비로운 드브로이의 유도[*]에 기초한다. 이 유도는 매우 유익한 연구로 이어

---

[*] Academie des Sciences, Paris, Comptes Rendus, **177**, 507 (1923)을 참조하라.

겼고, 결국에는 운동량에 대한 올바른 유도와 양자 역학의 발달을 이끌었기 때문에 역사적으로 주목할 만한 것이다.) 파장 $\lambda = h/pc$를 전자와 같이 정지 질량이 0이 아닌 입자와 연관시킬 수 있다고 가정하자. 전자가 고정된 핵 주위의 원 궤도를 따라 회전한다고 가정하자. 전자를 나타내는 파동이 모든 곳에서 단일 값을 갖기 위해서는 파장 λ의 개수가 원주 $2\pi r$의 정수 배 n인 것이 필요하다. 이 필요조건으로부터 다음 식이 성립함을 보여라.

$$rp_{관습} = \frac{nh}{2\pi} = n\hbar \qquad (n = 1, 2, 3, \cdots) \quad (125)$$

여기서 $p_{관습}$은 관습 단위를 사용한 전자의 운동량이다. 이 식이 전자의 각 운동량에 대해 말해주는 것은 무엇인가? 뉴턴 역학적 저속 한계에 대해 궤도 반지름이 다음 식과 같이 주어짐을 보여라.

$$r = \frac{(4\pi\epsilon_0)n^2 h^2}{4\pi^2 Z e^2 m} \quad \begin{pmatrix} e\text{은 쿨롱(C) 단위,} \\ 4\pi\epsilon_0 = 1.113 \times 10^{-10} \\ (\text{C·s})^2/(\text{kg·m}^3) \\ \text{MKS 단위} \end{pmatrix};$$

$$\qquad (126)$$

$$r = \frac{n^2 \hbar^2}{Z e^2 m} \qquad (e\text{은 esu 단위, cgs 단위})$$

여기서 Z는 원자 번호(핵 속의 양성자 수), m과 e는 각각 전자의 질량과 전하량을 나타낸다. 이들은 원자의 보어 궤도이다. 낮은 속력에 대해, 보어 궤도에서 전자의 속력 β가 다음과 같이 주어짐을 보여라.

$$\beta = \frac{\alpha Z}{n} \qquad (127)$$

여기서 $\alpha = e^2/[(4\pi\epsilon_0)(h/2\pi)c] = 1/137$는 미세 구조 상수라고 불리는 차원 없는 상수이다. (이 공식은 e의 단위로 쿨롱, h와 c의 단위로 MKS 단위를 사용하고, $4\pi\epsilon_0 = 1.113 \times 10^{-10} (\text{C·s})^2/(\text{kg·m}^3)$일 때 유효하다. cgs 단위로 표현하면 $\alpha = e^2/\hbar c = 1/137$이다.) 식 (127)은 연습 문제 41번에서 이미 사용되었다.

102.* 전자로 보기

상을 형성하는 데 사용되는 빛의 한 파장보다 작은 물체의 세부적인 상은 형성될 수 없다는 것이 기하 광학의 일반 원리이다. 직전의 연습 문제에서 논의된 물질파에 대해서도 마찬가지가 성립한다고 가정하자. 전자 현미경으로 크기가 대략 $1~\mu m = 10^{-6}$ m인 박테리아의 상을 형성하기 위해서는 전자가 몇 볼트의 전압으로 가속시켜야하는가? 지름이 약 1페르미($= 10^{-15}$ m)인 양성자와 중성자를 조사하기 위해 사용되는 전자의 에너지는 몇 MeV인가?

103.** 토머스 세차

전자를 자이로스코프처럼 자신의 축에 대해 회전하는 음전하를 띤 공이라고 상상하자. 이와 같은 투박한 고전적 모델은 부정확하지만 현재와 같은 일부 목적에는 적합하기도 하다! 뉴턴 역학의 예측에 의하면, 원자 내에서 전자가 핵 주변의 궤도를 따라 회전할 때, 관성 기준틀에 대한 스핀 축 방향은 유지된다. 이는 원 궤도를 따라 도는 자이로스코프에서와 매우 유사하다.

한편, 1927년 토머스(L. H. Thomas)의 발견에 따르면,[*] 상대론은 핵 주위를 한 바퀴 회전한 전자의 스핀 축이 회전을 시작했을 때의 스핀 축 방향과 다른 방향을 가리킨다는 놀라운 예측을 한다. 토머스 세차 (Thomas precession)이라고 부르는 이 현상은 일부 원자의 스펙트럼에 관찰 가능한 영향을 미친다. 이와 같은 세차는 연습 문제 52번의 기울어진 막대자 효과와 관련 있으며, **동시성의 상대성**에 기인한다. 아래의 순서 또는 다른 방법을 통해서 전자의 토머스 세차를 분석해보자.

전자가 원운동을 함에 따라 왜 전자의 스핀 축은 새

---

[*] L. H. Thomas, Philosophical Magazine, (7), **3**, 1(1927)을 참조하라.

로운 각으로 세차 운동을 할까? 원운동은 원의 중심을 향하는 전자의 **가속도**를 동반한다. 불행하게도 특수 상대론은 **가속도**가 방위에 미치는 영향을 분석할 준비가 되어 있지 않다. 따라서 당면 문제를 직접 풀 수 없는 경우에 풀 수 있는 더 간단하고 유사한 문제를 찾아서 해결하는, 물리학에서 자주 사용하는 방법을 이용해서 논의를 진행하자! 여기에서는 전자의 고전적인 원형 궤도를 정 n각형 궤도로 근사하자. 이 궤도를 한 바퀴 돌 때 전자는 n번의 갑작스런 방향 변화에 의해 방해받는 직선 경로로 움직이는데, 각각의 방향 변화마다 $\alpha = 2\pi/n$의 각이 변한다. 문제 공략 방법은 다음과 같다. (a)~(c): 전자가 하나의 모서리를 돌아갈 때 전자의 회전 방위의 변화를 살펴본다. (d)~(e): 변의 개수 n을 무한대로 보내는 극한을 취한다. 이로부터 각 α가 0으로 수렴하는 고전적인 원형

궤도의 결과를 얻는다.

(a) 그림 129는 각 α만큼의 운동 방향이 변하기 전(A)과 후(B)의 전자를 나타낸다. 각각의 전자를 가로지르는 굵은 실선은 궤도의 xy 평면상에서 전자의 스핀 축 투영 (projection)을 나타낸다. 그림은 운동 방향을 바꾸기 전의 투영이 x 방향에 놓인 **특별한 경우**를 나타낸다. 전자의 운동 방향이 변한 후에는 전자의 방위도 작은 각 $d\phi$만큼 변했는데, 이는 뉴턴 역학으로는 전혀 이해할 수 없는 변화이다! 왜 방위가 변할까? 이 변화는 동시성의 상대성에 기인한다.

모서리를 돌 때 전자는 급격하고 큰 가속도를 받는다. 다행스럽게도 공 A와 공 B는 그림 130에 보인 바와 같이 실험실 기준틀에서 각 α를 이루는 두 직선을 따라 같은 속력으로 이동하는 독립적인 공으로 취급할 수 있다. 어느 공도 가속되지 않는다. 두 경로가 교

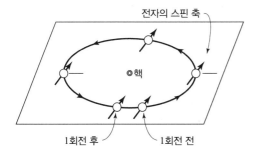

그림 126. 뉴턴 역학에 의하면, 핵 주위를 회전하는 전자의 스핀 방향은 변하지 않는다.

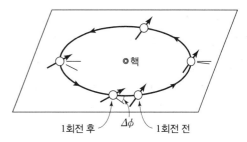

그림 127. 상대론에 의하면, 1회전하는 동안 전자의 스핀 축은 각 $\Delta\phi$만큼 전진한다.

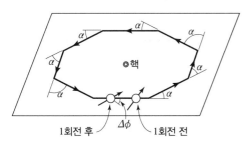

그림 128. 전자의 뉴턴 원 궤도에 대한 근사로서의 정다각형.

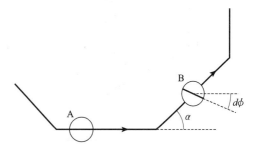

그림 129. 전자의 운동 방향 변화에 따른 방위 변화의 특별한 경우.

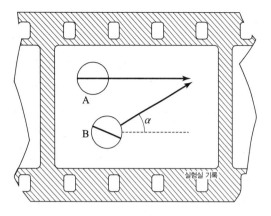
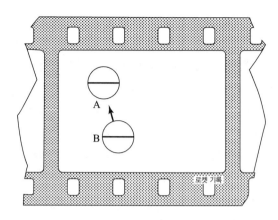

그림 130. 모서리를 도는 하나의 전자를 교차하는 직선을 따라 움직이는 두 개의 전자로 대체하자. 공 A가 정지해 있는 로켓 기준틀에서 A와 B의 방위는 같아야 한다.

차할 때 공 A와 B에 올라탄 두 관찰자는 자신이 타고 있는 공의 스핀 축이 동일한 방향을 가리키는 것을 확인할 수 있다. 로켓 기준틀의 그림은 공 A가 정지해 있는 기준틀에서 이러한 스핀의 상대적 방위를 타나낸다. 이것이 '관찰자 A'가 스핀의 방위를 비교할 로켓 기준틀이다. (주의: 관찰자 A 또는 B 중 누가 이런 비교를 할 수 있을까? 각 α가 매우 작은 극한의 경우에는, 관찰자 A와 B는 서로에 대해 거의 **정지 상태**에 있게 되므로 누구라도 비교를 할 수 있다!) 모서리를 도는 하나의 공을 두 공 A와 B로 대체하기 때문에 로

켓 기준틀에서는 A와 B의 스핀 투영은 서로 평행해야 한다. 핵심은 이러한 투영이 **로켓** 기준틀에서는 평행하더라도 **실험실** 기준틀에서는 평행하지 않다는 것이다. 결과적으로, 실험실 기준틀에서 관찰할 때 전자가 모서리를 돌 때 스핀의 방위도 변하게 된다.

그림 131은 공 B를 크게 그린 것이다. 그림과 같이 스핀 투영의 양 끝을 P와 Q로 표시하자. $t = t' = 0$일 때 실험실과 로켓의 원점이 점 P와 일치하도록 두 기준틀을 선택하자. 그러면 로켓 기준틀에서 같은 시간 $t' = t_Q' = 0$에서 점 Q는 x축과 교차한다. 그러나 실험

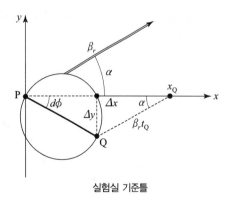

실험실 기준틀

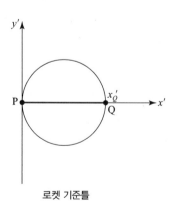

로켓 기준틀

그림 131. 다음 질문들에 대한 답을 얻기 위해 고안된 실험실 기준틀과 로켓 기준틀에서 공 B의 방위에 대한 분석. 점 Q는 언제 어디서 x축을 통과하는가? 따라서 점 Q는 실험실 시간 $t = 0$일 때 어디에 있는가?

실 기준틀에서는 그렇지 않다! 그림 131은 실험실 시간 $t=0$일 때 전자 B를 보여준다. x_Q와 t_Q를 점 Q가 x축과 교차하는 실험실 기준틀의 다른 지점과 나중 시간이라고 하자. $t_Q'=0$일 때의 로런츠 변환 방정식을 이용해서 다음 식이 성립함을 보여라.

$$x_Q = x_Q' \cosh\theta_r, \quad t_Q = x_Q' \sinh\theta_r \quad (128)$$

질문: 실험실 시간 $t=0$일 때 점 Q는 어디에 있었나? 그림에 보인 바와 같이 시간 t_Q일 때 점 Q는 거리 $\beta_r t_Q$만큼 이동했다. 그림을 이용해서, 이 시간에 점 Q의 x와 y좌표가 다음과 같이 변했음을 보여라.

$$\Delta x = \beta_r t_Q \cos\alpha = \beta_r x_Q' \sinh\theta_r \cos\alpha$$
$$\Delta y = \beta_r t_Q \sin\alpha = \beta_r x_Q' \sinh\theta_r \sin\alpha \quad (129)$$

위 식의 마지막 단계에서 식 (128)을 이용한다. 이 식은 실험실 시간 $t=0$일 때 점 P는 정의에 의해서 원점에 있었고 점 Q는 $x_Q - \Delta x$와 $-\Delta y$인 좌표에 있었음을 의미한다. 따라서 실험실 시간 $t=0$일 때 계산한 선분 PQ의 경사각 $d\phi$, 즉 전자가 모서리를 돌 때 방위의 **변화량**은 다음 식으로 주어진다.

$$\tan(d\phi) = \frac{-\Delta y}{x_Q - \Delta x} \quad (130)$$

식 (128)과 (129)를 (130)에 대입하고 단순화하면 다음 식을 얻는다.

$$\tan(d\phi) = \frac{-\beta_r^2 \sin\alpha}{1 - \beta_r^2 \cos\alpha}$$

$\beta_r \lesssim Z/137$인 원자(연습 문제 101번)와 작은 Z에 대해, $\beta_r \ll 1$이다. 따라서 위 식은 다음과 같이 근사할 수 있다.

$$\tan(d\phi) \approx d\phi \approx -\beta_r^2 \sin\alpha$$

이 값은 궤도면에서 전자의 스핀 축 투영이 전자의 초기 운동 방향과 나란한 **특별한** 경우에 전자가 각 α

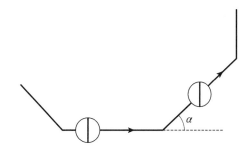

그림 132. 전자의 운동 방향이 바뀔 때 방위가 바뀌지 않는 특별한 경우.

인 모서리를 돌 때 발생하는 전자의 스핀 축의 세차 각이다.

(b) 이번에는 궤도의 xy 평면에서 스핀 축 투영이 y축을 따라 놓인 또 다른 특별한 경우를 생각해보자. 이 경우에는 실험실 관찰자와 로켓 관찰자 사이에 이견 없이 점 P와 Q가 동시에 y축을 가로지르는 것을 보여라. 이에 따라 이 경우에는 전자가 모서리를 돌 때 실험실 기준틀에서 스핀 축은 회전하지 않는다.

(c) 전자가 궤도를 따라 이동함에 따라 궤도의 xy 평면에서 전자의 스핀 축 투영(그림 127)은 때로는 (a) 운동 방향에 **평행**하고, 때로는 (b) 운동 방향에 수직이다. 일반적으로, 운동 방향에 대해 각 ϕ인 스핀 축 투영은 전자가 모서리를 돌 때 $d\phi$만큼 각이 변한다. 변화량 $d\phi$의 크기는 얼마일 것으로 예상하는가? $\phi=0$에 대해[(a)의 경우] $d\phi$는 $-\beta_r^2 \sin\alpha$이고, (b) $\phi=90°$에 대해[(b)의 경우] $d\phi$는 0이었다. 일반 각 ϕ에 대해서는 $d\phi$가 0 과 $-\beta_r^2 \sin\alpha$ 사이의 값을 가질 것이다. 그림 133을 이용하고 다음의 순서를 따라, 작은 α와 β_r^2에 대해 $d\phi$가 실제로 $-\beta_r^2 \sin\alpha \cos^2\phi$로 주어짐을 보여라. 지정 선분 PQ의 수평 성분 PR와 수직 성분 QR를 그려라. (a)와 (b)에 의하면, 전자가 모서리를 돌 때 수직 성분 QR는 회전하지 않는 반면 수평 성분 PR는 시계 방향으로 각 $\beta_r^2 \sin\alpha$만큼 회전한다. 이는 작은 각 α에 대해 PQ의 x성분은 변하지 않고 y

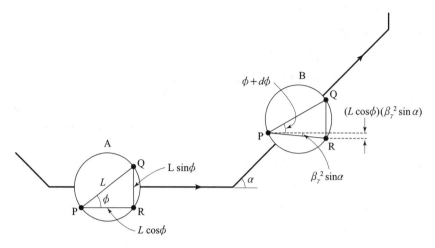

그림 133. 전자의 운동 방향이 바뀜에 따라 방위가 바뀌는 일반적인 경우.

성분은 $(L\cos\phi)(\beta_r^2\sin\alpha)$만큼 줄어드는 효과를 주는 것임을 보여라. 이에 따라 새로운 각 $\phi+d\phi$의 탄젠트 값은 다음과 같이 쓸 수 있다.

$$\tan(\phi+d\phi) = \frac{L\sin\phi - (L\cos\phi)(\beta_r^2\sin\alpha)}{L\cos\phi} \tag{131}$$
$$= \tan\phi - \beta_r^2\sin\alpha$$

구하려는 것은 $\tan(d\phi) \approx d\phi$ 이다. 표 8로부터

$$\tan(d\phi) = \tan[(\phi+d\phi) - \phi]$$
$$= \frac{\tan(\phi+d\phi) - \tan\phi}{1 + \tan(\phi+d\phi)\tan\phi}$$

식 (131)을 대입하면

$$\tan(d\phi) = \frac{\cancel{\tan\phi} - \beta_r^2\sin\alpha - \cancel{\tan\phi}}{1 + (\tan\phi - \beta_r^2\sin\alpha)\tan\phi}$$
$$= \frac{-\beta_r^2\sin\alpha}{1 + \tan^2\phi - \beta_r^2\sin\alpha\tan\phi}$$

매우 작은 α에 대해 분모의 마지막 항을 무시하면, 남아 있는 항은

$$1 + \tan^2\phi = 1 + \frac{\sin^2\phi}{\cos^2\phi} = \frac{1}{\cos^2\phi}$$

따라서 다음 식을 얻는다.

$$\tan(d\phi) \approx d\phi \approx -\beta_r^2\sin\alpha\cos^2\phi \tag{132}$$

이것이 궤도 평면에서 전자의 스핀 축 투영이 전자의 운동 방향에 대해 각 ϕ로 놓여 있는 일반적인 경우에 전자가 각 α인 모서리를 돌 때 스핀 축이 전진하는 세차 각이다.

(d) 식 (132)는 전자가 각 α인 모서리 하나를 돌 때 전자의 스핀 축이 $d\phi$만큼 세차 운동을 한다는 것을 알려준다. 그림 127 및 128에서와 같이 전자가 궤도를 완전히 한 바퀴 돌 때 총 세차 각 $\Delta\phi$는 얼마인가? 궤도를 한 바퀴 돌 때마다 n 번의 방향 변화가 있으며, 각 모서리를 돌 때마다 $\alpha = 2\pi/n$만큼의 각이 변한다. 큰 n 또는 작은 α에 대해 $\sin\alpha \approx \alpha$이므로 1회전 하는 동안의 총 세차 각은 다음과 같이 주어진다.

$$\Delta\phi = -\beta_r^2(n\alpha)\langle\cos^2\phi\rangle_{\text{av}} \approx -2\pi\beta_r^2\langle\cos^2\phi\rangle_{\text{av}}$$

$\langle\cos^2\phi\rangle_{\text{av}}$항의 값은 얼마인가? 1회전 했을 때의 총 세차 각 $\Delta\phi$가 작다고 가정하자. (작은 β_r에 대해 성립하는 가정이다!) 그러면 전자가 궤도를 따라 운동함에 따라 운동의 변화 방향과 궤도면 상에서 스핀 축 투영

사이의 각 ϕ는 0 과 2π 사이의 모든 값을 가질 것이다. 이 경우 다음 식이 성립함을 보여라.

$$\langle \cos^2 \phi \rangle_{\text{av}} = \frac{1}{2\pi} \int_0^{2\pi} \cos^2 \phi \, d\phi = \frac{1}{2}$$

따라서 궤도를 완전히 한 번 돌았을 때 전자스핀의 총 세차 각은 다음과 같다.

$$\Delta\phi = -\pi\beta_r^2 \quad \text{(한 궤도에 대한 세차 각)} \quad (133)$$

(e) $\beta = \beta_r$로 움직이는 전자는 한 번의 완전한 궤도 운동에서 $\Delta\phi = -\pi\beta_r^2 = -\pi\beta^2$만큼의 세차 운동을 한다. 전자가 원래 방향으로 한 번(2π 라디안) 세차 운동을 하는데 필요한 궤도 수는 $2\pi/\Delta\phi = 2/\beta^2$임을 보여라. 전자가 세차 운동을 하는 진동수인 토머스 세차 진동수 ν_T는 다음과 같이 주어짐을 보여라. 여기서 ν_B는 핵 주위를 따라 도는 전자의 보어 진동수(Bohr frequency)이다.

$$\frac{\nu_T}{\nu_B} \approx \frac{1}{2}\beta^2 \quad \text{(토머스 세차 진동수)} \quad (134)$$

연습 문제 101번으로부터 궤도상의 전자 속력은 간단한 보어 이론에 따라 $\beta = \alpha Z/n = Z/137n$로 주어지는 것을 알았다. 여기서 Z는 핵에 들어 있는 기본 전하의 개수이고 n은 전자의 에너지 준위로서, 가장 낮은 에너지 준위는 $n=1$에 해당한다. 따라서 원자의 토머스 세차 진동은 다음과 같이 주어진다.

$$\frac{\nu_T}{\nu_B} \approx \frac{1}{2}\left(\frac{Z}{137n}\right)^2 \quad \text{(토머스 세차 진동수)} \quad (135)$$

(참고: 일부 원자에서는 핵이 만드는 자기장에 의해 전자의 자기 모멘트에 작용하는 토크 때문에 생기는 전자 스핀의 추가적인 세차인 자기 세차 운동이 있을 수 있다. 수소 원자의 안쪽 궤도에 있는 전자의 경우, 자기 세차는 토머스 세차와 방향이 반대이고 크기는 두 배가 된다. 따라서 알짜 효과는 특수 상대론을 사용하지 않고 자기적 상호작용만으로 예측한 진동수의 절반이 된다.)

G. 성간 비행

104.* 성간 비행의 어려움[*]

모든 기술적 골칫거리는 바람에 날려 보내고, 상대론만으로 성간 우주 비행의 어려움을 평가해보자. 질량을 무시할만한 로켓 엔진이 로켓에 동력을 공급한다. 엔진은 오직 광자를 생산하기 위해 통제된 방식으로 연료 탱크로부터 물질과 반물질을 끌어들이고, 결과물인 모든 복사선을 로켓 뒤쪽으로 향하게 한다. 로켓 구조의 질량과 차폐물의 질량은 무시한다. 계약 사항은 다음과 같다. 시간 팽창 계수가 10인 속도까지 탑재량을 가속한 다음 감속하여 멀리 떨어진 별의 행성(우리

태양에 대해 정지해 있다고 가정)을 방문한 다음 동일한 속력으로 지구로 돌아온다. 왕복 여행에 수반되는 승객을 포함한 탑재량은 100톤($= 100 \times 10^3$ kg)이다.

(a) 연습 문제 58번의 결과를 이용해서 왕복 여행에 필요한 연료의 총 질량을 구하라. (정지 상태로부터 로켓의 최대 속력까지의 일정한 가속에 필요한 질량의 4배가 아니다!)

(b) 우주비행사가 살아있는 동안에 왕복할 수 있는 가장 멀리 떨어진 별까지의 거리는 몇 광년인가? (기대 수명을 100년으로 가정하고, 문제의 단순화를 위해 로켓 엔진이 켜지는 시간은 일정한 속도로 여행하는 긴 시간에 비해 무시할 수 있다고 가정하라.) 이 여

---

* See Edward Purcell, in *Interstellar Communication*, edited by A. G. W. Cameron, (W. A. Benjamin, New York, 1963).

행은 지구 시간으로는 얼마나 걸리나?

(c) 성간 밀도가 $1 \, cm^3$당 수소 원자 1개라고 가정할 때, 최대 속력으로 움직이는 로켓 기준틀 안에서 이 원자의 운동 에너지는 몇 GeV인가? 로켓 앞쪽의 $1 \, m^2$ 표면에 매초 입사하는 수소 원자의 개수를 고강도 양성자 가속기의 빔과 비교하라. 가속기 안에서는 매초 10^{12}개의 양성자가 통과하는데, 양성자 하나의 에너지는 약 10 GeV이다. 가속기에서 일하는 작업자들을 과다 복사로부터 보호하기 위해 3~4미터 두께의 철근 콘크리트 차폐물이 사용된다. 성간 우주여행에 대한 결론을 도출하라.

3 장

휜 시공간의 물리학

오늘날 시공간 물리학이 의미하는 바를 과거의 연구자들이 이 주제를 어떻게 해결했는지를 상기하는 것보다 더 명확하게 볼 수 있는 방법은 없다. 이 주제에 대한 결투 재판 방식의 발전 과정을 몇 페이지로 압축하기에는 그 내용이 너무 방대하지만, 몇몇 영웅과 결정적인 전환점에 대해서까지 간과할 수는 없다. 이런 역사를 조사함으로써 국소적 로런츠 기준틀에서의 물리학과 지구나 태양 주위의 공간과 같은 더 넓은 시공간 영역에서의 물리학 사이의 관계에 대한 윤곽이나마 볼 수 있기를 바란다.

확장된 시공간 영역에서 물리학의 새로운 특징들

갈릴레이와 뉴턴은 모든 공간으로 확장되고 모든 시간 동안 지속되는 견고한 유클리드 기준틀에 대해서 운동을 적절하게 기술할 수 있다고 보았다. 이 기준틀은 물질과 에너지의 대결보다 더 높게 자리한다. 기하학으로 기술되지도 않고, 물리학 세계에서 온 침입자이자 이질적인 작용이며, 신비한 힘인 중력이 갈릴레이와 뉴턴의 이 이상적인 공간에서 작용한다. 반면, 아인슈타인은 신비한 "중력"은 없고 오로지 시공간 자체의 구조만 있을 뿐이라고 말한다. 우주선에 올라타서 거기에 중력이 없다는 것을 스스로 보라고 아인슈타인은 말한다. 물리학은 국소적으로 중력에서 자유롭다. (이에 대해서는 1장 2절을 참조하라.) 모든 자유 입자는 일정한 속력으로 직선상에서 움직인다. 관성 기준틀에서 물리학은 단순해 보인다. 그런데 관성 기준틀은 제한된 시공간 영역 안에서만 의미가 있다. 관성 기준틀을 설명할 때 '국소적(local)'이라는 용어를 반복적으로 사용해서 강조하는 이유가 이 때문이다. 한 국소 기준틀에서 물체의 운동 방향과 이 기준틀에 인접한 국소 기준틀에서 동일한 입자의 운동 방향의 관계를 설명할 때 문제가 생긴다. 한 국소 기준틀에서의 방향과 인접한 국소 기준틀에서의 방향의 차이는 "시공간의 곡률(curvature)"로 설명된다고 아인슈타인은 말한다. 곡률의 존재는 모든 공간에 퍼져있는 하나의 이상적인 유클리드 기준틀에 대해서 운동을 기술할 가능성을 파기시킨다. 단순한 것은 평평하게 보이기에 충분히 작은 영역의 기하학뿐이다. 간단히 말해, 아인슈타인은 하나하나가 로런츠 기하학("특수 상대론")을 만족하는 많은 국소적 영역들

아인슈타인과 뉴턴: 국소적 관성 기준틀들과 하나의 전체적인 기준틀

을 이용하는데, 국소적 영역들 간의 관계에 이상적인 성질(ideality)이 없기 때문에 중력 법칙(중력, 시공간 곡률, "일반 상대성 이론")이 발생하는 것이다. 뉴턴 역학에서는 하나의 전체적인 기준틀만 존재하는데, 이 기준틀에서는 중력에서 자유로운 위성도 없고, 일정한 속력으로 직선 운동을 하는 입자도 없다. 갈릴레이, 뉴턴, 아인슈타인의 견해는 어떻게 발전했을까? 그리고 "시공간 곡률"이라는 이상한 용어의 구체적인 내용은 무엇일까?

자유 낙하에 대한 갈릴레이 실험과 "금덩어리나 납덩어리 또는 무게가 있는 다른 물질의 아랫방향 운동의 빠르기는 물체의 크기에 비례"한다는 아리스토텔레스 진술 간의 의견 차이만큼이나 널리 알려진 것은 없다. 갈릴레이 실험이 있기 몇 년 전에 파도바의 몰레티(G. Moletti)가 납과 나무가 같은 비율로 낙하한다고 했지만, 그의 주장은 아리스토텔레스가 틀렸다는 것을 증명하기에는 충분치 않았다. 갈릴레이는 그 점을 증명해 보였다. 갈릴레이가 피사의 사탑에서 납과 나무를 떨어뜨렸는지 여부는 불확실하지만, 그가 피사의 사탑 실험보다 더 높은 정확도의 결정적 실험을 수행했음은 확실하다.[*]

포물체를 고려하지 않고서 가속 낙하의 법칙에 대한 진술을 어느 누가 선도할 수 있었을까? 포물체의 운동에 대한 연구와 이를 기술할 가장 간단한 방법에 대한 분투를 통해 갈릴레이는 중첩된 운동의 개념, 즉 일정한 아랫방향의 가속도를 갖는 수직 운동과 일정한 병진 운동을 하는 수평 운동이 결합된 운동의 개념을 이끌어낼 수 있었다. 이로부터 상대성 원리의 첫 걸음이 시작되었다. 갈릴레이의 책에 나오는 인물들의 이야기를 들어보자.[**]

갈릴레이: 최초의
상대론의 공식

살바티우스: 큰 배 위의 갑판 아래에 있는 선실에 친구와 함께 자신을 가두세요. 거기에는 파리, 나비, 그리고 날아다니는 작은 동물들이 함께 있습니다. 물고기

---

[*] 보다 자세한 내용은 Galileo Galilei, *Dialogues Concerning Two New Sciences*, originally publish March 1638을 참고하라. 현대적 번역물로는 Henry Crew and Alfonso de Salvio(Northwestern University Press, Evanston, Illinois, 1950)의 것을 참고하라.

[**] Galileo Galilei가 저술한 *Dialogue Concerning the Two Chief World Systems – Ptolemaic and Copernican*은 1632년 2월에 처음 출판되었다. 여기에서 인용된 번역물은 Stillman Drake (University of California Press, Berkeley, 1962)의 책 186쪽에 있다. 갈릴레이의 저서는 단테의 저서와 함께 그 설득력과 적합성으로 인해 위대한 문화유산의 일부로 이탈리아의 중고등학교 학생들이 공부하는 인간 사고의 보물이다.

갈릴레오 갈릴레이(Galileo Galilei)
1564년 2월 14일, 피사 – 1642년 1월 8일, 아르체트리(피렌체 인근)

"내 초상화는 이제 뛰어난 솜씨에 의해 아주 훌륭한 모습으로 완성되었다."
— 1635년 9월 22일

★ ★ ★

"프톨레마이오스와 코페르니쿠스는 자신의 지성을 타인들과 현저히 구별되도록 도전하여 이 세상의 체계에 대해 가장 깊숙이 보고 가장 심오하게 담론하는 영예를 가진 사람들일 것이다."

★ ★ ★

"친애하는 케플러 씨, 이 모든 것을 어떻게 하면 좋을까요? 웃을까요, 아니면 울까요?"

★ ★ ★

"언제 저의 궁금증이 멈출까요?"

가 들어 있는 큰 그릇을 하나를 준비하고, 그 그릇으로 한 방울씩 물이 떨어지는 병을 걸어 두세요. 배가 가만히 서있는 상태에서, 작은 동물들이 같은 속력으로 선실의 벽들을 향해 어떻게 날아가는지 조심스레 관찰해 보세요. 물고기는 무심하게 모든 방향으로 헤엄치고, 물방울은 아래에 놓인 그릇으로 떨어지고, 같은 거리에 있는 친구에게 뭔가를 던질 때 방향에 따라 힘을 달리할 필요도 없고, 두 발을 들고 뛰어오르면 모든 방향으로 같은 공간만큼 지나갑니다. 이런 모든 것을 주의 깊게 관찰하고 (배가 가만히 서있을 땐 모든 것이 이런 식으로 일어난다는 것은 의심의 여지가 없지만) 난 후, 운동이 균일하고 이리저리 출렁거리지 않는 한, 원하는 속력으로 배가 진행하도록 하세요. 그러면 당신은 앞서 언급한 모든 효과에서 최소한의 변화조차 발견하지 못할 뿐만 아니라 배가 움직이는지 아니면 고요히 서있는지 말할 수도 없을 것입니다. 점프를 해도 전과 같은 공간을 통과할 것입니다. 공중에 떠있는 동안 바닥이 점프 반대 방향을 향하지만, 배가 빠르게 움직이더라도 뱃머리를 향할 때보다 배꼬리를 향할 때 더 큰 점프를 할 필요도 없습니다. 뭔가를 동료에게 던져 동료가 받을 수 있도록 할 때에도 동료가 뱃머리를 향하냐 배꼬리를 향하냐에 따라 더 큰 힘을 줄 필요가 없습니다. 물방울이 공중에서 떨어지는 동안 배가 달려가더라도, 물방울은 배꼬리를 향하지 않고 바로 밑의 그릇으로 떨어지고, 물속에 있는 물고기도 뒤를 향할 때보다 더 노력을 하지 않아도 그릇 앞쪽으로 수영할 것이고, 그릇 가장자리 주변 임의의 장소에 놓인 미끼에게 똑같이 쉽게 갈 것입니다. 마지막으로, 나비와 파리는 각 벽면을 향해 무심히 비행을 계속할 것이고, 배를 따라가느라 피곤해서 배꼬리 쪽으로 집중되는 일도 일어나지 않을 것입니다...

사그레두스: 내가 항해 중에 이런 관찰을 해볼 생각이 나지 않았지만, 당신이 묘사하는 방식대로 관찰될 것이라고 확신합니다. 이에 대한 확증으로 나는 종종 내 선실에서 배가 움직이는지 아니면 조용히 서있는지 궁금해 했던 내 자신을 기억하고, 때때로 변덕스럽게 배가 한 방향으로 갈 때 그 반대 방향으로 간다고 생각했던 것을 기억합니다....

갈릴레이 상대성 원리는 이 초기 공식화에서 단순하지만 생각만큼 단순하지는 않다. 어떤 면에서 단순할까? 일정하게 움직이는 배와 정지해 있는 배에서 물리학은 동일하게 보인다. 어느 배에서 기술하더라도 두 배의 일정한 상대 운동은 운동의 법칙에 영향을 미치지 않는다. 어느 배에서 보든 자유 낙하하는 물체는 수평 방향의 일정한 병진 운동과 수직 방향의 일정한 가속 운동을 경험한다. 첫 번째 배 위에서 곧장 아래로 떨어지는 공은 두 번째 배에서 볼 때에는 포물선 경로를 따르는 것으로 보이고, 두 번째 배에서 곧장 떨어지는 공은 첫 번째 배에서 볼 때에는 포물선 경로를 따르는 것으로 보인다. 갈릴레이 상대성 원리의 단순성은 두 지상 기준틀의 동등성과 두 기준틀 사이의 대칭성에 있다. 어떤 면에서 이 단순성은 생각만큼 크지 않을까?

갈릴레이의 설명에서 기준틀은 아직 관성 기준틀이 아니다. 관성 기준틀로 만드는 데에는 약간의 개념적 조치가 필요하다. 항해하는 배를 공간을 이동하는 우주선으로 바꾸는 것이다. 그러면 위와 아래, 남과 북, 동과 서 모두가 동등하게 된다. 힘의 영향을 받지 않는 공은 가속되지 않는다. 한 우주선에 대한 공의 운동은 다른 우주선에 대해서와 마찬가지로 일정하다. 모든 관성 기준틀에서 자유 운동 법칙의 동일성이 바로 오늘날 갈릴레이 상대성 원리가 의미하는 바이다.

아무리 상상력을 동원해도 1632년의 갈릴레이는 청중에게 자신을 우주선에 위치시키도록 요청할 수는 없었을 것이다. 그러나 그와 같은 관점에서 바라보았다면 그는 물리학의 단순성을 훨씬 잘 기술할 수 있었을 것이다. 병, 물방울, 그리고 모든 다른 시험 물체들은 정지한 상태로 떠있거나 일정한 속도로 움직인다. 인근의 모든 물체들의 우주선에 대한 가속도가 0이라는 것은 갈릴레이 시대의 누구라도 다 이해할 수 있었을 것이다. 지구 근처의 모든 물체들이 지구에 대해 공통의 가속도를 갖는다는 것을 그 누가 갈릴레이보다 더 분명하게 확립시킬 수 있었을까? 그리고 그림 134에서와 같이 우주비행사가 자신의 우주선 근처에 떠 있다는 것에 갈릴레이는 얼마나 놀랄까?

최근의 발전은 동일 낙하에 대한 갈릴레이 원리를 변화시키지 않으면서 더 극적으로 묘사했다. 롤(Roll), 크로트코프(Krotkov), 그리고 디키(Dicke)는 알루미늄과 금의 가속도가 3×10^{-11}의 오차 범위에서 동일하다는 것을 증명했다.[*]

갈릴레이의 추론을 배에서 우주선으로 확장

---

[*] P. G. Roll, R. Krotkov, and R. H. Dicke, Annals of Physics, **26**, 442(1964).

그림 134. 에드워드 화이트(Edward White) 소령은 자신의 오른손에 쥐고 있는 분출구에서 산소 기체를 분출할 때를 제외하고는 제임스 맥디비트(James McDivitt) 소령을 태운 우주선에 대해 어떤 가속도도 경험하지 못한다. 100마일 아래에 캘리포니아가 보인다. 1965년 6월 3일부터 7일까지의 쌍둥이자리 비행. (국가 항공 우주국 NASA의 사진 제공.)

"인지 유도" 우주선. 무엇이 인지를 인도할까?

슈바르쯔쉴트(Martin Schwarzschild)는 우주선이 완벽한 진공 속을 움직일 때와 얇은 공기 태양풍이 우주선에 저항할 때에 동일한 운동이 유지되도록 설계된 '인지 유도(conscience-guided)' 우주선을 제안했다. '인지'는 그림 135에서와 같이 더 큰 우주선 내부에 떠있는 두 번째 위성이다. 이 위성은 우주선이 자유롭게 움직이는 한 우주선에 대해 가속하지 않는다. 상대 운동이 발생하면, 추적 오류는 우주선에 기인한 것이 틀림없다. 우주선은 작은 로켓을 이용해 짧은 가속을 한 후 되돌아와서는 안쪽에 있는 '인지'와 보조를 맞춘다. 저항이 존재하지만 로켓 동력이 이를 극복한다. 따라서 우주선은 저항과 동력이 없을 때 취했을 노선과 동일

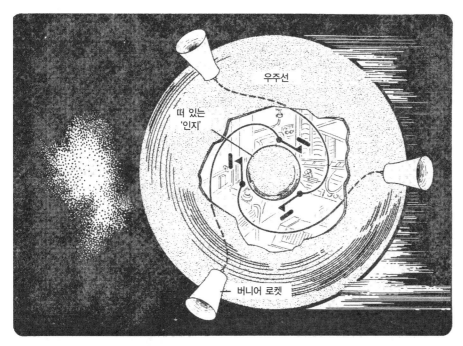

그림 135. '인지 유도' 우주선. 왼쪽의 가스 구름과 같은 자유 운동의 방해물이 속도 변화를 야기한다. 우주선 내부의 작은 위성인 떠있는 '인지'는 가스 구름과의 충돌로부터 보호된다. '인지'는 원래의 운동 상태를 계속한다. 감지 장치(여기서는 접촉 스위치로 상징됨)를 통해 '인지'를 관찰하던 우주선이 내부 위성이 요구하는 움직임을 따라가지 못하는 것을 감지하면, 접촉 스위치는 반대편 버니어 로켓(자세 제어 분사장치)을 충분히 오랫동안 발사해서 우주선이 '인지'와 화합할 수 있도록 만든다.

한 노선을 따르게 된다.

우주선과 '인지'가 빈 공간에 도달하면, 이들은 로켓이나 감지 장치 없이 완벽하게 발맞춰 공간을 날아간다. 이들이 이루는 조화가 얼마나 놀랄만한가! 내부 위성은 외부 공간을 보지 못한다. 내부 위성은 자신을 완벽하게 둘러싸고 있는 위성을 만지거나, 느끼거나, 볼 수 없지만 우주선의 시공간 경로를 충실히 따라간다. 게다가, 위성의 재료에 상관없이, 예컨대 금이든 알루미늄이든 상관없이 추적은 완벽하다. 원자 구성이나 구조가 어떻든 상관없이 '인지'는 어떻게 표준 진로를 따라갈 만큼 충분히 알고 있을까? 질량은 어디에서 움직이라는 명령을 받아올까?

아인슈타인은 '국소적으로'라고 답하고, 뉴턴은 '거리로부터'라고 답한다.

아인슈타인은 위성이 가능한 한 가장 단순한 방법으로 정보를 얻는다고 말한다.

위성은 자신에 인접한 시공간 구조에 반응한다. 위성은 국소적 관성 기준틀에서 직선을 따라 운동할 뿐이다. 이보다 더 간단하고 단순한 운동은 상상할 수 없다.

뉴턴은 위성이 '중력의 힘'을 통해 거리로부터 움직이는 방법에 대한 정보를 얻는다고 말한다. 무엇에 대한 운동일까? 모든 공간에 퍼져 있으며 영원히 지속되는 유클리드 기준틀에 대한 운동이다. 유클리드 기준틀은 신이 선사한, 결코 변하지 않는 이상적인 기준틀이다. 지구가 편향시키기 않았으면 위성은 이 유클리드 기준틀에서 이상적인 직선을 따라 운동했을 것이라고 그는 말한다. 이 이상적인 직선을 어떻게 볼 수 있을까? 얼마나 슬픈가! 이 이상적인 선을 따라 움직이는 것은 아무것도, 절대로 아무것도 없다. 그것은 완전히 상상의 선이다. 그럼에도 불구하고, 그림 136에서 볼 수 있듯, 모든 위성이 속력에 상관없이 동일한 가

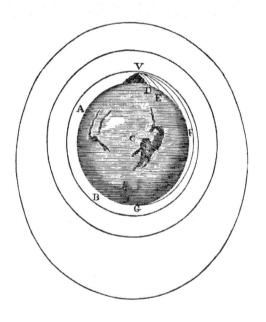

그림 136. 뉴턴 역학에서는 물체의 종류나 속도에 상관없이 모든 물체가 동일한 가속도로 이상적인 직선으로부터 벗어난다. 이런 측면에서 발사체의 낙하와 위성의 운동 사이에는 원칙적으로 아무런 차이가 없다. 1686년 출판된 뉴턴의 이 그림에서 산꼭대기에 설치된 대포가 연속적으로 커지는 힘으로 공을 수평으로 발사한다. 가장 강력한 대포는 위성을 발사한다. 바깥쪽 두 곡선은 다른 가능한 위성 궤도를 보여준다.*

---

* 뉴턴이 낙하 문제의 해결 단계까지 어떻게 도달했는지는 알렉산더 코이레(Alexander Koyré)의 매혹적인 문서 "케플러에서 뉴턴까지 낙하 문제에 대한 다큐멘터리 역사" [미국 철학학회 보고서 **45**, 4부(1955)]에서처럼 주의 깊게 언급한 곳이 없다. 그림은 뉴턴의 자연철학의 제 원리(Joseph Streater, 런던, 1686년)에서 발췌했다. 플로리안 카조리(Florian Cajori)가 개정하고 편집한 Motte 영어 번역본이 두 권의 페이퍼 백 볼륨(캘리포니아대학 출판부, 버클리, 1962년)으로 출판되었다.

아이작 뉴턴(Isaac Newton)

1642년 12월 25일, 울스토프–1727년 3월 20일, 켄싱턴(런던)

"마음의 대리석 목록은 영원히 낯선 상념의 바다를 홀로 떠돈다."　　　　　　　　　　　－ 워즈워드

★　★　★

"내가 세상에 어떻게 보일지 나는 모른다. 하지만 나 자신에게는 그저 바닷가에서 뛰놀고, 때때로 평범한 것보다 더 부드러운 조약돌이나 예쁜 조개껍질을 찾는 것으로 기분을 전환하는 소년 같았고, 거대한 진리의 바다는 아무것도 드러내지 않은 채 내 앞에 놓여 있었다."　　　　　　　　　　　　　　　　　　　　　　　　　　　　－ 뉴턴

★　★　★

"내가 왜 그를 마술사라고 부르는 것일까? 그가 우주 전체와 그 안의 모든 것을 수수께끼로 보았고, 특정 증거에 생각을 적용해서 읽을 수 있는 비밀로 보았으며, 비밀 단체에게 일종의 철학자의 보물찾기를 허용하기 위해 신이 세상에 대해 제시한 어떤 신비한 단서로 보았기 때문이다. 그는 이러한 단서들이 부분적으로는 하늘에 있는 증거와 원소의 구성에서 발견될 수 있을 뿐만 아니라 (이것이 그가 실험 자연철학자라는 그릇된 제안을 하게 된 것이다) 부분적으로는 바빌로니아의 원래 비밀스러운 계시로 돌아가는 끊임없는 사슬에서 신도들에 의해 전해지는 특정 논문과 전통에서도 발견될 수 있다고 믿었다. 라이프니츠와 연락할 때 암호문에 미적분법 발견을 숨겼을 때처럼, 그는 우주를 전능자에 의해 설정된 암호문으로 간주했다. 순수한 생각에 의해, 마음의 집중에 의해, 수수께끼가 입문자에게 드러날 것이라고 그는 믿었다."　　　　　　　　　　　　　　　－ 케인즈(Keynes)[*]

---

* Horizon Press의 허락을 받아 인쇄된 *Essays in Biography*.

속도로 이 이상적인 선에서 벗어난다는 측면에 있어서 이 상상의 선은 단일한 상태에 있다고 뉴턴은 말한다.

아인슈타인은 다음과 같이 말한다. 현실을 직시하라. 전 공간에 배경처럼 펼쳐져 있는 이상적인 유클리드 기준틀 따위는 존재하지 않는다. 그런데 뉴턴 역학을 따를 때조차도 그 이상적인 기준틀에서 직선을 따라 운동하는 입자나 심지어 광선이 없다는 말을 왜 하는가? 아무것도 그 가설을 직접적으로 증명하지 못하는데 왜 시공간이 거대한 규모의 유클리드 기하학을 따른다는 말을 하는가? 모든 것을 포함하는 유클리드 기준틀을 설정하고 그 기준틀에 대해 운동을 설명하려고 하는 것은 잘못된 방법으로 물리학을 연구하는 것이다. 멀리 있는 물체를 기준으로 운동을 설명하려고 하지 마라. **국소적으로 분석할 때에만 물리학은 단순해진다.** 위성이 따르는 세계선은 이미 국소적으로는 직선이다. '편향'이라든지 '중력의 힘'에 대한 이야기는 잊어버려라. 나는 지금 우주선 안에 있거나 우주선 밖 가까이에 떠 있다. 내가 어떤 '중력의 힘'을 느낄까? 전혀 아니다. 우주선이 그러한 힘을 "느낄까?" 이것도 아니다. 그런데 왜 이런 얘기를 할까? 우주선과 나는 모든 힘으로부터 자유로운 시공간 영역을 횡단하고 있음을 상기하라. 이 영역에서의 운동은 이미 직선을 따름을 인정하라.

운동의 직진성을 어떻게 표시할 수 있을까? 미터자와 시계로 이루어진 국소 격자를 설정하자. 이 격자는 1장 2절에 나온 로런츠 기준틀이라고도 불리는 국소적 관성 기준틀이다. 이 기준틀이 관성 기준틀인 것을 어떻게 알 수 있을까? 모든 입자를 주시하고, 모든 광선을 확인하고, 이들 모두가 이 기준틀에 대해 일정한 속력으로 직선 운동을 하는지를 조사한다. 그렇게 해서 이 기준틀이 관성 기준틀인 것이 확인되면, 이 국소적 관성 기준틀에 대에서 우주선은 일정한 속력으로 직선을 따라 운동하거나 정지 상태를 유지한다. 무엇이 "국소적 관성 기준틀에서 직선을 따르라"는 질량에 대한 운동 명령보다 더 간단할 수 있을까? 위성은 자신이 어떻게 움직여야 할지를 알기 전에 미리 지구와 달과 태양이 어디에 위치해 있는지를 알아야만 할까? 전혀 아니다. 우주선 내부가 검은 벽으로 둘러싸여 있더라도, 위성이 올바른 진로를 따르기 위해서는 시공간의 국소적 구조만 감지하면 된다.

아인슈타인의 운동에 대한 관점은 멋지고도 간단하지만, 그래도 너무 단순하지 않을까? 우리는 지구 주위의 우주선의 운동과 '중력'에 대해 관심을 갖기 시작했었다. 그런데 철저히 국소적인 관성 기준틀에 대해서 우주선 또는 위성의 운동, 즉 단순한 직선 운동에 대한 이야기로 마무리한 것처럼 보인다. 그 안에 '중력'의 증거라고 보일만한 것이 어디 있을까? 없다. '시공간은 언제 어디에서나 **국소적으로 로런츠적(Lorentzian)**'이라는 것이 바로 아인슈타인의 위대한 교훈이다. 한 입자의 운동을 따라가서 볼 수 있는 중력의 증거는 전혀 없다.

중력 효과에 대한 적절한 척도를 갖기 위해서는 약간 분리된 두 입자의 상대 가속도를 관찰해야 한다. 얼마만큼 분리되어 있어야 하나? 그것은 측정 장치의 감도에 달려 있다. 수평 분리가 25미터인 두 볼베어링이 250미터 높이에서 초기 상대 속도가 0인 상태로부터 떨어지는 경우, 두 볼베어링은 7초 후 또는 21×10^8 빛이동 시간미터 후에 10^{-3}미터만큼 분리가 줄어든 채 바닥을 때린다. (이에 대해서는 1장 2절의 그림 5와 연습 문제 32번의 계산을 참조하라.) 수직 분리가 25미터인 두 볼베어링이 250미터 높이에서 초기 상대 속도 0으로 떨어지는 경우, 두 볼베어링은 7초 후에 분리가 2×10^{-3}미터만큼 증가한다. (그림 6을 참조하라.) 이런 작은 상대 변위를 감지하지 못하는 측정 장비의 경우 두 볼베어링은 하나의 동일한 관성 기준틀에서 움직이는 것으로 간주된다. 중력에 대한 증거는 보이지 않는다. 좀 더 민감한 장치는 중력의 '조석 생성 작용', 즉 지표면에 평행한 분리는 짧아짐이 가속되고 수직인 분리는 길어짐이 가속되는 것을 감지할 수 있다. 각각의 작은 볼베어링은 여전히 자신의 국소적 관성 기준틀에서 직선으로 움직인다. 그러나 새로운 정밀도로 인해 한 관성 기준틀의 유효 범위는 다른 볼베어링의 운동에 대해 적절한 설명을 제공할 정도로 충분히 멀리 도달하지 못한다. 밀리미터 크기의 두 어긋남은 '중력'이 자신을 드러내는 방식이다.

중력은 국소적 현상으로 나타난다. 지구 중심에서 볼베어링까지의 거리에 대한 언급은 여기에 없다! 지구 중심에 대한 가속도에 대해서도 언급도 없다! 유일하게 고려되는 가속도는 인접한 입자들의 서로에 대한 가속도(12~13쪽에 설명된 상대 가속도와 동일한 "조수 가속도")뿐이다. 분리가 2배가 되면 상대 가속도도 2배가 된다. 따라서 조수 생성 효과의 진정한 척도는 "단위 분리 당 가속도"의 특성을 갖고 있다. 가속도를 [(거리 미터) / (빛이동 시간미터)²] 의 단위, 즉 [m/m²]

중력의 적절한 지표는 한 입자가 아니라 두 입자의 상대 운동이다.

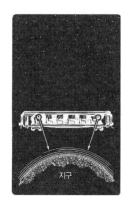

그림 5. 11쪽

그림 6. 11쪽

227

또는 [1/m]로 측정한다고 하자. 그러면 조수 생성 효과의 척도는 (가속도/거리) 또는 [1/m²] 단위를 갖는다. 예제에서, 이 물리량은 수평 방향 (x와 y)으로는 $[-0.001\,\text{m}/(21 \times 10^8\,\text{m})^2]/25\,\text{m} = -9 \times 10^{-24}\,\text{m}^{-2}$의 값을 갖고, 수직($z$) 방향으로는 2배의 값과 반대 부호, 즉 $+18 \times 10^{-24}\,\text{m}^{-2}$의 값을 갖는다. 조수 생성 효과는 작은 값을 갖지만 실제 효과이며 관측 가능하다. 더군다나 이것은 국소적으로 정의된 물리량이다. 자연에 대한 간단한 설명을 원한다면 국소적으로 정의된 물리량에 주의를 기울여야 한다고 아인슈타인은 말한다.

아인슈타인이 덧붙여 한 말은 다음과 같다. '조수 생성 효과'를 설명하는 데 더 이상 시공간을 통해 전파되고 시공간 구조에 추가된 중력이라는 신비한 힘은 필요치 않다. 대신 이 효과는 이것은 시공간 자체의 기하학 또는 **시공간의 곡률**을 이용해서 묘사되어야 하고, 묘사될 수 있다. 아인슈타인은 4차원 시공간에 대해 말하고 있지만, 곡률의 개념은 그림 137에서와 같이 구 표면의 2차원 기하학을 이용해도 설명될 수 있다.

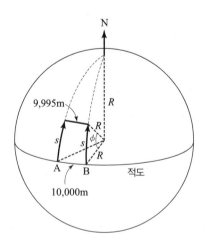

그림 137. 나란히 여행을 시작한 A와 B는 왼쪽이나 오른쪽으로 벗어나지 않았음에도 어느 정도 이동한 후에는 서로 가까워진 것을 발견한다. 첫 번째 해석: '중력'이라는 신비한 힘이 작용하고 있다. 두 번째 해석: 두 사람은 곡면 위를 여행하고 있다.

두 여행자 우화

여행자 A가 북쪽으로 곧장 여행할 준비를 한 채 적도에 서있다. A와 어깨를 맞댄 채 서있던 B가 90° 만큼 방향을 바꿔 곧장 동쪽으로 걸어간다. B는 적도를 따라 $(\Delta x)_0 = 10\,\text{km}$를 걸어간 후, 다시 90°만큼 방향을 바꿔 곧장 북쪽으로 걸어간다. 이제 두 사람은 그림 137에서와 같이 북쪽으로 출발해서 $200\,\text{km}$를 걸어간다. 처음에 둘의 진로는 정확히 평행하다. 두 사람은 오른쪽이나 왼쪽으로 벗어나지 않고 정확히 원래 방향으로 계속 걸어갔다. 그러나 둘 사이의 분리를 측정하기 위해 파견된 심판은 $200\,\text{km}$의 여행 후의 둘 사이의 분리가 원래의 $10\,\text{km}$보다 작아진 것을 발견한다. 왜 그럴까? 지표면이 구부러져 있기 때문이라는 걸 우리는 아주 잘 알고 있다. 결국에는 두 사람은 북극에서 만날 것이다. 위도를 ϕ로 놓자. (적도에서는 $\phi = 0°$ 또는 $\cos\phi = 1$이고, 북극에서는 $\phi = 90°$ 또는 $\cos\phi = 0$이다.) 그러면 임의의 중간 위도에서 두 여행자의 분리는 $(10\ \text{km}) \times \cos\phi$이다. 적도보다 약간 높은 위도에 대해서는 코사인 함수의 멱급수 전개에서 처음 두 항만 취해도 충분하다. 이 경우 분리는 다음 식으로 주어진다.

$$\Delta x = (\Delta x)_0 \left(1 - \frac{\phi^2}{2}\right)$$

각 ϕ는 북쪽을 향하는 호의 길이 s를 지구 반지름 R로 나눈 값(즉, $\phi = s/R$)이므로 원래 분리 $(\Delta x)_0$의 감소량은 다음 식으로 주어진다.

$$(\Delta x)_0 - (\Delta x) = (\Delta x)_0 \left(\frac{\phi^2}{2}\right) = (\Delta x)_0 \left(\frac{s^2}{2R^2}\right)$$

$(\Delta x)_0 = 10\,\text{km}$, $s = 200\,\text{km}$, $R = 6371\,\text{km}$을 대입하면, 줄어든 거리는 $0.005\,\text{km}$ 또는 $5\,\text{m}$이다. 이 값은 인상적인데, 그 크기 때문이 아니라(10,000미터에서 5미터가 무슨 의미가 있겠는가?) 어쨌든 그러한 어긋남이 있기 때문이다. 만약에 여행자에 의해 이런 방식으로 점검된 $10\,\text{km} \times 200\,\text{km}$의 영역이 평평하다면 이런 어긋남은 없을 것이다. 어긋남에 대한 표현은 지구의 2차원 표면을 기술하는 데 사용된 기하가 구부러진 표면의 기하임에 틀림없다는 가장 직접적인 증거이다.

어떻게 하면 이런 곡률을 정량적으로 적절하게 측정하고 설명할 수 있을까? 어떻게 하면 여행 거리와 여행자 사이의 분리와는 무관한 숫자, 즉 여행자가 아니라 국소적 곡률을 설명하는 숫자를 이끌어낼 수 있을까? 먼저 A와 B 사이의 거리가 짧아지는 것이 가속된다는 점에 유의하자. 따라서 다루어야 할 적절한 양은 이 가속도이다. 어떻게 이 가속도의 값을 구할 수 있을까? 상대 가속도는 상대 속도의 변화율이라는 사실과 상대 속도는 분리의 변화율이라는 사실을 이용하자. 이제 분리를 고려하는 것으로 시작하자.

$$(\Delta x) = (\Delta x)_0 - (\Delta x)_0 \left(\frac{s^2}{2R^2} \right)$$

s가 $s + ds$로 증가하도록 추가적으로 약간의 거리를 여행하자. 여기서 ds는 고려하는 다른 모든 양들에 비해서 매우 작은 값이다. 추가적 이동의 결과로 분리는 다음과 같이 줄어든다.

$$(\Delta x)' = (\Delta x)_0 - (\Delta x)_0 \left[\frac{(s + ds)^2}{2R^2} \right]$$

ds의 제곱은 매우 작아서 무시될 수 있다는 것을 상기하면, 위의 식을 다음과 같이 쓸 수 있다.

$$(\Delta x)' = (\Delta x)_0 - (\Delta x)_0 \left[\frac{(s^2 + 2s\,ds)}{2R^2} \right]$$

새로운 분리와 이전 분리의 차이를 구하고, 이 차이를 추가된 거리 ds로 나누면 분리의 변화율, 즉 '분리의 속도'는 다음과 같이 주어진다.

$$\left(\begin{array}{c} \text{분리의} \\ \text{속도} \end{array} \right) = \frac{(\text{분리의 변화량})}{(\text{추가 이동 거리})} = \frac{(\Delta x)' - (\Delta x)}{ds} = -(\Delta x)_0 \frac{s}{R^2} \quad (136)$$

A와 B가 적도에서 출발할 때($s = 0$) 분리의 속도는 0인데, 이는 A와 B의 노선이 정확히 평행하기 때문이다. 그러나 그들이 자신들의 경로를 따라 여행하면 할수록 또는 식 (136)에서 s가 커질수록, A와 B는 서로에게 점점 빠르게 접근하는 자신들을 발견하게 된다. '분리의 가속도'는 다음 비율에 의해 측정된다.

$$\left(\begin{array}{c} \text{분리의} \\ \text{가속도} \end{array} \right) = \frac{(\text{분리의 속도})}{\text{분리 속도가 0인 곳으로부터의 거리}}$$

$$= \frac{-(\Delta x)_0 s/R^2}{s} = \frac{-(\Delta x)_0}{R^2} \quad (137)$$

두 여행자가 원래 분리 $(\Delta x)_0$의 두 배로 출발했다면 식 (137)에 따라 '분리의 가속도'도 두 배 증가했을 것이다. 다시 말해, 지구 곡률의 진정한 척도는 '분리의 가속도' 자체가 아니라 '원래 분리 단위당 분리의 가속도'로 주어진다. 즉,

$$\text{곡률 척도} = \frac{(\text{분리의 가속도})}{(\text{원래의 분리})} = \frac{-(\Delta x)_0 / R^2}{(\Delta x)_0} = -\frac{1}{R^2}$$

이 양은 작지만 감지 가능한 크기인 $-1/(6.371 \times 10^6 \, \text{m})^2 = -2.5 \times 10^{-14} \, \text{m}^{-2}$의 값을 갖는다. 앞에서 다루었던 '조석 생성 효과'와 얼마나 유사한가! 심지어 단위조차 같다! '곡률'의 기하학적 개념과 '조석 생성 효과'의 중력 개념 사이의 이와 같은 유사성은 아인슈타인의 중력에 대한 기하학적 해석의 전조가 된다.

시공간 기하학의 곡률로 이해되는 중력의 물리학에서 조석이 만드는 상대 가속도

왼쪽이나 오른쪽으로 벗어나지 않으며 평행 트레킹을 성실하게 시작한 두 여행자는 모든 예방에도 불구하고 둘이 서로를 향해 서서히 접근하고 있다는 심판의 말을 들었다. 그들은 이 결과를 자신들의 경로를 빗나가게 만드는 신비한 '중력' 탓으로 돌린다. 그들은 이 '중력'의 본성을 탐구한다. 자전거, 오토바이, 경차, 중형차 등으로 여행을 반복하지만 원래의 분리가 항상 동일하게 단축되는 것을 발견한다. 그들은 뉴턴 방정식

$$(\text{힘}) = (\text{질량})(\text{가속도})$$

을 안다. 모든 종류의 차량에 대한 상대 가속도가 동일한 것으로부터 그들은 '중력'은 차량의 질량에 직접 비례하는 것이 틀림없다는 결론에 도달한다.

사람들은 알려진 개념을 가지고 훨씬 더 신중하게 토론을 시작한다. 그들은 중력이 다음과 같이 쓰여야 한다고 말한다.

$$\text{중력} = \left(\begin{array}{c}\text{물체의}\\\text{중력 질량}\end{array}\right)\left(\begin{array}{c}\text{중력장}\\\text{세기}\end{array}\right)$$

그들은 이 힘을 뉴턴 운동 방정식에 넣는데, 이때 방정식에 나타나는 질량은 힘을 받는 물체의 "관성 질량"이라는 것을 강하게 강조한다. 그들은 다음 방정식으로 끝낸다.

$$\left(\begin{array}{c}\text{물체의}\\\text{관성 질량}\end{array}\right)(\text{가속도}) = \left(\begin{array}{c}\text{물체의}\\\text{중력 질량}\end{array}\right)\left(\begin{array}{c}\text{중력장}\\\text{세기}\end{array}\right)$$

또는

$$가속도 = \frac{(중력\ 질량)}{(관성\ 질량)}\ (중력장\ 세기)$$

그들이 말하길, "여길 봐라. 시도하는 모든 차량에 대해 가속도가 동일하다. 이것은 관성 질량에 대한 중력 질량의 비가 모든 종류의 물체에 대해서 같다는 의미야. 이것은 질량에 대한 위대한 발견이야."

공간 여행자가 줄곧 높은 곳에서 내려다보고 있었다. 그는 많은 트레킹을 보았고, 거리 단축에 대한 많은 측정을 주시했고, 상호통신시스템을 통해서 '중력'에 관한 중요한 논의에 대해 들었다. 그가 미소를 짓는다. 쟁점이 되는 것은 '중력'이 아니라 휜 공간의 기하학이라는 것을 그는 알고 있다. '중력 질량'과 '관성 질량'의 동일성에 대한 이야기는 진리를 완전히 가린다. 오직 곡률만이 A와 B가 서로에게 접근하는 비율의 증가를 설명하는 데 필요한 모든 것이다.

지구의 중력 가속도는 지구를 둘러싼 시험 입자 사슬에서 각 입자가 자신의 이웃들을 향하는 상대 가속도의 총체적 효과로 이해된다.

아인슈타인도 미소를 짓는다. 그가 말하는 바에 따르면, 시공간의 곡률만이 지상 25미터 상공에서 정지 상태로부터 출발한 두 볼베어링의 밀리미터 크기의 분리의 변화를 설명하기 위해 필요한 모든 것이다. 뿐만 아니라 곡률은 중력을 완벽하게 설명해준다. '이 얼마나 황당한 주장인가'가 사람들의 첫 반응이다. "작은 볼베어링 사이의 거리에서 나타나는 이렇게 사소하고 느린 변화가 어떻게 낙하물이 지구에 부딪힐 때의 엄청난 속도에 대해 설명할 수 있을까?" 대답은 간단하다. 많은 국소적 기준틀들이 어우러져 전체 시공간 구조를 구성한다. 개개의 국소적 로런츠 기준틀은 원점에 한 개씩의 볼베어링을 갖고 있는 것으로 간주될 수 있다. 이 볼베어링들 모두가 동시에 자신들의 이웃에 접근하면("곡률"), 전체 시공간 구조 자체가 축소되고, 이에 따라 그림 138에서와 같이 지구에 더 가까이 다가간다. 따라서 많은 국소적 곡률의 발현의 총체적 효과는 전체적으로 지구로부터 발생하는 장거리 중력의 출현을 이끈다.

아인슈타인: 중력의 모든 효과는 전적으로 국소적 효과, 즉 시공간의 국소적 곡률로부터 발생한다.

간단히 말해서, 임의의 국소적 관성 기준틀에서 운동을 기술하기 위해 사용되는 기하학은 평면 공간 로런츠 기하학 ('특수 상대론')이다. 이러한 국소적 관성 기준틀에 대해서 인근의 모든 전기적 중성 입자들은 일정한 속도로 직선을 따라 운동한다. 조금 더 멀리 떨어진 입자들은 시공간에서 속도 또는 세계선의 방향이 서서히 변하는 것으로 감지된다. 이러한 변화는 '중력의 조석 효과'로 설명되며, 국

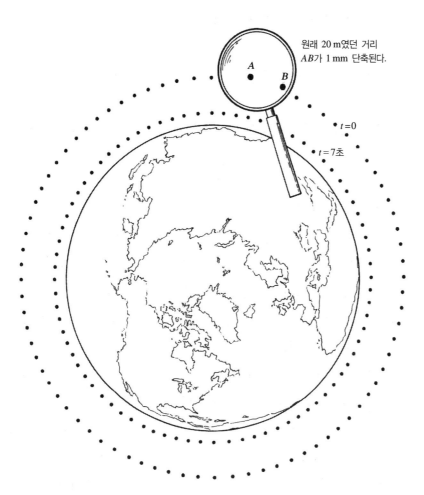

그림 138. 장거리 중력의 출현에 이르기까지 더해지는 국소적 곡률. 볼베어링 A와 관련된 관성 기준틀에서 볼 때, 두 번째 볼베어링 B는 원래의 분리(25미터)에서 7초 동안 1밀리미터(AB 근처에서 기하학의 국소적 곡률)가 단축된다. 이와 유사한 단축이 작은 공의 모든 이웃한 쌍 사이에서 일어난다. 결과적으로 전체 원은 7초 동안 원래 값의 $1\,mm/25\,m = 1/25{,}000$의 비율로 줄어든다. 지구 중심으로부터의 거리도 같은 비율로 줄어든다. 즉, $(1/25{,}000)(6{,}371{,}000\,m) = 250\,m$만큼 떨어진다. 아인슈타인의 묘사에 의하면, 이와 같은 대규모 효과는 다수의 소규모 효과가 더해져서 나타난다. 소규모 효과란, 예를 들어 A와 관련된 관성 틀에서 보았을 때 B가 정지 상태를 유지하지 못하는 것과 같은, 기하학의 곡률과 관련된 국소적 차원의 변화를 의미한다.

소적 시공간의 곡률에서 비롯되는 것으로 이해된다. 국소적 물리학의 관점에서 볼 때, 중력은 한 시험 입자의 운동에서는 절대로 모습을 보이지 않으며, 둘 또는 그 이상 인접 시험 입자들 사이의 분리에 변화가 있을 때에만 모습을 드러낸다. 그러나 이러한 국소적 차원의 변화는 일상적 발현에서 '중력'으로 해석되는 전체 시공간 구조에 영향에 미친다.

반면에 뉴턴은 다음과 같은 하나의 이상적이고 전체적인 기준틀이 있다고 가정했다.

"절대 공간은 본질적으로 외부의 어떤 것과도 관계없이, 항상 같고 움직이지 않는다."

"절대적이고 진실하며 수학적인 시간 그 자체는 본질적으로 외부의 어떤 것과도 관계없이 똑같이 흐른다...”[*]

뉴턴의 관점에 따르면, 볼베어링이나 우주선은 이 이상적인 기준틀에 대해 실제로 가속되는 것으로 간주된다. 이런 물체들을 가속시키는 '힘'은 전 공간에 걸쳐 신비롭게 행동하고 멀리 떨어진 물체에 의해 생성된다. 우주선 안의 사람이 가속도나 힘의 증거를 찾지 못한다는 것은 자연의 우발적 사고이다. '중력 질량'과 '관성 질량'의 우연한 일치는 자연의 우발적 사고로 해석될 수 있다.

뉴턴의 용기와 판단력: 가능한 일을 하라. 더 깊은 이해는 미래 시대로 연기하라.

이 책의 저자 중 한 명과 여러 해에 걸친 대화에서 아인슈타인은 뉴턴에 대한 커다란 존경심과 특히 뉴턴의 용기에 대한 감탄을 강조했다. 아인슈타인은 뉴턴이 절대 시간과 절대 공간의 개념의 어려움에 대해 17세기의 비평가들보다 더 많이 의식하고 있었음을 강조했다. 그러나 그런 개념을 전제하는 것은 당시로서는 운동을 기술하려는 임무를 진척시키기 위한 유일한 실용적 방법이었다. 실제로 뉴턴은 운동의 문제를 두 부분, 즉 (1) 공간과 시간, 그리고 이들의 의미와 (2) 이상화된 시공간에 대한 가속도 법칙으로 나누었다. 첫 번째 부분은 당혹스럽고 무력하며, 230년 후에야 명확하게 밝혀질 운명인 개념이고, 두 번째 부분은 뉴턴이 세상에 건네준 법칙들이다.

자연과 자연의 법칙은 밤의 어둠 속에 숨겨져 있었다.
신이 말했다, 뉴턴이여, 있어라! 그리자 모든 것이 환하게 밝아졌다.
― 포프(Alexander Pope)

---

[*] 1729년에 앤드류 모테(Andrew Motte)에 의해 번역되고 1947년 플로리안 카조리(Florian Cajori)에 의해 개정된, 아이작 뉴턴 경의 자연철학의 제 원리(*Mathematical Principles of Natural Philosophy and His System of the World*)의 1권의 6쪽.

앨버트 아인슈타인(Albert Einstein)
1879년 3월 14일, 독일, 울름 −1955년 4월 18일, 뉴저지, 프린스턴

"뉴턴은 자신의 지적 체계에 내재된 약점을 그를 따르는 세대보다 더 잘 알고 있었다. 이 사실이 항상 내 감탄을 불러일으켰다."

★　★　★

"고독하고 이해되지 않는 리만(Riemann)의 천재성은 이미 지난 세기 중반에 공간에 대한 새로운 개념으로 나아갔는데, 이 개념에서 공간은 견고함을 박탈당했고 물리적 사건에 참여할 능력이 가능한 것으로 인지되었다."

★　★　★

"이러한 모든 노력은 존재가 완벽하게 조화로운 구조를 가져야 한다는 믿음에 근거한다. 오늘날 우리는 이 놀라운 믿음에서 벗어나도록 스스로를 허용하는 것에 대해 그 어느 때보다도 근거가 적다."*

---

* 이 세 인용구는 앨버트 아인슈타인의 책 *Essays in Science*(Philosophical Library, New York, 1934)에서 가져왔다.

**아인슈타인의 장기적 비전:
기하학만으로 물리적
우주에 대한 묘사**

오늘날 우리는 시간과 공간의 본성에 대한 아인슈타인의 통찰력이 중력을 순수한 기하학적 현상으로 새롭게 이해하도록 한다는 것을 발견한다. 그는 중력뿐만 아니라 물리적 우주의 모든 것이 기하학만으로 완벽히 설명될 수 있다는 장기적이지만 아직 증명되지 않은 비전을 유산으로 남기고 세상을 떠났다. 최종 대화에서 물리학의 어떤 부분이 시공간 기하학을 이용하여 간단하게 설명되고 어떤 부분이 이해하기 요원한지를 묻는 것은 물리학에 대한 전망을 제시하는 도움이 될 것이다.

표 15. 시공간 관점에서 본 물리학 개요

전기적으로 중성인 자유 입자는 어떻게 움직이나?	입자는 가능한 가장 곧은 시공간 경로, 기하학 용어로는 '측지선(geodesic)'을 따른다.
이 입자의 에너지–운동량 4차원 벡터의 성분은 몇 개인가?	4개이다.
이 성분들은 서로 독립적인가?	아니다. 성분들은 방정식 $$E^2 - (p^x)^2 - (p^y)^2 - (p^z)^2 = m^2$$ 에 의해 연계되어 있다.
전자기장은 하전 입자의 운동에 어떤 영향을 주나?	주어진 임의의 지점에서 하전 입자의 실제 세계선은 동일한 기울기를 유지하며 동일한 지점을 통과하는 이상적인 측지선으로부터 규칙적으로 편향되거나 곡선을 이룬다. 일상의 물리학 용어를 사용하면, 하전 입자는 이상적인 중성 시험 입자로부터 가속되어 멀어진다.
어떻게 하면 주어진 시공간 영역에서 전자기장을 정량적으로 측정할 수 있나?	시간꼴 방향에서 주어진 영역을 통과하는 임의의 하전 입자의 세계선의 곡률(동일 기울기로 동일 지점을 통과하는 이상적인 측지선으로부터 멀어진 정도)로부터 측정할 수 있다. 즉, 주어진 지역을 통과하는 하전 입자의 3개의 세계선의 곡률을 측정함으로써 해당 지역에서의 전자기장의 방향 특성과 크기에 대한 모든 세부 사항이 국소적으로 측정될 수 있다.
한 지점에서 전자기장의 독립적인 성분은 몇 개인가?	6개이다. 주어진 관성 기준틀의 관찰자에게 전자기장은 각각 3개의 성분이 있는 독립된 전기장과 자기장으로 나타난다. 주어진 관성 기준틀에서 하전 입자가 순간적으로 정지한 경우, 그 기준틀에서 측정한 입자의 가속도는 오직 전기장에 의해서만 결정된다. 입자가 움직이면 자기장은 '자기력'의 형태로 입자의 가속도에 기여한다.

중력장은 한 입자의 운동에 어떤 영향을 미칠까? (국소적 **관성** 기준틀에서 적절하게 정의되며, 일상적 또는 겉보기 중력장과 구별되는 중력장을 생각하라. 일상적 또는 겉보기 중력장의 예는 지구 표면에서 느끼는 중력장으로, 이 중력장은 관성 기준틀도 **아니고 자유 낙하 하지도 않는다.**)	아무런 영향도 미치지 않는다. 왜냐하면 표준 기준틀이 입자 자체의 세계선 또는 시공간에서 동일한 경로를 따르는 이상적인 시험 입자의 세계선이기 때문이다!
중력장은 **두** 시험 입자의 **상대** 운동에 어떤 영향을 미치나? (단순화를 위해 두 입자가 처음에 조금 떨어져 있고 서로 나란한 세계선을 따라 출발했다고 가정한다.) 운동에 대한 영향은 불분명한 '중력장'보다는 '조석장(tidal field)'으로 더 잘 설명될 수 있다. '조석'이라고 이름붙인 이유는 달에 기인한 지구 반대편에 있는 물 입자의 **상대** 가속도가 조석에 나타나기 때문이다.	두 시험 입자의 분리는 평행인 초기 순간부터 측정되는 시간에 따라 규칙적으로 변해간다. 이를 '측지선 편차(geodesic deviation)'가 생긴다고 한다.
위성의 궤도를 유지시키는 일상적 또는 겉보기 중력장보다 위성 또는 위성 집단에 거의 무시할만한 영향을 미치는 조석힘(tidal force)에 더 많은 주의를 기울이는 것이 어떻게 정당화될 수 있나?	물리학을 분석하는 간단한 방법은 국소적 관성 기준틀에 대한 분석, 즉 국소적 분석이라는 것이 밝혀졌기 때문이다. 위성 안에 있는 사람에게는, 국소적으로 명백한 중력장이 없다. 그가 관심 있는 것은 함대의 다른 우주선 안에 있는 자신의 이웃과의 거리이다. 이웃과의 거리는 인접 구역의 조력(그 위치에서 지구, 달, 태양에 의해 생성된 힘) 때문에 점차 바뀐다.
어떻게 하면 주어진 시공간 부근에서 조석장을 정량적으로 측정할 수 있나? 조석장은 리만의 휜 공간 기하학(1854년)이나 아인슈타인의 일반 상대성이론(1915년)의 언어로는 '시공간의 곡률'에 해당한다.	두 세계선 사이의 측지선 편차로부터 측정할 수 있다. 해당 영역을 통과하는 시험 입자들의 세계선 사이의 측지선 편차를 측정함으로써 해당 영역의 조석장 또는 곡률의 방향 특성과 크기를 자세히 측정할 수 있다.
왜 모든 것이 "시공간의 곡률"에 대한 언급뿐인가? 조석 효과에 대한 **사실**을 기록하기만 하고 이런 기하학적 해석을 그만두어도 되지 않나?	일상적인 측정에서 왜 3:4:5의 비가 성립하는 삼각형에서 90°에 대한 기하학적 설명을 해야 할까? 모든 종류의 측정에서 수많은 다양한 사실들을 단순히 기록하기만 하면 되지 않을까? 이에 대한 답(앞의 두 질문과 옆의 원래 질문에 모두 해당됨)은 다음과 같다. 기하학적 해석은 사실을 추적하는 데 있어서 효율성과 통찰력을 제공하기 때문이다. 중력의 경우 휜 시공간 기하학을 이용하면 관찰을 간단히 해석할 수 있다. 더 이상 세상이 시공간에 신비스러운 마법의 '물리적' 힘인 중력이 더해져서 만들어졌다고 가정할 필요가 없다.

아마도 **중력**에 대한 기하학적 서술은 정당화될 수 있을 것이다. 하지만 **전자기학**은 어떤가? 무엇보다도 전자기학은 중력과 다른 성격을 가진다. 더욱이 중력에 대한 설명에서 기하학은 그 가능성을 다 써버리지 않았나? 전자기학은 시공간에 **더해진** 비기하학적인 무언가로, 즉 이질적이고 신비하고 **'물리적인'** 무언가로 해석되어서는 안 되나? 전자기장이 비기하학적으로 서술된다면, 왜 중력에 대한 물리학을 순수 기하학으로 서술해야 한다는 주장을 하는가?

일상의 목적을 위해서는 전자기학을 평평한 이상적 시공간의 경기장에서 고유의 동적 진화를 겪고 있는 이질적이고 '물리적인' 장으로 간주하는 게 편리하다. 천천히 가속되는 너무 무겁지 않은 물체에 미치는 중력 효과에 대한 일상적인 분석에서 중력이 평평한 시공간 배경을 통해 작용하는 '물리적인' 장인 것처럼 단순화해서 말하곤 한다. 그러나 원칙의 문제에 관한 한, 전자기장과 중력장(조석장)은 모두 시공간의 곡률의 측면으로 이해될 수 있다는 것이 오랫동안 알려져 왔다. 자연에 대한 이와 같은 설명에서 한 지점에서의 조석장은 그 지점에서의 시공간의 곡률에 대한 또 다른 이름일 뿐이다. 한 지점에서의 전자기장은 인근 지점에서 곡률의 변화와 상관관계가 있다.

지금까지의 분석에서 관심을 초점은 무엇이었나?	입자(또는 복사 구름과 같은, 질량−에너지의 임의의 국지적 집합의 운동)에 대한 장의 영향.
장(field) 물리학에 대한 완벽한 설명에 필요한 다른 측면은 무엇이 있나?	장에 대한 입자(또는 질량−에너지의 국지적 집합)의 영향
입자가 장에 미치는 영향을 설명하는 새롭고 본질적으로 동등한 방법이 있나?	있다. 첫 번째 설명: 입자는 장에 영향을 미친다. 즉, 입자는 자신의 위치 부근의 시공간의 구조를 변경한다. 이 영향은 주위의 시공간에서 장소를 따라 전파된다. 두 번째 설명: 전파 과정의 세세한 내용은 무시하고, 간단하게 지금 여기서 갑자기 속도가 변하는 입자 때문에 먼 거리에서 생기는 효과가 얼마나 큰지만 주목한다. 이를 '원거리 작용의 관점'이라고 한다.
주어진 기준틀에서 **정지해 있는** 입자가 만드는 효과는 어떤 것이 있나?	전하에 비례하고 거리의 제곱에 반비례하는 전기장, 자기장의 부재, 질량에 비례하고 거리의 세제곱에 반비례하는 조석장, 조석장의 다른 성분의 부재 등이 있다.
주어진 기준틀에서 **일정한 운동을 하는** 입자가 만드는 효과는 어떤 것이 있나?	전기장뿐만 아니라 자기장, 정지해 있는 입자의 조석장뿐만 아니라 부가적인 조석장 등이 있다.
미터 단위로 측정한 가속되는 시간보다 아주 먼 거리에서 순간적으로 **가속된** 입자가 만드는 효과는 어떤 것이 있나?	전하와 가속도에 비례하고 거리에 반비례하는 전기장과 자기장(전자기파). 전자기파는 표준 속력인 광속으로 그 거리까지 전파된다. 크기가 거리에 비례하는 조석장('중력파'). 조석장은 광속으로 그 거리까지 전파된다. (중력파는 아직 감지되지 않았으며 탐지기가 건설 중에 있다.) [역자 주: 2015년 9월, 라이고(LIGO)를 통해 중력파의 존재가 실험적으로 입증되었다. 이 공로로 바이스(Rainer Weiss), 킵 손(Kip Stephen Thorne), 배리시(Barry Clark Barish)가 2017년 노벨 물리학상을 수상하였다.]

먼 곳에 이러한 전자기 효과와 중력 효과를 만드는 기본 입자의 **내부 구조**는 이해되고 있나?	전자, 중간자, 양성자 등과 같은 기본 입자의 내부 구성에 대한 적절한 설명은 없다. (1) 고에너지 가속기 건설과 그에 따른 '기본' 입자의 질량과 변환에 대한 엄청난 수의 흥미롭고 정량적인 관찰의 꾸준한 축적과 (2) 관찰 자료들에서 간혹 충격적이고 아름다운 규칙성이 발견됨에도 불구하고 아직 이해가 부족하다.
기본 입자의 **구조**를 이해하지 못하면서, 어떻게 이 입자의 운동과 상호작용에 대해 현명하게 말할 수 있나?	기본 입자의 크기는 라디오 송신기와 수신기 사이의 거리와의 비교는 말할 것도 없고, 원자 안에 있는 입자들 사이의 분리와 비교할 때도 매우 작다. 그러므로 지구 내부 구조의 세부 사항이 달에 작용하는 인력을 이해하는 데 크게 관련이 없듯이 입자 내부 구조의 세부 사항은 입자의 운동과 상호작용을 설명하는 데 크게 관련이 없다.
입자의 구성에 대한 무지를 인식한다면, 현재는 입자를 어떻게 보나?	입자는 시공간에 잠겨 있는 기묘하고 비기하학적인 물체로 취급된다.
입자가 시공간에서 **만들어진** 물체가 아니라 시공간에 **잠긴** 이물질이라면 자연에 대한 순수한 기하학적 묘사라는 이상(ideal)은 어떻게 유지할 수 있나?	현재 가장 좋은 생각은 입자가 시공간에서 만들어지지 않았다고 주장하지 않는다. 오히려 이 문제를 지적으로 논의할 만큼 충분히 알고 있지 못하다고 주장한다. 당분간 우주에 대한 연구를 계속하고 실용적인 작업 기반으로 입자를 취급하기 위한 수단으로, 입자를 이물질처럼 다루는 것이 합리적이다. 오늘날 허리케인의 눈을 공기역학으로 설명하고 소용돌이의 좁은 통로를 유체역학으로 설명하듯이, 이 작업 방법은 입자를 기하학적 측면에서 설명할 수 있는 장기적인 가능성을 배제하지 않는다.
일상의 물리학 세계를 설명하기 위해 입자, 전자기장, 중력장에 대한 개념 이외에 필요한 기본 개념은 어떤 것이 있나? 입자의 구성은 기하학적일 수도 있고 아닐 수도 있으며, 중력장은 기하학적 용어를 사용해서 보는 법을 알고 있다.	하나의 개념이 더 있다. 모든 물리학의 핵심인 양자 원리(quantum principle)이다.
양자 원리에 의해 해결되는 문제의 간단한 예가 있나?	본질적으로 평평한 시공간의 영역에 있는 자유 입자가 어떻게 직선을 따라 A 지점에서 B 지점까지 이동하는가의 문제: (1) 이 입자가 어떻게 상상할 수 있는 대체 경로를 '탐지'하는가의 문제. (2) 계속 진행되는 '탐지' 과정 때문에 A에서 B로 이어지는 '직선'에서 퍼짐 현상의 문제. (3) A에서 B까지의 소위 '고전적' 또는 이상적 경로에 대한 이러한 종류의 실제 물리적 확산을 어떻게 보다 명확하게 정의하고 측정하는가의 문제.
원자가 하나로 묶여 있는 것은 '양자 힘'때문인가? 원자와 원자가 화학적으로 결합되는 것은 '양자 힘'때문인가? 전기 전도도와 고체의 탄성은 '양자 힘'때문에 생기는 것인가?	아니다! '양자 힘' 같은 것은 없다. 원자, 분자, 고체의 구조와 관련된 유일한 힘은 전기력이다. 중력을 제외한 일상의 모든 물리를 설명하는 데 필요한 것은 전기력, 기본 입자, 양자 원리뿐이다. 양자 원리는 전기력 하에서 기본 입자의 운동을 결정한다.

양자물리학에 의해 조명되는 근본적인 과정을 보여주는 또 다른 예가 있나?	질량이 1,836배 무거운 양성자를 중심으로 하는 원형 궤도를 따라 운동하는 전자가 두 입자 사이의 전기적 인력에 의해 궤도를 유지하고 있을 때, (1) 궤도가 큰 경우 궤도에서 위치의 퍼짐 비율이 얼마나 작은가의 문제. (2) 입자가 궤도 주변의 거리를 탐지할 수 있는 능력이 어떻게 '양자 조건'을 만족하지 않는 궤도의 존재를 물리적으로 불가능하게 만드는지에 대한 문제. 양자 조건이란 파동의 총 길이가 궤도와 꼭 맞는 조건을 의미하며, 이 조건을 만족하는 파동의 개수가 양자수이다. 이와 관련해서는 연습 문제 101번을 참조하라. (3) 양자수가 작은 궤도에서 위치의 퍼짐 비율 또는 불확정성(uncertainty)이 얼마나 큰가의 문제. (4) '운동의 양자 상태' 중 하나와 관련된 '양자 준위'의 특성 에너지 문제. (5) 준위 사이를 전자가 전이할 때 나오는 에너지 문제.
모든 물리학이 양자 원리에 의해 결정된다면 임의의 상황에서 비양자적인 '고전' 물리학의 언어로 운동에 대해 말하는 것이 어떻게 이치에 맞나? 시공간의 경로에서 피할 수 없는 양자 퍼짐 또는 불확정성이 있을 때 어떻게 입자의 세계선을 따라 '위치'와 '순간'에서 '순간'으로의 위치 변화를 분석할 수 있나?	궤도의 크기가 클수록, 즉 궤도의 '양자수'가 클수록 퍼짐 비율은 작아진다. 더 일반적으로, 비록 양자물리학의 특성('확률', '양자 상태')은 고전 물리학의 특성('언제'와 '어디서')과 매우 다르지만, 그럼에도 불구하고 양자물리학의 예측과 실제 결과는 큰 양자수의 극한에서 고전물리학의 예측에 점점 더 가까워진다. (닐스 보어의 고전물리학과 양자물리학의 대응 원리)
위치에 대한 양자 불확정성이 무시되고 비양자적인 고전적 개념이 유용한 조건, 즉 '대응 원리 극한'의 경우, 실제로 설명할 수 있는 물리학이 많이 있나?	엄청나게 많다! 입자와 강체 역학, 행성 동역학과 중력 현상학, 탄성 매질의 동역학, 공기역학과 유체역학과 소리, 열역학, 전자기학, 기하광학과 물리광학 등이 있다.
양자 원리를 고려하되 전자기력과 중력 그리고 입자 사이의 **분리가** 입자의 크기에 비해 커서 소립자 물리학을 고려하지 않는 것으로 관심을 제한하는 경우, 성공적으로 분석할 수 있는 추가적인 물리학 영역은 어떤 것이 있나?	원자 물리학의 모든 것이 해당된다. 즉, 원자의 에너지 준위, 크기, 전자의 전이에 따른 빛의 방출, 빛 또는 물질 입자와의 충돌이 원자에 미치는 영향 등이 해당된다. 화학의 모든 주요한 특징도 해당된다. 즉, 원자간 충돌, 원자의 분자 결합력, 분자의 모양과 크기, 분자의 정상 상태와 여기 상태, 변형에 대한 분자의 강성, 화학 반응 메커니즘, 분자 저장 및 에너지 전달 메커니즘 등이 해당된다. 고체 물리학의 모든 주요 특징 또한 해당된다. 즉, 결정 구조, 생성열, 탄성, 열전도도와 전기 전도도, 초전도성, 빛의 흡수율, 자성, 어긋나기와 가공 경화, 엑시톤, 포논, 플라스몬, 마그논 및 고체의 미시적 수준에서의 에너지 저장과 전달 메커니즘 등이 해당된다. 고체, 액체, 기체, 그리고 그들 사이의 열평형에 대한 통계 역학도 해당되며, 초유체와 반응율도 해당된다.
고체 물리학의 많은 주제 중에서 더 많은 실험적 연구와 이론적 연구가 필요한 예로는 어떤 것이 있나?	고체 속의 원자나 분자가 외부에서 오는 빛을 흡수해서 '들뜬 에너지 상태'로 올라갔다. 이 에너지 농축이 저하되어 열이나 격자 진동(포논)의 형태로 고체 밖으로 확산되는 메커니즘은 무엇인가?

기본 입자들 사이의 분리가 입자의 크기에 비해 그다지 크지 **않은** 계를 분석하는 데 진전을 이룰 수 있나?	있다. 핵물리학에서 가능하다. 핵 안에서 기본 입자 사이의 분리는 양성자와 중성자의 유효 크기의 예상 값인 10^{-14} cm와 비교되는 10^{-13} cm 정도이다. 핵에너지 준위, 핵 크기, 원자핵의 구형으로부터의 이탈, 핵 방사능, 핵분열, 충격에 의한 핵변환에 관한 엄청난 양의 자료가 있다. 비록 작용하는 주요한 힘(전기력도 아니고 중력도 아닌 단거리 "핵력"으로, 이 힘은 거리의 역제곱보다 빠르게 감소한다.)의 본성을 알 수 없다는 사실에도 불구하고 이러한 효과들에 대한 많은 측면이 예측가능하다. 관찰의 나머지 측면들은 아직 덜 이해되거나 전혀 이해되지 않고 있다.
현 시점에서 핵물리학의 많은 주제 중에서 더 많은 실험적 연구와 이론적 연구를 실행할 때가 된 것은 어떤 것이 있나?	핵분열의 메커니즘. 특히 우라늄이나 다른 무거운 핵의 분열로 인해 헬륨 핵이나 중수소핵이 때때로 두 개의 훨씬 큰 조각들과 동시에 제거되는 메커니즘.
주어진 상황에서 (1) 기본 입자 구조를 담당하는 내부 상호작용, (2) 핵 상호작용, (3) 전기적 상호작용, (4) 중력 상호작용의 상대적 중요성을 비교하는 간단한 방법이 있나?	있다! 각 상호작용과 관련된 에너지 값을 구하면 된다!
반지름이 1 m인 철로 만든 구에서 이러한 네 종류의 에너지 상댓값은 얼마인가?	(1) 구성 요소인 중성자와 양성자의 정지 질량 단위로 측정된 기본 입자의 내부 에너지: 3.3×10^4 kg. (2) 양성자와 중성자가 결합해서 철 Fe^{56}을 만들 때의 질량 변화량 단위로 측정된 핵에너지: 3.1×10^2 kg. (3) 전자를 철 핵에 결합시킨 후 이 철 원자들로 이루어진 철 결정격자의 결합 에너지를 질량으로 환산한 값 단위로 측정한 전기 에너지: 약 2×10^{-2} kg. (4) 중력에 대항하여 철 원자를 무한히 분리시키는 데 필요한 에너지를 질량으로 환산한 값 단위로 측정한 중력 에너지: 약 5×10^{-19} kg.
이러한 네 종류의 에너지 중에서 입자 수의 증가에 따라 가장 빠르게 증가하는 에너지는?	각 입자가 다른 모든 입자들과 중력 상호작용을 하기 때문에 중력 에너지가 가장 빠르게 증가한다.
네 종류의 에너지의 상대적 크기가 급변할 수 있는 상황이 있나?	있다. 충분히 무거운 별에서 급변할 수 있다. (차가운 경우, 태양의 질량 2×10^{30} kg과 거의 같은 질량을 가진 별; 뜨거운 경우, 더 밝기 때문에 중력이 더 먼 거리까지 작용해야 하므로 태양 질량보다 더 큰 별)
충분히 무겁거나 충분히 조밀하거나 아니면 둘 다인 천체는 중력 끌림이 기본 입자의 내부 구조를 담당하는 힘을 압도해서 기본 입자의 존재를 사라지게 할 수 있나?	이 문제는 "중력 붕괴"라는 이름으로 집중 연구가 진행되고 있는 매우 흥미로운 주제이지만 아직 답은 알려지지 않았다. 이 가설적 메커니즘에 대한 관심은 1963년 1월에 2×10^9광년 떨어진 거리에 있는 은하계의 일부인 '퀘이사'의 발견으로 크게 고무되었다. 퀘이사는 10^6년 또는 그보다 작은 천문학적으로 짧은 시간 동안 약 10^{54} J의 에너지를 생성하는데, 이는 약 10^7개의 태양의 질량이 전부 에너지로 변환될 때 생성되는 양과 동등하다. 현재까지 많은 퀘이사가 발견되었고, 앞으로도 계속 발견될 것이다.

중력 붕괴에서와 유사한 효과, 즉 기본 입자의 소멸이나 압력이 줄어들고 팽창이 일어나는 역 과정이 예상되는 또 다른 상황이 있나?	우주 팽창의 초기 단계와 뒤이은 우주의 재수축 과정 동안 존재하는 조건들이 이에 해당된다.
우주 팽창에 대한 어떤 증거가 있나?	약 14×10^9년 전에 공통 지점에서 서로 다른 속도로 출발한 것처럼 은하들이 멀어지고 있다. 멀리 떨어진 은하일수록 더 빨리 멀어진다.
우주의 거대 규모 동역학에서 지배적인 힘은 무엇인가?	중력(시공간 구조의 곡률)이다.

1. 공간과 시간 — 풀이가 있는 예제

2. 시계를 동기화하는 방법

시계를 $(6^2 + 8^2 + 0^2)^{1/2} = 10$ m에 맞춘 후, 기준 섬광이 도착하는 순간 '작동' 버튼을 누른다.

3. 사건 사이의 관계

사건 A와 B의 쌍에 대해, (a) 시간꼴, (b) 고유 시간 4미터, (c) 있다. 사건 A와 C의 쌍에 대해, (a) 공간꼴, (b) 고유 거리 4 미터, (c) 없다. 사건 C와 B의 쌍에 대해, (a) 빛꼴, (b) 0, (c) 두 사건은 하나의 광선에 의해 연결될 수 있다.

4. 동시성

'동시에'라는 단어는 하나의 특정 관성 기준틀 안에서(A 가 B를 친다)와 (C가 D를 친다) 사이의 관계를 설명하는 데 적합한 단어이다. 기준틀 선택에 관계없이 두 사건 사이의 관계에 대해 진술하기 위해서는 "(A가 B를 친다)와 (C 가 D를 친다)는 1억 마일의 공간꼴 간격으로 분리되어 있다"고 써야 한다.

5. 사건의 시간적 순서. 빛꼴 분리의 경우

한 광선이 G로부터 H까지 직접 이동할 수 있다! 그러므로 이 표현은 관성 기준틀의 선택과 무관한 물리학에 대한 설명이다. 그러나 이 경우, H는 모든 관성 기준틀에서 G보다 늦다.

시간꼴 분리의 경우. H는 한 관성 기준틀에서 G의 전방 빛 원통 안에 놓인다. 따라서 그 기준틀에서 기록할 때, 입자가 광속보다 작은 일정한 속도로 G로부터 H까지 직접 이동하는 것이 가능하다. 그런데 입자가 G로부터 H까지 직접 이동할 수 있다는 사실은 관성 기준틀의 선택과 아무 연관이 없다. 그러므로 H는 모든 관성 기준틀에서 G보다 늦다.

공간꼴 분리의 경우. 두 사건 사이의 분리는 빛꼴, 시간꼴, 공간꼴 중의 하나이어야 한다. 다른 가능성은 없다. 따라서 오직 빛꼴 분리와 시간꼴 분리의 사건에 대해서만 이 시간적 순서가 유일하다는 것을 보이려면 공간꼴 분리의 두 사건이 유일한 시간 순서를 갖지 않는다는 것을 보일 필요가 있다. 한 예로 실험실 좌표 분리가 $x_H - x_G = 900$ m 와 $t_H - t_G = 540$ m인 경우를 생각해보자. 공간꼴 간격은 $[(900 \text{ m})^2 - (540 \text{ m})^2]^{1/2} = 720$ m이다. 오른쪽으로 빠르게 움직이는 기준틀에서 보는 동일한 사건은 간격은 변하지 않고 유지되지만, 시간 분리는 더 작게 된다. 도표에서 볼 수 있듯이, 어떤 기준틀에서 좌표 값이 측정되든, 분리 성분은 쌍곡선 $(x_H - x_G)^2 - (t_H - t_G)^2 = (720 \text{ m})^2$ 위에 놓인다. 예를 들어 기준틀 J와 같이, 기준틀의 속력이 실험실 기준틀에 대해 충분히 큰 경우 사건 H는 사건 G보다 앞서 발생한 것으로 보인다. 공간꼴 간격에 의해 분리된 임의의 두 사건에 대해 유사한 분석이 성립하고, 도표에서 유사한 쌍곡선을 그릴 수 있다. 요약하자면, G와 H가 공간꼴 간격에 의해 분리된 경우, 실험실에 대한 관찰 기준틀의 속력이 오른쪽

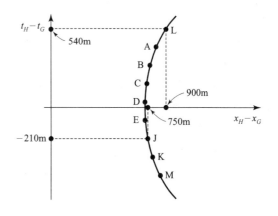

기준 좌표계 선택에 영향을 받는 두 사건을 분리하는 공간과 시간 좌표. L: 실험실 기준틀, A: 실험실 기준틀에 대해 오른쪽으로 '느리게' 이동하는 기준틀, B, C, D,···: 실험실 기준틀에 대해 오른쪽으로 점점 더 빠르게 이동하는 기준틀들, J: 좌표 값들이 다시 어림수가 되는 기준틀

으로 충분히 큰가, 왼쪽으로 충분히 큰가에 따라 G가 H보다 임의로 빠르거나 늦게 나타나게 할 수 있다.

6.* 팽창하는 우주

(a) 그림 35의 가운데 그림으로부터 섬광 사이의 고유 시간은 다음과 같이 주어진다.

$$\Delta\tau = [(\Delta t)^2 - (\Delta x)^2]^{1/2} = [(\Delta t)^2 - (\beta\Delta t)^2]^{1/2} = \Delta t(1-\beta^2)^{1/2}$$

그림 35의 오른쪽 그림으로부터 두 연속적인 섬광 사이의 시간 경과는 다음과 같이 주어진다.

$$\Delta_{수신} = \Delta t + \beta\Delta t = \Delta t(1+\beta)$$

위의 두 식에서 Δt를 소거한 후 후퇴 속도 β에 대해서 풀면 다음 식을 얻을 수 있다.

$$\beta = \frac{(\Delta t_{수신})^2 - (\Delta\tau)^2}{(\Delta t_{수신})^2 + (\Delta\tau)^2}$$

관찰자로부터 관찰되는 파편까지의 거리는 폭발 이후 경과한 시간과 파편이 관찰자로부터 후퇴하는 속도를 곱한 것으로 주어진다.

(b) 앞의 공식에서 별의 후퇴 속도를 구한다. $\Delta\tau$를 빛의 고유 시간, $\Delta t_{수신}$를 먼 광원으로부터 온 빛의 관찰된 주기라 하자. 우주가 초기에 무시할 정도로 작은 부피에서 폭발했다면 시간 T가 지난 각각의 별들 (또는 은하) 사이의 현재 거리는 βT가 될 것이다. 두 배의 속력으로 후퇴하는 은하는 두 배로 커진다. 현재 여기에서 보는 빛 방출 초기 시간에 우주의 크기는 $\beta T/(1+\beta)$이었다. 적색 편이 인자 $\Delta t_{수신}/\Delta\tau$는 현재 알려진 가장 빠르게 후퇴하는 광원 (퀘이사라 부름)에 대해 3을 초과하지만 그 거리는 알려지지 않았다. 현재까지 독자적인 거리 결정법은 $\beta=0.2$ 또는 그 이하로 후퇴하는 광원으로 제한된다. 이 거리와 관찰된 적색 편이를 통해 T는 대략 $(10 \sim 14) \times 10^9$년 정도가 된다고 알려졌다.

7. 통신에서의 고유 시간

첫 번째 질문은 참이다. 두 번째 질문은 거짓이고, 고유 시간은 양의 값을 갖는다. 이를 이해하는 한 가지 방법은 거울 사이의 반사로 인해 태양에서 섬광과 함께 방출된 입자가 섬광과 동시에 흡수 지점에 도달할 수 있다는 것을 인식하는 것이다. 입자의 방출과 도착 사이의 고유 시간은 0보다 커야만 한다. 세 번째 질문 또한 거짓이며, 고유 시간은 0보다 큰 값을 갖는다.

8. 자료 수집과 의사 결정

섬광이 직접적인 통신 수단인 경우 지연 시간은 R 빛이 동 시간미터이다. 모든 다른 통신 방법으로는 지연 시간이 이보다 길다. 관찰자가 회피 조치를 취하는 데에는 요구되는 시간인 3초보다 0.4초가 긴 3.4초가 걸린다.

9. 로런츠 수축─풀이가 있는 예제

10. 시간 팽창

(a) 예를 들어, 그림 38의 종이 마스크의 새김눈(notch)을 깨는 사건을 선택할 수 있다. (b) 정의에 의해 $\Delta x' = 0$이다. 이 값을 식 (42)에 대입하면 식 (44)를 얻는다. (c) 기준틀 사이의 대칭성 때문에 상대성 원리를 위반하지 않는다. 로켓 기준틀에 정지한 일련의 시계들과 일치하는 순간마다 비교할 때, 실험실 기준틀에 정지한 하나의 시계는 느리게 가는 것으로 관측된다. 9번 문제 (d)의 논의가 유용할 것이다. (d) 정의에 의해 $\Delta x = 0$이다. 이 값을 식 (39)에 대입하면 식 (45)를 얻는다.

11. 시계의 상대적 동기화

(a), (b), (c) $\Delta x = 0$이고 $\Delta t = 0$인 경우 로런츠 변환 방정식인 식 (39)는 모든 로켓 기준틀에서 $\Delta t' = 0$임을 의미한다. 이는 Δy와 Δz가 모두 0이거나 모두 0이 아니어도 사실이다. 그러나 $\Delta t = 0$이지만 $\Delta x \neq 0$이면 $\Delta t'$은 다음과 같다.

$$\Delta t' = -\Delta x \sinh\theta_r \neq 0$$

식 (46)은 식 (37)에 해당 조건($t=0$)을 적용하면 얻어진다. (d) 식 (36)에 $t'=0$을 대입하면 식 (47)을 얻는다. (e) 로켓의 $+x'$ 방향을 실험실 기준틀의 운동 방향으로 선택하면 식 (47)에서 부호가 반전되어 식 (46)과 대칭인 식을 얻는다. (f) 로켓 기준틀에서 $t'=0$인 순간 동시에 여러 지점에서 측정하기 위해서는 여러 개의 기록 시계가 필요하다. 더 나은 진술의 다음과 같다. "로켓 시간의 원점($t'=0$)

에서 로켓 안의 기록 시계들을 모든 실험실 시계의 근처에 배열하고, 이 시간에 실험실 시계를 촬영하도록 하라. 그렇게 기록된 로켓 시계가 모두 $t = 0$을 가리키고 있는 것은 아니다."

12. 유클리드 기하학의 유사성

(a)와 (b)에서, 유사성은 유클리드 도표의 x좌표를 로런츠 시공간 도표의 x좌표와, 유클리드 도표의 y좌표를 로런츠 시공간 도표의 t좌표와 비교해서 알 수 있다. 위의 도표에서 거리 x'_A은 거리 x_A보다 짧은데, 이는 실험실 기준틀과 로켓 기준틀에서 관찰된 움직이는 막대의 길이 차이에 해당한다. 마찬가지로 시간 팽창은 두 유클리드 좌표계에서 y좌표의 두 값 y'_A과 y_A의 차이와 유사성을 가진다. 유클리드 불변량은 임의의 좌표계에서 양 끝 지점의 좌표로부터 계산된 막대의 길이이다. 로런츠 불변량은 임의의 관성 기준틀에서 관측된 값으로부터 계산된 두 사건 사이의 간격이다.

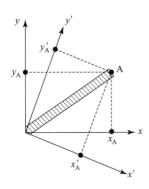

(c) $y' = 0$의 좌표를 갖는 모든 점이 다 $y = 0$인 좌표를 갖는 것은 아니다. 마찬가지로 $t' = 0$에서 일어나는 사건들이 모두 $t = 0$인 좌표를 갖는 것은 아니다.

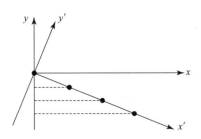

13. 로런츠 수축 II

미터자의 양 끝이 실험실 공간 좌표의 원점을 통과하는 두 사건에 집중하자. 로켓 기준틀에서 두 사건은 1 미터만큼의 거리와 (1미터/상대 속도)의 시간만큼 분리되어 있다. (음의 부호는 실험실이 로켓 기준틀의 $-x'$ 방향으로 움직이는 것에 기인한다.) 즉,

$$\Delta x' = -1미터$$

$$\Delta t' = \frac{(1미터)}{\beta_r}$$

실험실 기준틀에서 두 사건은 동일한 장소에서 Δt의 시간만큼 분리되어 일어나는데, Δt는 L/(상대 속도)과 동일하게 설정하도록 문제에서 주어졌다. 여기서 L은 실험실 기준틀에서 측정한 미터자의 '길이'이다. 이 값들을 상대 속력으로 표현된 로런츠 변환 방정식인 식 (16)에 대입하면

$$\Delta t = \frac{L}{\beta_r} = \frac{\beta_r(-1미터) + (1미터)/\beta_r}{(1 - \beta_r^2)^{1/2}}$$

이로부터 L은 다음과 같이 주어진다.

$$L = (1 - \beta_r^2)^{1/2}$$

이 값이 실험실 기준틀에서 관측된 '로런츠 수축된 길이'로, 식 (38)과 일치한다.

14. 시간 팽창 II

문제의 진술에 의하면, $\Delta x' = 0$이지만 $\Delta t' \neq 0$이다. 실험실 기준틀에서 두 사건 사이의 거리는 로런츠 변환 방정식

$$\Delta x = 0 + \Delta t' \sinh \theta_r$$

로부터 구할 수 있다. 이 실험실 거리를 기준틀 사이의 상대 속력으로 나눔으로써 두 사건 사이의 실험실 시간을 측정한다고 한다.

$$\Delta t = \frac{\Delta x}{\beta_r} = \frac{\Delta x}{\tanh \theta_r} = \Delta t' \cosh \theta_r$$

이 식은 시간 팽창에 대한 표현인 식 (44)와 일치한다.

15. 초 단위의 시간으로 표현된 로런츠 변환 방정식

식 (37)에서 시간과 속도를 $t = t_초/c$와 $\beta_r = v_r/c$로 표현하자. 식 (36)과 식 (16)을 이용하면 역변환 방정식은 다음

과 같이 주어진다.

$$x = x' \cosh \theta_r + ct_{\bar{\pm}} \sinh \theta_r = \frac{x' + v_r t_{\bar{\pm}}'}{(1 - v_r^2/c^2)^{1/2}}$$

$$t_{\bar{\pm}} = \frac{x'}{c} \sinh \theta_r + t_{\bar{\pm}}' \cosh \theta_r = \frac{t_{\bar{\pm}}' + (v_r/c^2)x'}{(1 - v_r^2/c^2)^{1/2}}$$

16.* 로런츠 변환 방정식의 유도

논거 (1)로부터 조건 $a + b = e + f$를 얻는다. 논거 (2)로부터 조건 $b - a = e - f$를 얻는다. 논거 (3)으로부터 조건 $\beta_r = b/f$를 얻는다. 이 세 식으로부터 $f/a = 1$, $b/a = e/a = \beta_r$를 얻는다. 이 계수들을 x와 t에 대한 원래의 식에 대입하고 간격 불변에 대한 식을 세운다. 이 식으로부터 $a = (1 - \beta_r^2)^{1/2}$가 나온다. 결과적인 변환 방정식은 식 (16)과 동일하다.

17.* 고유 거리와 고유 시간

(a) 실험실 기준틀에서 관찰된 두 사건 사이의 방향을 따라 x'축을 설정하자. 두 사건이 동시에 일어나는 로켓 기준틀이 존재한다고 가정하자. 그러면 로런츠 변환 방정식

$$\Delta t' = 0 = -\Delta x \sinh \theta_r + \Delta t \cosh \theta_r$$

로부터

$$\frac{\sinh \theta_r}{\cosh \theta_r} = \tanh \theta_r = \beta_r = \frac{\Delta t}{\Delta x} < 1$$

$\Delta t / \Delta x$가 1보다 작으므로 기준틀 사이의 속력 β_r가 1보다 작으며, 따라서 가정했던 로켓 기준틀이 존재한다. 간격 불변성으로부터

$$(\Delta x)^2 - (\Delta t)^2 = (\Delta x')^2 - 0^2 = (\Delta \sigma)^2$$

이므로 로켓 기준틀에서 두 사건 사이의 분리는 두 사건 사이의 고유 거리와 같다.

(b) 실험실 기준틀에서 관찰한 두 사건 사이의 방향을 따라 x'축을 설정하자. 이번에는 두 사건이 같은 장소에서 일어나는 로켓 기준틀이 존재한다고 가정하자. 그러면

$$\Delta x' = 0 = \Delta x \cosh \theta_r - \Delta t \sinh \theta_r$$

이로부터

$$\tanh \theta_r = \beta_r = \frac{\Delta x}{\Delta t} < 1$$

이므로 이러한 로켓 기준틀이 존재한다. $\Delta x / \Delta t$는 로켓 관

찰자를 한 사건에서 다른 사건으로 수송하는 데 필요한 실험실 기준틀의 속력임에 유의하라. 이런 논의는 (a)에 포함되어 있지 않다. 간격 불변성으로부터

$$(\Delta t)^2 - (\Delta x)^2 = (\Delta t')^2 - 0^2 = (\Delta \tau)^2$$

이므로, 특정 로켓 기준틀에서 두 사건 사이의 시간은 두 사건 사이의 고유 시간과 같다.

18.* 두 시계가 일치하는 평면

이 문제는 두 가지 방법으로 해결할 수 있는데, 하나는 짧은 구두 논의이고 다른 하나는 방대한 수학적 조작을 포함한다! 구두 논의는 다음과 같다. 실험실 시계와 로켓 시계가 일치하는 평면은 상대 운동 방향에 수직이어야 하는데, 그 이유는 이러한 평면에서만 시계들이 실험실 관찰자와 로켓의 관찰자 모두에 의해 상대적 동기화되어 있다고 관찰되기 때문이다. (11번 문제의 (b)를 참조하라.) 이제 실험실 기준틀과 로켓 기준틀은 모든 면에서 동등하다. 따라서 로켓 기준틀과 실험실 기준틀에서 관찰한 '시계가 일치하는 평면'의 속력은 서로 같아야 한다. (방향이 차이 날 수는 있다.) 두 기준틀에서 관측된 크기가 같은 중간 속력은 얼마일까? $\beta/2$는 아니다. 속도는 덧셈 성질이 없기 때문에 실험실 기준틀에서 관찰할 때 $\beta/2$로 움직이는 것은 로켓 기준틀에서 관찰할 때 $-\beta/2$의 속력으로 관찰되지 않는다. 그러나 속도 변수는 더할 수 있기 때문에 실험실 기준틀에서 속도 변수 $\theta_r/2$로 움직이는 것은 로켓 기준틀에서 관찰할 때 속도 변수 $-\theta_r/2$를 갖는다. 따라서 실험실에서 '일치하는 평면'의 속도는, 이러한 평면이 존재한다고 가정할 때, $\beta = \tanh(\theta_r/2)$로 주어진다.

동일한 결과로 이끄는 수학적 조작은 다음과 같다. 로런츠 변환 방정식인 식 (36)에서 $t = t'$으로 놓는다. 이 식에서 x'을 제거하고, 동일 시간 평면의 속도인 x/t에 대한 표현을 찾는다. 그 결과는 다음과 같이 주어진다. (표 8을 참조하라.)

$$\frac{x}{t} = \frac{\cosh \theta_r - 1}{\sinh \theta_r} = \frac{2 \sinh^2(\theta_r/2)}{2 \sinh(\theta_r/2) \cosh(\theta_r/2)} = \tanh(\theta_r/2)$$

19.* 각 변환

로켓 기준틀에서 관찰할 때 미터자의 x'축과 y'축 정사영

을 각각 $\Delta x'$과 $\Delta y'$이라고 할 때, 각 ϕ'의 탄젠트는 $\tan \phi' = \Delta y'/\Delta x'$으로 주어진다. 실험실 기준틀에서 관찰할 때, y축 정사영은 로켓 기준틀에서의 정사영과 같다. 그러나 연습 문제 9번에서 보듯이, x축 정사영은 로런츠 수축된다. 즉,

$$\Delta y = \Delta y', \qquad \Delta y' = (1\text{미터}) \sin \phi'$$
$$\Delta x = \Delta x'(1 - \beta_r^2)^{1/2}, \qquad \Delta x' = (1\text{미터}) \cos \phi'$$

이 결과로부터 실험실 기준틀에서 각의 탄젠트는 다음과 같이 주어진다.

$$\tan \phi = \frac{\Delta y}{\Delta x} = \frac{\tan \phi'}{(1 - \beta_r^2)^{1/2}}$$

실험실 기준틀에서 측정한 미터자의 길이는 다음과 같다.

$$L = \left[(\Delta x)^2 + (\Delta y)^2 \right]^{1/2}$$

따라서 이 식에 위의 값들을 대입하면 다음과 같다.

$$L = \left[1 - \beta_r^2 \cos^2 \phi' \right]^{1/2}$$

로켓 기준틀

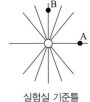

실험실 기준틀

전기력선을 미터자로 취급할 때, 로켓 기준틀에 정지해 있는 하전 입자 주위의 전기장 배치를 로켓 기준틀과 실험실 기준틀에서 관찰하면 다음과 같다. 실험실 기준틀에 정지해 있는 하전 시험 입자에 작용하는 전기력은 시험 입자의 위치에서 전기력선의 밀도에 비례한다고 가정하자. 그러면 빠른 입자의 운동 방향에 놓인 시험 전하(예: 그림의 점 A)가 받는 힘은 소스 전하가 정지해 있을 때 받는 힘보다 작다. 시험 입자의 운동 방향에서 벗어나 있는 시험 전하들은, 최인접 순간(예: 그림에서 점 B)에 소스 입자가 정지해 있을 때보다 더 큰 힘을 받는다. McGraw-Hill 출판사에서 출간된 E. M. Purcell의 저서의 상당 부분은 이와 관련된 상대론적 현상에 대한 전자기학적 고찰을 기초로 삼고 있다.

20.* y 방향 속도의 변환

문제의 진술로부터 입자의 세계선 상에서 임의의 두 사건 사이의 분리는 $\Delta x' = 0$임을 알 수 있다. 따라서 로런츠 변환 방정식은 다음과 같다.

$$\Delta y = \Delta y'$$
$$\Delta x = \Delta t' \sinh \theta_r$$
$$\Delta t = \Delta t' \cosh \theta_r$$

이로부터 실험실 기준틀에서 속도 성분을 계산하면 다음과 같다.

$$\beta^y = \frac{\Delta y}{\Delta t} = \frac{\Delta y'}{\Delta t' \cosh \theta_r} = \frac{\beta^{y'}}{\cosh \theta_r}$$
$$\beta^x = \frac{\Delta x}{\Delta t} = \tanh \theta_r$$

21.** 속도 방향의 변환

로켓 기준틀에서 변위는 다음 식으로 주어진다.

$$\Delta y' = \beta' \sin \phi' \Delta t'$$
$$\Delta x' = \beta' \cos \phi' \Delta t'$$

로런츠 변환 방정식인 식 (42)를 이용해서 실험실 기준들에서의 변위 Δy와 Δx를 구하면, 실험실 기준틀에서 속도 벡터에 의한 각은 다음과 같이 주어진다.

$$\tan \phi = \frac{\Delta y}{\Delta x} = \frac{\beta' \sin \phi'/\cosh \theta_r}{\beta' \cos \phi' + \beta_r}$$

이 값은 19번 문제의 각과 다른데, 그 이유는 이 문제에서는 시간이 포함된 속도를 변환하기 때문이다. 위 식에서 $\beta_r \rightarrow 1$인 경우 $\phi \rightarrow 0$이다. 반면에 19번 문제에서는 $\beta_r \rightarrow 1$인 경우 미터자가 이루는 각은 90°에 접근한다.

22.** 전조등 효과

로켓 기준틀에서 섬광의 x 변위는 다음 식에 의해 주어진다.

$$\Delta x' = \cos \phi' \Delta t'$$

로런츠 변환 방정식인 식 (42)를 이용해서 실험실의 x와 t 변위를 구한다. 실험실 기준틀에서도 섬광의 속력 β는 1이다. 따라서 실험실 기준틀에서 섬광의 경로와 x축 사이의 각의 코사인은 다음 식으로 주어진다.

$$\frac{\Delta x}{\Delta t} = \cos\phi = \frac{\cos\phi' + \beta_r}{\beta_r \cos\phi' + 1}$$

$\beta' = 1$인 경우 삼각함수 항등식에 의해 이 식과 21번 문제의 결과가 동등함을 알 수 있다. 로켓 기준틀에서 전방 반구로 들어가는 빛은 $\phi' = 90°$보다 작은 각에 해당된다. 위의 표현은 실험실 기준틀에서 해당 최대 각을 나타낸다.

$$\phi' = 90°\text{에 대해,} \qquad \cos\phi = \beta_r$$

실험실 기준틀에서 관찰하고 운동 방향의 축으로부터 측정할 때, 램프가 정지한 기준틀에서 전방 반구로 방출되는 모든 빛은 이 각에 해당하는 열린 구멍을 갖는 전방 원뿔로 집중된다.

23. 아인슈타인의 기차 역설 – 풀이가 있는 예제.

24. 아인슈타인 수수께끼

그렇다, 그는 자기 자신을 볼 수 있다. 여느 관성 기준틀과 마찬가지로 자신의 기준틀에서도 빛은 동일한 속력을 갖는다. 지상에 대해 어떤 속력으로 등속 운동을 해도, 거울에 비친 그의 상은 항상 똑같이 보일 것이다.

25.* 막대와 차고 역설

이 '역설'에 대한 해답은 달리는 사람 기준틀 (로켓 기준틀)에서 막대의 뒤쪽 끝이 차고에 들어가기 전에 앞쪽 끝이 차고를 떠난다는 것이다. 따라서 뛰는 사람은 어느 순간에도 막대가 전부 차고 안에 들어가는 것을 관찰하지 못한다. 사건의 자세한 순서는 다음의 두 시공간 도표에 주어진다.

두 도표에서 숫자들은 다음 고찰로부터 얻어진다. 로런츠 수축 인자가 2로 주어지므로

$$\cosh\theta_r = 2$$

이다. (이와 관련해서는 9번 문제를 참조하라.) 항등식

$$\cosh^2\theta - \sinh^2\theta = 1$$

로부터

$$\sinh\theta_r = \sqrt{3}$$

을 얻는다. 따라서 두 기준틀의 상대 속력은 다음과 같다.

$$\beta_r = \tanh\theta_r = \frac{\sqrt{3}}{2}$$

이 정보에 로켓 기준틀과 실험실 기준틀에서 관찰하는 막대의 길이가 각각 20미터와 10미터라는 정보를 합치면 도표의 숫자들이 유도된다.

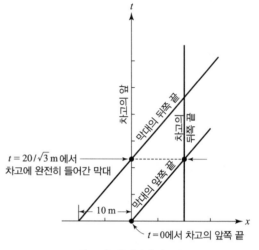

차고 기준틀에서의 시공간 도표

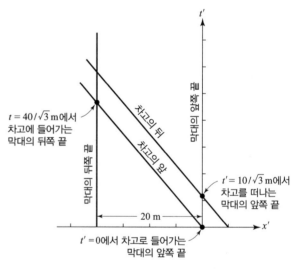

달리는 사람 기준틀에서의 시공간 도표

26.** 우주 전쟁

어려움은 '동시'의 개념에 있다. (동시성에 대해서는 연습문제 11번을 참조하라.) 두 점 a와 a'의 일치는 상대 운동 방향을 따르는 선 위에서 총이 발사되는 지점과 다른 지점에서 일어난다. 따라서 두 점 a와 a'의 일치는 둘 중 한 기

준틀에서만 총이 발사되는 순간과 동시에 일어난다. 그런데 문제의 진술로부터 이 사건들은 O 기준틀에서 동시에 일어남을 알 수 있다. 따라서 정의에 의해 그림 42는 옳다. 그러나 그림 43은 옳지 않다. O' 기준틀에서는 두 점 a와 a'이 일치하는 시간에 총은 이미 발사되었을 것이다. 그림 43을 소개하는 문구도 옳지 않다. 두 기준틀에서 관찰하는 총알은 상대방 로켓을 빗맞게 된다.

27.* 시계 역설

(a) 여행하는 피터가 되돌아 올 때의 나이는 21(출발할 때의 나이) + 7(떠나가는 로켓 A에서 보낸 시간) + 7(돌아오는 로켓 B에서 보낸 시간) = 35살이다.

(b) 도표는 그림과 같다.

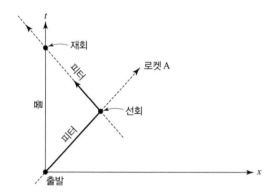

(c) 광속의 24/25배인 상대 속도를 이용하면 속도 변수의 코사인 하이퍼볼릭 함수의 값은 다음과 같다.

$$\cosh \theta_r = \frac{1}{\sqrt{1 - \beta_r^2}} = \frac{25}{7}$$

로켓 A의 기준틀에서 피터의 반환 지점은 $x' = 0$인데, 그 이유는 피터가 로켓 기준틀의 원점에 있기 때문이다. 로켓 기준틀에서의 반환 시간은 $t' = 7$이다. 로런츠 변환으로부터 실험실 기준틀에서의 반환 시간은 다음과 같다.

$$t = x' \sinh \theta_r + t' \cosh \theta_r = 0 + 7 \times \frac{25}{7} = 25 \text{년}$$

실험실 시간으로 재회 시간은 반환 시간의 2배이다. 따라서 재회할 때 집에 머물러 있던 폴의 나이는 21 + 25 + 25 = 71살로, 여행을 한 피터보다 두 배 이상 늙었다.

28.* 빛보다 빠른 것들

(a) 막대가 거리 $\Delta y = \beta^y \Delta t$만큼 아래로 이동할 때, 점 A는 식

$$\frac{\Delta y}{\Delta x} = \tan \phi$$

로 주어지는 거리 Δx를 따라 이동한다. 이 식으로부터

$$\Delta x = \frac{\Delta y}{\tan \phi} = \frac{\beta^y \Delta t}{\tan \phi}$$

따라서 교점 A의 속력은 다음과 같이 주어진다.

$$\beta_A = \frac{\Delta x}{\Delta t} = \frac{\beta^y}{\tan \phi}$$

임의의 β^y 값에 대해 0에 충분히 가까운 값의 각 ϕ를 찾을 수 있으므로 β_A는 1보다 클 수 있다. 즉, 광속보다 클 수 있다. 이러한 교점의 이동은 빛이 한 지점에서 다른 지점까지 이동하는 시간보다 더 가까운 시간에 함께 울리도록 미리 설정된 두 위치의 알람시계에 의해 전달되는 메시지 이상의 메시지를 전달하지 않는다. 현재 예제에서 긴 직선 막대가 최종 속력에 도달하기 위해서는 막대가 충분한 기간 동안 가속되어야 한다. 원점에 위치한 관찰자는 이 교점을 통해 x축에서 멀리 떨어진 관찰자에게 새로 획득한 정보를 전송할 선택권이 없다. 새로 획득한 정보를 빛보다 빠르게 전송하려는 시도가 실패하는 것은 (b)에 요약되어 있다.

(b) 이 경우 교점은 막대 내부에서의 음속보다 크지 않은 속력으로 오른쪽으로 이동할 수 있는데, 음속은 광속보다 훨씬 작다.

(c) 탐조등의 각속도를 ω(단위: rad/s)로 표시할 때, c보다 큰 '휩쓰는 속도(sweep velocity)'에 대한 기준은 다음과 같다.

$$\omega r > c \quad \text{또는} \quad r > \frac{c}{\omega}$$

경고는, 시간적으로 바로 가까이에서 함께 울리도록 미리 설정된 알람시계를 이용하여 경고가 한 곳에서 다른 곳까지 전달되는 것 이상으로, 한 곳에서 다른 곳으로 전달되지 못했다.

(d) 그렇다. (c)에서 탐조등의 '휩쓰는 속력'이 광속보다 클 수 있는 것과 마찬가지로 광속을 초과하는 쓰기 속력이 가능하다.

29. 움직이는 시계에 의한 동기화 – 풀이가 있는 예제

30. 시간 팽창과 시계 구조

핵심은 한 관성 기준틀에서 물리학 법칙 또는 법칙에 포함된 상수의 형태를 통해 관성 기준틀의 절대 속력을 알 수 없다는 전제에 있다. 모든 실제 시계는 물리적 과정의 속도 표시를 포함하고 있다. 다른 구조를 갖는 시계의 상대적인 시간 흐름 비율이 모든 시계가 정지해 있는 관성 기준틀에 달려있다고 가정하자. 그러면 흐름율의 차이를 통해 하나의 관성 기준틀과 다른 기준틀을 구별할 수 있다. 관성 기준틀에 따라 물리학을 구별할 수 있는 것은 상대성 원리를 위반한다. 그러므로 이런 일은 일어나지 않는다고 가정한다. 한 관성 기준틀에서 빛이동 시간미터로 눈금을 맞춘 시계는 첫 번째 기준틀에 대해서 일정한 속도로 움직이는 또 다른 관성 기준틀에서 정지해 있도록 부드럽게 가속될 때에도 역시 빛이동 시간미터로 올바르게 눈금을 맞출 것으로 밝혀질 것이라고 추정할 수 있다.

31. 지표면 관성 기준틀

(a) 정지 상태로부터 놓인 입자가 t_s의 시간 동안 떨어진 연직 거리 z는 다음과 같이 주어진다.

$$z = \frac{1}{2}gt_s^2$$

여기서 $g \approx 10 \text{ m/s}^2$은 지구 근처에서의 '중력 가속도'이다. 문제에서 주어진 시간은 1빛이동 시간미터 또는 대략 $3.3 \times 10^{-9}\text{s}$보다 아주 조금 길다. 따라서

$$z \approx \left(\frac{10}{2}\right)(3.3 \times 10^{-9})^2 \approx 5 \times 10^{-17} \text{ m}$$

이 값은 핵의 크기보다 100배 정도 작다! 따라서 시공간 차원(공간의 1미터 × 1미터 × 1미터 × 1시간미터)의 영역은 감도(sensitivity)가 5×10^{-17}인 관성 영역이다. 예를 들어 가시광선을 이용한 간섭계 기법으로 낙하 거리를 측정한다고 하자. 그러면 측정 가능한 최소의 낙하 거리는 빛의 한 파장인 5000Å $= 5 \times 10^{-7}\text{m}$에 해당한다. 이 거리를 낙하하는 데 걸리는 시간은 $(2 \times \text{거리}/g)^{1/2} = 3 \times 10^{-4}\text{ s}$ 또는 10^5 빛이동 시간미터이다. 이 시간 동안, 거의 광속으로 운동하는 입자는 크기가 대략 $L = 10^5 \text{ m} = 100 \text{ km}$인 방전관

을 이동할 수 있다!

(b) 정지 상태로부터 놓인 입자는 22 빛이동 시간미터 $(73 \times 10^{-9}\text{s} = 73 \text{ ns})$ 동안 대략 연직 거리

$$z = \left(\frac{10}{2}\right)(73 \times 10^{-9})^2 \approx 2.5 \times 10^{-14} \text{ m}$$

또는 핵 지름의 3배만큼 낙하한다. 이 값은 마이컬슨–몰리 실험이 수행되는 지표면 기준틀이 관성 기준틀이 되는 감도이다.

32.* 관성 기준틀의 크기

(a, 1) 그림 46에서, B에서 최소 각 θ를 갖는 직각 삼각형은 지구 중심에서 최소 각 θ를 갖는 직각 삼각형과 닮은 꼴이다. 앞의 삼각형에서 짧은 면의 길이는 $\epsilon/2$이고, 나중 삼각형에서 짧은 면의 길이는 $(25 \text{ m})/2$이다. 닮은꼴 삼각형 방법을 이용하면 다음을 얻는다.

$$\frac{\epsilon/2}{250 \text{ m}} = \frac{(25 \text{ m}/2)}{6.4 \times 10^6 \text{ m}}$$

이 식으로부터 $\epsilon \approx 10^{-3}\text{ m}$이다.

(a, 2) 그림 46에서 '25미터'를 'Δx'로, 'r_e'를 'r'로 각각 대체하자. B로부터 지구 중심까지의 직선을 따른 가속도는 a^*이다. 이 가속도의 지표면에 평행한 x 방향 성분은 $a^* \sin\theta$이다. B와 A에서 각각 떨어지는 두 입자의 상대 가속도 $(\Delta a^x)^*$는 이 값의 음(–)의 두 배이다. 즉,

$$(\Delta a^x)^* = -2a^* \sin\theta$$

지구 중심에서 최소 각 θ를 갖는 직각 삼각형으로부터

$$\sin\theta = \frac{\Delta x/2}{r}.$$

따라서 최종적으로 다음 식을 얻는다.

$$(\Delta a^x)^* = -2a^* \frac{\Delta x/2}{r} = -\frac{\Delta x}{r}a^*$$

(b, 1) 힌트를 이용한다.

r에서, $\qquad a^* = \frac{(일정)}{r^2}$

$r + \Delta z$에서, $\quad a^* = \frac{일정}{(r+\Delta z)^2} = \frac{일정}{r^2}\frac{1}{(1+\Delta z/r)^2}$

$$= \frac{일정}{r^2}\left[1 - \frac{2\Delta z}{r} + 3\left(\frac{\Delta z}{r}\right)^2 - \cdots\right]$$

Δz가 r보다 매우 작기 때문에 이항 전개에서의 처음 두 항을 제외한 모든 항을 무시할 수 있다는 점을 이용하자. 이제 $r + \Delta z$에서의 a^* 값에서 r에서의 a^* 값을 빼면

$$\Delta a^* \approx -2\frac{a^*}{r}\Delta z$$

음의 부호는 높이가 **높을수록** 가속도가 작다는 사실에 기인한다. 수직 거리에 의해 분리되어 정지 상태로부터 낙하하는 두 입자는 둘 사이를 더 벌려놓을 상대 가속도를 갖는다. 이 상대 가속도 $(\Delta a^z)^*$는 Δa^*와 크기가 같은 양(+)의 값을 갖는다. 즉,

$$(\Delta a^z)^* \approx +2\frac{a^*}{r}\Delta z$$

(b, 2) 정지 상태로부터 일정한 가속도로 낙하하는 거리는 그 가속도에 비례한다. 식 (53)을 식 (52)와 비교하면, 현재의 경우 두 입자 사이의 상대 가속도는 (a)에서 다룬 상대 가속도의 두 배인 음수 값임을 알 수 있다. 따라서 (a)에서와 같이 10^{-3} m의 분리가 줄어드는 대신 현재의 경우에는 분리가 2×10^{-3} m만큼 **증가**할 것으로 예측된다. 따라서 질문의 표는 다음과 같이 수정되어야 한다. 1열에서 항목을 $\epsilon \le 2 \times 10^{-3}$으로 변경한다. 4열의 항목은 Δy, $\Delta z \le 25$ m로 읽어야 한다. 또는 1열을 변경하지 않고, $\Delta y \le 25$ m, $\Delta z \le 12.5$ m로 설정할 수도 있다.

(c) 힌트에 따르면, 다음과 같이 쓸 수 있다.

$$a^* \propto \frac{1}{r^2}$$

$$(\Delta a^x)^* \propto \frac{\Delta x}{r^3}$$

$$\epsilon \propto (\Delta a^x)^* (\Delta t)^2$$

$$\epsilon \propto \frac{\Delta x (\Delta t)^2}{r^3}$$

주어진 조건에 의해 Δx는 8배 증가하고, Δt는 14배 또는 $(\Delta t)^2$은 200배 증가한다. 따라서 마지막 식의 분자는 1600배 증가한다. 따라서 ϵ이 동일한 값을 유지하려면 r^3은 1600배 증가해야 한다. 즉,

$$r^3 \approx 1600 r_e^3$$

이 결과로부터

$$r \approx 12 r_e$$

33.* 마이컬슨–몰리 실험

(a) 바람을 맞으며 날아가는 비행기의 지상 속력은 $c - v$이다. 따라서 A에서 B까지의 비행시간 t_1은 $t_1 = \frac{d}{c-v}$이다. 여기서 d는 A에서 B까지의 거리이다. 바람 방향으로 날아가는 비행기의 지상 속력은 $c + v$이다. 되돌아오는 비행시간 t_2은 $t_2 = \frac{d}{c+v}$이다. 따라서 총 왕복 시간은 $t_1 + t_2 = \frac{2d}{c}\frac{1}{1 - v^2/c^2}$이다. 그런데 $\frac{2d}{c}$는 고요한 공기 중을 왕복하는 데 걸리는 시간이므로 A에서 위쪽의 지점 B까지의 왕복 시간은 이 시간보다 $\frac{1}{(1 - v^2/c^2)}$배만큼 크다. 바람에 맞서 날아갈 때가 함께 날아갈 때보다 더 많은 시간이 소모된다. 따라서 왕복 여행의 평균 지상 속력은 바람이 없을 때보다 있을 때 더 작다. 이는 바람 속력 v가 비행기 속력 c와 거의 비슷한 극한의 경우에 쉽게 이해할 수 있다. 이 경우 비행기는 B에서 A까지는 $\frac{d}{v+v} \approx \frac{d}{2v}$의 짧은 시간에 돌아오지만 A에서 B까지의 맞바람 여행에서는 매우 긴 시간이 걸린다.

(b) 불어오는 바람에 휩쓸리지 않으려면 비행기의 대기 속력(airspeed)은 풍속 v와 크기는 같고 방향은 반대인 성분이 있어야 한다. 비행기의 총 속력은 c이다. 속도에 피타고라스 정리를 이용하면, 가로지르는 속력(지상 속력과 같음)은 $(c^2 - v^2)^{1/2}$임을 알 수 있다. 이 지상 속력으로 총 거리 $2d$를 왕복하는 데 필요한 시간은 $\frac{2d}{(c^2 - v^2)^{1/2}} = \frac{2d}{c}\frac{1}{(1 - v^2/c^2)^{1/2}}$이며, 이는 고요한 대기 중을 왕복하는 데 걸리는 시간 $\frac{2d}{c}$보다 $\frac{1}{\sqrt{(1 - v^2/c^2)}}$배만큼 길다.

(c) 왕복 거리를 $L = 2d$라고 할 때, (b)에서 유도한 '가로지르는 바람'의 결과에서 (a)에서 유도한 '역풍–순풍' 식을 **빼면** 두 수직 방향을 따른 왕복 운동의 시간차를 구할 수 있다. 즉,

$$\Delta t = \frac{L}{c}\frac{1}{1 - v^2/c^2} - \frac{L}{c}\frac{1}{\sqrt{1 - v^2/c^2}}$$

이항 전개를 이용하여 두 항을 각각 전개하면

$$\Delta t = \frac{L}{c}\left[\left(1 + \frac{v^2}{c^2} + \frac{v^4}{c^4} + \cdots\right) - \left(1 + \frac{v^2}{2c^2} + \frac{3v^4}{8c^4} + \cdots\right)\right]$$

$v/c \ll 1$에 대해 v/c의 가장 낮은 급수만 고려한 Δt에 대한 근사식은 꽤 정확하다. 즉,

$$\Delta t \approx \frac{L}{2c}\frac{v^2}{c^2}$$

따라서 바람을 가로지르는 비행기가 먼저 도착한다.

(d) 위 식을 v에 대해 풀고 문제에서 주어진 값들을 대입하면 $v = 14$ km/h를 얻는다. 바람의 방향은 마지막에 되돌아오는 비행기들의 운동 선상에 놓인다. 운동 선상의 두 방향 중 어느 쪽으로 바람이 부는지 주어진 자료로는 결정할 수 없다.

(e) (c)의 식에 $L = 22$ m, $v = 30 \times 10^3$ m/s, $c = 3 \times 10^8$ m/s을 대입하면 $\Delta t = \left(\frac{11}{3}\right) \times 10^{-16}$ s를 얻는다.

(f) $\Delta t \le 10^{-2}$ T $= 2 \times 10^{-17}$ s $= \left(\frac{L}{c}\right)\left(\frac{v^2}{c^2}\right)$으로 놓고 [(c)의 표현에서 1/2의 소거에 유의하라.] 주어진 값들을 대입하면 다음을 얻는다.

$$v \le 5 \times 10^3 \text{ m/s} = \frac{1}{6}v_e$$

(g) 아니다, 마이컬슨–몰리 실험 자체는 빛 전파에 대한 에테르 이론을 반증하지는 않는다. 예를 들어, 지구가 에테르를 끌고 갈 수 있으므로 검증 장치가 국소적인 에테르에 정지해 있을 수도 있다. 이를 검증하기 위해 산 정상이나 위성 안에서 실험을 해보려 할 수도 있다. (이미 시도되었다!) 어느 한 분야의 잘 정립된 이론은 폐기되기 전에 그 분야의 다수 연구자들에 의해 다양하고 포괄적인 반증을 필요로 한다. 마이컬슨–몰리 실험은 에테르 이론이 완전히 회복될 수 없게 만든 첫 번째 타격으로 기록되었다.

34.* 케네디–손다이크(Kennedy–Thorndike) 실험

(a) Δt초의 시간 동안 빛은 $c\Delta t$ 미터의 거리를 이동한다. 문제에서 이 값은 왕복 거리 차 $2\Delta l$과 같아야 한다. 따라서 $\Delta t = 2\frac{\Delta l}{c}$이다. $\Delta l = 16 \times 10^{-2}$ m에 대해, 이 시간차는 $\Delta t \approx 10^{-9}$ s $= 1$나노초이다.

(b) $n = \frac{\Delta t}{T} \approx \frac{10^{-9}}{2 \times 10^{-15}} = 5 \times 10^5$주기 수이다. n에 대한 또 다른 표현은 $n = 2\frac{\Delta l}{cT}$이다.

(c) n이 일정하다고, 즉 망원경 시야에서 밝음에서 어둠으로의 관측된 이동이 없다고 가정하자. 그러면 $\frac{\Delta l}{T}$이 일정할 때 c도 일정하게 된다. 이런 의미에서 표준 길이는 간섭계를 올려놓은 석영 판의 크기이며, 일정하다고 가정된 시간은 원자 광원의 주기이다.

(d) $\frac{\Delta l}{T}$이 일정하다는 가정 하에 식 (54)을 미분하면 다음 식을 얻는다.

$$dc = \frac{-2dn}{n^2}\frac{\Delta l}{T} = -\frac{cdn}{n} \rightarrow \frac{dc}{c} = -\frac{dn}{n}$$

주어진 값들과 계산된 값 $n = 5 \times 10^5$에 대해 다음을 얻는다.

$$dn \le \frac{3}{1000}$$

$$\left|\frac{dc}{c}\right| \le \frac{3}{1000}(5 \times 10^5) = \frac{3}{5} \times 10^{-8}$$

따라서 (표 4에 언급되었듯이) 고감도 실험에서조차 탐지할 수 없었던 광속의 최대 변화는 다음과 같다.

$$dc \le \frac{3}{5} \times 10^{-8} \times 3 \times 10^8 \approx 2 \text{ m/s}$$

35.* 디키(Dicke) 실험

(a) 구리로 만든 공은 가속도 g_1로 낙하하고 금으로 만든 공은 약간 더 큰 가속도 $g_2 = g_1 + \Delta g$로 낙하한다. 공기 저항에 기인한 차이 Δg는 낙하 초기보다는 후반에 더 커진다. 그러나 Δg가 낙하하는 동안 어떤 고정된 평균값을 갖는다고 이상화하면 분석을 단순화할 수 있다. 그러면 동일한 시간 t 동안 두 공이 낙하한 거리는

$$s_2 = \frac{1}{2}(g_1 + \Delta g)t^2, \qquad s_1 = \frac{1}{2}g_1 t^2$$

두 거리의 차이는

$$s_2 - s_1 = \Delta s = \frac{1}{2}\Delta g t^2$$

구리로 만든 공의 낙하 식으로 양 변을 나누면

$$\frac{\Delta s}{s_1} = \frac{\Delta g}{g_1}$$

갈릴레이의 예측으로부터 $s_1 = 46$ m, $\Delta s = 7 \times 10^{-2}$ m이므로

$$\frac{\Delta g}{g_1} = \frac{7 \times 10^{-2}}{46} \sim 10^{-3} \quad \text{(갈릴레이 예측)}$$

이것은 갈릴레이의 관측과 일치하는 여러 물질에 대한 중력 가속도의 최대 분수 차이이다. 이제 이 분수가 디케의 좀 더 최근 실험과 일치하는 최댓값이라고 하자.

$$\frac{\Delta g}{g} \leq 3 \times 10^{-11} \quad \begin{bmatrix} \text{롤(Roll),} \\ \text{코프(Krotkov),} \\ \text{디키} \end{bmatrix}$$

그러면 동일한 46미터 낙하 후에 한 공은 다른 공의 뒤에 다음 거리만큼 떨어져 위치할 것이다.

$$\Delta s = s_1 \frac{\Delta g}{g_1} = 46 \times 3 \times 10^{-11}\,\text{m} = 1.5 \times 10^{-9}\,\text{m}$$

이 값은 원자의 전형적인 크기보다 대략 10배 정도 작다. Δs가 $1\,\text{mm} = 10^{-3}\,\text{m}$ 만큼 되려면 일정한 중력장에서 두 공이 낙하해야 할 총 거리 s_1은

$$s_1 = \frac{\Delta s}{\Delta g / g_1} = \frac{10^{-3}}{3 \times 10^{-11}} = \frac{1}{3} \times 10^{8}\,\text{m}$$

이 값은 지구와 달 사이의 거리($3.8 \times 10^{8}\,\text{m}$)의 약 1/10이다. 이 높이에서는 중력장이 일정하지 않다는 것은 말할 필요도 없다.

(b) 평형을 이루기 위해서는 힘의 알짜 수평 성분과 알짜 수직 성분이 모두 0이 되어야 한다. 그림으로부터 다음 식이 성립할 때 이 조건들이 만족한다.

$$T \sin \epsilon = m g_s$$
$$T \cos \epsilon = mg$$

두 식의 양 변을 나누면 다음 식을 얻는다.

$$\tan \epsilon \approx \epsilon \approx \frac{g_s}{g}$$

이로부터 공에 의한 중력장은 다음과 같이 주어진다.

$$g_s \approx g \epsilon$$

(c) 이 책의 앞표지 안쪽에 주어진 값들을 이용하면 (M은 태양의 질량)

$$g_s = \frac{GM}{R^2} = 5.94 \times 10^{-3}\,\text{m/s}^2$$

(d) 이 책의 앞표지 안쪽에 주어진 값들을 택하면

$$\frac{v^2}{R} = 5.94 \times 10^{-3}\,\text{m/s}^2$$

지구의 가속 기준틀에서 태양에서 멀어지려는 방향의 '원심 가속도'는 (c)에서 계산한 태양을 향하는 방향의 중력 가속도와 균형을 이룬다. 지구의 가속 기준틀에서 관찰할 때 알짜 가속도는 0이다.

(e) 식 (55)는 토크의 정의와 그림 52로부터 직접 유도된다. (c)에서 구한 $g_s = 6 \times 10^{-3}\,\text{m/s}^2$을 사용하여 태양의 중력장에서 알짜 토크의 값을 계산하면 다음과 같다.

$$\text{토크} = (0.03\,\text{kg})(6 \times 10^{-3}\,\text{m/s}^2)(3 \times 10^{-11})(0.03\,\text{m})$$
$$= 1.6 \times 10^{-16}\,\text{kg m}^2/\text{s}^2$$

미터자 끝에 있는 질량 $10^{-15}\,\text{kg}$인 박테리아가 작용하는 토크의 대략적인 값은 다음과 같다.

$$(10^{-15}\,\text{kg})(10\,\text{m/s}^2)\left(\frac{1}{2}\,\text{m}\right) \approx 5 \times 10^{-15}\,\text{kg m}^2/\text{s}^2$$

이 값은 태양이 디키의 비틀림 저울에 가하는 최대 토크의 약 30배에 해당한다!

(f) 그림 52에서 답을 찾을 수 있다.

(g) $k\theta$를 식 (55)에 주어진 토크와 같게 놓으면 주어진 결과를 얻는다.

(h) $\theta_{\text{tot}} = 1.6 \times 10^{-8}\,\text{rad}$

36.* 상대론을 타도하자!

(a) 시간 팽창에 대해서는 연습 문제 11번의 풀이를 참조하라.

(b) 로런츠 수축에 대해서는 연습 문제 10번을 참조하라.

(c) 특수 상대론의 주요 결과 중의 하나는 한 사건의 공간 좌표가 로켓 기준틀과 실험실 기준틀에서 동일한 값을 갖지 않는다는 것이고, 또 하나는 두 사건 사이의 시간 경과는 균일한 상대 운동을 하는 두 관성계에서 다르다는 것이다. 자연의 특징을 이렇게 인식하는 것은 이 이론의 약점이 아니다. 그것은 세계라는 기계가 작동하는 방식이다! 우리가 사건의 관찰을 특정 기준틀과 연계시키려고 할 때, 상대성이론은 한 기준틀의 좌표 값이 주어졌을 때 또 다른 기준틀에서 좌표 값을 찾는 데 도움을 줄 수 있다. 또한 이 이론은 한 기준틀에서 입자의 속도를 중첩된 다른 기준틀에

서 기록한 동일 입자의 속도와 연계시켜 줄 수도 있다. 요약하자면, 상대성 이론은 다음과 같은 서비스를 수행한다. (1) 공간 좌표와 시간 좌표가 각각 개별적으로 기준틀의 선택과 같은 우연한 환경에 의존하는 것을 보여준다. (2) 한 관성 기준틀에서 관측된 좌표, 속도, 가속도, 힘과 같은 물리량 값을 중첩된 다른 관성 기준틀에서 기록된 물리량 값과 연결시키는 방법을 보여준다. (3) '보편적 언어'인 불변량을 제공한다. 불변량을 이용하면 개별 기준틀의 시공간 좌표와 무관하게 사건 사이의 관계를 논의할 수 있다. 불변량에 대해서는 아래의 (f)에 대한 답을 참조하라.

(d) 모든 관성 기준틀에서 광속의 동등성은 실제로 일상의 경험에 위배된다. 그럼에도 불구하고, 매우 신중한 실험들로부터 언뜻 보기에 터무니없어 보이는 빛에 대한 이 주장이 진실이라는 것을 인정할 수밖에 없었다. 특히 마이컬슨-몰리 실험(연습 문제 33번)과 이를 현대적으로 개량한 실험은 광속이 모든 관성 기준틀에서 **등방적**임을 입증했다. 더욱이, 케네디-손다이크 실험(연습 문제 34번)은 균일한 상대 운동을 하는 기준틀에 대해서 이 속력의 값이 동일함을 보여주었다. 최근에 구상된 더 현대적인 실험들을 통해 훨씬 더 예민한 감도로 이 결론을 검증할 것이다. (19~21쪽을 보라.)

(e) 반담의 주장은 상대론의 예측 중에서 간접적으로 확인되었거나 전혀 확인되지 않은 것들과 직접 증명된 것들을 분류하도록 권장하는 봉사를 한다. 다음은 상대론의 일부 예측의 상태에 대한 목록이다.

로런츠 수축(연습 문제 9번). 상대론적 속도로 대기를 통과하는 하전 입자에 의해 생성되고 관찰되는 이온화는 연습 문제 19번에서와 같이 그 입자의 전기력선의 로런츠 수축을 허용할 때만 만족스럽게 설명될 수 있다. 다음은 윌리엄스(E. J. Williams)에 의한 설명이다. [초기의 발표는 Proceedings of the Royal Society, Series A, **130**, 328 (1931)에 수록된 논문의 331쪽을 참조하고, 더 자세한 분석적 취급과 더 많은 문헌을 원하면 Proceedings of the Royal Society, Series A, **319**, 163(1933)을 참조하라.]

전기력선이 운동 방향에 수직인 평면을 갖는 얇은 농축

다발로 로런츠 수축이 일어나지 않는다면, 하전 입자는 자신의 운동 경로로부터 멀리 떨어진 원자로부터 전자를 방출시킬 수 없었을 것이고, 이에 따라 이온화는 관측된 값보다 훨씬 작을 것이다. 하전 입자의 운동 방향의 직선으로부터 관찰 가능한 거리는 1/3밀리미터, 즉 3×10^{-4} m에 위치한 질소 원자를 생각해보자. 로런츠 수축이 없다면, 입자는 전기력선이 질소 원자를 스치기 위해 대략 3×10^{-4} m 정도 크기의 거리를 이동해야 할 것이다. $\beta \sim 1$일 때 이 거리를 이동하는 데 걸리는 시간은 대략 $\frac{(3 \times 10^{-4}\ \text{m})}{(3 \times 10^8\ \text{m/s})} \sim 10^{-12}$ s이다. 이 전기력 작용 시간은 너무 길어서 원자에 영향을 주지 못한다. 원자를 진자를 비교해보자. 진자를 지지하는 점을 서서히 오른쪽으로 옮겼다가 서서히 원래 위치로 되돌아가게 하자. (이는 원자에 대한 전기장 효과와 유사한 변위 효과이다.) 이 교란에 의해 진자가 진동을 시작하지 않는데, 그 이유는 힘의 유효 작용 시간 $T_\text{힘}$이 진자의 특성 진동 시간 $T_\text{진동}$과 비교해서 너무 길기 때문이다. 원자의 해당 특성 시간은 10^{-16} s이다. 전기력의 유효 작용 시간이 이 시간에 비해 짧지 않으면 원자는 들뜨거나 이온화되지 않는다. 이 힘을 발생하는 하전 입자는 이미 광속으로 움직이고 있으므로 질소 원자에 대한 유효 작용 시간을 관찰된 이온화를 설명할 수 있는 시간인 10^{-12} s 이하로 줄일 방법이 없다. 이 때문에 로런츠 수축이 필요하다. 전기력선이 질소 원자를 지날 때 로런츠 수축으로 인해 전기력선 다발의 유효 두께가 3×10^{-4} m에서 $3 \times 10^{-4}(1-\beta^2)^{1/2}$로 줄어든다. 힘의 유효 작용 시간은 10^{-12} s에서 $10^{-12}(1-\beta^2)^{1/2}$ s로 줄어든다. $\beta = 1 - 10^{-9}$ 또는 $(1-\beta^2)^{1/2}(2 \times 10^{-9})^{1/2} \sim 5 \times 10^{-5}$인 하전 입자의 경우 이 작용 시간은 대략 5×10^{-16} s로, 비록 이 시간이 하전 입자의 이동 선상에서 1백만 개의 원자 지름을 지나더라도 질소 원자를 이온화시키기에 충분히 짧다.

시간 팽창(연습 문제 10번). 고속의 아원자 입자를 통해 검증되었다. (연습 문제 42, 43을 참조하라.)

동시성의 상대성(연습 문제 11번). 간접적으로 검증되었다. (연습 문제 103번의 "토마스 세차 운동"과 연습 문제 52

번의 기초가 되는 분석을 참조하라.)

시계의 역설(연습 문제 27번). 우주 비행에서 운반되는 일상적인 시계에 대해서는 아직 검증되지 않았다. 철 원자핵이 제공하는 시계에 대해서는 상당한 정밀도로 검증되었다. (연습 문제 89번을 보라.)

특수 상대론 고유의 예측에 대한 가장 두드러지고 민감한 검증은 고속 충돌, 핵변환에서의 에너지 균형, 입자 쌍생성에 대한 분석에서 찾을 수 있다. 이에 대해서는 2장 본문과 연습 문제에서 논의된다.

(f) 운전 경로 상에 있는 각 도시의 위도와 경도를 제공하는 것을 운전자는 어떻게 생각할까? 그가 지도에서 구하는 것은 한 도시에서 다른 도시까지의 거리뿐이다. 시공간에서도 이와 유사하다. 좌표 없이 단순히 각 사건과 나머지 다른 사건들 사이의 간격을 나열할 수도 있다. 간격은 좌표와 아무 상관이 없지만 실제로 관련된 모든 정보를 제공한다.

(g) 관찰은 물리적 실체의 끈이다. "실체"라는 용어가 과학적 의미를 갖는 한, 우리는 "실체" 자체를 설명해 왔다.

37. 유클리드 기하학과의 유사성 — 풀이가 있는 예제

38. 갈릴레이 변환

표 8의 오른쪽에서 항목 4, 5번째 항을 대체하면 식 (57)과 (58)은 식 (37)으로부터 얻을 수 있다. 뉴턴 역학에서는 상대 운동을 하는 서로 다른 관측자가 동일한 사건에 대해 측정한 시간 값 사이에는 아무런 구별이 없다. 즉, 뉴턴 역학은 $t' = t$임을 가정한다. 초 단위를 사용하는 경우에는 $t'_s = t_s$이다. 시간의 함수가 $v_r t_s$로 주어지므로, 단순화를 위해, x축을 따르는 영역이 일치하는 순간을 $t = 0$으로 택한다. 한 사건의 로켓 x좌표는 이 사건의 실험실 좌표와 로켓 기준틀의 원점에 해당하는 실험실 좌표 사이의 차이와 같다는 것이 한 가지 이유이다. 따라서 기대되는 식은 다음과 같다.

$$x' = x - v_r t_s$$

식 (57)과 (59)는 시간의 단위를 제외하고는 거의 동일한 식이다. 다음의 식

$$\beta_r t = \left(\frac{v_r}{c}\right)t = v_r \left(\frac{t}{c}\right) = v_r t_s$$

을 이용하면 두 식은 동일한 식임을 알 수 있다. 그러나 단위의 단순 대체를 통해서는 식 (58)과 (60)을 동일하게 만들 수는 없음에 유의하라. v_r와 t_s를 이용해서 식 (58)을 다시 써보자. 식의 양 변을 c로 나누고 $t/c = t_s$로 놓으면 다음 식을 얻을 수 있다.

$$t'_s = -\frac{v_r}{c}\frac{x}{c} + t_s = t_s - \frac{xv_r}{c^2} \tag{58'}$$

식 (58')과 식 (60)의 차이는 xv_r/c^2항에 있다. 대부분의 상황에서 이 항은 무시될 수 있는데, 그 이유는 일상적인 속도 v_r가 광속 c에 비해 매우 작기 때문이다. 예: 인간이 지구에 대해 가장 빠르게 움직일 수 있는 속력은 18,000마일/시간 = 5마일/초 = 8,000 m/s의 속력으로 움직이는 지구 위성에 탑승했을 때이다. 위성 탑승자와 지상 관찰자 사이의 가능한 최대 거리는 지상 관찰자가 위성으로부터 지구 반대편에 있을 때의 거리이다. 즉, 이 경우 두 사람 사이의 거리는 대략 지구의 지름인 13×10^6 m이다. 따라서 현재까지 우리가 얻을 수 있는 xv_r/c^2항의 가장 큰 값은 다음과 같다.

$$(13 \times 10^6 \text{ m})(8 \times 10^3 \text{ m/s})(3 \times 10^8 \text{ m/s})^2 \sim 10^{-6} \text{ s}$$

이 시간차는 현대적 방법으로 충분히 감지할 수 있지만, 위성 탑승자가 (위성으로부터 지구 반대편이 아니라) 위성 쪽의 지상 관찰자와 통신하기 때문에 위성 실험을 분석하는 데에는 필요하지 않다!

39.* 갈릴레이 변환의 정확도 한계

표 8로부터 $\sinh\theta$와 $\cosh\theta$에 대한 2차 근사는 다음과 같다.

$$\sinh\theta \approx \theta, \quad \cosh\theta \approx 1 + \frac{\theta^2}{2}$$

2차 근사에서도 $\theta_r \approx \beta_r$임을 상기하면 변환 방정식 (37)에 대한 2차 근사는 다음과 같이 주어진다.

$$x' = x\left(\frac{1 + \beta_r^2}{2}\right) - \beta_r t \qquad \text{(2차 근사)}$$
$$t' = -\beta_r x + t\left(\frac{1 + \beta_r^2}{2}\right)$$

$\beta_r^2/2 < 10^{-2}$ 또는 $\beta_r^2 < 1/50$, 즉 $\beta_r < 1/7$인 경우 위의 두 식의 계수는 식 (57)과 (58)의 계수와 1% 이내로 일치한다.

정지 상태로부터 가속하는 스포츠카에 대해서, 가속도는 $a = v/t = 4 \text{ m/s}^2$이다. 이 가속도로 $v = (1/7) \times 3 \times 10^8 \text{ m/s}$에 도달하기 위해 필요한 시간은 대략 $t = v/a = 10^7 \text{ s}$ 또는 4개월이다. $7g \approx 70 \text{ m/s}^2$의 가속도로도 약 1주일의 시간이 필요하다!

40.* 뉴턴 역학적 충돌과 상대론적 충돌

로켓 기준틀에서 볼 때, 충돌로부터 튀어나오는 입자들은 y'축을 따라 $\pm\beta_r$의 속력으로 이동한다. 연습 문제 20번의 결과, 즉 식 (49)을 이용하면 실험실 기준틀에서 입자들의 속도의 x와 y성분은 다음과 같이 주어진다.

$$\beta^y = \frac{\beta^{y'}}{\cosh\theta_r} = \pm\frac{\beta_r}{\cosh\theta_r}, \qquad \beta^x = \tanh\theta_r = \beta_r$$

실험실 기준틀에서 x축과 한 속도 벡터 사이의 각 $\alpha/2$(그림 53)의 탄젠트 값은 다음과 같다.

$$\tan\left(\frac{\alpha}{2}\right) = \frac{\beta^y}{\beta^x} = \frac{1}{\cosh\theta_r} = \sqrt{1 - \beta_r^2}$$

아래 그림에서와 같이 $\pi/4 \text{ rad}$과 $\alpha/2$의 차이에 해당하는 각도 $\delta/2$를 찾아보자. 이 값은 실험실 기준틀에서 속도 벡터 사이의 총 각 α가 $\pi/2 = 90°$보다 작은 각인 δ로부터 얻을 수 있다.

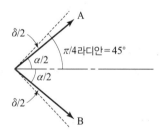

표 8의 13번째 공식을 이용하면

$$\tan\left(\frac{\delta}{2}\right) = \tan\left(\frac{\pi}{4} - \frac{\alpha}{2}\right) = \frac{\tan(\pi/4) - \tan(\alpha/2)}{1 + \tan(\pi/4)\tan(\alpha/2)}$$

$$= \frac{1 - \sqrt{1 - \beta_r^2}}{1 + \sqrt{1 - \beta_r^2}}$$

작은 δ에 대해 $\tan(\delta/2) \approx \delta/2$를 이용하고, 이항 정리를 이용해서 $(1 - \beta_r^2)^{1/2}$을 전개하여 처음 두 항만 유지하면

$$\frac{\delta}{2} = \frac{1 - \sqrt{1 - \beta_r^2}}{1 + \sqrt{1 - \beta_r^2}} \approx \frac{1 - \left(1 - \frac{1}{2}\beta_r^2\right)}{1 + \left(1 - \frac{1}{2}\beta_r^2\right)} = \frac{\beta_r^2/2}{2 - \beta_r^2/2}$$

$$\approx \frac{\beta_r^2}{4}$$

이로부터

$$\delta = \frac{\beta_r^2}{2}$$

따라서 δ가 0.01 rad보다 작기 위한 β_r에 대한 조건은 다음과 같다.

$$\beta_r^2 < \frac{1}{50} \quad \text{또는} \quad \beta_r < \frac{1}{7}$$

로켓 기준틀에서 들어오는 입자들과 나가는 입자들의 대칭적인 속도가 이 값보다 작으면, 실험실 기준틀에서 나가는 입자들의 속도 벡터 사이의 각은 90°에서 0.01 rad 미만의 차이가 난다. 따라서 한 입자가 충돌 전에 정지해 있는 실험실 기준틀에서 들어오는 입자의 속력은 대략 $2\beta_r < 2/7$보다 작아야 한다.

41.* 뉴턴 역학의 한계의 예

운동의 예	β	이 운동에 대한 뉴턴 역학적 분석은 타당한가?
시속 18,000마일로 지구 주위를 도는 위성	1/37,200	$\beta < 1/7$이므로 타당하다.
초당 30 km의 공전 속력으로 태양 주위를 도는 지구	10^{-4}	타당하다.
수소 원자에서 반지름이 가장 작은 궤도를 따라 양성자 주위를 도는 전자 [힌트: 원자 번호가 Z(핵 안의 양성자 수)인 원자의 내부 궤도를 도는 전자의 속력은 2장 연습 문제 101번에서 다음과 같이 유도된다. $$v = \frac{Z}{137}c$$ 이 식은 저속에서 잘 맞는다. 수소의 경우 $Z = 1$이다.]	$\frac{1}{137}$	타당하다.
$Z = 79$인 금 원자의 내부 궤도를 도는 전자	$\frac{79}{137}$	타당하지 않다.

운동 에너지가 5,000 eV인 전자 (힌트: 1 eV는 1.6×10^{-19} J에 해당한다. 운동 에너지에 대한 고전 역학적 표현을 이용하여 계산하라.)	$\dfrac{4}{30}$	타당하지만 거의 경계 선상에 있다.
운동 에너지가 10 MeV인 핵 안의 양성자 또는 중성자	10^{-2}	타당하다.

42. 뮤온의 시간 팽창―풀이가 있는 예제

43. 파이온의 시간 팽창

시간 팽창이 없다면, 파이온의 절반은 주어진 가정 하에 표적물로부터 5.4 m 거리에 남아 있게 된다. 연습 문제 10번의 결과인 식 (44)에 의하면, $\cosh \theta_r$가 바로 시간 팽창률이다. 그러므로 실험실 기준틀에서 관찰할 때, 파이온은 자신들이 정지해 있는 로켓 기준틀에서 관찰했을 때의 "고유 시간"보다 15배 오래 사는 것으로 나타난다. 실험실에서 파이온은 거의 광속으로 이동한다. 따라서 파이온 붕괴에 의해 빔의 세기가 원래의 절반으로 감소할 때까지 파이온은 '특성 거리'의 15배인 80 m를 이동한다.

44.* 광행차

상대 운동 직선상에 x축을 놓자. 태양에 대해 정지해 있는 실험실 기준틀에서, 먼 별 B와 D의 속도 성분은 $\beta^y = \pm 1$, $\beta^x = 0$이다. 로켓(지구) 기준틀에서도 빛은 동일한 속력으로 이동한다. 그러나 로켓 기준틀에서 속력의 x성분은 실험실과 로켓 기준틀의 상대 속도인 $-\beta_r$이다. 각 ψ의 사인 함수 값은 속도의 x성분을 전체 속도로 나눈 값이다. 즉,

$$\sin \psi = \frac{\beta_r}{1} = \beta_r$$

이 결과는 연습 문제 22번의 결과와 일치한다.

45. 피조 실험

작은 β_r에 대해 속도 덧셈 법칙을 나타내는 식 (24)

$$\beta = \frac{\beta' + \beta_r}{1 + \beta' \beta_r}$$

의 분모를 이항 전개한 후 β_r의 1차 멱급수만 남기면

$$(1 + \beta' \beta_r)^{-1} \approx 1 - \beta' \beta_r$$

이 값을 위의 식에 대입하고 β_r의 1차 멱급수보다 큰 항을 제거하면 식 (62)를 얻는다.

46. 체렌코프 복사

식 (63)은 그림 62로부터 직접 읽을 수 있다. 주어진 매질에서 체렌코프 복사가 생성되기 위해서 입자는 최소한 그 매질에서 빛 펄스만큼 빠르게 움직여야 한다. 이 요소는 식 (63)에 반영된다. 즉, 각 ϕ의 코사인 함수는 1보다 클 수 없으므로 루사이트에서 체렌코프 복사가 생성되기 위해 입자는 최소한 진공에서의 광속의 2/3 이상으로 움직여야 한다. 한편, ϕ의 최댓값은 코사인 함수의 최솟값 또는 입자 속도 β의 최댓값에서 생긴다. 그런데 β가 1보다 작은 값을 가져야 하므로 ϕ의 코사인 함수는 2/3보다 같거나 큰 값을 가져야 한다. 이에 해당하는 ϕ의 최댓값은 0.841라디안 또는 48.2°이다.

47.* 태양에 의해 휘어지는 별빛

태양의 지름을 가로지르는 광선의 통과 시간은 4.7초이다. 이 시간이 태양 표면을 스쳐가는 섬광의 "실효 낙하 시간"이다. 알짜 낙하 속도는 이 시간에 태양 표면에서의 가속도를 곱한 값으로, 약 1300 m/s 또는 4.3×10^{-6} 빛 이동 시간미터이다. 작은 편향에 대한 편향 각은 대략 이 낙하 속도를 섬광의 총 속도(크기 1)로 나눈 값이다. 따라서 이 분석에 의한 편향 각은 4.3×10^{-6} rad으로 예측된다. 일반 상대론에서 예측했듯, 이 값의 두 배는 문제의 마지막 부분에 인용된 관찰 값과 잘 일치한다.

48. 기하학적 해석

이 연습 문제는 각 개념의 단계가 작아서 독자가 해답으로 인도되는 방식으로 작성되었기 때문에 여기서 논리적 결과에 대해 자세히 설명하는 것은 아마도 가치 있을 것 같지 않다. 마지막 부분인 (j)에서, 실험실 시계와 로켓 시계가 동기화되지 않는 정도는 상대 속도와 그에 따른 상대 속도 변수가 부호를 바꿈에 따라 부호를 바꾸는 $\sinh \theta_r$의 값 (식 46)에 의해 결정된다는 것에 유의해라. 반면에 시간 팽창의 양은 상대 속도의 부호가 바뀌어도 부호가 바뀌지 않는 $\cosh \theta_r$의 값 (식 44)에 의해 결정된다.

49. 시계 역설 II — 풀이가 있는 예제

50. 수축일까 회전일까?

(a) 눈으로부터 서로 다른 거리에서 일어난 두 사건으로부터 출발한 빛이 지금 여기에서 눈에 도달한다. 따라서 두 사건은 서로 다른 시간에 일어나야 한다. 이것이 핵심이다. 특히 두 빛이 관찰자에게 동시에 도달하려면 E에서 출발하는 빛은 G에서 출발하는 빛보다 1시간미터 더 일찍 출발해야 한다. 이 시간 동안, 로켓 기준틀에 정지해 있는 입방체는 β 곱하기 1미터에 해당하는 거리 x만큼 이동한다.

(b) 이러한 상황에서 작은 물체를 한 눈으로 관찰할 때 흥미로운 점은 모든 관찰이 통과하는 물체의 회전으로 해석될 수 있다는 것이다. 따라서 입방체가 그림 74에서와 같이 기울어져 있다면, 뒷면의 일부와 줄어든 아래쪽 모서리, 유한한 빛의 전파 속력과 로런츠 수축에 의해 상대론에서 설명된 효과들이 나타날 것으로 기대할 수 있다. 그림으로부터 이 겉보기 회전각 ϕ는 다음 표현으로 주어진다.

$$\sin\phi = \beta$$

$\beta \to 0$인 경우, 겉보기 회전각도 0에 수렴하므로 일상적인 뉴턴 역학적 관찰 조건이 얻어진다. $\beta \to 1$인 경우, 물체는 90° 회전하는 것으로 나타나므로 입방체가 머리 위로 통과할 때 뒷면만 볼 수 있다!

(c) 로켓 기준틀의 관찰자에게: "물체가 주어진 기준틀에서 정지해 있으면 물체를 관찰하는 방법은 실제로 중요하지 않은데, 그 이유는 서로 다른 부분을 관찰할 때의 시간 지체는 결과 그림에 왜곡을 유발하지 않기 때문이다."

실험실 시계 격자를 이용하는 관찰자에게: "당신의 시계들은 널리 분리된 사건들의 시간을 기록하고 사건들의 일치 여부를 판단할 수 있게 해준다. 기록의 선명도는 당신에게 로켓 기준틀의 관찰자가 얻는 결과 또는 멀리 떨어져 눈으로 관찰하는 관찰자 O가 얻는 결과를 "비현실적"이라는 딱지를 붙일 면허를 주는 것은 아니다."

실험실 기준틀에서 정지해서 눈으로 관찰하는 관찰자에게: "물체의 서로 다른 지점으로부터 오는 신호를 수신할 때의 시간 지체 효과를 이해한다면, 물체의 기울기에 대한 시각적 인상이 다른 관찰자들 중 하나가 얻는 것과 일치하지 않는 이유를 이해할 수 있다."

여기서 "실제로"라는 단어는 관찰자의 기준틀이나 측정 방법에 무관한 유일한 의미를 갖는 것이 아니다. 모든 측정 방법은 "타당"하다. 다만 어떤 것이 직관을 이끌거나 실험의 결과를 예측하는 데 다른 것보다 좀 더 유용할 수는 있다.

51.** 시계 역설 III

이 문제는 풀이가 있는 예제와 거의 같다.

(a) 뉴턴 역학이 옳다면, 1 g의 가속도로 10년간 가속된 뒤의 최종 속도는

$$v = at = gt \approx (10 \text{ m/s}^2)(10 \times 3 \times 10^7 \text{ s})$$
$$\approx 3 \times 10^9 \text{ m/s}$$

이 값은 광속의 10배이다! 물리적으로 불가능한 이 결과의 대안이 문제에 주어져 있다.

(b) 문제에서 해결되었다.

(c) 식 (66)은 이 값을 미분하고 이전 식과 비교함으로써 쉽게 검증될 수 있다. 표 8을 이용하여 사인과 코사인의 하이퍼볼릭 함수를 지수 함수로 표현하면 쉽게 미분할 수 있다.

(d) 식 (66)에 주어진 식을 대입하면

$$x = \frac{c^2}{g}\left[\cosh\left(g\frac{\tau_{\text{sec}}}{c}\right) - 1\right]$$

근삿값 $g \approx 10 \text{ m/s}^2$과 $10년 \approx 3 \times 10^8 \text{ s}$를 대입하고 표 8의 근사를 이용하면

$$x \approx \frac{9 \times 10^{16}}{10}\left[\cosh\left(\frac{10 \times 3 \times 10^8}{3 \times 10^8}\right) - 1\right]$$
$$\approx 9 \times 10^{15}\left(\frac{e^{10}}{2}\right)(\text{m}) \approx 10^{20} \text{ m} \approx 10^4 \text{ 광년}$$

이 값이 여행의 첫 번째 또는 'A 제트' 상태 동안 이동한 거리이다. 따라서 여행자가 도달할 수 있는 가장 먼 거리는 이 거리의 두 배, 즉 20,000광년이다.

52.* 기울어진 미터자

이 문제의 해답은 연습 문제 11번에서 다룬 동시성의 상대성에 달려 있다. 실험실 기준틀에서는 미터자의 모든 점들이 $t = 0$일 때 동시에 x축을 가로지르지만, 로켓 기준틀에

서 관찰할 때는 그렇지 않다! 연습 문제 11번 (c)에서 보듯이, 실험실 시간으로 $t = 0$일 때 로켓 $+x'$축 위의 시계들은 0보다 작은 시간을 읽는데, 이는 로켓 시간 $t' = 0$일 때 미터자의 앞쪽 끝부분은 이미 x'축을 통과했음을 의미한다. 그런데 미터자의 중간이 $t' = 0$일 때 로켓 원점을 가로지르므로 로켓 기준틀에서 볼 때 미터자는 그림 77에 보인 바와 같이 오른쪽으로 기울어져 있다. 기호를 이용하면, 실험실 기준틀에서 볼 때 미터자의 오른쪽 끝은 $t = 0$일 때 $x = 1/2$ 미터인 지점에서 x축과 교차한다. 로켓 기준틀에서 이 사건의 좌표는 로런츠 변환 방정식

$$x' = x \cosh \theta_r = \left(\frac{1}{2}\right)(\cosh)\theta_r \, \text{미터}$$

$$t' = -x \sinh \theta_r = \frac{1}{2} \sinh \theta_r \, \text{미터}$$

를 이용하여 구할 수 있다. 우리가 찾기를 원하는 것은 음의 시간 $t' = -x \sinh \theta_r$일 때가 아니라 $x \sinh \theta_r = (1/2) \sinh \theta_r$ 미터 후인 $t' = 0$일 때 미터자의 오른쪽 끝의 위치이다. 이 시간이 경과하는 동안 미터자의 오른쪽 끝은 어느 지점으로 이동했을까? 미터자 끝의 속도 성분은 연습 문제 20번의 결과[프라임이 붙은 속도 성분과 붙지 않은 성분을 맞교환하고 속도 변수가 음수 값으로 대체된 식 (49)]로부터 다음과 같이 주어진다.

$$\beta^{y'} = \frac{\beta^y}{\cosh \theta_r}, \qquad \beta^x = -\tanh \theta_r$$

따라서 $t' = 0$일 때 미터자의 오른쪽 끝의 위치는 다음과 같다.

$$y' = \beta^{y'} t' = \left(\frac{\beta^y}{\cosh \theta_r}\right)\left(\frac{1}{2} \sinh \theta_r\right) = \left(\frac{\beta^y}{2}\right)\tanh \theta_r \, \text{미터}$$

$$x' = \frac{1}{2} \cosh \theta_r - \tanh \theta_r \frac{\sinh \theta_r}{2}$$

$$= \frac{1}{2}\left(\cosh \theta_r - \frac{\sinh^2 \theta_r}{\cosh \theta_r}\right) = \frac{1}{2\cosh \theta_r} \, \text{미터}$$

미터자의 중심은 $t' = 0$인 순간에 로켓 원점과 교차한다. 따라서 미터자와 로켓 x'축 사이의 각 ϕ'은 다음과 같이 주어진다.

$$\tan \phi = \frac{y'}{x'} = \beta^y \sinh \theta_r$$

53.* 미터자 역설

충돌은 일어나지 않는다. 로켓 기준틀에서, 미터자가 로런츠 수축되지 않은 것은 확실하다. 그럼에도 불구하고, 로켓 기준틀에서 볼 때에는 올라오는 판은 오른쪽 끝이 맨 위로 올라간 채 기울어져 있다. 그림 77은 판에 있는 **구멍**의 그림으로 간주할 수 있다. 이 구멍의 오른쪽 끝은 수평인 미터자의 앞 가장자리를, 구멍의 왼쪽 끝은 미터자의 뒤 가장자리를 깔끔하게 미끄러진다. 이와 같은 방식으로 일정한 각을 유지하는 수축된 구멍은 수축되지 않은 미터자에 맞는다.

54.** 홀쭉이와 격자

핵심 아이디어는 '단단한' 막대나 '단단한' 다리 같은 것은 없다는 것이다. 양쪽 끝에서 긴 다리를 지탱한다고 하자. 오른쪽 지지대가 갑자기 제거되면, 오른쪽 끝은 즉시 떨어지기 시작하지만 다리 중간은 그렇지 않다. 즉, 다리 중간은 오른쪽 지지대가 제거된 것에 대해 아무 것도 모른다. 다리 중간에 서 있는 사람은 여느 때와 마찬가지로 단단한 강철 위에 있는 자신의 발이 놓여 있음을 본다. 강철은 다소의 시간 지체 후에 떨어지기 시작한다. 지체되는 시간은 탄성파가 강철을 통해 다리의 오른쪽 끝에서부터 사람이 서 있는 장소까지 이동하는 데 필요한 시간에 의해 좌우된다. 막대 문제도 이와 유사하다. 물론 개선된 건축 자재를 사용해서 막대의 강성을 높일 수도 있다. 이런 방식을 통해 탄성파의 속력이 증가될 수 있고, 막대 중간이 떨어지기 시작하기 전까지의 시간이 줄어들 수도 있다. 그러나 이런 개선 작업은 한계가 있다. 탄성파의 속력은 결코 광속을 초과할 수 없으므로 지체 시간은 절대로 빛이 이동하는데 걸리는 시간보다 줄어들 수 없다.

강성에 대한 그릇된 개념을 폐기하는 것은 다른 역설적인 상황을 명료하게 하는 데 도움이 된다. 미터자가 로켓 안의 좁은 선반 위에 놓여 있다. 선반이 갑자기 무너져서 미터자가 중력 가속도로 떨어진다. 로켓 기준틀에서는 미터자의 모든 부분이 동일한 타이밍으로 떨어지지만 실험실 기준틀에서는 그렇지 않다. 로켓이 실험실에 대해 선반과 평행하게 오른쪽으로 고속으로 발사된다. 실험실 기준틀에서는 미

터자의 오른쪽 끝이 먼저 떨어지기 시작하고 왼쪽은 여전히 선반 위에 놓여 있다. 실험실 기준틀에서 기록될 때, 미터자는 구부려져 보이고, 구부려져 있다. 그러나 이런 구부러짐은 상대론적으로 유효한 '강성'의 개념과 모순되지 않는다. 따라서 미터자는 한 기준틀에서는 곧게 보이고 다른 기준틀에서는 구부려져 보일 수 있다.

겉보기에 역설인 문제의 해결책은 이제 분명하다. 미터자는 구멍에 빠져 떨어진다. 실험실 기준틀에서 볼 때 이 결론은 이미 자연스러웠다. 미터자는 1미터보다 훨씬 작도록 로런츠 수축되었고, 이에 따라 쉽게 구멍을 통해 떨어졌다. 로켓 기준틀에서는 구멍이 1미터보다 훨씬 작게 수축되었고 미터자는 원래 길이를 유지했다. 그러나 이제 우리는 미터자가 강하지도 않고 강해질 수도 없음을 알고 있다. 미터자의 오른쪽 끝이 아래로 구부려져 구멍으로 들어가고, 나머지 부분도 뒤따랐다.

55. 고속의 전자

(a) 단위 미터 당 얻는 에너지는

$$\frac{(40 \times 10^3 \text{ MeV})}{3 \times 10^3 \text{m}} \approx 13 \text{ MeV/m}$$

뉴턴 역학이 옳다면, 광속으로 움직이는 전자의 에너지는 다음과 같이 주어진다.

$$\frac{1}{2}mc^2 = \frac{1}{2}(0.511\text{MeV}) \approx \frac{1}{4} \text{ MeV} \quad \text{(뉴턴 역학적)}$$

이 에너지를 얻는데 필요한 거리는

$$\frac{\frac{1}{4} \text{ MeV}}{13 \text{ MeV/m}} = \frac{1}{52} \text{ m} \approx 2 \text{ cm}$$

이 거리는 1인치(2.54 cm)보다 더 작다!

(b) 연습 문제의 서론에서 유도된 식 (107)

$$1 - \beta \approx \frac{m^2}{2E^2} \quad (\beta \approx 1)$$

을 이용한다. 이 식에서 m과 E는 같은 단위를 사용해서 표현되었다. 중요한 것은 이들의 값이므로 동일한 단위를 사용하기만 하면 사용 단위의 종류는 중요하지 않다. 따라서 m과 E의 단위로 MeV를 사용하면

$$1 - \beta \approx \frac{(0.5 \text{ MeV})}{2(4 \times 10^4 \text{ MeV})^2} \approx \frac{1}{128} \times 10^{-8} < 10^{-10}$$

즉, 전자의 속력과 광속의 차이는 1백억 분의 1보다 작다. 길이가 $1000 \text{ km} = 10^9 \text{ mm}$인 경주에서, 빛이 전자보다 거리

$$(1 - \beta)(10^9 \text{ mm}) < 10^{-10} \times 10^9 \text{ mm} \approx 0.1 \text{ mm}$$

정도로 앞서 결승선을 통과한다.

(c) 로런츠 수축 인자의 대략적인 값은 다음과 같다.

$$\frac{1}{\cosh\theta} = \frac{m}{E} = \frac{0.5 \text{ MeV}}{40 \times 10^3 \text{ MeV}} \approx 1.2 \times 10^{-5}$$

따라서 로켓 기준틀에서 관찰한 '3,000 미터' 관의 수축된 길이는 다음과 같다.

$$(3 \times 10^3 \text{ m})(1.2 \times 10^{-6}) \approx 4 \times 10^{-2} \text{ m} \approx 4 \text{ cm}$$

56.* 우주선

(a) 시간 팽창 인자는 연습 문제 10번의 식 (44)에 주어진다.

$$\Delta t' = \frac{\Delta t}{\cosh\theta_r} = \Delta t \frac{m}{E} = \Delta t \frac{10^9 \text{ MeV}}{10^{20} \text{ MeV}} = 10^{-11}\Delta t$$

따라서 $\Delta t \approx (10^5 \text{년})(3 \times 10^7 \text{초/년})$ 의 시간에 대해 $\Delta t'$은 다음과 같다.

$$\Delta t' = 10^{-11} \times (10^5 \text{년}) \times (3 \times 10^7 \text{초/년}) = 30\text{초}$$

공간 여행자가 자신의 시계로 30초 만에 은하를 횡단하는 동안, 지구의 시간은 10만년이 흐른다!

(b) 연습 문제 9번의 식 (38)을 이용하면 은하의 로런츠 수축 인자는 다음과 같다.

$$\frac{10^5\text{광년}}{10^{-15}\text{미터}} = \frac{(10^5\text{년}) \times (3 \times 10^7 \text{초/년}) \times (3 \times 10^8 \text{미터/초})}{10^{-15}\text{미터}}$$

$$= \frac{9 \times 10^{20}\text{미터}}{10^{-15}\text{년}} \approx 10^{36} = \cosh\theta_r = \frac{E}{m}$$

요구되는 속도로 양성자를 가속시키는 데 공급되어야 하는 질량-에너지의 양은

$$T = E - m = 10^{36} \text{ m} - m \approx 10^{36} \text{ m}$$

$$\approx (10^{36}) \times (1.6 \times 10^{-27} \text{ kg}) \sim 10^9 \text{ kg}$$

즉, 양성자를 가속시키기 위해서 에너지로 전환시켜야 하는 질량은 무려 1백만 톤이다!

57. 뉴턴 역학의 한계

(a) 답은 책의 뒷면의 안쪽에 있다!

(b) 145쪽에서와 같이 β의 멱급수로 상대론적 에너지에 대한 이항 전개를 하면

$$E = m + \frac{1}{2}m\beta^2 + \frac{3}{8}m\beta^4 + \cdots\cdots$$

또는

$$T = E - m = \frac{1}{2}m\beta^2 + \frac{3}{8}m\beta^4 + \cdots\cdots$$

위 식의 오른쪽 첫 번째 항은 운동 에너지에 대한 뉴턴 역학적 표현이다. 두 번째 항까지만 고려할 때 문제에 주어

지는 1% 오차에 대한 표현은 다음과 같다.

$$\frac{\left[\frac{1}{2}m\beta^2 + \frac{3}{8}m\beta^4\right] - \frac{1}{2}m\beta^2}{\frac{1}{2}m\beta^2} = 10^{-2}$$

이로부터

$$\beta^2 = \frac{4}{3} \times 10^{-2}$$

이에 해당하는 값을 '뉴턴 역학의 한계'라고 부른다. 이 값을 1장의 연습 문제 39번과 40번에 나오는 다른 '한계들'과 비교해보라. 이 속도에서 정지 에너지에 대한 운동 에너지의 비는 다음과 같다.

$$\frac{\frac{1}{2}m\beta^2}{m} = \frac{\beta^2}{2} = \frac{2}{3} \times 10^{-2}$$

양성자의 경우, '뉴턴 역학의 한계'에 해당하는 운동 에너지는 다음과 같다.

$$T_p = \frac{2}{3} \times 10^{-2} \times m_p$$

$$\approx \frac{2}{3} \times 10^{-2} \times 1\,\text{GeV} = \frac{2}{3} \times 10^{-2} \times 10^9\,\text{eV}$$

$$\approx \frac{2}{3} \times 10^7\,\text{eV} \sim 6\,\text{MeV}$$

전자의 경우는 다음과 같다.

$$T_e = \frac{2}{3} \times 10^{-2} \times m_e = \frac{2}{3} \times 10^{-2} \times \frac{1}{2} \times 10^{-6}\,\text{MeV}$$

$$\approx 3\,\text{keV}$$

58.* 상대론적 로켓

(a) 운동량 보존과 에너지 보존에 대한 방정식은 다음과 같다.

$$-m \sinh\theta_{ex} + M_2 \sinh(d\theta) = 0$$
$$m \cosh\theta_{ex} + M_2 \cosh(d\theta) = M_1$$

위의 각 식을 왼쪽 첫 번째 항에 대해 정리한 후 두 식의 양변을 나누고

$$\frac{\sinh\theta_{ex}}{\cosh\theta_{ex}} = \tanh\theta_{ex} = \beta_{ex}$$

$$\sinh(d\theta) \approx d\theta$$

$$\cosh(d\theta) \approx 1$$

임을 이용하면 원하는 식이 나온다.

(b) 작은 속도 매개 변수에 대해 $\beta = \theta$가 성립하므로

$$v = \beta c \approx \beta_{ex} c \ln\left(\frac{M_1}{M}\right) = v_{ex} \ln\left(\frac{M_1}{M}\right)$$

이 된다.

(c) m과 M_2가 더해져서 M_1이 되기 위해서는 m과 M_2에 각각에 1보다 큰 수를 곱해야 하므로, 에너지 보존 법칙으로부터 $m + M_2 \neq M_1$을 보이는 것은 쉽다. 비탄성 충돌은 운동 에너지를 정지 질량으로 변환시킨다. 현재 과정은 '역 비탄성 충돌'이므로 정지 질량을 배출되는 알갱이와 로켓의 운동 에너지로 변환시킨다.

(d) 생각할 수 있는 가장 큰 질량 비($M_1/M \to \infty$)와 배출 속도($\beta_{ex} \to 1$)에 대해 $\theta = \beta_{ex}\ln(M_1/M) \to \infty$가 성립하고, $\theta \to \infty$에 대해 $\beta = \tanh\theta \to 1$이 성립한다. 즉, 상상 가능한 가장 큰 질량비와 배출 속도인 경우에도 광속에 접근할 수는 있지만 이를 뛰어넘을 수는 없다.

(e) (a)에 대한 답으로 주어진 에너지 보존 법칙을 생각해보자. 매우 큰 배출 속도에 대해 $\cosh\theta_{ex}$의 값은 아무 제한 없이 커진다. 보존 방정식이 유한한 M_2와 M_1에 대해 유효하기 위해서는 배출되는 알갱이의 질량 m은 매우 작아져야 한다. 광자의 정지 질량은 0이므로, 빛을 연료로 사용하는 경우 로켓 연료의 질량은 모두 복사 에너지로 변환된다.

(f) 손전등으로는 매우 효율적인 로켓을 만들 수 없다. 결과를 추정하기 위해, 손전등의 질량이 1파운드(대략 0.5 kg)이고, 2000초 동안 5와트의 빔 또는 10^4와트 초 ($= 10^4$줄)의 총 에너지를 전달한다고 가정하자. 이 과정에서 복사 에너지로 전환되는 질량은 10^4줄의 에너지를 c^2로 나눈 값으로, 대략 10^{-13} kg이다. (사용 중인 손전등이 눈에 띄게 가벼워지지 않는 것은 당연하다!) 이 손전등 '로켓'의 질량비는 $(0.5\,\text{kg})/(0.5\,\text{kg} - 10^{-13}\,\text{kg})$ 또는 대략 $(1 + 2 \times 10^{-13})$이다. 정지 상태에서 출발한 손전등의 속도를 구하기 위해서는 $(1 + 2 \times 10^{-13})$의 자연 로그 값을 구해야 한다. 1의 로그 값은 0이고, 이 값 근처에서 자연 로그는 인수의 증가와 대등하게 증가한다. 즉,

$$\ln(1 + \delta) \approx \delta \qquad \text{작은 } \delta(\ll 1) \text{에 대해}$$

따라서 전등의 최종 속력인 식 (110)은 다음과 같다.

$$\beta \approx \theta = \ln(1 + 2 \times 10^{-13}) \approx 2 \times 10^{-13}$$

또는

$$v = c\beta = 6 \times 10^{-5} \text{ m/s}$$

이 속도보다 느리게 움직이는 1파운드짜리 로켓을 만드는 회사는 사업에 성공하지 못할 것이다. 손전등의 최종 속력이 느린 이유는 앞선 논의에서 지적했듯이, 반응의 재, 즉 폐기된 전지가 로켓을 따라 함께 가속되기 때문이다. 이에 반해, 화학적 로켓은 재를 뒤로 방출하는 더 나은 방식을 채용한다. 몇 가지 기본 입자의 반응은 '재'를 남기지 않는다. 정지 질량이 0이 아닌 입자들에 대해서 잠재적으로 유용한 반응은 다음의 형태를 갖는다.

$$(입자) + (반입자) \rightarrow 복사$$

입자-반입자 쌍의 예로는 양전자-음전자 쌍 또는 양성자-반양성자 쌍이 있다. 전기적으로 중성인 물질과 전기적으로 중성인 반물질(예: 반 수소 원자, 반 철 원자, …)을 분리된 칸막이에 보관해서 휴대하는 것이 더 현명하다. 로켓에 사용하기에 적당한 반물질을 만들 수 있다거나 입자-반입자 소멸에서 나오는 복사의 전량을 로켓의 후미로 향하도록 하는 문제는 기술적으로 요원하다. 연습 문제 104번에서는 이러한 기술적 난제가 극복되었다는 가정 하에서도 성간 공간 이동의 어려움에 대해 다루고 있다.

(g) 시간 팽창 인자가 10인 경우, $\cosh\theta = 10$이다. 표 8의 "간단한 근삿값"으로부터, $\theta \gg 1$에 대해 $\cosh\theta \approx e^\theta / 2$임을 알 수 있다. $\theta = 3$에 대해 $e^\theta = 20$이므로 $\cosh\theta \approx 10$이다. 질량이 재를 남기지 않고 전부 복사로 전환되어 동력을 얻는 로켓에 대해, 식 (110)으로부터 다음 식을 얻는다.

$$\frac{M_1}{M} = \frac{\text{출발시 질량}}{\text{원하는 속력에 도달한 후의 질량}} = e^\theta$$

$$\approx 20 = 2 \times (\text{시간 팽창 인자})$$

화학적 로켓으로 동일한 속력 또는 동일한 시간 팽창 인자를 얻기 위해서는 막대한 비용이 들어간다. 배출 속도는 다음과 같다.

$$\beta_{ex} = \frac{4 \times 10^3}{3 \times 10^8} = 1.33 \times 10^{-5}$$

식 (108)로부터

$$\ln\left(\frac{\text{초기 질량}}{\text{최대 속력에서의 질량}}\right) = \frac{\theta}{\beta_{ex}} = \frac{3}{1.33 \times 10^{-5}}$$

$$= 2.25 \times 10^5$$

1톤짜리 로켓이 최대 속력에 도달하기 위해 필요한 초기 질량은 다음과 같다.

$$M_1 = (1톤) \, e^{225,000} = 10^{97,600} 톤$$

이 값을 우주 전체의 추산 질량인 10^{50}톤과 비교해보라!

59.* 질량 중심 역설

(a) 로켓 기준틀에서는 두 포탄이 항상 관의 중심 지점에 대해서 대칭적으로 움직인다. 따라서 관의 중심에 놓인 두 포탄의 질량 중심은 시간에 따라 위치가 변하지 않는다. 아직까지 역설은 없다!

(b) 실험실 기준틀에서는 두 포탄이 동시에 발사되지 않는다. (아래 그림과 연습 문제 11번을 참조하라.) 포탄 2가 관의 오른쪽 또는 앞쪽 끝에 도달하기 전에 포탄 1이 관의 왼쪽 또는 뒤쪽 끝에 도달한다. 실험실 기준틀에서 볼 때에 두 포탄은 속력이 다르므로, 이에 따라 서로 다른 질량-에너지를 갖는다. 이 차이를 고려해서 '질량 중심'을 결정해야 할까 아니면 두 포탄의 질량을 같다고 취급하면서 '질량 중심'을 결정해야 할까?

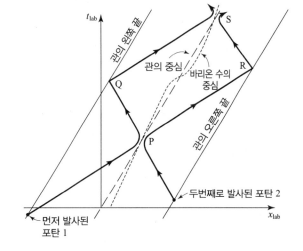

상대론적 속도로 움직이는 입자를 포함하는 복합 계에 적용하기에 '질량 중심'이라는 용어는 분명히 심각한 모호성을 가지고 있다. 따라서 '로켓 기준틀'이라고 불러왔던 것을 기술하기 위한 일반적인 용어로 '질량 중심 기준틀'이라는 용어보다는 '운동량이 0인 기준틀'이라는 용어를 사용하는 것이 더 좋다. 두 입자가 서로 다른 질량–에너지를 가짐에도 불구하고 두 입자의 질량이 중요하다고 생각한다면, 이는 혼동을 피하기 위해서 '바리온(baryon) 수 중심'이라 부르는 것이 더 나을 '질량 중심'의 한 종류에 대해 평가하고 있음을 의미하는 것이다. 즉, 에너지 함량이 아니라 입자의 수에 의해 측정된 포탄의 중요성에 대해 생각하고 있다는 의미이다. (양성자와 중성자는 일상의 물질을 만드는 바리온의 두 가지 종류이다.) 두 포탄의 '바리온 수 중심'의 위치를 그림에서 점선으로 표시하였다. 이 점선은 시간을 고정시키고, 그 시간에 두 입자의 위치를 그래프에 표시한 후, 두 위치의 중점을 택해서 구할 수 있다. 이렇게 구한 점선은 시간에 따라 진동하는 궤적을 따르며, 근본적인 동역학과 아무런 관련성이 없다. 따라서 '바리온 수 중심'은 중요하지 않은 개념이다.

점선과 달리, 파선은 두 포탄 중 하나가 관 끝에 충돌할 때까지 두 포탄이 임의의 질량에 작용하는 중력 끌림의 중심 위치를 나타낸다. 별도의 추론은 중력의 중심 위치에 대한 설명을 확인시켜 준다. 첫째, 로켓 기준틀에서 두 포탄의 질량 중심(이 점은 항상 관의 중심이자 로켓 좌표계의 원점에 위치한다.)을 택한 후, 이를 실험실 기준틀로 변환시켜 주어진 속력 $\beta_{\text{로켓}} = \tanh\theta_{\text{로켓}}$인 파선을 얻는다. 둘째, 각각의 포탄이 오른쪽으로 질량–에너지를 수송하는 비율을 계산하고 두 값을 합친다. 그리고 어떤 속력에서 두 포탄으로 구성된 계가 오른쪽으로 동일한 비율로 질량–에너지를 수송해야 하는지를 구한다. 그러면 중력 끌림의 중심 속력이 $\beta_{\text{로켓}}$임을 알 수 있다. (곧은 파선은 관의 중심과 일치한다. 자세한 계산은 이 논의의 끝에 주어진다.)

관이 없어서 두 공이 P(실질적으로 이 점에서 역할이 바뀜)에서 충돌한 후 영원히 운동을 계속한다면 모든 것이 간단해지고 앞선 언급과도 일치할 것이다. 이 사건에서 중력 끌림의 중심은 파선을 따라 부드럽게 계속 움직일 것이다.

그러나 공 1이 관의 왼쪽 끝 마개가 있는 지점 Q에 충돌하는 순간, 공은 방향을 바꿨고, 이에 따라 공 1과 2가 오른쪽으로 이동한다. 결과적으로 질량–에너지 수송은 이전에 고려되었던 것보다 일정 기간만큼 향상된다. 이 향상 기간은 수송 비율이 이전의 정상 값을 회복하는 R에서 끝난다. 따라서 R 후에 공 1과 2로 구성된 계의 질량–에너지는 로켓 기준틀의 속력 $\beta_{\text{로켓}}$으로 다가오는 두 입자 사이의 충돌 지점 S를 통과하는 파선을 따라 오른쪽으로 움직이는 것으로 다시 생각할 수 있다.

역설은 t_Q에서 t_R까지의 시간 동안 오른쪽으로 질량–에너지 수송이 증가했다는 것이다. 이에 따라 이 시간 동안 증가된 속도로 두 입자의 유효 끌림의 중심이 오른쪽으로 수송될 것으로 기대할 것이다. 그런 다음 속도가 다시 정상 값을 가질 때 끌림 중심이 파선의 오른쪽 어느 정도 거리에 위치할 것을 기대할 것이다. 그러나 앞선 운동 선에서 이와 같은 변위는 보이지 않는다. 오른쪽으로 질량–에너지 수송 비율이 증가한 것과 중력 끌림의 시작으로 다시 원래 운동을 취한다는 사실을 어떻게 조정할 수 있을까?

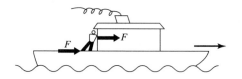

답을 위해, 연락선 선실의 후미 벽에 기대어 있는 사람을 생각하자. 그의 어깨가 속도 v로 움직이는 선실을 F의 힘으로 앞으로 민다. 결과적으로 그는 벽에 Fv의 비율로 일을 한다. 그러나 그의 공로는 없는데, 그 이유는 이미 갑판이 동일한 일률 Fv로 그에게 일을 하고 있기 때문이다. 다시 말해 Fv의 일률은 다리를 통해 들어와서 어깨를 통해 빠져 나간다. 에너지 수송 비율인 일률은 상대론의 언어로는 **질량**–에너지 수송 비율을 의미한다. 게으름뱅이가 자신의 원칙에 반해 무의식적으로 관여하는 이 질량–에너지 수송에도 불구하고, 그의 무게 중심은 그가 차렷 자세로 똑바로 서 있을 때보다 더 빠르게 앞으로 이동하지 않는다. 두 공으로 이루어진 계도 이와 유사하다. 두 공의 끌림 중심이 파선을 따르는 비율로 질량–에너지를 오른쪽으로 수송하면서, 두 공은 특정 기간 동안 왼쪽 벽을 밀어 오른쪽 벽으로 질량−에너지를 전달한다(기댄 사람이 꾸준히 참여하는 간헐적이고 순간적인 동력 전달 힘과 동등함). 이 기간 동안 발생하는 여분의 질량−에너지 수송은 끌림 중심의 추가적인 전방 수송을 의미하는 것이 아니다.

(c) 실험실 기준틀에서는 관과 포탄으로 구성된 계의 중력 끌림의 중심은 일정한 속도 $\beta_{로켓}$으로 앞으로 이동한다.

(b)의 상세 계산: 로켓 기준틀에서 두 입자의 속도와 속도 매개 변수를 $\pm\beta'$과 $\pm\theta'$이라 놓으면, 실험실 기준틀에서 속도 매개 변수는 $\theta_r + \theta'$과 $\theta_r - \theta'$이다. 에너지−질량 수송 비율은 다음과 같다.

$$\text{운동량} = \frac{m\beta_1}{\sqrt{1-\beta_1^2}} + \frac{m\beta_2}{\sqrt{1-\beta_2^2}} = m\sinh\theta_1 + m\sinh\theta_2$$
$$= m(\sinh\theta_r\cosh\theta' + \cosh\theta_r\sinh\theta')$$
$$+ m(\sinh\theta_r\cosh\theta' - \cosh\theta_r\sinh\theta')$$
$$= 2m\cosh\theta'\sinh\theta_r$$

로켓 기준틀에서 총 질량−에너지는 다음과 같다.

$$\frac{m\beta_1}{\sqrt{1-\beta_1^2}} + \frac{m\beta_2}{\sqrt{1-\beta_2^2}} = 2m\cosh\theta'$$

총 질량−에너지를 질량−에너지 수송 비율로 나누면 $\sinh\theta_r$를 구할 수 있다. 따라서 '두 포탄의 쌍'으로 이루어진 계의 속도 매개 변수는 실험실에 대한 로켓의 속도 매개 변수 θ_r이다.

60.* 운동량의 상대론적 표현에 대한 두 번째 유도

(a) 그림 83에서와 같이, 로켓 기준틀에서 공 A는 충돌 전과 후에 모두 y축을 따른다. 따라서 로켓 좌표계에서 충돌 사건과 위쪽 벽에 A가 부딪히는 사건 사이의 변화는 $\Delta x' = 0$, $\Delta y' = \Delta y$, $\Delta t'$이다. 식 (42)로부터 실험실 기준틀에서의 시간 경과는 다음과 같다.

$$\Delta t = \Delta x'\sinh\theta_r + \Delta t'\cosh\theta r = \Delta t'\cosh\theta_r$$

따라서 실험실 기준틀에서 공 A의 y성분 속력을 로켓 기준틀에서의 속력 $\beta = \Delta y'/\Delta t'$으로 나타내면 다음과 같다.

$$\beta_{A,\,실험실}^y = \frac{\Delta y}{\Delta t} = \frac{\Delta y'}{\Delta t'\cosh\theta_r} = \frac{\beta}{\cosh\theta_r}$$

(b) 그림 83과 84를 비교하면 로켓 기준틀에서 공 A의 속도는 실험실 기준틀에서 공 B의 속도와 같음을 알 수 있다. 실험실 기준틀에서 공 A의 수직 성분 속도는 (a)에서 계산하였다. 실험실 기준틀에서 공 A의 수평 성분 속도는 단순히 로켓 기준틀과 실험실 기준틀 사이의 상대 속도인 $\beta_r = \tanh\theta_r$이다. 그림 101로부터 속도와 운동량의 성분들을 177쪽의 비례식에 대입하면 다음과 같다.

$$\frac{p^x}{2m\beta} = \frac{\tanh\theta_r}{2\beta/\cosh\theta_r}$$

이 식으로부터 관계식 $p^x = m\sinh\theta_r$가 나온다.

61.* 에너지의 상대론적 표현에 대한 두 번째 유도

(a) 뉴턴 역학적 한계 내에서 운동량 보존에 대한 방정식은 그림 102의 두 부분으로부터 직접 쓸 수 있다. 주어진 실험실 기준틀에서의 방정식은 위쪽 실험실 필름 조각을 따른다. 그림 102의 아래쪽 필름 조각을 이용해서 로켓 기준틀에서의 운동량 보존에 대한 방정식을 쓸 때, 로켓 기준틀과 실험실 기준틀 사이의 상대 속도 β_r는 방정식의 양 변에서 상쇄되고 실험실 기준틀에서의 운동량 보존에 대한 방정식과 동일한 식을 남긴다. 따라서 실험실 기준틀에서 운동량이 보존되면 자동적으로 로켓 기준틀에서도 운동량이 보존된다. 이는 저속의 충돌에서만 성립함에 유의하라.

(b) 상대론적 분석에서, 그림 103의 아래쪽 필름 조각에 해당하는 로켓 기준틀에서의 운동량 보존 원리로부터 다음 식이 나온다.

$$m_1\sinh(\theta_1 - \theta_r) + m_2\sinh(\theta_2 - \theta_r)$$
$$= m_1\sinh(\overline{\theta}_1 - \theta_r) + m_2\sinh(\overline{\theta}_2 - \theta_r)$$

표 8의 우측의 관계식 (11)을 이용해서 위 방정식의 네 항을 전개하면 식 (112) 형태의 식을 얻는데, 이때 (I)과 (II)는 각각 다음과 같이 주어진다.

$$(m_1\sinh\theta_1 + m_2\sinh\theta_2 - m_1\sinh\overline{\theta}_1 - m_2\sinh\overline{\theta}_2)$$
$$(m_1\cosh\theta_1 + m_2\cosh\theta_2 - m_1\cosh\overline{\theta}_1 - m_2\cosh\overline{\theta}_2)$$

문제에서 언급했듯이 이 괄호들은 개별적으로 0이 되어야 하므로, 결과적으로 식 (111)과 (113)이 만족되어야 한다. 간단히 말해, 로켓 기준틀에서 운동량이 보존되기 위해서는, 뉴턴 역학이 성립하는 저속 영역에서와 같이 실험실 기준틀에서 운동량이 보존되는 것만으로는 불충분하다. 식 (113)에 표현되었듯이, 에너지 또한 실험실 기준틀에서 보존되어야 한다.

(c) 위의 유도에서 나타난 모든 주요 특성은 충돌 후 두 입자의 정지 질량이 충돌 전 두 입자의 정지 질량과 다른 경우에도 여전히 유효하다. 실험실 기준틀에서 기술되는 운동량 보존 법칙은 다음과 같다.

$$m_1 \sinh\theta_1 + m_2 \sinh\theta_2 = \overline{m}_1 \sinh\overline{\theta}_1 + \overline{m}_2 \sinh\overline{\theta}_2$$

실험실 기준틀에서 에너지 보존 법칙은 다음과 같다.

$$m_1 \cosh\theta_1 + m_2 \cosh\theta_2 = \overline{m}_1 \cosh\overline{\theta}_1 + \overline{m}_2 \cosh\overline{\theta}_2$$

오로지 두 식 모두가 성립하는 경우에만 로켓 기준틀에서 운동량이 보존된다.

탄성 충돌에서 운동 에너지 보존과 관련해서는, $(m_1 + m_2)$에서 식 (113)의 양 변의 각각을 뺌으로써 다음 식을 얻을 수 있음을 주목하자.

$$(m_1 - m_1 \cosh\theta_1) + (m_2 - m_2 \cosh\theta_2)$$
$$T_1 \qquad + \qquad T_2$$
$$= (m_1 - m_1 \cosh\overline{\theta}_1) + (m_2 - m_2 \cosh\overline{\theta}_2)$$
$$= \qquad \overline{T}_1 \qquad + \qquad \overline{T}_2$$

이 식이 바로 탄성 충돌에서 운동 에너지 보존에 대한 표현이다. $m_1 \neq \overline{m}_1$와 $m_2 \neq \overline{m}_2$인 비탄성 충돌에 대해서는 이와 유사한 식을 쓸 수 없다. 실제로 운동 에너지는 전형적인 비탄성 충돌에서 보존되지 않는다. 복사가 방출되지 않는 비탄성 충돌은 특별히 재미있는데, 이 경우 운동 에너지의 일부가 정지 질량으로 변환되어 $\overline{m}_1 + \overline{m}_2 > m_1 + m_2$가 성립한다.

62. 환산의 예

(a) 100 W는 100 J/s에 해당한다. 1년은 대략 3×10^7 s이므로 100 W의 전구는 1년 동안 3×10^9 J의 에너지를 소모한다. 이 값은 $\dfrac{3 \times 10^9 \text{ J}}{c^2} \approx \dfrac{1}{3} \times 10^{-7}$ kg의 정지 질량에 해당한다.

(b) 10^{12} kWh $= 10^{15}$ Wh $= (10^{15} \text{ W}) \times (3600 \text{ s}) = 3.6 \times 10^{18}$ J이며, 이는 3.6×10^{18} J/c^2 = 40 kg의 정지 질량에 해당한다. 실제로 이만큼의 에너지를 생산할 때에는 40 kg보다 많은 질량이 에너지로 변환되는데, 그 이유는 석탄 연소에서 화학 에너지가 열로 바뀌고, 수력 전기 발전기에서 역학적 에너지가 마찰에 의해 열로 바뀌는 것과 같이 전기 생산은 항상 열을 동반하기 때문이다. 물론 석탄 연소 발전소의 굴뚝에서 나오는 관 속의 기체를 얼마나 자세히 보느냐에 따라 이 판단은 달려 있다. 미시적 스케일에서 보면, 개개의 분자의 정지 질량은 열적 진동의 운동 에너지와 구별될 수 있다. 반면에 거시적 스케일에서 보면, 뜨거운 관의 기체는 이 기체를 구성하고 있는 개개 분자의 정지 질량의 합보다 큰 정지 질량을 가지고 있다. ("뜨거운 기체 상자"에 대한 168쪽의 해설을 보라.) 물론 생산된 '유용한' 전기 에너지의 대부분은 밝은 방안의 벽에 흡수되어 열로 변환되거나 다른 유사한 방식으로 소실된다. 따라서 석탄의 정지 질량 일부가 전기 에너지로 전환된 후 다시 전기 에너지의 최종 흡수 지점에서 다시 정지 질량으로 변환된다. 40 kg의 매우 낮은 비율조차 전기 에너지 형태로 존재하는 시간은 거의 없다.

(c) 가용 전력이 0.5마력이고 효율이 25%이므로 실제 이 학생은 2마력의 비율로 에너지를 생산하고 있다. 2마력은 대략 1500와트이고, 1파운드는 대략 0.5 kg이다. 1 파운드의 질량을 에너지로 변환시키는 데 필요한 시간은 다음 식에서 구할 수 있다.

$$(1500 \text{ Watt}) \times t_{\text{sec}} = \left(\frac{1}{2} \text{ kg}\right)c^2$$

이 식으로부터 구한 시간은 $t_{\text{sec}} = 3 \times 10^{14}$ s인데, 이는 약 1천만년에 해당한다! 물론 1파운드를 소모하기 위해 이렇게 긴 시간 동안 페달을 밟을 필요는 없다. 신체의 화학적 '연소'는 많은 양의 쓸모없는 생성물을 생산한다. 이 쓸모없는 생성물을 배출하는 것이 에너지의 형태로 질량을 배출하는 것보다 엄청나게 빠르다.

(d) 태양이 매초 방출하는 총 빛에너지는 지구 위치에서 빛에 수직인 단위 면적을 통과하는 복사 에너지 (태양 상수)에 반지름이 지구와 태양 사이의 거리에 해당하는 태양을 둘러싼 가상의 구의 단위 면적의 수를 곱해서 계산할 수 있다. 지구와 태양 사이의 거리는 1억 5천만 km, 즉

1.5×10^{11} m이다. 따라서 가상의 구의 총 표면적은

$$4\pi r^2 \approx 3 \times 10^{23} \text{ m}^2$$

매초 이 구를 통해 밖으로 빠져 나가는 에너지의 양은

$$(1.4 \text{ J/sm}^2)(3 \times 10^{23} \text{ m}^2) \approx 4 \times 10^{23} \text{ J/s}$$

인데, 이로부터 태양이 매초 잃어버리는 질량은 다음과 같다.

$$\frac{(4 \times 10^{23} \text{ J/s})}{c^2} \sim 4 \times 10^6 \text{ kg/s}$$

즉, 태양은 빛의 형태로 매초 약 4천 톤의 질량을 잃어버린다. 비슷한 양이 중성미자의 형태로 태양에서 복사된다. 태양의 질량 손실에 대한 두 메커니즘보다는 물질이 직접 태양에서 우주로 날아가는 태양풍이 훨씬 더 효과적이다. 지구에 의한 태양빛에 수직인 단면적은 대략 다음과 같다.

$$\pi r_e^2 \approx 3(6 \times 10^6 \text{ m})^2 \approx 10^{14} \text{ m}^2$$

따라서 대략 1.4×10^{17} J의 에너지가 매초 태양빛의 형태로 지구로 들어온다. 1년 동안의 총량은 대략 4×10^{24} J이며, 이는 대략 5만 톤의 질량-에너지에 해당한다. 물론 입사 빛의 일부는 지구에 의해 반사되고, 나머지의 일부는 변화된 진동수로 다시 복사된다.

(e) 빛이동 시간미터 당 거리미터 단위로 나타낸 기차의 속력은 다음과 같다.

$$\beta = \frac{v}{c} = \frac{45 \text{ m/s}}{3 \times 10^8 \text{ m/s}} = 1.5 \times 10^{-7}$$

총 운동 에너지는 뉴턴 역학적 표현식으로 주어진 값에 거의 근사한다. 즉,

$$T_{\text{tot}} \approx 2 \times \left(\frac{1}{2}m\beta^2\right) \approx (10^6 \text{ kg})(2 \times 10^{-14}) \approx 2 \times 10^{-8} \text{ kg}$$
$$= 2 \times 10^{-5} \text{ g} = 20 \ \mu\text{g}$$

이 값은 충돌 전 두 기차의 운동 에너지로, 충돌 직후 기차, 선로, 지면의 증가된 정지 질량으로 변환되는 양이다.

63. 상대론적 화학

10^8 J의 에너지는 $(10^8 \text{ J})/c^2 \approx 10^{-9}$ kg에 해당한다. 이 값은 수소와 산소가 완전히 반응할 때 생성된 물 9 kg의 대략 10^{10}분의 1이다. 이 값은 저울 민감도보다 10^{-3}배 낮다.

64.** 상대론적 진동자

(a) 옳지 않다. 공학자는 원하는 만큼 높은 진동수를 얻을 수 없다. 전자는 광속보다 빠를 수 없기 때문에 상자의 기준틀에서 관찰하는 진동 주기 T는 임의로 작게 만들 수 없다.

(b) 전압이 두 배가 될 때, 전자의 경로 상에서 해당 지점의 운동 에너지 또한 두 배가 된다. 그런데 낮은 속도에 대해 유효한 운동 에너지에 대한 뉴턴 역학적 표현이 $\frac{1}{2}m\beta^2$이므로, 전압이 두 배가 될 때 속도 β는 $\sqrt{2} = 1.414$배만큼 증가한다. 따라서 진동수도 1.414배만큼 증가한다.

(c) (b)의 결과로부터 전자의 진동수는 가해진 전압의 제곱근에 비례해서 증가한다는 결론을 내릴 수 있다. 비례 상수를 구하기 위해 상자의 각 반쪽에서 전자가 일정한 가속도를 갖는다는 것을 상기하라. 전자에 작용하는 힘은 $\frac{qV_0}{L/2}$인데, 여기서 q는 전자의 전하량이고 $L(=1 \text{ m})$은 상자의 너비이다. 따라서 가속도 a는 $\frac{qV_0}{m(L/2)}$과 같다. 상자의 한쪽 벽에서 정지 상태로부터 출발해서 상자의 중심까지 이동하는 데 걸리는 시간 t는 등가속도 운동 방정식 $s = \frac{1}{2}at^2$으로부터 주어진다. 이 방정식에 $s = L/2$, $t = T/4$, 그리고 앞에서 주어진 a를 대입하면 다음과 같이 쓸 수 있다.

$$\frac{L}{2} = \frac{1}{2} \frac{2qV_0}{mL}\left(\frac{T}{4}\right)^2$$

이로부터

$$\nu^2 = \frac{1}{T^2} = \frac{qV_0}{8mL^2}$$

따라서 계산된 진동수는 예측한 바와 같이 가해진 전압 V_0의 제곱근에 비례한다.

(d) 극단의 상대론적 영역에서, 전자는 경로상의 대부분 지점을 거의 광속으로 움직인다. 이 경우 주기 $T_{\text{최소}}$는 광속으로 거리 $2L$을 왕복하는 데 걸리는 시간에 근접하게 된다. 즉,

$$T_{\text{최소}} = \frac{2L}{c}$$

이로부터 진동수는 다음과 같다.

$$\nu_{\text{최대}} = \frac{1}{T_{\text{최소}}} = \frac{c}{2L}$$

(e) ν 자체보다는 다음과 같은 차원 없는 비를 그리면 그래프가 단순화된다.

$$\frac{\nu}{\nu_{\text{최대}}} = \left(\frac{1}{2}\frac{qV_0}{mc^2}\right)^{1/2} \quad \text{(뉴턴 역학적 영역)}$$

$$\frac{\nu}{\nu_{\text{최대}}} = 1 \qquad \text{(극단의 상대론적 영역)}$$

이 식은 다음과 같이 간단하게 해석될 수 있다. qV_0은 전자가 상자 벽 근처에 정지해 있을 때의 퍼텐셜 에너지 값 또는 전자가 상자 중심의 구멍을 통과할 때의 운동 에너지에 해당한다. 또한 이 값은 진동자 추 역할과 관련된 전자의 에너지 척도를 나타낸다. mc^2은 관습 단위로 표현된 전자의 정지 질량이다. 뉴턴 방정식은 최대 상대론적 진동수보다 훨씬 작은 진동수 영역, 또는 전자의 운동 에너지가 정지 에너지보다 훨씬 작은 영역에서 유효하다. 다시 말해, 뉴턴 역학적 영역에서 상대론적 극한으로의 전이 영역은 $qV_0 \sim 2mc^2 = 1\text{ MeV}$ 또는 $V_0 \sim 10^6\text{ V}$에 의해 정의된다.

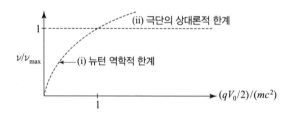

65.** 질량이 없는 운동량?

(a) 질량 단위로 에너지를 표현할 때, 질량이 전달되는 비율은 단순히 dE/dt이다.

(b) 운동량은 $x\dfrac{dm}{dt} = x\dfrac{dE}{dt}$이다.

(c) 전체 계의 운동량 중심이 움직일 수 없으므로 판자가 움직인다. 정지 질량이 전지에서 물로 전달되므로 계의 질량 중심이 정지 상태를 유지하기 위해서 판자는 그림 105의 왼쪽으로 움직인다. 전지의 수명이 다하면 더 이상 질량이 전지에서 물로 전달될 수 없다. 따라서 질량 전달을 보상하는 판자 위치의 재조정은 더 이상 필요하지 않게 되어 판자의 운동은 멈추게 된다. 판자의 총 변위 ϵ은 판자의 총 길이 x에 비해 매우 작을 것이다. 전지가 소모한 총 전기 에너지를 E라 하면, 이에 해당하는 질량이 열의 형태로 물로 전

달되었다. 판자의 총 질량을 M이라 하면, 질량 중심이 움직이지 않아야 하는 조건은 다음 식으로 주어진다.

$$M\epsilon + Ex = 0$$

따라서 판자가 움직인 총 거리 ϵ는 다음과 같다.

$$\epsilon = -\frac{Ex}{M}$$

(d) 주어진 기준틀에 대해 정지해 있는 기구는 그 기준틀 안에서 역학적 일을 하지 않는다. 판자의 기준틀에서 유일하게 움직이는 벨트만이 에너지를 왼쪽에서 오른쪽으로 전달할 수 있다. 책상 기준틀에서 볼 때, 판자가 책상 위를 마찰 없이 구른다는 가정 하에 판자의 총 질량-에너지가 자신을 왼쪽이나 오른쪽으로 움직이게 할 아무런 방법이 없다. 따라서 판자는 벨트가 질량-에너지를 오른쪽으로 이동시키는 비율을 상쇄시키는 비율로 질량 M을 왼쪽으로 이동시킨다. 이 기준틀에서 판자의 이동은 벨트의 회전만큼 빠르게 에너지를 전달한다! 한쪽 방향으로 움직이는 벨트에 타고 있는 관찰자의 기준틀에서는 더 빠른 속도로 되돌아가는 벨트 부분에 의한 에너지 전달 비율이 많이 증가하는 것으로 보인다. 왜냐하면 관찰자에게는 계의 전체 질량이 빠르게 운동하는 것이 명백히 보이기 때문이다.

66. 정지 질량이 0인 입자

그림 88과 89에서 볼 수 있듯이, 관계식 $E^2 - p^2 = m^2$은 (a) 간격 불변성, (b) 세계선에 접선인 단위 4차원 벡터를 역시 세계선에 접선인 운동량-에너지 벡터로 변환시켜 주는 환산 인자 m의 존재에 의존한다.

정지 질량이 매우 작은 극한의 경우 관계식은 다음과 같다.

$$p^2 = E^2 \quad \text{또는} \quad |\vec{p}| = E$$

식 (90)인 $p = \beta E$은 모든 속력에 대해 성립하는 식이다. 따라서 $p = E$이면, 입자의 속력 β는 1이어야 한다. 즉, 입자는 광속으로 이동해야 한다. 그런데 속도와 속도 매개 변수의 관계는 다음과 같이 주어진다.

$$\beta = \frac{p}{E} = \frac{m\sinh\theta}{m\cosh\theta} = \tanh\theta$$

속력이 광속과 같다는 것은 $\cosh\theta$와 $\sinh\theta$가 같음을 의미

하며, 따라서 속도 매개 변수 θ가 무한대임을 의미한다. 실험실에 대해 속도 β_r(속도 매개 변수 θ_r)로 움직이는 로켓 기준틀에서 볼 때, 정지 질량이 0인 입자의 속도 매개 변수는 $\theta' = \theta - \theta_r$이다. θ가 무한대이기 때문에 θ_r의 값에 관계없이 θ'도 무한대이다. 따라서 빛은 모든 관성 기준틀에서 동일한 속력으로 움직이며, 이에 따라 빛에 대해서는 정지 기준틀이 없다. 정지 질량이 0인 다른 입자들에 대해서도 동일한 논리가 성립하며, 따라서 이 입자들은 광속으로 움직인다. 본문 149쪽과 150쪽의 논의를 참고하라.

67. 에너지와 정지 질량의 동등성에 대한 아인슈타인의 유도−해결된 예제

68.* 광자 보전

도표가 하나의 광자에서 초기 방향과 다른 방향으로 진행하는 두 광자로 분리되는 가상의 과정에서의 운동량 보존을 나타낸다고 하자.

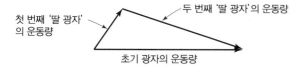

첫 번째 '딸 광자'의 운동량 / 두 번째 '딸 광자'의 운동량 / 초기 광자의 운동량

삼각형은 운동량인 3차원 벡터로 간주한다. 이 도표는 통상적인 3차원 유클리드 공간에서 그려진 것이다. 따라서 두 짧은 변의 길이의 합은 나머지 변의 길이보다 커야 한다. 달리 표현하면 다음과 같아야 한다.

$$\left(\begin{array}{c}\text{첫 번째 딸 광자의}\\ \text{운동량 크기}\end{array}\right) + \left(\begin{array}{c}\text{두 번째 딸 광자의}\\ \text{운동량 크기}\end{array}\right) > \left(\begin{array}{c}\text{원래 광자의}\\ \text{운동량 크기}\end{array}\right)$$

그런데 광자의 경우에는 운동량과 에너지 크기가 같다. 따라서 두 딸 광자의 에너지의 합은 초기 광자의 에너지보다 커야만 하는데, 이는 불가능한 일이다. 따라서 생성된 두 광자가 원래 광자와 같은 방향으로 이동하는 경우를 제외하고는 운동량과 에너지는 동시에 보존될 수 없다.

69.* 광압

(a) 1와트짜리 전구에서 나오는 빛은 진행 경로 상에 놓인 흡수 표면에 매초 1J의 에너지를 운반한다. 1J의 질량−에너지 등가는 $(1\,\text{J})\,/\,c^2 \approx 10^{-17}\,\text{kg}$이다. 이 양은 표면에서

매초 흡수하는 단위 질량당 운동량을 나타낸다. 관습 단위로 표현된 운동량은 이 값에 광속 c를 곱하면 얻을 수 있으며, 그 값은 $3 \times 10^{-9}\,\text{kg m/s}$이다. 따라서 광선이 작용하는 힘은 $3 \times 10^{-9}\,\text{kg m/s}^2 = 3 \times 10^{-9}\,\text{N}$이다.

(b) 완전 흡수의 경우, 위성의 단위 면적당 작용하는 힘은 위 값의 1400배인 약 $4 \times 10^{-6}\,\text{N}$이다. 완전 반사의 경우, 반사되는 빛의 운동량 변화량은 위의 값의 두 배이므로 단위 면적당 $8 \times 10^{-6}\,\text{N}$의 힘이 작용한다. 부분 흡수하는 '실제' 위성의 경우, 압력은 두 값 사이의 값을 갖는다. 빛의 색깔은 표면의 반사율에 영향을 주는 정도의 차이만 준다.

(c) 태양이 입자에 작용하는 힘을 ma_S라고 하자. 여기서 m은 입자의 질량이고, $a_S = GM/R^2$은 태양의 중력 가속도이다. (중력에 대한 내용에 대해서는 연습 문제 73번의 도입 부분을 참조하라. 지구 위치에서 태양의 중력 가속도 값은 $6 \times 10^{-3}\,\text{m/s}^2$으로, 15쪽에 이미 언급되었다.) 태양빛에 의한 힘은 (b)에서 구한 압력에 입자의 유효 면적을 곱한 값으로 주어진다. 입자가 태양빛을 완전히 흡수한다고 가정하자. 입자를 반지름이 r인 구체라고 가정하면, 입자의 단면적은 πr^2이다. 태양의 압력을 P라고 하면 태양 밖으로 향하는 힘은 $P\pi r^2$이고, 태양 안으로 향하는 힘은 ma_S이다. 두 힘이 정확히 균형을 이룰 때, 즉

$$ma_S = P\pi r^2$$

일 때의 입자 크기가 우리가 원하는 크기이다. 입자의 밀도를 ρ라 하면, $m = (4/3)\pi r^3 \rho$이다. 이를 위의 식에 대입한 후 임계 반지름 r에 대해 풀면 다음과 같다.

$$r = \frac{3}{4}\frac{P}{\rho a_S}$$

r 값을 알기 위해서는 ρ값을 가정할 필요가 있다. ρ값을 물의 밀도 $10^3\,\text{kg/m}^3$와 같다고 가정할 때, 지구 위치에서 태양빛의 압력과 태양의 중력 가속도를 이용하면 다음을 얻는다.

$$r = \frac{3}{4}\frac{4 \times 10^{-6}\,\text{N/m}^2}{(10^3\,\text{kg/m}^3)(6 \times 10^{-3}\,\text{m/s}^2)} = 5 \times 10^{-7}\,\text{m}$$

따라서 입자의 크기는 반지름 안에 1000개 정도의 원자가 들어가는 다소 작은 크기이다 태양으로부터의 거리

는 계산 과정에서 상쇄된다. 이 분석에서 사용된 가정은 (1) 입자가 구형이라는 것과 (2) 입자가 입사광을 전부 흡수한다는 것, 그리고 (3) 입자의 밀도가 물의 밀도와 같다는 것이었다.

70.* 콤프턴 산란

그림 109의 표제에 운동량 보존에 대한 식이 들어 있지만, 관심의 대상은 운동량이 아니라 에너지이다. 따라서 이 식에 다음 값들

$$p = E_{ph}, \quad \overline{p} = \overline{E}_{ph}, \quad \overline{P}^2 = \overline{E}^2 - m^2$$

을 대입하면, 결과 식은 다음과 같다.

$$E^2 - m^2 = E_{ph}^2 + \overline{E}_{ph}^2 - 2E_{ph}\overline{E}_{ph}\cos\phi$$

에너지 보존 법칙은 다음과 같이 주어진다.

$$E_{ph} + m = \overline{E}_{ph} + \overline{E}$$

위의 식을 쓸 때, 전자가 처음에 정지해 있으므로 전자의 처음 총 에너지는 단순히 정지 질량 m이라는 사실을 이용하였다. 충돌 후 전자의 에너지 $\overline{E}$는 관심의 대상이 아니므로 위의 두 식에서 이 양을 제거하면 산란된 광자의 에너지를 ϕ의 함수로 구할 수 있는데, 그 결과는 다음과 같다.

$$\overline{E}_{ph} = \frac{E_{ph}}{1 + \dfrac{E_{ph}}{m}(1 - \cos\phi)}$$

이 식의 양변을 전자의 정지 질량 m으로 나누고, $(\overline{E}_{ph}/m)$ = 2인 경우를 고려하자.

$$(\overline{E}_{ph}/m) = \frac{2}{1 + 2(1 - \cos\phi)}$$

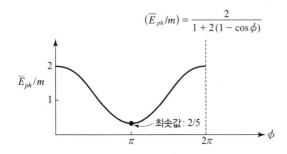

원자에 단단히 속박된 전자의 경우 적절한 질량 m은 원자 전체의 질량과 같다. 이렇게 단단히 속박된 전자들에 대한 비율 E_{ph}/m의 실효값은 자유 전자처럼 광자를 산란시키

는 전자들에 대한 값보다 2만 배 정도 작다. 단단히 속박된 전자의 경우 콤프턴 공식의 분모는 모든 각 ϕ에 대해서 거의 1에 수렴하고, 따라서 산란된 광자의 에너지는 입사 광자의 에너지와 거의 같게 된다.

71.** 광자 에너지 측정

주어진 운동량 도표에서 대문자 $\overline{P}$는 충돌 후의 전자 운동량을 나타낸다. 이 직삼각형으로부터 다음 관계식을 얻을 수 있다.

$$\overline{P}^2 = p^2 + \overline{p}^2 = E_{ph}^2 + \overline{E}_{ph}^2 \qquad \frac{\overline{p}}{p} = \frac{\overline{E}_{ph}}{E_{ph}} = \frac{3}{4}$$

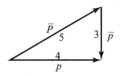

에너지가 보존된다는 것은 다음을 의미한다.

$$E_{ph} + m = \overline{E}_{ph} + \overline{E}$$

전자에 대해서 부가적으로 주어지는 운동량–에너지 방정식은 다음과 같다.

$$\overline{E}^2 - \overline{p}^2 = m^2$$

이 식들을 이용해서 입사 광자의 에너지를 구하면 다음과 같다.

$$E_{ph} = \frac{4m}{12}$$

보존 법칙들을 이용한 부가적 값들을 계산하면 다음과 같이 주어진다.

$$E_{ph} = \frac{3m}{12}, \quad \overline{E} = \frac{13m}{12}, \quad \overline{p} = \frac{5m}{12}$$

72.** 광자의 에너지와 진동수

(a) x 방향으로 움직이는 광자에 적용한 에너지와 운동량에 대한 변환 방정식 (78)은 다음과 같은 하나의 방정식으로 줄어든다.

$$E' = E\cosh\theta_r - p\sinh\theta_r = Ee^{-\theta_r}$$

이 과정에서 표 8의 $\cosh\theta$와 $\sinh\theta$에 대한 형식적 정의가 사용되었다.

(b) $t=0$일 때 원점을 지나는 0번째 펄스($n=0$)는 $x=t$ 또는 $t-x=0$을 만족하는 운동을 한다. 시간이 c/ν일 때 원점을 지나는 첫 번째 펄스($n=1$)의 x좌표는 0번째 펄스의 x좌표보다 항상 c/ν만큼 작다. 즉,

$$x = t - \frac{c}{\nu} \quad \text{또는} \quad 1 = \frac{\nu}{c}(t-x)$$

가 성립한다. n번째 펄스는 시간이 $\nu c/n$일 때 원점을 지나므로 이 펄스의 x좌표는 0번째 펄스의 x좌표보다 항상 nc/ν만큼 작다. 즉,

$$x = t - \frac{nc}{\nu} \quad \text{또는} \quad n = \frac{\nu}{c}(t-x)$$

가 성립한다. 이것이 바로 유도되어야 할 방정식이다. 빛은 실험실 기준틀과 로켓 기준틀 모두에서 동일한 속력 c로 이동한다. 따라서 동일한 논의를 로켓 기준틀에 적용하면

$$n = \frac{\nu'}{c}(t'-x')$$

을 얻게 된다. 로런츠 변환 방정식 (37)로부터 t'과 x'을 대체하면 다음의 식을 얻는다.

$$n = \frac{\nu'}{c}(t-x)(\cosh\theta_r + \sinh\theta_r) = \frac{\nu'}{c}(t-x)e^{\theta_r}$$

따라서 n에 대한 실험실 표현식과 로켓 표현식을 같게 놓으면 다음 식을 얻는다.

$$\nu' = \nu e^{-\theta_r}$$

(c) (a)와 (b)에서 유도된 식들은 형태가 동일한데, 이는 실험실 기준틀과 로켓 기준틀 모두에서 광자 에너지 E가 고전적인 진동수에 비례하는 것을 의미한다. 비례 상수는 여기에서 고려하지 않은 다른 실험들로부터 구해진다.

$$E = \frac{h}{c^2}\nu$$

10절에서 언급한 바와 같이, 관습 단위의 에너지 $E_{\text{관습}}$은 질량 단위 에너지 E에 광속의 제곱을 곱해서 구할 수 있다. 즉,

$$E_{\text{관습}} = h\nu$$

(d) 마지막 두 번째 식을 콤프턴 산란 공식에 대입하면 식 (116)을 얻는다.

73.* 중력 적색 편이

(a) 식 (117)은 반지름 r 근처에서 거리 dr만큼 올라갈 때 퍼텐셜 에너지로 전환되는 단위 질량당 일에 해당한다. 지표면 근처에서 $r \approx r_e$이므로 이 비율은

$$\frac{dW}{m} = \frac{m^*}{r_e^2}dr = g^*dr$$

$g \approx 10 \text{ m/s}^2$에 대해서

$$g^* \approx \frac{g}{c^2} \approx \frac{10 \text{ m/s}^2}{9 \times 10^{16} \text{ m}^2/\text{s}^2} \approx 10^{-16} \text{ m/m}^2$$

따라서 170미터 올랐을 때 이 사람의 정지 질량의 변화율은

$$\frac{dW}{m} \approx 1.7 \times 10^{-14} \approx 2 \times 10^{-14}$$

(b) 식 (118)에서 $m^* = $ 지구 질량$=4.4 \times 10^{-3} m$을 대입하고 출발 반지름을 지구 반지름 r_e로 놓으면

$$\frac{W}{m} = \frac{m^*}{r_e} = \frac{4.4 \times 10^{-3} \text{ m}}{6.7 \times 10^6 \text{ m}} \approx 7 \times 10^{-10}$$

(a)와 (b)에서 구한 비율은 사람의 원래 질량에 무관하다.

(c) (a)의 결과에 $dr=z$를 대입하면 dW/m는 (에너지 변화)/(총 에너지)로 대체된다. 음의 부호는 에너지 변화가 음이기 때문이다. 즉, 에너지는 높이에 따라 감소한다.

(d) 식 (119)는 (b)의 해로부터 쉽게 구할 수 있다. 지구의 경우($M^* = 4.44 \times 10^{-3}$ m, $r_e = 6.7 \times 10^6$ m), 중력 적색 편이 비율은 다음과 같다.

$$\left(\frac{\Delta\nu}{\nu}\right)_{\text{지구}} \approx -7 \times 10^{-10}$$

이 값은 (b)에서 구한 답과 일치한다. 태양($M^* = 1.47 \times 10^3$ m, $r_s = 7 \times 10^8$ m)의 경우, 중력 적색 편이는 다음과 같다.

$$\left(\frac{\Delta\nu}{\nu}\right)_{\text{태양}} \approx -2 \times 10^{-6}$$

74.* 시리우스 동반성의 밀도

식 (119)로부터 구한 동반성의 반지름은 다음과 같다.

$$r = \frac{M^*}{-\Delta\nu/\nu} = \frac{1.5 \times 10^3 \text{ m}}{7 \times 10^{-4}} = 2 \times 10^6 \text{ m}$$

이 값은 지구 반지름의 1/3미만이다. 동반성의 밀도는 다

음과 같다.

$$\frac{M}{\frac{4}{3}\pi r^3} = \frac{2 \times 10^{30}\ \text{kg}}{4 \times 8 \times 10^{18}\ \text{m}^3} \approx 6 \times\ \text{kg/m}^3 \approx 6 \times 10^7\ \text{g/cm}^3$$

즉, 물의 밀도(1 g/cm³)의 6천만 배이다!

75. 도플러 방정식

(a) 로켓 기준틀에서 광자의 운동량은 다음과 같이 주어진다.

$$p'^x = p'\cos\phi', \quad p'^y = p'\sin\phi'$$

운동량 성분에 대한 표현식을 로런츠 변환 방정식 (78)에 대입하면 다음과 같다.

$$E' = -p\cos\phi\sinh\theta_r + E\cosh\theta_r$$
$$p'\cos\phi' = p\cos\phi\cosh\theta_r - E\sinh\theta_r$$
$$p'\sin\phi = p\sin\phi$$

광자의 경우 $p = E$이므로 위의 첫 번째 식은 다음과 같이 쓸 수 있다.

$$E' = E\cosh\theta_r(1 - \beta_r\cos\phi)$$

로런츠 방정식의 두 번째 식을 $\cos\phi'$에 대해서 풀고 식 (120)을 대입하면 원하는 식을 얻는다. 즉,

$$\cos\phi' = \frac{E\cos\phi\cosh\theta_r - E\sinh\theta_r}{E\cosh\theta_r(1 - \beta_r\cos\phi)} = \frac{\cos\phi - \beta_r}{1 - \beta_r\cos\phi}$$

(b) 식 (78)의 역 방정식으로 시작하자.

$$E = p'^x\sinh\theta_r + E'\cosh\theta_r$$
$$p^x = p'^x\cosh\theta_r + E'\sinh\theta_r$$
$$p^y = p'^y$$
$$p^z = p'^z$$

앞에서처럼 동일한 대입을 하면

$$p'^x = p'\cos\phi = E'\cos\phi'$$
$$p'^y = p'\sin\phi = E'\sin\phi'$$

등을 얻을 수 있다. 이로부터 에너지 변환 방정식이 다음과 같이 주어짐을 알 수 있다.

$$E = E'\cosh\theta_r(1 + \beta_r\cos\phi')$$

이 식을 위의 첫 번째 운동량 방정식에 대입하고 $\cos\phi$에 대해서 풀면 다음과 같다.

$$\cos\phi = \frac{\cos\phi' + \beta_r}{1 + \beta_r\cos\phi'}$$

이 결과들은 연습 문제 76번에 인용된다. 마지막 식은 연습 문제 22번의 식 (55)에서도 유도된다.

(c) 광자 에너지 E와 고전적인 전자기 진동수 ν 사이의 관계는 다음과 같이 주어진다.

$$E = \frac{h^2}{c}\nu \quad \text{(연습 문제 72번 참조)}$$

진동수로 표현하면 식 (120)은 다음과 같이 쓸 수 있다.

$$\nu' = \nu\cosh\theta_r(1 - \beta_r\cos\phi)$$

주어진 기준틀에서 관찰한 진동수만 알 때, 광원이 정지해 있는 기준틀에서의 진동수를 알 방법은 없다. 따라서 우리 기준틀에서 진동수를 측정하는 것만으로 우리 기준틀에서 광원의 속도에 대해 직접적으로 말할 수 있는 것은 아무 것도 없다.

76. π^0 중간자의 붕괴-해결된 예제

77. 고속으로 움직이는 전구

전구가 먼 거리로부터 다가옴에 따라, 전구 빛은 매우 강렬하고 (전조등 효과) 매우 파랗게 (보라색 또는 자외선 영역의 빛 진동수; 도플러 효과) 될 것이다. 시선과 x축 사이의 각의 코사인 값이 β_r와 같아질 때, 관찰자가 '전조등' 밖에 위치하게 되므로 빛의 세기는 갑자기 줄어질 것이다. 전구가 가장 가까이 접근했을 때, 전구 빛은 이미 적색 편이를 일으켰을 것이다. [식 (120)에서 $\phi = 90°$ 또는 $\cos\phi = 0$] 전구가 멀리 사라짐에 따라 빛도 매우 어둡고 매우 붉게 (원적외선 또는 적외선 영역의 빛 진동수) 될 것이다.

78. 물리학자와 신호등

E가 ν에 비례한다는 것과 $\cos\phi = -1$을 이용하면 식 (120)으로부터

$$\nu' = \nu\cosh\theta_r(1 + \beta_r) = \nu\sqrt{\frac{1 + \beta_r}{1 - \beta_r}}$$

$\nu = c/\lambda$를 대입하면

$$\frac{\lambda'}{\lambda} = \sqrt{\frac{1 - \beta_r}{1 + \beta_r}}$$

이 식을 β_r에 대해 정리하면

$$\beta_r = \frac{1 - \left(\dfrac{\lambda'}{\lambda}\right)^2}{1 + \left(\dfrac{\lambda'}{\lambda}\right)^2}$$

$\dfrac{\lambda'}{\lambda} = \dfrac{5300\text{Å}}{6500\text{Å}} = 0.81$에 대해서 $\left(\dfrac{\lambda'}{\lambda}\right)^2 = 0.66$이므로 β_r의 값은

$$\beta_r = \frac{0.34}{1.66} = 0.20$$

따라서 운전자의 속력은 다음과 같다.

$$v_r = \beta_r c = 6 \times 10^7 \text{ m/s} = 13 \times 10^7 \text{ miles/hr}$$

따라서 내야할 벌금은 대략 1억3천만 달러이다.

79. 태양 가장자리의 도플러 편이

태양 적도 상의 한 지점에서 접선 속도는

$$v = \frac{2\pi r}{T} = \frac{2\pi \times 7 \times 10^8 \text{ m}}{24.7 \text{ days} \times 86,400 \text{ s/day}} = 2.1 \times 10^3 \text{ m/s}$$

이므로

$$\beta = \frac{v}{c} = 7 \times 10^{-6}$$

연습 문제 75번 풀이의 마지막 식
$\nu' = \nu \cosh\theta_r (1 - \beta_r \cos\phi)$에 $\phi = 0$을 대입하면

$$\nu' = \nu \sqrt{\frac{1 - \beta_r}{1 + \beta_r}}$$

또는

$$\lambda = \lambda' \sqrt{\frac{1 - \beta_r}{1 + \beta_r}} \approx \lambda' \sqrt{\frac{1 - (7 \times 10^{-6})/2}{1 + (7 \times 10^{-6})/2}}$$

$$\approx \lambda'(1 - 7 \times 10^{-6})$$

따라서

$$\frac{\Delta\lambda}{\lambda} = -\frac{\Delta\nu}{\nu} \approx 7 \times 10^{-6}$$

빛이 나오는 지점이 지구에 접근할 때에는 청색 편이가 일어나고, 지구로부터 후퇴할 때에는 적색 편이가 일어난다. 이 적색 편이 비율은 태양 빛의 중력 적색 편이 비율인 2×10^{-6}(연습 문제 73번)에 상당하다.

80. 팽창하는 우주

(a) 문제의 진술로부터

$$\lambda' = 4870\,\text{Å}, \quad \lambda = 7300, \quad \phi = \phi' = \pi$$

식 (120)으로부터

$$\frac{E}{E'} = \frac{\lambda'}{\lambda} = \sqrt{\frac{1 - \beta_r}{1 + \beta_r}} \quad \text{또는} \quad \beta_r = \frac{1 - (\lambda'/\lambda)^2}{1 + (\lambda'/\lambda)^2}$$

$\lambda'/\lambda = 0.67$ 또는 $(\lambda'/\lambda)^2 = 0.45$에 대해서 속력은 다음과 같이 주어진다.

$$\beta_r = \frac{0.55}{1.45} = 0.38$$

(b) 광속의 $\beta = 0.38$배의 속력으로 5×10^9광년의 거리를 가기 위해서는 $5/0.38 = 13 \times 10^9$년이 필요하다. 초기에는 속도가 빨랐으나 중력에 의해 느려졌다면, 동일한 총 거리를 이동하는데 필요한 총 시간은 더 줄어들 것이다. 따라서 중력에 의한 느려짐 효과를 고려하면 팽창 시작 시간의 예측 값은 줄어들 것이다.

81.* 도플러 편이를 이용한 시계 역설

폴의 기준틀에서의 왕복 시간을 t, 피터의 시계에 의한 왕복 시간을 t'이라 하자. 그러면 두 기준틀에서 동일한 총 맥동 횟수는 $\nu't' = \nu t$이다. 따라서 지구에 남은 폴의 시계로 읽은 왕복 시간 t는 $t = (\nu/\nu')t'$이다. 지구에 남아 있는 폴에게는, 변광성이 피터의 여행 경로에 대해 90°인 방향에서 나타나므로($\phi = 90°$, $\cos\phi = 0$), 식 (122)으로부터 $\nu'/\nu = \cosh\theta_r$임을 알 수 있다. 따라서 시간은

$$t = t' \cosh\theta_r$$

연습 문제 27로부터 $\beta_r = 24/25$이므로

$$\cosh\theta_r = \frac{1}{\sqrt{1 - \beta_r^2}} = \frac{1}{\sqrt{1 - (24/25)^2}} = \frac{1}{\sqrt{49/625}} = \frac{25}{7}$$

따라서 연습 문제 27에서 구한 바와 같이, $t' = 7$년이면 $t = 50$년이다.

82.* 속도 계측

다가오는 자동차의 속력은 $v_r = 80 \text{ mi/h} = 36 \text{ m/s}$이다. 따라서

$$\beta_r = \frac{v_r}{c} = 12 \times 10^{-8}$$

식 (122)에 $\phi = \pi$를 대입하면 자동차 기준틀에서의 진동수 ν'을 구할 수 있다. β_r에 대한 1차 항까지 전개하면

$$\nu' = \nu_{\text{입사}}\sqrt{\frac{1+\beta_r}{1-\beta_r}} \approx v_{\text{입사}}\left(1+\frac{\beta_r}{2}\right)\left(1+\frac{\beta_r}{2}\right)$$

$$\approx v_{\text{입사}}(1+\beta_r)$$

이제 자동차가 자동차 기준틀에서 변하지 않은 진동수 ν'으로 레이더 빔을 반대 방향으로 반사시킨다. 도로(실험실) 기준틀에서 관찰된 이 반사 빔의 진동수는 식 (122)의 역을 이용해서 구할 수 있다. (192쪽의 식을 참조하라.)

$$\nu_{\text{반사}} = \nu'\cosh\theta_r(1+\beta_r\cos\phi')$$

이번에는 $\phi' = 0$이므로

$$\nu_{\text{반사}} = \nu'\sqrt{\frac{1+\beta_r}{1-\beta_r}} \approx \nu'(1+\beta_r)$$

ν'에 대한 식을 이 식에 대입하면

$$\nu_{\text{반사}} \approx \nu_{\text{입사}}(1+\beta_r)^2 \approx \nu_{\text{입사}}(1+2\beta_r)$$

대략적인 진동수 이동은

$$\nu_{\text{반사}} - \nu_{\text{입사}} = \nu_{\text{입사}}\, 2\beta_r = (2455\text{ MHz})(2 \times 12 \times 10^{-8})$$

$$\approx 590 \times 10^{-6}\text{ MHz} \approx 590\text{ Hz}$$

따라서 측정 가능한 최소 진동수 변화량은

$$\Delta\nu_{\text{반사}} = 2\nu_{\text{입사}}\Delta\beta_r$$

$\Delta v_r = 10\text{ mi/hr} = 4.47\text{ m/s}$ 또는 $\Delta\beta_r \approx 1.5 \times 10^{-8}$에 대해서

$$\frac{\Delta\nu_{\text{반사}}}{\Delta\nu_{\text{입사}}} = 2\Delta\beta_r \approx 3 \times 10^{-8}$$

83.* 도플러 선폭 증가

뉴턴 역학적 운동 에너지와 열적 운동 에너지를 같게 놓으면

$$\frac{1}{2}m\langle v^2\rangle_{\text{av}} = \frac{3}{2}kT$$

이로부터

$$\sqrt{\langle v^2\rangle_{\text{av}}} = \sqrt{\frac{3kT}{m}}$$

따라서

$$\beta_r \approx \frac{\sqrt{\langle v^2\rangle_{\text{av}}}}{c} = \sqrt{\frac{3kT}{mc^2}}$$

진동수 퍼짐의 척도는 식 (122)의 역에서 $\phi' = 0$으로 놓음으로써 구할 수 있다. 즉,

$$\nu = \nu'\cosh\theta_r(1+\beta_r\cos\phi')$$

에서 $\phi' = 0$으로 놓고 작은 β_r 값에 대해 근사를 취하면

$$\nu = \nu'\sqrt{\frac{1+\beta_r}{1-\beta_r}} \approx \nu'\left(1+\frac{\beta_r}{2}\right)\left(1+\frac{\beta_r}{2}\right) \approx \nu'(1+\beta_r)$$

따라서

$$\frac{\nu - \nu'}{\nu'} = \beta_r = \sqrt{\frac{3kT}{mc^2}}$$

관찰된 진동수는 입자가 관찰자를 향할 때에는 증가하고, 입자가 관찰자로부터 멀어질 때에는 감소한다. 뉴턴 역학적 표현식이 유효한 온도 범위에서, 알짜 효과는 대략 위의 표현에 의한 진동수 퍼짐을 만든다.

84.* 이미터의 되튐으로 인한 광자 에너지 편이

(a) 보존 법칙을 사용해서 되튀는 입자의 에너지와 운동량을 구한다.

에너지 $\qquad \overline{m}\cosh\theta_r = m - E$

운동량 $\qquad \overline{m}\sinh\theta_r = E$

두 식을 제곱한 후 첫 번째 식에서 두 번째 식을 빼면

$$\overline{m}^2(\cosh^2\theta_r - \sinh^2\theta_r) = \overline{m}^2 = (m-E)^2 - E^2$$

$$= m^2 - 2mE$$

이 식을 E에 대해 풀면

$$E = \frac{m^2 - \overline{m}^2}{2m}$$

$\dfrac{(m-\overline{m})}{m}$가 매우 작은 특별한 경우에 대해서는

$$E = \frac{(m-\overline{m})(m+\overline{m})}{2m} \approx m - \overline{m} = E_0 \quad (E_0\text{의 정의})$$

일반적인 경우에 대한 표현식에서 $\overline{m}$ 대신 $\overline{m} = m - E_0$을 대입하면 원하는 식을 얻는다. 즉,

$$E = E_0\frac{m+\overline{m}}{2m} = E_0\frac{m+m-E_0}{2m} = E_0\left(1 - \frac{E_0}{2m}\right)$$

(b) 원자에서 방출된 가시광선에 대해, 되튐에 의한 보정 비율은

$$\frac{\Delta E}{E_0} \approx \frac{3 \text{ eV}}{2 \times 10^{10} \text{ eV}} \approx 1.5 \times 10^{-10} \quad \text{(되튐)}$$

$kT \approx (1/40)$ eV에 대해서 연습 문제 83에서 유도되는 식은

$$\frac{\Delta \nu}{\nu} = \frac{\Delta E}{E_0} = \frac{\sqrt{3/40}}{\sqrt{10 \times 10^9}} \approx 3 \times 10^{-6} \quad \text{(도플러)}$$

따라서 원자에서 방출된 가시광선의 도플러 선폭은 원자 되튐에 의한 광자 에너지 편이보다 매우 크다.

85.* 뫼스바우어 효과

(a) 앞 문제의 식 (123)을 이용한다. 방출된 광자 에너지 $E_0 = 14.4 \times 10^3$ eV와 방출시킨 입자의 정지 질량 m은 동일한 단위로 표현해야 한다. 양성자 1개의 정지 에너지는 약 10^9 eV(앞표지의 안쪽 참조)이다. 26개의 양성자와 31개의 중성자로 구성된 Fe^{57}의 정지 에너지는 이 값의 약 57배이다. 따라서

$$\frac{\Delta E}{E} = -\frac{E_0}{2m} \approx \frac{-14 \times 10^3 \text{ eV}}{2 \times 57 \times 10^9 \text{ eV}} \approx -10^{-7}$$

(b) $m = 1\text{g} = 10^{-3}/(1.7 \times 10^{-27} \text{ kg/양성자}) \approx 0.6 \times 10^{24}$개의 양성자 $\approx 0.6 \times 10^{33}$ eV에 대해

$$\frac{\Delta E}{E} \approx \frac{-14 \times 10^3 \text{ eV}}{6 \times 10^{32} \text{ eV}} \approx -2 \times 10^{-29}$$

이 값은 (a)에서 구한 자유 철 원자에 대한 편이 비율보다 매우 낮다.

(c) 연습 문제 72번의 결과를 이용해 진동수를 구하면

$$E_{0, \text{관습}} = 14.4 \times 10^3 \text{ eV} \times 1.6 \times 10^{-19} \text{ J/eV}$$
$$= 23 \times 10^{-16} \text{ J} = h\nu_0$$

또는

$$\nu_0 = \frac{23 \times 10^{-16} \text{ J}}{6.6 \times 10^{-34} \text{ J·s}} = 3.5 \times 10^{18} \text{ Hz}$$

따라서 선폭 $\Delta \nu$는

$$\Delta \nu = \frac{\Delta \nu}{\nu_0} \nu_0 = 3 \times 10^{-13} \times 3.5 \times 10^{18} \text{ Hz} = 10^6 \text{ Hz}$$

선폭 비율 3×10^{-13}은 자유 원자의 되튐에 의한 편이 비율 10^{-7}보다는 매우 작고 되튐 없는 과정에서의 편이 비율(1 g

시료의 경우, 2×10^{-29})보다는 매우 크다.

86.** 공명산란

광자는 이중으로 일을 한다. (1) 광자는 정상 질량–에너지 m으로부터 들뜬 질량–에너지 $\overline{m}$로 원자를 들뜨게 한다. 이 과정에서 광자는 원자와 충돌하여 흡수되는데, 이에 따라 불행하게도 원자를 걷어차게 된다. 그 결과 (2) 광자는 되튀는 원자에게 운동 에너지를 공급하게 된다. 광자가 (1)을 할 에너지만 가지고 들어오면 (1)과 (2)를 모두 할 수 없을 것이다. 그런데 원자가 매우 무거운 경우 되튀는 속도는 매우 작을 것이고 이에 따라 되튐에 의해 '낭비되는' 에너지는 매우 작을 것이다. 이 경우 광자의 에너지는 $(\overline{m} - m)$에 매우 가깝게 된다. 이와 같은 저속의 경우 원자에 전달된 운동 에너지는 뉴턴 역학을 이용해서 다음과 같이 계산할 수 있다.

$$\overline{T} \approx \frac{(\text{운동량})^2}{2(\text{질량})} \approx \frac{(\overline{m} - m)^2}{2m}$$

따라서 되튐에 대한 보정 비율은 대략 다음과 같다.

$$\frac{(\text{되튐 에너지})}{(\text{들뜸 에너지})} = \frac{\overline{T}}{\overline{m} - m} \approx \frac{\overline{m} - m}{2m}$$

자유 Fe^{57} 원자에 대해 오른쪽 항의 값

$$\frac{14.4 \text{ keV}}{2 \times 57 \times 931,000 \text{ keV}} = 1.4 \times 10^{-7}$$

은 너무 커서 철 원자의 주목을 피할 수 없다. 입사 광자가 철 원자의 원자핵에 흡수되기 위해서는 10^{13}분의 3 이내의 정확한 에너지를 가져야 한다. 그런데 철 원자가 결정에 묻혀 있고 '되튐 없는' 과정의 가능성이 의심스러운 경우, 되튐과 관련된 질량은 1그램 결정의 전체 질량인 1 g 또는 10^{22}개의 원자가 된다. 분모가 10^{22}만큼 증가하면 보정 비율은 1.4×10^{-7}에서 1.4×10^{-29}로 줄어들게 되는데, 이 값은 철 원자핵이 감지하기에 너무 작으며, 이에 따라 철 원자핵은 광자를 흡수하게 된다.

87.** 공명산란에 의한 도플러 편이 측정

192쪽의 식을 이용한다. (광원은 로켓 기준틀에, 흡수재는 실험실 기준틀에 있다.)

$$E = E' \cosh \theta_r (1 + \beta_r \cos \phi')$$

$\phi' = 0$과 $E' = E_0$으로 놓고 저속 β_r에 대해 이 식을 근사하면 다음과 같다.

$$E = E_0 \sqrt{\frac{1 + \beta_r}{1 - \beta_r}} \approx E_0 \left(1 + \frac{\beta_r}{2}\right)\left(1 + \frac{\beta_r}{2}\right) \approx E_0 (1 + \beta_r)$$

또는

$$\frac{E - E_0}{E_0} \approx \frac{\Delta E}{E_0} \approx \beta_r$$

10^{13}분의 3만큼의 도플러 편이를 일으키기 위해서는 광속의 10^{13}분의 3만큼의 상대 속도가 필요하다. 즉,

$$v_r = 3 \times 10^{-13} \times 3 \times 10^8 \text{ m/s} \approx 10^{-4} \text{ m/s} \approx 10^{-2} \text{ cm/s}$$

이러한 상황에서는 측정 계수가 증가하는데, 그 이유는 더 많은 양의 입사 광자가 공명산란 없이 흡수재를 통과하기 때문이다. 광원이 흡수재로부터 멀어지는 방향으로 이동하는 경우 편이 비율은 그 크기는 같지만 방향이 반대가 된다. (즉, β_r의 부호가 바뀐다.)

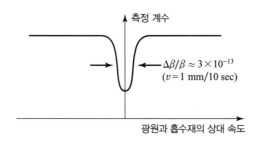

측정 계수

$\Delta\beta/\beta \approx 3 \times 10^{-13}$
($v = 1$ mm/10 sec)

광원과 흡수재의 상대 속도

88.** 중력 적색 편이에 대한 뫼스바우어 검증

연습 문제 73번의 (c)의 결과

$$\frac{\Delta E}{E_0} = \frac{\Delta \nu}{\nu_0} = -g^* z$$

를 이용한다. 이 식에서 지표면에서의 g^* 값은 $g^* = g/c^2 \approx 1.1 \times 10^{-16}$ m/m²이다. $z = 22.5$ m에 대해서

$$\frac{\Delta \nu}{\nu} \approx -(22.5 \text{ m})(1.1 \times 10^{-16} \text{ m}^{-1}) \approx -2.5 \times 10^{-15}$$

공명 흡수재는 실험실 기준틀의 중력 적색 이동에 의해 감소된 진동수를 자신의 기준틀에서 도플러 편이에 의해 증가시키기 위해서는 광원을 향해 이동해야 한다. 앞선 문제

로부터 최적 흡수에 필요한 상대 속도 β_r가 흡수되어야 하는 복사의 진동수 이동 비율과 같아야 함을 상기하면, 요구되는 흡수재의 속도는 다음과 같다.

$$\beta_r = 2.5 \times 10^{-15} \quad \text{또는} \quad v_r \approx 10^{-6} \text{ m/s} = 10^{-4} \text{ cm/s}$$

본문 198쪽에 인용된 파운드와 레브카의 그림은 다음의 두 실험 결과를 뺌으로써 얻은 것이다. (1) 이 문제에서 고려한 것과 같이 광원은 바닥에 있고 흡수재는 상단에 있는 상황에서의 진동수 이동(상승하는 광자의 진동수 감소), (2) 광원이 상단에 있고 흡수재가 바닥에 있는 상황에서의 진동수 이동(낙하하는 광자의 진동수 증가). 두 실험 모두에서 진동수 편이 비율은 부호만 반대이고 크기는 동일할 것으로 예상된다. 따라서 두 측정값을 뺀 결과는 상승하는 광자만 고려했을 때의 기댓값보다 2배 큰 결과가 된다. (파운드와 레브카는 이를 '양방향 이동'이라 불렀다.) 파운드와 레브카가 얻는 값의 절반은 위에서 수행한 계산 결과와 잘 일치한다.

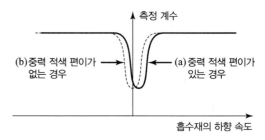

측정 계수

(b)중력 적색 편이가 없는 경우 → ← (a)중력 적색 편이가 있는 경우

흡수재의 하향 속도

89.** 시계 역설에 대한 뫼스바우어 검증

작은 β에 대해, 불일치 인자는 이항 전개의 첫 번째 항을 사용하여 근사할 수 있다. 즉,

$$1 - (1 - \beta^2)^{1/2} \approx 1 - \left(\frac{\beta^2}{2}\right) = \frac{\beta^2}{2}$$

1초당 똑딱 소리의 개수는 대략 ν_0이다. 따라서 1초 동안 똑딱 소리의 누적 결손은 대략

$$\nu_0 \left(\frac{\beta^2}{2}\right)_{\text{av}}$$

이므로 결손 비율은 $(\beta^2/2)_{\text{av}}$이다. 이 양의 크기는 문제의 논의 과정에서 주어진 기초 운동학 이론으로부터 추정할 수 있다. 즉,

$$\frac{\Delta \nu}{\nu_0} = \left(\frac{\beta^2}{2}\right)_{av} = \frac{\frac{3}{2}kT}{m_{Fe}c^2}$$

$$= \frac{\left(\frac{3}{2}\right)(1.38 \times 10^{-23} \text{ J/K})T}{57(1.6 \times 10^{-27} \text{ kg})(9 \times 10^{16} \text{ m}^2/\text{s}^2)}$$

$$= 2.5 \times 10^{-15} T$$

또는 1 K 당 2.5×10^{-15}이다. 이 값은 파운드와 레브카의 실험 결과와도 잘 맞는다.

90. 대칭적 탄성 충돌

입사 입자의 운동 에너지와 운동량을 각각 T와 p라 하고 충돌 후 각 입자의 운동 에너지와 운동량의 크기를 각각 $\overline{T}$와 $\overline{p}$라 할 때, 탄성 충돌의 에너지와 운동량 보존 방정식은 각각 다음과 같다.

$$T + m + m = 2\overline{T} + 2m \quad \text{또는} \quad T = 2\overline{T}$$

$$p = 2\overline{p}\cos\left(\frac{\alpha}{2}\right)$$

운동량을 운동 에너지로 표현하면 다음과 같다.

$$p = \sqrt{E^2 - m^2} = \sqrt{(T+m)^2 - m^2} = \sqrt{T^2 + 2mT}$$

위의 식과 $\overline{T} = T/2$를 운동량 보존 방정식에 대입하면

$$\sqrt{T^2 + 2mT} = 2\sqrt{(T/2)^2 + 2m(T/2)}\,\cos\left(\frac{\alpha}{2}\right)$$

양 변을 제곱한 후 $\cos^2(\alpha/2)$에 대해 풀면 다음과 같다.

$$\cos^2\left(\frac{\alpha}{2}\right) = \frac{T + 2m}{T + 4m}$$

식 (124)는 주어진 삼각 항등식에 의해 쉽게 얻을 수 있다. 뉴턴 역학적 탄성 충돌의 경우, 입사 입자의 운동 에너지 T는 각 입자의 정지 질량 m보다 훨씬 작다. 이런 상황에서 식 (124)는 $\cos\alpha = 0$, 즉 $\alpha = 90°$가 되는데, 이것이 뉴턴 역학의 예측이다. 한편, 극한의 상대론적 충돌의 경우, 운동 에너지 T는 정지 질량 m보다 훨씬 더 크므로 식 (124)로부터 $\cos\alpha = 1$ 또는 $\alpha = 0$를 얻는다. 즉, 두 입자 모두 정 방향으로 나온다. 이 결과를, 모든 입자 중에서 가장 상대론적 입자인 광자 하나가 자발적으로 광자 두 개로 갈라질 수 있는 유일한 경우는 갈라진 두 광자가 초기 광자와 같은 방향으로 움직이는 경우라는 사실에 대해 언급한 연습 문제 68

번의 결과와 비교하여라.

91. 다윗과 골리앗–해결된 예제

92. 완전 비탄성 충돌

이 문제의 풀이는 2장 본문에 주어져 있다. 즉, 분석은 152쪽에, 답은 식 (92)에 주어져 있다. 입사 입자의 운동 에너지 T가 각 입자의 정지 질량보다 매우 작은 경우 질량 $m_{최종} = \overline{m}$은 $m_1 + m_2$와 같다. 이것이 '질량 보존의 원리'를 이용한 뉴턴 역학적 분석의 타당성이 유지되기 위한 조건이다.

93.* 양성자에 의한 입자 생성

(a) 그림 119에 그려진 계는 충돌 전에는 운동량을 갖지만 충돌 후에는 운동량을 갖지 않는다. 따라서 운동량 보존 법칙을 만족시키지 못하므로 그림에서 주장하는 반응은 일어날 수 없다.

(b) 4개의 최종 입자들(그림 120의 오른쪽 프레임)이 떨어져 날아가는 대신 이 상대 운동의 운동 에너지를 추출해서 입사 입자(그림 120의 왼쪽 프레임)를 서로 발사하기 위해 지불하는 가격(에너지)을 낮추는 데 사용할 수 있다. 최종 입자들이 정지한 상태로 남을 때에만 입사 입자들의 운동 에너지가 완전히 정지 질량으로 변환될 수 있다.

(c) $E = T + m$과 p를 각각 입사 양성자의 에너지와 운동량이라 하고 $\overline{E} = \overline{T} + m$과 $\overline{p}$를 각각 충돌 후 각 입자의 에너지와 운동량이라고 할 때, 보존 법칙은 다음과 같이 쓸 수 있다.

$$T + m + m = 4(\overline{T} + m) \quad \text{또는} \quad T = \left(\frac{T}{4}\right) - \frac{m}{2}$$

$$p = 4\overline{p} \quad \text{또는} \quad \sqrt{T^2 + 2mT} = 4\sqrt{\overline{T}^2 + 2m\overline{T}}$$

마지막 식에 $\overline{T}$ 값을 대입한 후 결과 식을 T에 대해 풀면

$$T = 6m$$

을 얻는다. 이 값이 양성자–반양성자 쌍을 생성하기 위한 임계 에너지이다. 양성자의 정지 질량 m은 $1\,\text{GeV} = 10^9\,\text{eV}$에 해당하므로 $T_{임계} = 6\,\text{GeV}$이다.

(d) (c)의 식 $\overline{T} = (T/4) - m/2$에 $T = 6m$을 대입하면

$$\overline{T} = m$$

을 얻는다. 간단히 말해서, 임계 반응에서 에너지 보존은 다음과 같다. 초기 운동 에너지 $6m$ 중에서 $2m$은 양성자-반양성자 쌍의 정지 질량으로 변환되고 m은 반응 끝에 존재하는 4개의 입자 각각에게 주어진 운동 에너지이다.

(e) 152쪽의 식 (92)는 다음과 같이 주어진다.

$$\overline{m}^2 = (m_1 + m_2)^2 + 2T_1 m_2$$

문제에서 주어진 값인 $m_1 = m_2 = m$와 $\overline{m} = 4m$을 대입하면

$$16m^2 = 4m^2 + 2T_1 m$$

이 되고, 이에 따라

$$T_1 = 6m$$

이 된다. 이는 (c)에서 얻은 것과 동일하다.

(f) 무거운 핵이 표적을 무겁게 만들기 때문에 이점을 얻는 것이 아니다. 입사 양성자는 양성자 집단과 충돌하는 것이 아니라 표적 속의 양성자 하나와 충돌하는 것으로 간주하는 것이 가장 좋다. (날아가는 새에 발사되는 총알과 비교해보라.) 핵 안의 양성자의 새로운 특징은 양성자가 움직이고 있다는 점이다. 입사 양성자를 향하는 표적 양성자의 적당한 운동 에너지($T_2 = 25\,\text{MeV}$)조차도 쌍을 생성하기 위해 입사 양성자가 가져야만 하는 운동 에너지를 엄청나게 절약하게 해준다. 자세한 내용은 다음과 같다.

$$m + T_1 + m + T_2 = 4(m + \overline{T}) \qquad \text{(에너지)}$$

$$\sqrt{T_1^2 + 2mT_1} - \sqrt{T_2^2 + 2mT_2} = 4\sqrt{\overline{T}^2 + 2m\overline{T}} \quad \text{(운동량)}$$

위의 첫 번째 식을 $\overline{T}$에 대해 정리하여 두 번째 식에 대입한 다음, 이를 T_1에 대해 풀면 다음의 값을 얻는다.

$$T_1 = 6m + 7T_2 - 4\sqrt{3T_2^2 + 6T_2 m}$$

운동 에너지 T_2의 값이 작은 경우, 이 식은 다음과 같이 근사될 수 있다.

$$T_1 \approx 6m - 4\sqrt{6T_2 m}$$

$T_2 = 25\,\text{MeV}$를 대입하면 임계 에너지 T_1의 값은 다음과 같이 주어진다.

$$T_1 \approx 6000\,\text{MeV} - 4 \times 400\,\text{MeV} \approx 4400\,\text{MeV}$$

이 값은 표적 핵이 헬륨인지 납인지에 무관하다! 표적 양성

자 에너지의 제곱근이 표적 양성자의 속력에 해당한다. 표적 양성자가 폭격 양성자 쪽으로 움직임으로써 운동량 중심 기준틀에서 폭격 양성자의 운동 에너지가 실험실 값보다 훨씬 크게 나타나도록 만든다. $25\,\text{MeV}$로 $1600\,\text{MeV}$를 절약할 수 있다!

94.* 전자에 의한 입자 생성

연습 문제 93번의 첫 번째 해를 참조한다. 152쪽의 식 (92)를 이용하는데, 이때 질량은 다음과 같다.

$$m_1 = m_e \qquad \text{입사 전자의 질량}$$
$$m_2 = m_p \qquad \text{표적 양성자의 질량}$$
$$\overline{m} = m_e + 3m_p \quad \text{결과물의 질량 : 전자 + 반양성자}$$
$$\text{+ 2개의 양성자}$$

식 (92)는 다음과 같이 쓸 수 있다.

$$(m_e + 3m_p)^2 = (m_e + m_p)^2 + 2T_e m_p$$

이로부터 임계 운동 에너지 T_e의 값은 다음과 같다.

$$T_e = 4m_p + 2m_e$$

양성자의 정지 질량은 $10^3\,\text{MeV}$이고, 전자의 정지 질량은 양성자의 정지 질량에 비해 거의 무시할만한 크기인 $\frac{1}{2}\,\text{MeV}$이다. 따라서 대략적인 임계 에너지는 $4m_p = 4000\,\text{MeV}$이다.

95.* 단일 광자에 의한 한 쌍의 광생성

(a) 추정되는 반응의 그림은 다음과 같다.

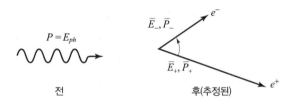

보존 법칙은 다음과 같다.

$$E_{ph} = \overline{E}_+ + \overline{E}_- \qquad \text{(에너지)}$$
$$\vec{p} = \vec{p}_+ + \vec{p}_- \qquad \text{(운동량 벡터)}$$

에너지-운동량 4차원 벡터를 자세히 다루는 대신, 충돌 전후에 동일한 값을 가져야 하는 제곱 크기 (에너지)^2 - (운동

량)^{2}을 다루는 것으로 충분하다. 위의 두 식을 제곱한 후 빼기를 하면 다음 식을 얻는다.

$$(\text{에너지})^2 - (\text{운동량})^2 = (\overline{E}_+^2 + 2\overline{E}_+\overline{E}_- + \overline{E}_-^2)$$
$$- (\overline{p}_+^2 + 2\vec{p}_+ \cdot \vec{p}_- + \overline{p}_-^2)$$
$$= E_{ph}^2 - p_{ph}^2$$

$E^2 - p^2$의 값은 전자의 경우 m^2이고, 광자의 경우 0임을 상기하자. 또한 $\vec{p}_+ \cdot \vec{p}_- = 2\overline{p}_+\overline{p}_- \cos\phi$인데, 여기서 ϕ는 방출되는 전자들의 방향 사이의 각이다. 두 식으로부터 다음 식이 유도된다.

$$m^2 + \overline{E}_+\overline{E}_- - \overline{p}_+\overline{p}_- \cos\phi = 0 \quad \text{또는} \quad \cos\phi = \frac{m^2 + \overline{E}_+\overline{E}_-}{\overline{p}_+\overline{p}_-}$$

그런데 $\overline{E}_+ = \sqrt{m^2 + \overline{p}_+^2}$은 $\overline{p}_+$보다 항상 크고, $\overline{E}_-$도 $\overline{p}_-$보다 항상 크다. 따라서 오른쪽 변은 분명히 1보다 크므로, 이에 따라 각 ϕ에 대한 해는 존재하지 않는다. 그러므로 주장하는 전자-양전자 쌍은 발생할 수 없다.

추정된 전자-양전자 쌍의 운동량 중심 기준틀을 이용하면 더 간단하고 우아한 증명이 가능하다. 총 운동량이 0인 이러한 기준틀은 0이 아닌 정지 질량을 갖는 입자가 최소 하나 이상인 계에서 항상 존재한다. 그런데 이 기준틀에서는 추정된 반응 전의 초기 광자 1개의 운동량은 0이 될 수 없는데, 그 이유는 광자의 경우 $E = p$이므로 운동량이 0인 광자는 에너지도 0이므로 존재하지 않는 것이기 때문이다! 따라서 추정된 반응은 보존 법칙을 위반한다.

(b) 연습 문제 93번의 분석으로부터 임계점에서 생성 입자는 모두 동일한 속력으로 함께 이동해야 함을 알 수 있다.

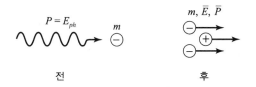

전   후

보존 법칙을 다음과 같다.

$$E_{ph} + m = 3\overline{E}$$
$$p = E_{ph} = 3\overline{p}$$

두 식의 각 변을 제곱해서 **빼주면** 다음 식을 얻는다.

$$E_{ph}^2 + 2mE_{ph} + m^2 - E_{ph}^2 = 9(E^2 - p^2) = 9m^2$$

이 식으로부터 임계 에너지는 다음과 같다.

$$E_{ph} = 4m = 4\left(\frac{1}{2}\,\text{MeV}\right) = 2\,\text{MeV}$$

96.** 두 광자에 의한 한 쌍의 광생성

우선 반응 후에 양전자와 전자가 함께 남아 있는 임계 반응을 고려한다. (연습 문제 93번을 참조하자.)

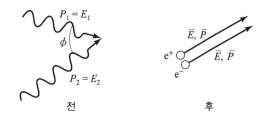

전   후

반응 전과 후의 에너지-운동량 4차원 벡터의 성분들을 같게 놓으면 다음과 같다.

$$E_1 + E_2 = 2\overline{E}$$
$$\vec{p}_1 + \vec{p}_2 = 2\vec{p}$$

이 식을 4차원 벡터의 크기의 제곱에 대입하면 다음과 같다.

$$(\text{에너지})^2 - (\text{운동량})^2 = E_1^2 + 2E_1E_2 + E_2^2 - p_1^2$$
$$- 2p_1p_2\cos\phi - p_2^2$$
$$= 4\overline{E}^2 - 4\overline{p}^2$$

광자와 전자에 대해 각각 $E^2 - p^2 = 0$과 $E^2 - p^2 = m^2$을 이용하고, $1 - \cos\phi = 2\sin^2(\phi/2)$를 이용하면 다음을 얻는다.

$$E_1E_2\sin^2\left(\frac{\phi}{2}\right) = m^2$$

이 조건이 만족되면 반응은 일어날 수 있다(임계 반응). 왼쪽 변의 값이 큰 경우, 이는 '총 운동량 0인 기준틀'에서 두 광자가 이용할 수 있는 에너지가 원칙적으로 전자보다 더 무거운 입자-반입자 쌍을 생성하기에 충분하다는 것을 의미한다. 뿐만 아니라 쌍이 생성되는 경우 두 입자가 상대 운동의 운동 에너지를 갖게 됨을, 즉 임계 값 이상의 반응을 다루는 것을 의미하기도 한다.

97.** 양전자-전자 소멸

(a) 운동량 중심 기준틀에서 소멸 전 총 운동량은 0이다. 따라서 소멸 후에도 총 운동량은 0이어야 한다. 그런데 하나의 광자는 0이 아닌 운동량을 갖는다. 따라서 운동량 보존 법칙을 만족하기 위해 최소한 두 개의 광자가 방출되어야 한다.

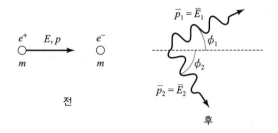

전 / 후

(b) 에너지 보존 법칙: $E + m = \overline{E}_1 + \overline{E}_2$

또는 $\overline{E}_2^2 = (E + m - \overline{E}_1)^2$

운동량 보존 법칙:

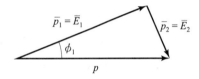

코사인 법칙을 이용하면

$$\overline{E}_2^2 = \overline{E}_1^2 + p^2 - 2p\overline{E}_1 \cos\phi_1$$
$$= \overline{E}_1^2 + E^2 - m^2 - 2p\overline{E}_1 \cos\phi_1$$

$\overline{E}_2^2$에 대한 두 식을 같게 놓으면

$$E^2 + m^2 + \overline{E}_1^2 + 2m - 2E\overline{E}_1 - 2m\overline{E}_1$$
$$= \overline{E}_1^2 + E^2 - m^2 - 2p\overline{E}_1 \cos\phi_1$$

$\overline{E}_1$에 대해 풀면

$$\overline{E}_1 = \frac{m(m + E)}{E + m - p\cos\phi_1} = \frac{m(2m + T)}{2m + T - \sqrt{T^2 + 2mT}\,\cos\phi_1}$$

전자 질량 m의 단위로 표현하면

$$\frac{\overline{E}_1}{m} = \frac{1}{1 - \dfrac{\cos\phi_1}{\sqrt{1 + 2m/T}}}$$

(c) 입사 양전자의 주어진 운동 에너지 T에 대해, 가장 큰 감마선은 $\cos\phi_1 = 1$, $\phi_1 = 0$일 때 생기므로 최대 에너지는

$$\left(\frac{\overline{E}_1}{m}\right)_{최대} = \frac{1}{1 - \dfrac{1}{\sqrt{1 + 2m/T}}}$$

최소 광자 에너지는 $\cos\phi_1 = -1$, $\phi_1 = \pi$일 때 생기므로

$$\left(\frac{\overline{E}_1}{m}\right)_{최소} = \frac{1}{1 + \dfrac{1}{\sqrt{1 + 2m/T}}}$$

(d) 매우 작은 T(매우 큰 m/T)의 경우, 최대 에너지와 최소 에너지는 근사적으로 거의 같다. 즉,

$$\left(\frac{\overline{E}_1}{m}\right)_{최대} \approx \left(\frac{\overline{E}_1}{m}\right)_{최소} \approx 1 \quad \text{작은 } T\text{의 경우}$$

각 광자는 전자 하나의 정지 에너지를 빼앗아간다. 초기 운동 에너지는 무시될 수 있다.

매우 큰 T(매우 작은 m/T)의 경우, 방출된 광자의 최대 에너지와 최소 에너지는 매우 다르다.

$$\left(\frac{\overline{E}_1}{m}\right)_{최대} \approx \frac{1}{1 - (1 - m/T)} = \frac{T}{m}$$

$$\left(\frac{\overline{E}_1}{m}\right)_{최소} \approx \frac{1}{2} \qquad\qquad \text{큰 } T\text{의 경우}$$

이 경우 가장 활기차게 방출되는 광자는 입사 양전자의 (큰) 운동 에너지를 빼앗아간다. 최소 에너지는 전자의 정지 질량의 절반이다.

98.* 상대성 원리 검증

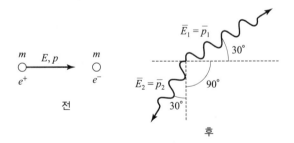

전 / 후

(a) 보존 법칙: $E + m = E_1 + E_2$

$$p = \overline{E}_1 \cos 30° - \overline{E}_2 \sin 30°$$
$$0 = \overline{E}_1 \sin 30° - \overline{E}_2 \cos 30°$$

마지막 두 식으로부터 다음 두 식을 얻는다.

$$\overline{E}_2 = \overline{E}_1 \frac{\sin 30°}{\cos 30°} = 0.58\overline{E}_1$$

$$p = \overline{E}_1\left(\cos 30° - \frac{\sin^2 30°}{\cos 30°}\right) = 0.58\overline{E}_1$$

이 식들을 에너지 식에 대입하면

$$E + m = \frac{p}{0.58} + p = 2.75p = 2.75\sqrt{E^2 - m^2}$$
$$= 2.75\sqrt{E + m}\sqrt{E - m}$$

이로부터

$$\sqrt{E + m} = 2.75\sqrt{E - m}$$

양 변을 제곱한 후 E에 대해 풀면

$$E + m = 7.6(E - m)$$

따라서

$$E = 1.3m$$

따라서 이 방법에 의해 탐지된 입사 양전자의 운동 에너지는 다음과 같다.

$$T = E - m = 0.3m = 0.3(0.5 \times 10^6 \text{ eV}) = 150 \text{ keV}$$

속도가 거의 1이 아니기 때문에 다음과 같은 정확한 계산에 의해 구해야만 한다.

$$E = m\cosh\theta_r = \frac{m}{\sqrt{1 - \beta^2}} = 1.3m$$
$$1 - \beta^2 = 0.59$$
$$\beta = 0.64$$

(b) 표적으로부터 같은 거리만큼 떨어져 위치한 감마선이 계수기 A와 B에 감마선의 도착 사이의 시간 경과를 기록한다. 시간 경과가 관찰된다면 이는 움직이는 입자에서 방출한 빛의 정 방향 속력과 역방향 속력 사이의 차이를 측정한 값이 된다. 그러한 실험 결과에 대해서, 그림 123을 참고하라.

99.* 거품 상자 궤적을 통한 입자 확인

(a) 실험실 기준틀은 운동량 중심 기준틀이다. 보존 법칙은 다음과 같다.

$$m_\pi = E_\mu + E_x = \sqrt{p_\mu^2 + m_\mu^2} + \sqrt{p_x^2 + m_x^2}$$

$$p_\mu = 58.2\,m_e = p_x$$

두 번째 식에 주어진 정보를 첫 번째 식에 대입하고 문제에서 주어진 정지 질량을 사용하면 다음을 얻는다.

$$58.2\,m_e = \sqrt{(58.2\,m_e)^2 + m_x^2}$$

이 식으로부터 m_x는 0이거나 아무리 커도 m_e보다 매우 작은 것으로 보인다.

(b) x의 스핀 각운동량은 μ^+ 중간자의 스핀 각운동량 $\hbar/2$를 상쇄시켜야 한다. 따라서 x의 스핀 각운동량은 $\hbar/2$이고 μ^+ 중간자의 스핀과 반대 방향이어야 한다.

100.* 저장 고리와 충돌하는 빔

실험실 기준틀에서 사용 가능한 총 상호작용 에너지는 입사 전자의 총 운동 에너지 500 MeV + 500 MeV =1,000 MeV와 두 전자의 정지 에너지 0.5 MeV + 0.5 MeV =1.0 MeV를 더한 값으로, 전자의 정지 에너지는 총 운동 에너지에 비해서 무시할만하다. 이 에너지는 어떤 기준틀에서 관찰하는 경우에도 사용 가능하다. 전자 한 개가 초기에 정지 상태에 있는 로켓 기준틀에서 나머지 전자 한 개의 운동 에너지를 구해보자.

속도 매개 변수를 다음 관계식으로부터 구할 수 있는 기준틀에서 입자 1이 정지해 있다.

$$E = m\cosh\theta_r \quad \text{또는} \quad \cosh\theta_r = \frac{E}{m} \approx \frac{T}{m} \approx 1000$$

이와 같은 고속의 경우, 식 (89)로부터 $E \approx p$이 성립하고, $\sinh\theta_r \approx \cosh\theta_r \approx 1000$이다. 따라서 운동량이 p인 입자 2의 에너지에 대한 변환 방정식은 다음과 같다.

$$E_2' = E_2\cosh\theta_r - p_2\sinh\theta_r = E\cosh\theta_r + p\sinh\theta_r$$
$$\approx 2E\cosh\theta_r \approx 2E\frac{T}{m} \approx 2 \times 500 \text{ MeV}(1000)$$
$$\approx 10^6 \text{ MeV} = 10^3 \text{ GeV}$$

이 값이 바로 사용 가능한 총 상호작용 에너지가 1,000 MeV가 되도록 하기 위해 정지해 있는 전자를 향해 입사하는 전자가 가져야 하는 운동 에너지의 값이다.

양성자($m = 1\,\text{GeV}$)에 대해 $E_2' = 10^3\,\text{GeV}$로 놓고 이전의 식을 뒤로 돌리면 다음을 얻는다.

$$2E_p\frac{T_p}{m} \approx \frac{2T_p^2}{m} \approx 10^3\,\text{GeV}$$

또는
$$T_p^2 = \frac{m}{2}10^3\,\text{GeV} \approx 500\,\text{GeV}^2$$

이로부터 양성자의 운동 에너지는 다음과 같이 주어진다.

$$T_p \approx 22\,\text{GeV}$$

즉, $22\,\text{GeV}$인 양성자를 위한 저장 고리가 필요하며, 총 상호작용 에너지는 $22\,\text{GeV} + 22\,\text{GeV} + 1\,\text{GeV} + 1\,\text{GeV} = 46\,\text{GeV}$이다.

101.* 드브로이와 보어

연습 문제 72번으로부터

$$E = p = \frac{h}{c^2}\nu$$

그런데 $\nu = c/\lambda$ 이므로

$$p = \frac{h}{\lambda c} \quad \text{또는} \quad \lambda = \frac{h}{pc} = \frac{h}{p_\text{관습}}$$

여기서 $p_\text{관습} = pc$는 관습 단위의 운동량이다. 핵 주위의 궤도에 있는 전자에 대한 조건은 다음과 같다.

$$n\lambda = 2\pi r \qquad n = 1, 2, 3, \cdots\cdots$$

또는
$$\frac{nh}{p_\text{관습}} = 2\pi r$$

또는
$$rp_\text{관습} = \frac{nh}{2\pi} = n\hbar \qquad n = 1, 2, 3, \cdots\cdots$$

이 식으로부터 전자의 각운동량 $rp_\text{관습}$은 '각운동량 양자' $\hbar$의 정수배라는 것을 알 수 있다.

전하량이 e인 전자와 전하량이 Ze인 핵 사이의 전기력 KZe^2/r^2이 전자를 원 궤도에 유지하도록 하는데 필요한 구심력 $mv^2/r = m^2v^2/(mr) = p_\text{관습}^2/(mr)$과 같다고 하자. 상수 K는 단위 선택에 따라 달라진다. (cgs 단위계에서는 $K = 1$이고, MKS 단위계에서는 $K = \dfrac{1}{4\pi\epsilon_0}\,\text{Nm}^2/\text{C}^2$이다.)

$$\frac{p_\text{관습}^2}{mr} = \frac{KZe^2}{r^2}$$

또는

$$r^2 p_\text{관습}^2 = n^2\hbar^2 = KZe^2 mr$$

이로부터

$$r = \frac{n^2 h^2}{KZe^2 m}$$

$K = 1/4\pi\epsilon_0$과 함께 주어진 단위를 사용하면 식 (126)의 첫 번째 식이 나오고, $K = 1$이면 두 번째 식이 나온다.

위의 공식들을 이용해서 저속에서 유효한 속도 β를 구하면 다음과 같다.

$$\beta = \frac{p_\text{관습}}{mc} = \frac{nh}{mcr} = \frac{n\hbar}{mcn^2\hbar^2/(KZe^2 m)}$$

$$= \frac{KZe^2}{n\hbar c} = \frac{(Ke^2/\hbar c)Z}{n} = \frac{\alpha Z}{n}$$

102.* 전자로 보기

$\lambda = 10^{-6}\,\text{m}$와 $\lambda = 10^{-15}\,\text{m}$를 운동량에 대한 식 $p = \dfrac{h}{\lambda c}$에 대입한다. 이로부터 해당 에너지 $\dfrac{E}{m} = \sqrt{1 + \dfrac{p^2}{m^2}}$을 구한다.

$\lambda = 10^{-6}\,\text{m}$에 대해서 이 에너지의 근삿값은 다음과 같다.

$$\frac{E}{m} \approx 1 + 3 \times 10^{-12}$$

따라서 운동 에너지는 다음과 같이 주어진다.

$$T \approx 3 \times 10^{-12}\,m$$

$m = 0.5\,\text{MeV}$을 택하면 필요한 운동 에너지는 다음과 같다.

$$T \approx 1.5 \times 10^{-6}\,\text{eV}$$

따라서 박테리아를 '분석'하기 위해 전자는 $1\,\mu\text{V}$보다 작지 않은 전위를 통해 가속되어야 한다. 실제로 이러한 낮은 전압은 통제된 방식으로 생성하기가 어려울 뿐만 아니라 이런 낮은 에너지를 갖는 전자는 건조한 박테리아조차 통과하지 못한다. 따라서 박테리아의 상세한 특징을 분석하는 것이 가능한 에너지인 수천 볼트의 에너지를 가진 전자를 사용한다.

$\lambda = 10^{-15}\,\text{m}$에 대해서 필요한 에너지 값은 다음과 같다.

$$\frac{E}{m} = 2.4 \times 10^3 \approx \frac{T}{m}$$

따라서 운동 에너지는 다음과 같이 주어진다.

$$T = 2.4 \times 10^3 \times 0.5 \text{ MeV} \approx 10^9 \text{ eV} = 1 \text{ GeV}$$

양성자와 중성자의 구조에 대한 자세한 내용을 조사하기 위해서는 전자의 에너지가 이 정도이거나 이보다 커야 한다.

103.** 토머스 세차

풀이 과정은 본문에 자세히 설명되어 있다.

104.* 성간 비행의 어려움

(a) 속도 매개 변수는 시간 팽창 계수 $\cosh\theta = 10$으로부터 찾을 수 있다. 표 8의 '간단한 근삿값'으로부터 $e^\theta = 20$ 또는 $\theta = 3$임을 알 수 있다. 정지 상태로부터 이 매개 변수까지의 일정한 가속 또는 이 속도 매개 변수로부터 정지할 때까지의 일정한 감속에 대한 질량비는 연습 문제 58번의 식 (110)

$$\theta = \ln\left(\frac{M_1}{M}\right)$$

로부터 구할 수 있다. 즉, 질량비는 다음과 같다.

$$\frac{M_1}{M} = e^\theta = 20$$

탑재량의 질량이 10^5 kg이므로 지구로 돌아오는 과정에서 마지막 감속 직전에 탑재량과 연료의 총 질량은 $20 \times 10^5 \text{ kg}$이다. 그런데 마지막 감속 전에 별에서 지구로 향하는 가속에서 탑재량뿐만 아니라 연료도 가속되어야만 하므로 별에서 출발할 때 우주선의 총 질량은 $20 \times 20 \times 10^5 \text{ kg}$이다. 이런 식으로 지구에서의 초기 이륙까지 고려하면 로켓의 초기 질량 값은 다음과 같다.

$$20 \times 20 \times 20 \times 20 \times 10^5 \text{ kg} = 3.2 \times 10^{10} \text{ kg}$$

즉, 3천 2백만 톤이다. 이 중 연료는 단지 100톤이다.

(b) 별로 향하는 여행(짧은 가속과 뒤이은 $\cosh\theta = 10$의 긴 비행)은 우주비행사의 시간으로는 50년, 지구 시간으로

는 $50 \times 10 = 500$년이 걸린다. 따라서 방문할 수 있는 가장 멀리 떨어진 별은 거의 500광년 떨어져 있다. 왕복 여행에 지구 시간으로 1천년이 흘러갈 것이다. 로켓의 속력은 다음과 같이 구할 수 있다.

$$(1 - \beta^2) = \frac{1}{\cosh^2\theta} = 10^{-2} = (1-\beta)(1+\beta) \approx 2(1-\beta)$$

이로부터

$$1 - \beta = \frac{10^{-2}}{2} \quad \text{또는} \quad \beta = 1 - 0.5 \times 10^{-2} \approx 1$$

즉, 로켓은 거의 광속으로 이동한다.

(c) 시간 팽창 계수가 $\cosh\theta = 10$이므로 질량이 m인 수소 원자의 에너지는 다음과 같다.

$$E = m\cosh\theta = 10\,m$$

또는

$$T = E - m = 9m \approx 9 \text{ GeV}$$

운동 방향으로의 로런츠 수축 인자 또한 $\cosh\theta = 10$이므로 최대 속력의 로켓 기준틀에서 1 cm^3당 원자의 개수는 1이 아니라 10이다. 따라서 1 m^3당 원자의 개수는 $10 \times 10^2 \times 10^2 \times 10^2 = 10^7$이다. 로켓 기준틀에서 원자가 거의 광속으로 움직이므로 우주선 앞쪽 표면의 1 m^2에 매초 $3 \times 10^8 \text{ m}^3$ 안의 원자, 즉 3×10^{15}개의 원자가 충돌한다. 이 값은 고강도 양성자 가속기의 선속(flux)의 3000배에 해당한다.

요약하면 다음과 같다.

(1) 인간이 도달할 수 있는 최대 거리인 약 500광년은 관찰할 수 있는 별의 거리(50~90억 광년)보다 훨씬 작다.

(2) '이상적인' 로켓조차도 '단지' 500광년 거리의 왕복 여행에 필요한 질량비는 엄청나게 크다.

(3) 이러한 우주여행을 하는 우주비행사에게는 (1)과 (2)에서 가정한 이상적인 로켓과 양립할 수 없는 거대한 질량의 차폐물이 필요하다.

유클리드 변환과 로렌츠 변환 비교

3차원 유클리드 기하학	4차원 로런츠 기하학
문제: 주어진 두 좌표 사이의 관계를 구하여라.	
회전하지 않은 좌표계(프라임 붙지 않은 좌표계)에서 한 점과 회전 좌표계(프라임 좌표계)에서 동일한 점의 좌표	실험실 기준틀(프라임 붙지 않은 좌표계)에서 한 사건의 (시간을 포함한) 좌표와 로켓 기준틀(프라임 좌표계)에서 동일한 사건의 좌표
분석을 단순화하기 위해 허용된 세분화	
두 원점이 일치한다. xy평면에서 회전; y'축은 y축에 대해 각 θ만큼 기울어져 있다. (기울기 $s_r = \tan\theta_r$) $$z = z'$$ 모든 좌표 값은 미터 단위로 측정한다.	두 원점이 $t = t' = 0$에서 일치한다. (기준 사건) 로켓 기준틀은 실험실 기준틀에 대해서 속도 매개 변수 θ_r로 $+x$ 방향으로 이동한다. (속도 $\beta_r = \tanh\theta_r$) $$y = y', \quad z = z'$$ 시간을 포함한 모든 좌표를 미터 단위로 측정한다. ('빛이동 시간미터')
두 기준틀에서 같은 값을 갖는 불변량은	
$$(\text{길이})^2 = L^2 = x^2 + y^2 + z^2$$ 따라서 $$x^2 + y^2 = x'^2 + y'^2$$	$$\left(\genfrac{}{}{0pt}{}{\text{공간꼴}}{\text{간격}}\right)^2 = \sigma^2 = \left(\genfrac{}{}{0pt}{}{\text{시간꼴}}{\text{간격}}\right)^2 = -\tau^2$$ $$= x^2 + y^2 + z^2 - t^2$$ 따라서 $$x^2 - t^2 = x'^2 - t'^2$$
이 마지막 조건을 만족시키는 방법은 다음의 일반적인 관계식을 이용하는 것이다.	
삼각 함수에 대해서 $$\cos^2\theta + \sin^2\theta = 1$$	하이퍼볼릭 함수에 대해서 $$\cosh^2\theta - \sinh^2\theta = 1$$
프라임 좌표계에서 프라임 붙지 않은 좌표계로의 변환	
$$x = x'\cos\theta_r + y'\sin\theta_r = \frac{x' + S_r y'}{\sqrt{1 + S_r^2}}$$ $$y = -x'\sin\theta_r + y'\cos\theta_r = \frac{-S_r x' + y'}{\sqrt{1 + S_r^2}}$$ (유클리드 변환)	$$x = x'\cosh\theta_r + t'\sinh\theta_r = \frac{x' + \beta_r t'}{\sqrt{1 - \beta_r^2}}$$ $$t = x'\sinh\theta_r + t'\cosh\theta_r = \frac{\beta_r x' + t'}{\sqrt{1 - \beta_r^2}}$$ (로런츠 변환)
프라임 붙지 않은 좌표계에서 프라임 좌표계로의 변환	
$$x' = x\cos\theta_r - y\sin\theta_r = \frac{x - S_r y}{\sqrt{1 + S_r^2}}$$ $$y' = x\sin\theta_r + y\cos\theta_r = \frac{S_r x + y}{\sqrt{1 + S_r^2}}$$	$$x' = x\cosh\theta_r - t\sinh\theta_r = \frac{x - \beta_r t}{\sqrt{1 - \beta_r^2}}$$ $$t' = -x\sinh\theta_r + t\cosh\theta_r = \frac{-\beta_r x + t}{\sqrt{1 - \beta_r^2}}$$
다음 물리량의 중요한 덧셈 법칙	
기울기 : 한 선이 y'축에 대해 각 θ'을 이루면, 이 선은 y축에 대해 각 θ를 이루며 두 각 사이의 관계는 $$\theta = \theta' + \theta_r$$ 또는 상대 기울기로 표현하면 $$\tan\theta = \frac{\tan\theta' + \tan\theta_r}{1 - \tan\theta'\tan\theta_r}, \quad S = \frac{S' + S_r}{1 - S'S_r}$$	속도: 총알이 프라임 로켓 기준틀에 대해 속도 매개 변수 θ'으로 x축 방향으로 이동하는 경우, 총알은 프라임 붙지 않은 실험실 기준틀에 대해 속도 매개 변수 θ로 이동하며, 두 속도 매개 변수 사이의 관계는 $$\theta = \theta' + \theta_r$$ 또는 상대 속도로 표현하면 $$\tanh\theta = \frac{\tanh\theta' + \tanh\theta_r}{1 + \tanh\theta'\tanh\theta_r}, \quad \beta = \frac{\beta' + \beta_r}{1 - \beta'\beta_r}$$

옮긴이 후기

저자 서문에도 밝혔듯이 이 책은 물리학을 전공하려는 대학 신입생을 위한 특수 상대성 이론에 대한 입문서이다. 그러나 두 가지 점에서 독자의 범위를 넓혀도 될 것으로 판단된다. 첫째, 최소한의 수식만을 사용해서 현대 물리학의 기본 개념인 '시간'과 '공간'의 함의에 대해 다양한 각도에서 간결하고 비유적인 방식을 통해 알기 쉽게 설명한 당대 최고 권위자인 John A. Wheeler 교수와 Edwin F. Taylor 교수 덕택에 고교 수준의 수학적 지식만 있으면 물리학을 전공하지 않는 학생들이나 일반인도 충분히 이해할 수 있다. 둘째, 다양한 상황과 수준의 연습 문제와 그에 대한 풀이는 기차 역설과 쌍둥이 역설이 전부인양 소개하는 천편일률적인 현대 물리학 관련 책자보다 풍부한 소재를 제공하기에 물리학을 전공하는 학생뿐 아니라 교사와 강사에게도 좋은 자습서가 될 수 있다.

이 책의 원서인 Edwin F. Taylor와 John A. Wheeler의 Spacetime Physics는 출판된 지 반세기가 넘는 책이다. 정확히 옮긴이의 나이와 같다. 오랜 시간이 흐른지라 당연히 번역서가 존재할 것이라고 생각했으나 확인해보니 지금껏 번역된 이력이 없었다. 번역서가 넘쳐나는 시대에 이와 같은 명저가 사장되는 것이 안타까운 마음에 지난 수 십 년간 물리학 관련 도서 분야에 꾸준히 헌신하는 도서출판 북스힐의 도움을 받아 번역서를 출간하기로 했다. 이제라도 원서가 우리말로 빛을 보게 된 것은 전적으로 도서출판 북스힐 관계자분들의 열정적인 노력 덕분이다. 이에 대해 조승식 사장님과 김동준 상무님 및 출판부 여러분께 깊이 감사드린다.

모쪼록 이 책을 접하는 독자들이 상대성 이론, 특히 특수 상대성 이론의 함의에 대한 심도 깊은 이해를 통해 시공간에 대한 지적 충만감을 느껴볼 수 있기를 바란다.

2019년 11월

찾아보기